KB009338

EasyFlow
회귀분석

이일현 지음

한나래
아카데미

EasyFlow 회귀분석

지은이 | 이일현
펴낸이 | 한기철

2014년 3월 20일 1판 1쇄 펴냄
2019년 2월 15일 1판 4쇄 펴냄

펴낸곳 | 한나래출판사
등록 | 1991. 2. 25 제22-80호
주소 | 서울시 마포구 토정로 222 한국출판콘텐츠센터 309호
전화 | 02-738-5637 · 팩스 | 02-363-5637 · e-mail | hannarae91@naver.com
www.hannarae.net

ⓒ 2014 이일현
Published by Hannarae Publishing Co.
Printed in Seoul

ISBN 978-89-5566-155-2 94310
ISBN 978-89-5566-051-7 (세트)

* 이 도서의 국립중앙도서관 출판시도서목록(CIP)은 서지정보유통지원시스템 홈페이지(http://seoji.nl.go.kr)와
국가자료공동목록시스템(http://www.nl.go.kr/kolisnet)에서 이용하실 수 있습니다.
(CIP제어번호: CIP2014007068)
* 불법 복사는 지적 재산을 훔치는 범죄 행위입니다. 이 책의 무단 전재 또는 복제 행위는 저작권법에 따라
5년 이하의 징역 또는 5000만 원 이하의 벌금에 처하거나 이를 병과할 수 있습니다.

처음에 책을 쓰려고 마음먹으면서 과연 어떤 책을 쓸 것인가에 대해서 많은 고민을 하였다. 한번 보고 마는 책, 심지어 제대로 읽히지 않는 그런 책이 아니라, 항상 책상 위 한 켠에 꽂혀 있는 책을 쓰고 싶었다. 그래서 몇 가지 원칙을 갖고 고민을 하였다. 쉽고, 내용이 충실하며, 활용 가능하고, 레퍼런스가 될 수 있는 그러한 책.

EasyFlow는 바로 이러한 원칙을 한마디로 표현한 단어이다. Easy는 쉬운 통계분석을, Flow는 회귀분석의 전체적인 흐름을 의미한다. 이 두 단어의 합성어인 EasyFlow는 회귀분석의 처음부터 끝까지 하나의 흐름으로 쉽게 분석할 수 있는 방법을 제시하고자 하는 뜻에서 붙였다.

이 책은 이러한 원칙 아래 통계분석에서 가장 중요한 위치를 차지하고 있는 회귀분석 내용을 담고 있다. 회귀분석은 초급에서부터 고급까지 그 범위가 매우 넓으며, 인과분석에서 가장 기본이 되는 분석방법이다. 회귀분석에 요인분석을 결합하면 구조방정식이며, 교차분석을 결합하면 로지스틱 회귀분석이다. 이처럼 회귀분석은 인과분석의 모토가 되는 분석이라고 할 수 있다.

이 책의 특징을 좀 더 상세히 설명하면 다음과 같다.

첫째, 쉬운 책. 이것은 가장 어려우면서도 중요한 부분이다. 통계분석은 필연적으로 통계이론이 나올 수밖에 없다. 문제는 이런 통계이론들이 대부분 수식으로 되어 있다는 점이다. 수식을 넣으면 이론서가 되고, 수식을 빼면 SPSS 매뉴얼이 된다. 그래서 수식을 최소화하면서 개념과 이론들을 설명하기 위해서 많은 도표와 그래프 등으로 설명하고자 하였다. 이런 고민과 노력으로 수식은 회귀식과 오차항 정도로 최소화하고, 쉬운 책이 되도록 평상시 강의하듯이 기술하였다.

둘째, 내용이 충실한 책. 쉽게 쓰려다 보니 중요하지만 어려운 개념들은 그냥 넘어가게 되고, 또 뭉뚱그려서 설명하게 되는 문제가 생긴다. 그래서 두 번째 원칙으로 정한 것이 충실하게 설명하자는 것이다. 어렵다고 해서 그냥 넘어가지 않고 가능한 한 쉽게 설명하고자 하였다. 그리고 회귀분석에서 매우 중요하지만 통계분석 서적들에서는 다루지 않은 부분들까지 가능하면 모두 다루고자 노력하였다.

셋째, 활용 가능한 책. 20여 년 가까이 강의를 하면서 알게 된 점은, 통계분석을 하는 사람은 통계학 전공자가 아니라는 것이다. 현실적으로 비전공자가 전공자보다 통계분석을 더 많이 활용하고 있으며, 이러한 현상은 앞으로도 계속될 것이다. 비전공자들이 통계분석을 접할 수 있는 것은 교육과 관련 서적뿐이다. 하지만 이러한 서적은 수식이 많아서 너무 어렵거나 매뉴얼 같은 것이 대부분이다 보니 그 중간에 위치하는 서적을 찾기란 매우 힘들다. SPSS 프로그램은 쉽게 분석할 수 있으며 직관적이고 분석 결과가 보기 편하게 되어 있다. 회귀분석 역시 마우스 클릭 몇 번만으로 분석이 가능하다. 중요한 것은 왜 그런 옵션들을 클릭하고 그 의미가 무엇인가 하는 것이다. 그리고 출력 결과에서 어떤 통계량들을 봐야 하며, 그 통계량을 어떻게 해석할 것인가가 중요하다. 필자는 이를 위해 회귀분석 결과에 대한 단편적인 해석이 아니라, 정확한 의미와 내용을 전달하고자 노력하였다. 또한 분석 결과를 실제 논문이나 보고서 등에 활용할 수 있도록 그 결과를 표로 작성하는 여러 가지 방법에 대해 실었으며, 분석 결과표에 대한 해석도 제공하였다.

넷째, 레퍼런스가 될 수 있는 책. 회귀분석은 사실 매우 어려운 분석이다. 보통 통계분석의 개론서에 한 챕터로 나와 있고, 분석도 비교적 쉽기 때문에 처음 통계분석을 하는 사람들이 쉽게 접근하지만, 활용과 결과 해석 등에서 매우 어려움을 느낀다. 회귀분석은 t-검정, ANOVA, χ^2 검정(교차분석)에 비하여 몇 배 더 많은 이론적인 내용과 더 넓은 활용성을 가지고 있다. 분석의 가정에서도 정규성과 등분산성만 있는 t-검정과 ANOVA와 달리, 정규성, 등분산성, 선형성, 이상값, 자기상관, 다중공선성, 오차의 정규성과 등분산성이 있다. 이는 회귀분석 전에 검토해야 할 사항이 그만큼 많다는 것을 의미한다. 또한 이러한 가정들에 만족하지 못할 경우에는 회귀분석을 수행하지 못하기 때문에 그 대안 분석이 필요하다. 그래서 본서에서는 이러한 가정들에 대한 검토를 체계적으로 할 수 있도록 회귀분석 흐름도를 작성하였으며, 회귀분석도 바로 이러한 과정으로 진행할 수 있도록 하였다. 4장에 있는 흐름도는 이 책 분량의 3/4을 한 페이지로 정리한 것이라고 할 수 있다. 그리고 중요한 지수에 대해서는 원저를 인용, 그 기준을 제시하여 논문과 보고서에 활용할 수 있도록 하였다.

한편, 이 책을 보는 대상을 어떻게 정할 것인가에 대해서 많은 고민을 하였다. 우선 통계학 비전공자의 눈높이에 맞추기 위해 가능한 한 수식을 최소화하면서 개념에 충실하도록 노력하였으며, 분석 결과에 대한 해석에 상당 부분을 할애하였다. 하지만 전적으로 통계 비전공자만을 위한 책은 아니다. 저자 역시 통계학을 전공하였으며, 석사, 박사과정을 거치면서 수많은 통계이론과 활용에 대해서 고민을 하였다. 그 당시 공부를 하면서 어떻게 하면 통계이론을 실생활에 쉽게 이용할 수 있을까에 대해서 생각을 많이 하였다. 그러면서 통계분석을 활용하는 데 있어서는 통계 전공자가 비전공자보다 오히려 더 힘들다는 것을 느꼈다. 알고 있는 이론적인 내용은 많지만 그것을 어떻게 풀어야 할지 알 수 없고, 또 그에 대해 자세히 기술되어 있는 책을 찾기도 어려웠다. 그래서 통계 전공자들이 자신이 배운 이론이 어떤 개념이고, 어떻게 활용되는지를 알 수 있도록 고민하며 구성하였다.

이 책을 집필하면서 국내에 나와 있는 거의 모든 회귀분석 서적과 그 밖에 많은 외국서적을 참고하며 잘못된 지식을 전수하지 않도록 노력하였으며, 중요한 기준을 제시하였다. 또한 추가로 Excel 파일을 이용하여 SPSS에서 제공하지 않는 그래프와 검정을 할 수 있도록 연구하여 작성하였다.

다음으로 책의 범위를 어디까지 정할 것인가에 대해서도 많은 고민을 하였다. 통계이론과 개념 측면에서 접근한 1-4장(다중회귀분석까지 포함), 분석 활용에 대해서 다룬 5-7장(더미회귀분석과 통제회귀분석, 위계적 회귀분석), 현재 가장 이슈가 되고 있는 매개효과와 조절효과에 대해서 다룬 8-9장, 그리고 현재 활용성이 높아지고 있는 매개효과와 조절효과의 결합인 매개된 조절효과와 조절된 매개효과(10장)까지 포함하였다. 그리고 마지막 11장에서는 가정을 만족하지 못하였을 때의 회귀분석과 고급분석을 다루었다. 종속변수가 정규분포가 아닌 왼쪽으로 치우쳐 있는 형태(왜도가 큰) 분포에서 사용하는 푸아송 회귀분석, 음이항 회귀분석, 감마 회귀분석과 다중공선성이 존재할 때의 능형회귀분석, PLS 회귀분석, 이상값이 존재할 때 사용하는 로버스트 회귀분석까지 기술하였다.

이러한 고민 아래 내용에 충실하고자 노력하였으나 오류가 나오리라 생각한다. 잘못된 내용이나 오자를 지적해 주시면 다음 인쇄본에 반영하여 더 나은 책이 되도록 하겠다. 그리고 이 책의 내용에 대해 궁금한 사항이 있는 분은 저자가 운영하는 사이트인 스탯에듀 통계연구소(www.statedu.com)를 방문하여 글을 남겨 주시면 성심성의껏 답을 올리도록 하겠다.

끝으로 이 책이 나올 수 있도록 많은 도움을 주신 한나래 출판사의 한기철 사장님과 조광재 이사님께 감사드린다. 아울러 아들 하나 위해서 헌신하신 우리 부모님, 특히나 너무 일찍 떠나셔서 언제나 안타깝고 그리운 아버님께 이 책을 바친다. 책 쓰는 동안 묵묵히 지켜봐 준 사랑하는 아내 이선화, 그리고 "아빠, 책 써요? 우와~" 하며 아빠에게 용기를 준 딸 홍래와 아들 승민, 사랑한다.

2014년 2월
이일현

Chapter 04   다중회귀분석   121

Chapter 05　더미회귀분석　211

Chapter 09 조절회귀분석   319

Chapter 10   매개된 조절효과와 조절된 매개효과   383

Chapter 11   회귀분석의 확장   411

01

변수와 분석기법

EasyFlow Regression Analysis

통계분석의 시작과 끝은 **데이터**와 **변수**(variable)라고 해도 될 정도로 통계분석에서 이 두 가지는 매우 중요하며, t-검정, ANOVA(분산분석), 회귀분석, 요인분석, 신뢰도분석 등 수많은 분석기법이 있다. 이러한 분석기법 각각에는 이론적 배경과 많은 가정 등이 따른다. 이 때문에 통계 전공자가 아닌 비전공자에게 이러한 이론과 가정에 대해 설명하는 것은 매우 어렵고 또 배우기 힘든 것도 사실이다. 이에 어떻게 하면 좀 더 쉽게 통계 분석기법과 친해질 수 있는가에 대한 실마리를 제공하는 것이 바로 데이터와 변수이다.

데이터를 흔히 자료라고도 하며, 국어사전에는 "연구나 조사 따위의 바탕이 되는 재료"라고 정의되어 있다. 통계용어사전에는 "모집단이나 표본조사 또는 실험의 관측 결과 얻어진 개체의 특성값들을 말한다. 개체의 특성은 여러 가지로 표현할 수 있으나 통계학에서는 수량적으로 표현된 것이 대부분이다. 이런 뜻에서 흔히 통계적 데이터(statistical data)라고도 한다."라고 정의되어 있다.

예를 들어, 성별에 따라 연봉의 차이가 있는지, 즉 남자의 평균 연봉과 여자의 평균 연봉이 서로 다른지를 알아보기 위해서 조사한 경우를 보자. 당신의 성별은 무엇이고 연봉은 얼마인가에 대해서 A라는 사람에게 질문을 했을 때 남자, 1억 원이라는 응답을 받았다. B라는 사람에게도 동일한 질문을 해서 여자, 8천만 원, C라는 사람은 여자, 1억 2천만 원이라는 응답을 받은 경우, 남자, 여자, 여자와 1억 원, 8천만 원, 1억 2천만 원이라는 각각의 값이 데이터이다.

변수(變數)는 국어사전에는 "어떤 관계나 범위 안에서 여러 가지 값으로 변할 수 있는 수"로 정의되어 있으며, 통계용어사전에는 "일반적으로 변하는 어떤 양을 뜻하는 용어"로 정의되어 있다. 변수란 한자의 뜻 그대로 풀이하면 '변하는 수'이다. 이때 '수'는 데이터를 의미한다. 따라서 변수란 '변하는 데이터들의 모임'이라고 할 수 있다.

앞에서 예로 든 성별은 남자와 여자라는 데이터를 가질 수 있고, 응답자들은 이 두 가지 데이터 중에서 하나의 값을 가질 수 있다. 그리고 연봉 같은 경우에도 1억 원, 8천만 원, 1억 2천만 원과 같은 데이터들을 가질 수 있으며, 이러한 데이터들을 모아 놓은 것을 변수라고 한다.

데이터는 형태에 따라 여러 가지로 분류되는데, 그중 가장 대표적인 것이 **범주형 데이터**와 **양적 데이터**이다.

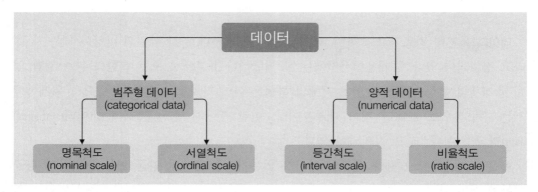

[그림 1-1] 데이터 유형

1.1.1 범주형 데이터

범주란 '동일한 성질을 가진 부류나 범위'를 뜻하며, 남자, 여자와 같은 데이터를 **범주형 데이터**(categorical data)라고 한다. 연령도 10대, 20대, 30대 등과 같이 연령대로 범주화가 가능한데, 이러한 범주형 데이터를 **질적 데이터**(qualitative data)라고도 한다.

통계분석에서는 데이터를 입력하는 경우 남자, 여자와 같은 문자로 입력하기보다는 남자는 1, 여자는 2와 같이 숫자를 부여해서 입력한다. 연령대도 마찬가지로 10대, 20대, 30대 등은 1, 2, 3과 같이 숫자를 부여해서 입력한다.

범주형 데이터는 **명목척도**와 **서열척도**로 세분화할 수 있다.

1) 명목척도(nominal scale)

명목(名目)척도란 한자의 뜻 그대로 풀이하면 이름 자체에 목적, 의미가 있다는 뜻이며, 데이터 그 자체로서 의미를 지니고 있는 값들을 말한다. 남자, 여자와 같은 데이터는 그 자체로 의미가 있으며, 분류할 수 있도록 수치를 부여하여 사용한다. 예를 들어, 남자=1, 여자=2와 같이 부여하며, 지역의 경우 서울=1, 경기=2, 부산=3, …과 같이 부여하여 사용할 수 있다.

명목척도에서는 수치를 부여해서 사용할 뿐 그 수치 자체에 어떠한 수학적인 의미는 없다. 따라서 +, −, ×, ÷ 등과 같은 사칙연산을 할 수 없으며, 단지 =, ≠만을 사용할 수 있다. **빈도**(n)와 **백분율**(%)을 이용하는 분석이 가능하다.

2) 서열척도(ordinal scale)

서열척도는 명목척도의 성질에 '서열'이라고 하는 높낮이의 성질을 하나 더 가지고 있는 척도이다. 대표적으로 학력과 같은 경우 초졸, 중졸, 고졸, 대졸, 대학원 이상과 같은 데이터는 그 자체로 의미가 있는 명목척도이다. 하지만, 초졸보다는 중졸이 높고, 중졸보다는 고졸이 높다고 하는 높낮이가 존재하게 된다. 이와 같이 데이터 간의 서열관계를 나타내는 척도를 **서열척도**라고 한다.

서열척도에서는 높낮이 자체가 중요하기 때문에 데이터에 수치를 부여할 때 높낮이 순서에 따라 부여해야 한다. 예를 들어, 초졸=1이라고 부여한 경우 중졸은 1보다 큰 값을 주어야 하며, 고졸은 또 중졸보다 더 큰 값을 부여해야 한다. 따라서 초졸=1, 중졸=2, 고졸=3, 대졸=4, 대학원 이상=5와 같은 형태로 수치가 점점 커지게 부여해서 사용한다. 서열척도에는 학력, 계급, 직급 등과 같은 변수가 있다.

서열척도에 사용되는 수치 역시 높낮이 자체의 의미만 있을 뿐 수학적인 의미를 부여할 수 없기 때문에 명목척도와 마찬가지로 사칙연산을 사용할 수 없으며, >, <, =, ≠와 같은 부등호 연산만 가능하다. 빈도(n)와 백분율(%)을 이용하는 분석이 가능하다.

위의 내용을 정리하면, 명목척도와 서열척도의 범주형 데이터에서는 빈도와 백분율을 사용하며, 그래프로는 원그래프와 막대그래프 등이 사용된다.

1.1.2 양적 데이터와 연속형 데이터

양적 데이터(quantitative data)는 흔히 **연속형 데이터**(continuous data)로 부르며, **수치형 데이터**(numerical data)로서 수량적으로 측정된 데이터이다. 즉 측정된 데이터 자체에 수치적인 의미가 있는 수학적 의미를 가지고 있기 때문에 >, <, =, ≠와 같은 부등호 연산뿐만 아니라 +, −, ×, ÷ 등의 사칙연산까지 가능하다. 양적 데이터는 **등간척도**(interval scale)와 **비율척도**(ratio scale)로 세분화할 수 있다.

1) 등간척도(interval scale)

등간(等間)척도는 명목척도와 서열척도의 성질에 더하여 양적인 정도의 차이에 따른 등간격으로 수치를 부여한 척도를 말한다. 즉 등간척도는 수치들 사이의 간격이 동일하다. 예를 들어 온도의 경우 1℃와 2℃ 사이의 간격과 100℃와 101℃ 사이의 간격은 1℃로 같다.

또한 등간척도는 비율(없음을 뜻하는 0의 개념)의 의미를 가지고 있지 않다. 온도에서 0℃는 온도가 없다는 것이 아니다(절대 0인 없음을 뜻하는 것이 아니라 물의 어는점인 기준점을 의미한다). 이에 비하여 길이나 무게와 같은 경우 '길이가 0 cm이다.'라는 것과 '무게가 0 g이다.'라고 했을 경우에는 그러한 물건 자체가 없다는 것을 의미한다(절대 0인 없음을 뜻한다).

등간척도에서는 +, −의 가감연산이 가능하며, 이에 해당하는 데이터로는 온도, 물가지수, 주가지수 등이 있다.

설문지에서 다음과 같은 문항들을 자주 보게 된다.

Q1. 사용하시는 제품에 대해 만족하십니까?
　① 매우 불만　　② 불만　　③ 보통　　④ 만족　　⑤ 매우만족

위와 같은 문항에서 ① 매우 불만 … ⑤ 매우 만족과 같은 형태의 문항을 'Likert 5점 척도'라고 한다. 이러한 Likert 5점 척도는 엄밀한 의미에서 서열척도이다. 즉 매우 불만과 불만 사이의 간격 1과, 만족과 매우 만족 사이의 간격 1은 서로 동일하지 않으며 크기의 의미만을 가지고 있기 때문에 서열척도이다.

하지만, 설문조사 연구에서 이러한 Likert 5점 척도 문항은 한 문항으로 하는 경우는 거의 없다.

Q1. 나는 다음 번에도 이 브랜드를 구입할 것이다.
　① 전혀 그렇지 않다　② 그렇지 않다　③ 보통이다　④ 그렇다　⑤ 매우 그렇다

Q2. 나는 이 브랜드를 타인에게 추천할 의향이 있다.
　① 전혀 그렇지 않다　② 그렇지 않다　③ 보통이다　④ 그렇다　⑤ 매우 그렇다

Q3. 나는 이 브랜드에 만족한다.
　① 전혀 그렇지 않다　② 그렇지 않다　③ 보통이다　④ 그렇다　⑤ 매우 그렇다

위와 같은 문항의 경우 문항 하나의 의미보다는 3문항이 뜻하는 '충성도'라는 개념이 더 중요하다. 이런 설문 문항의 경우, 통계분석에서도 한 문항씩 분석하기보다는 3문항의 평균을 내서 충성도라는 새로운 변수를 사용하게 된다. 그래서 이러한 Likert 5점 척도의 변수들은 본래 서열척도이지만 등간척도로 취급해서 분석한다.

2) 비율척도(ratio scale)

비율척도는 등간척도의 성질에 더하여 추가로 0을 뜻하는 '없음'의 의미와 '배(비율)'의 개념을 가진다. 길이, 무게, 연봉, 가족 수, 시험점수 등과 같은 데이터가 이에 해당하며, ×, ÷의 연산이 가능하다.

통계분석에서 등간척도와 비율척도를 구분하는 것은 큰 의미가 없다. 왜냐하면 두 척도를 구분해서 사용하는 분석은 많지 않으며, 대부분 고급분석이기 때문이다. 등간척도와 비율척도의 양적 데이터에서는 평균(mean)과 표준편차(standard deviation)를 사용하며, 꺾은선그래프와 막대그래프 등의 그래프를 사용한다.

> ▶ TIP
>
> 양적 데이터인 등간척도와 비율척도의 경우 범주화하여 사용하는 경우가 있다. 예컨대 연령의 경우 20대, 30대, 40대와 같이 범주화하거나 실험실에서 실험을 할 때 온도를 100℃, 200℃, 300℃와 같이 실험조건을 설정하여 실험하는 경우, 본래 데이터는 양적 데이터이지만 이렇게 범주화하는 경우에는 **서열척도**로 취급하여 분석한다.

척도로 분류하는 명목, 서열, 등간, 비율 간의 관계를 그림으로 나타내면 다음과 같다.

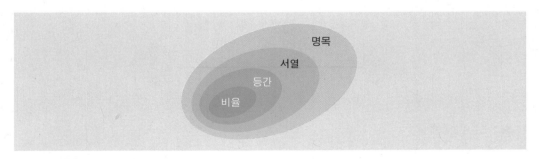

[그림 1-2] 척도로 본 변수들의 관계

1.2 | 변수들 간의 관계

1.1절에서는 변수가 1개인 경우에 대해서 다루었다. 이 경우에는 그 변수의 성질(데이터의 유형)을 파악하면 각 변수에 따라서 빈도와 백분율을 사용할 것인지, 평균이나 표준편차를 사용할 것인지를 알 수 있다. 또한 원그래프, 막대그래프, 꺾은선그래프에서 어떤 그래프를 사용할 것인지를 결정할 수 있다.

이번 절에서는 변수가 2개인 경우에 대해서 다룬다. 이 경우에는 그 변수들 간의 관계를 생각해야 한다. 2개의 변수가 있을 경우 그 변수들의 관계는 인과관계와 상관관계로 나타낼 수 있다.

1.2.1 인과관계

어떤 변수 X가 또 다른 변수 Y에 영향을 주는 관계가 있을 때, **인과관계**가 있다고 한다. 이때 영향을 주는 변수 X를 **독립변수**(Independent Variable, IV)라 하고, 영향을 받는 변수 Y를 **종속변수**(Dependent Variable, DV)라고 한다. 독립변수와 종속변수는 분석기법이나 보는 관점에 따라서 부르는 이름이 여러 가지이다. 독립변수는 **설명변수**(explanatory variable), **예측변수**(predictor variable), **인자**(요인, factor)라고 하며, 원인에 해당한다. 반면에 종속변수는 **반응변수**(response variable), **특성값**(characteristic value)이라고 부르며, 결과에 해당한다.

인과관계는 시간의 흐름상 독립변수의 사건이 먼저 발생하고 일정 시간이 지난 다음에 종속변수의 사건이 발생한다. 이러한 시간 흐름 때문에 **선행변수**(antecedents variable)와 **결과변수**(consequences variable)라고도 한다.

[그림 1-3] 인과관계

스트레스와 업무능력 간의 관계에서 스트레스가 높으면 업무능력은 떨어질 것이다. 여기서 스트레스는 업무능력에 영향을 주며, 업무능력은 스트레스에 영향을 받는다. 즉 스트레스가 높으면 업무능력은 낮아지고, 스트레스가 낮으면 업무능력은 높아진다. 여기서 스트레스와 업무능력이라는 2개의 변수에서 영향을 주는 '스트레스'는 독립변수이고, 영향을 받는 '업무능력'은 종속변수이다.

또 다른 예를 들면, 어떤 제품을 사용한 경우 제품에 대한 만족도와 그 제품을 다시 구입하려는 재구매 의도에서 제품에 대한 만족도가 높으면 제품에 대한 재구매 의도가 높아진다. 이때 '만족도'는 독립변수이고, '재구매 의도'는 종속변수이다.

〈표 1-1〉 인과관계에서 변수의 유형

독립변수 (independent variable)	종속변수 (dependent variable)
· 설명변수(explanatory variable) · 예측변수(predictor variable) · 인자, 요인(factor) · 선행변수(antecedent variable)	· 반응변수(response variable) · 특성값(characteristic value) · 결과변수(consequence variable)

1.2.2 상관관계

두 변수 사이에 서로 주고받는 관계가 있을 때 **상관관계**(correlation)가 있다고 하며, 상관관계에서의 변수는 특별히 부르는 명칭이 없고 단순히 변수라고 한다. 상관관계는 시간의 흐름상 대부분 동일 시기에 발생하는 경우가 많다.

[그림 1-4] 상관관계

1.3 | 분석기법

우리가 가지고 있는 데이터와 연구 목적에 맞는 분석기법을 찾기 위해서는 몇 가지 선행되어야 할 사항이 있다. 먼저 데이터에서 사용한 변수가 무엇인지를 확인해야 하며, 사용한 각각의 변수에서 그 유형을 파악해야 한다. 그리고 이들 변수들의 관계를 규명해야 하는데, 변수들의 관계가 인과관계인지, 상관관계인지를 알아야 한다. 인과관계의 경우에는 영향을 주는 변수와 받는 변수인 독립변수와 종속변수를 파악해야 한다. 인과관계의 경우, 이렇게 파악한 종속변수와 독립변수의 특성을 바탕으로 [그림 1-5]의 흐름도를 이용하여 분석기법을 찾을 수 있다.

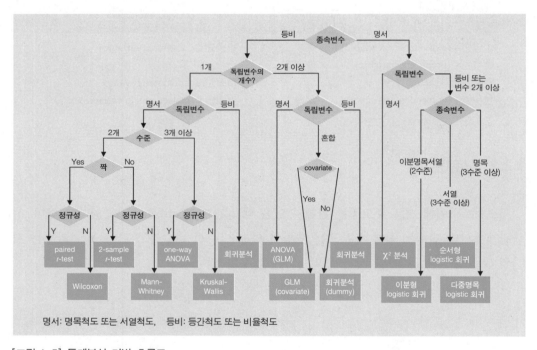

[그림 1-5] 통계분석 기법 흐름도

변수의 유형을 파악하는 경우 가장 좋은 방법은 Excel이나 SPSS상에 어떤 형태로 입력되어 있는지를 알아보는 것이다. 실제로 동일한 변수라고 하더라도 연구자마다 혹은 측정방법에 따라 변수의 데이터 유형이 달라질 수 있다. 따라서 설문조사의 경우에는 설문지의 문항을 확인해야 하고, 실험조사 등의 경우에는 실험방법과 데이터를 확인해야 한다.

〈표 1-2〉 통계분석 전에 파악할 사항

1	사용된 변수에는 무엇이 있는가?
2	변수들의 척도를 파악한다. (범주형 데이터/양적 데이터) 또는 (명목/서열/등간 또는 비율)
3	변수들의 관계가 인과관계인지, 상관관계인지를 파악한다.
4	인과관계인 경우 종속변수와 독립변수를 구분한다.

몇 가지 예를 통해서 분석기법을 살펴보도록 하자.

┃예제 1.1┃　　　　남자와 여자의 스트레스에 차이가 있는지를 알아보기 위하여 조사하였다. 어떤 분석기법을 사용해야 하는가?

	성별	스트레스	변수
1	1	8.3	
2	2	8.2	
3	1	3.7	
4	1	5.6	
5	1	4.8	
6	2	7.3	
7	2	6.5	

[그림 1-6] 성별과 스트레스 데이터

이 예제에서 사용한 변수는 성별과 스트레스의 2가지이다. 이때 영향을 주는 변수는 성별이고, 스트레스는 성별에 따라 차이가 있을 수도 있는 변수이다. 따라서 독립변수는 성별이고, 종속변수는 스트레스가 된다.

데이터의 유형을 살펴보면, 성별은 범주형 변수이고 사용한 척도는 명목척도이다. 스트레스는 데이터 자체가 8.3, 8.2, …과 같이 수치로 입력된 양적 변수이며, 사용한 척도는 등간척도나 비율척도이다.

이를 정리하면 다음과 같다.

종속변수: 스트레스 (양적 데이터 or 등간척도나 비율척도)
독립변수: 성별 (범주형 데이터 or 명목척도)

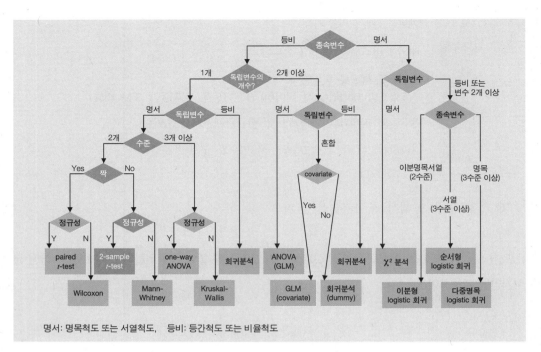

명서: 명목척도 또는 서열척도,   등비: 등간척도 또는 비율척도

[그림 1-7] 통계분석 기법 흐름도

　　[그림 1-7]의 흐름도를 보면 첫 번째 분기에서 '종속변수'인 스트레스는 양적 변수인 등간척도나 비율척도이기 때문에 왼쪽으로 분기하며, 두 번째 분기인 '독립변수의 개수'에서 독립변수는 성별 1개이기 때문에 다시 왼쪽으로 분기한다. 세 번째 분기인 '독립변수'의 데이터 유형은 범주형 변수이며 척도로는 명목척도이기 때문에 왼쪽으로 분기한다. 네 번째 분기인 '수준'은 범주형 변수에서 나올 수 있는 범주의 수를 의미한다. 성별에서 나올 수 있는 범주의 수는 남자와 여자 2개의 범주만 있기 때문에 수준이 2개이다. 다섯 번째 분기인 '짝'은 동일한 개체에서 2개의 응답을 얻었는가를 의미한다.

> 제품에 대한 이미지를 측정하는 경우, 제품을 직접 사용하기 전에 먼저 이미지를 한 번 측정하고 3개월간 제품을 사용한 후 또 한 번 이미지를 측정한다. 이때 제품 사용 전의 이미지와 사용 후의 이미지 2개의 데이터는 서로 '짝을 이루었다'라고 하거나 '대응된다'라고 한다.

　　이 예제의 경우 스트레스는 남자와 여자에게서 각각 측정한 것이기 때문에 대응되지 않고, 독립적이기 때문에 오른쪽으로 분기된다. 마지막 분기에서 데이터의 정규성을 검정하여 이를 만족하는 경우와 만족하지 못하는 경우로 분리할 수 있다. 이 예제에서 정규성 가정을 만족한다면 분석기법으로 **독립표본 t-검정**(independent t-test or 2-sample t-test)을 사용한다.

| 예제 1.2 | 　　　　학력에 따라 스트레스에 차이가 있는지를 알아보기 위하여 조사하였다. 어떤 분석 기법을 사용해야 하는가?

	성별	스트레스	학력	변수
1	1	8.3	4	
2	2	8.2	3	
3	1	3.7	2	
4	1	5.6	3	
5	1	4.8	1	
6	2	7.3	2	
7	2	6.5	4	

[그림 1-8] 학력과 스트레스 데이터

이 예제에서 사용한 변수는 성별과 스트레스, 학력의 3가지이다. 하지만 학력과 스트레스의 관계를 파악하는 것이 연구의 목적이고 성별은 관심의 대상이 아니므로 사용한 변수는 스트레스와 학력이다. 이 예제에서 독립변수는 학력이고, 종속변수는 스트레스이다.

데이터의 유형을 살펴보면, 학력은 초졸=1, 중졸=2, 고졸=3, 대졸=4로 입력되어 있는 범주형 변수이고 높낮이가 있는 서열척도이다. 스트레스는 양적 변수이며, 사용한 척도는 등간척도나 비율척도이다.

이를 정리하면 다음과 같다.

> 종속변수: 스트레스 (양적 데이터 or 등간척도나 비율척도)
> 독립변수: 학력 (범주형 데이터 or 서열척도)

[그림 1-9]의 흐름도를 보면, 첫 번째 분기에서 '종속변수'인 스트레스는 양적 변수인 등간척도나 비율척도이기 때문에 왼쪽으로 분기한다. 두 번째 분기인 '독립변수의 개수'에서 독립변수는 학력 1개이기 때문에 다시 왼쪽으로 분기한다. 세 번째 분기인 '독립변수'의 데이터 유형은 범주형 변수이며 서열척도이기 때문에 왼쪽으로 분기한다. 네 번째 분기인 '수준'은 학력을 초졸, 중졸, 고졸, 대졸의 4가지 범주로 측정했기 때문에 수준이 4개이므로 3 이상인 오른쪽으로 분기한다. 마지막 분기에서 데이터의 '정규성'을 검정하여 이를 만족하는 경우와 만족하지 못하는 경우로 분리할 수 있다. 이 예제에서 정규성 가정을 만족한다면 분석기법으로 **분산분석**(ANOVA)을 사용한다.

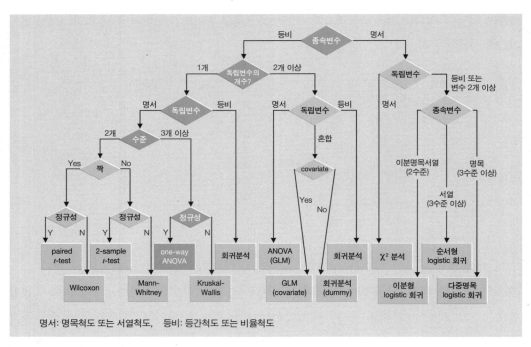

[그림 1-9] 통계분석 기법 흐름도

| 예제 1.3 |　　스트레스와 업무능력 간의 관계를 알아보기 위하여 조사하였다. 어떤 분석기법을 사용해야 하는가?

	성별	스트레스	학력	업무능력	변수
1	1	8.3	4	3.5	
2	2	8.2	3	3.7	
3	1	3.7	2	6.7	
4	1	5.6	3	5.3	
5	1	4.8	1	6.3	
6	2	7.3	2	4.3	
7	2	6.5	4	4.1	

[그림 1-10] 스트레스와 업무능력

　　이 예제에서 사용한 변수는 성별과 스트레스, 학력, 업무능력의 4가지이지만 스트레스와 업무능력의 관계를 파악하는 것이 연구의 목적이다. 따라서 사용한 변수는 스트레스와 업무능력이다. 이 예제에서는 스트레스가 높을수록 업무능력이 낮아지는지를 알아보는 것이 목적이므로 독립변수는 스트레스이고, 종속변수는 업무능력이다.

　　데이터의 유형을 살펴보면, 스트레스는 양적 변수이며, 사용한 척도는 등간척도나 비율척도이다. 그리고 업무능력 역시 양적 변수이며, 척도는 등간척도나 비율척도이다. 이를 정리하면 다음과 같다.

> 종속변수: 업무능력 (양적 데이터 or 등간척도나 비율척도)
> 독립변수: 스트레스 (양적 데이터 or 등간척도나 비율척도)

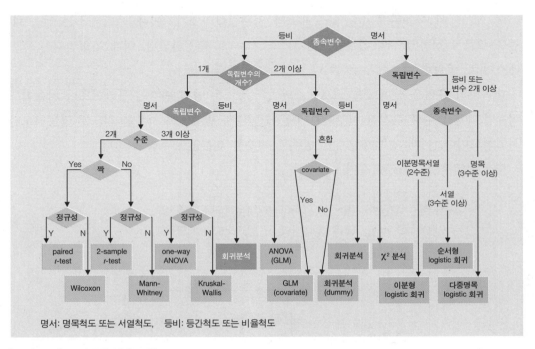

[그림 1-11] 통계분석 기법 흐름도

[그림 1-11]의 흐름도를 보면, 첫 번째 분기에서 '종속변수'인 업무능력은 양적 변수인 등간척도나 비율척도이기 때문에 왼쪽으로 분기한다. 두 번째 분기인 '독립변수의 개수'에서 독립변수는 스트레스 1개이기 때문에 다시 왼쪽으로 분기한다. 세 번째 분기에서 '독립변수'인 스트레스의 데이터 유형은 양적 변수인 등간척도나 비율척도이기 때문에 오른쪽으로 분기한다. 이때 사용하는 분석기법은 **회귀분석**(regression analysis)이며, 정확히 말하면 **단순회귀분석**이다.

| 예제 1.4 |　　스트레스와 업무능력 간의 관계를 알아보기 위하여 스트레스를 높음/낮음으로 측정하였으며, 업무능력은 고/저로 측정하여 조사하였다. 어떤 분석기법을 사용해야 하는가?

	스트레스	업무능력	변수
1	2	1	
2	2	1	
3	1	2	
4	1	2	
5	1	2	
6	2	1	
7	2	1	

[그림 1-12] 스트레스와 업무능력 데이터

이 예제에서 사용한 변수는 스트레스와 업무능력의 2가지이다. 스트레스는 낮음=1, 높음=2로 측정하였으며, 업무능력은 고=2, 저=1로 측정하였다. 이때 독립변수는 스트레스이고, 종속변수는 업무능력이다.

데이터의 유형을 살펴보면, 스트레스와 업무능력은 양적 변수인 등간척도나 비율척도이지만, 2개 범주로 측정한 변수이기 때문에 범주형 변수이며 사용한 척도는 명목척도나 서열척도이다. 이때 범주가 2개인 범주형 변수를 **이분형 변수**라고 한다.

이를 정리하면 다음과 같다.

> 종속변수: 업무능력 (범주형 데이터 or 명목척도나 서열척도)
> 독립변수: 스트레스 (범주형 데이터 or 명목척도나 서열척도)

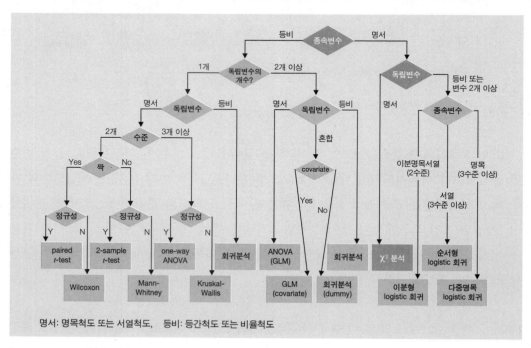

[그림 1-13] 통계분석 기법 흐름도

[그림 1-13]의 흐름도를 보면, 첫 번째 분기에서 '종속변수'인 업무능력은 범주형 변수이며 명목척도나 서열척도이기 때문에 오른쪽으로 분기한다. 두 번째 분기에서 '독립변수'인 스트레스도 범주형 변수이고 명목척도나 서열척도이기 때문에 왼쪽으로 분기한다. 이때 사용하는 분석기법은 **교차분석**(cross tabulation analysis) 또는 χ^2 **검정**(Chi-square test)이다.

| 예제 1.5 | 성별, 학력, 스트레스가 업무능력에 미치는 영향을 알아보기 위하여 데이터를 측정하였다. 단 업무능력은 고/저로 조사하였다. 어떤 분석기법을 사용해야 하는가?

	성별	학력	스트레스	업무능력
1	1	4	8.3	1
2	2	3	8.2	1
3	1	2	3.7	2
4	1	3	5.6	2
5	1	1	4.8	2
6	2	2	7.3	1
7	2	4	6.5	1

[그림 1-14] 업무능력과 데이터

이 예제에서 사용한 변수는 성별, 학력, 스트레스와 업무능력의 4가지이다. 종속변수는 업무능력이고 고=2, 저=1로 측정하였다. 독립변수는 성별, 학력, 스트레스이다.

데이터의 유형을 살펴보면, 종속변수인 업무능력은 범주형 변수 또는 이분형 변수이다. 독립변수인 성별과 학력은 범주형 변수이며, 사용한 척도는 각각 명목척도와 서열척도이다. 스트레스는 양적 변수인 등비(등간 또는 비율)척도로 측정하였다.

이를 정리하면 다음과 같다.

> 종속변수: 업무능력 (범주형 데이터 또는 이분형 데이터)
> 독립변수: 성별 (범주형 데이터 또는 명목척도)
> 　　　　　학력 (범주형 데이터 또는 서열척도)
> 　　　　　스트레스 (양적 데이터 또는 등간척도나 비율척도)

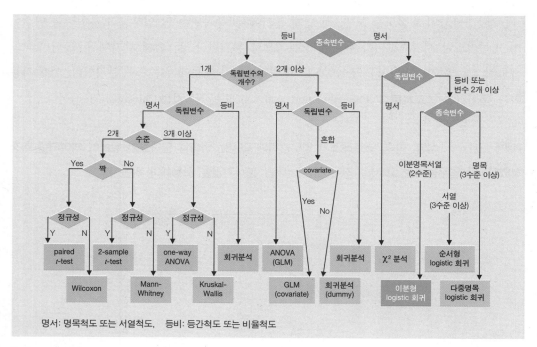

[그림 1-15] 통계분석 기법 흐름도

　　[그림 1-15]의 순서도를 보면, 첫 번째 분기에서 '종속변수'인 업무능력은 범주형 변수이고 명목척도나 서열척도이기 때문에 오른쪽으로 분기한다. 두 번째 분기인 '독립변수'에서는 변수가 3개로 성별, 학력, 스트레스이므로 변수가 2개 이상인 오른쪽으로 분기한다. 마지막 분기에서 '종속변수'인 업무능력은 이분형 변수이므로 왼쪽으로 분기한다. 이때 분석기법은 **이분형 로지스틱 회귀분석**(binary logistic regression analysis)을 사용한다.

상관분석과 회귀분석

EasyFlow Regression Analysis

청소년의 나이와 키, 몸무게라는 변수를 고려할 경우, 키가 클 때와 몸무게가 늘어날 때 — 두 변수 중 어느 한 변수의 값이 증가하거나 감소할 때 다른 변수의 값이 동시에 증가 또는 감소하는 경우 — 두 변수 간에는 어떠한 관련성이 있다. 이때 두 변수 간의 관계에 대해서는 다음과 같은 해석이 가능하다.

먼저 청소년의 나이와 키에 대해서 보면, 어느 한 변수(나이)가 원인이 되어 다른 변수(키)의 값을 결정하는 경우로서, 이 두 변수는 선행 요인에 의해서 어떤 결과가 나타나는 소위 **인과관계**로서의 관련성이 있다. 즉 청소년의 나이가 증가하는 경우 그 결과로 키가 증가하는 경우와 같다.

다음으로 키와 몸무게의 경우에는 서로 간에 관련성은 있지만 인과관계가 없다. 따라서 두 변수는 **상관관계**가 있는 것이다.

위와 같은 상관관계와 인과관계의 분석은 서로 다르고, 목적 또한 다르므로 통계량과 해석이 서로 달라야 한다.

1885년 영국의 유전학자 갤턴(F. Galton)은 아버지의 키와 아들의 키에 대한 관계를 연구해서 두 변수 간에는 선형적인 관계보다는 평균 키로 돌아가려는 경향, 즉 회귀하려는 경향(regression)이 있음[1]을 밝혀냈다. 이것이 발전한 분석방법이 회귀분석(regression analysis)이다.

갤턴의 경험적 연구를 발전시킨 피어슨(K. Pearson)은 1903년 아버지의 키와 아들의 키를 조사·연구하여 선형적 함수관계를 도출하였으며, 이를 통계학적으로 정립하였다.[2]

전자의 인과관계에서 회귀의 예를 살펴보면, 즉 아버지의 키와 아들의 키를 조사하여 관련성이 있음을 밝혔다면, 시간적인 전후 또는 유전학적 관점에서 인과관계를 생각할 수 있다. 또한 청소년의 나이와 키의 관련성을 연구할 경우, 청소년의 나이가 많아질 때 키가 커지지만 그 역(逆)의 관계는 성립하지 않는다. 즉 '키가 클 때 나이가 많아진다.'라는 해석은 불가능하다. 이 경우 원인적 변수를 독립변수(independent variable, X), 결과적 변수를 종속변수(dependent variable, Y)라고 하며, 두 변수 간의 관계를 선형방정식으로 나타내는 것을 **회귀분석**(regression analysis)이라고 한다. 회귀분석의 경우 관찰된 데이터로부터 '$y = a + bx$' 형태의 선형방정식을 유도할 수 있다. 이를 이용하여 원인적 변수인

1) Galton, F. (1885). Section H, *Anthropology* (Galton uses the term 'regression' in this paper, which discusses the height of humans.)
2) Pearson, K. (1903). The law of ancestral heredity. *Biometrica*, Vol. 2, No. 2, 211–228.

독립변수 X로부터 결과적 변수인 종속변수 Y를 예측할 수 있기 때문에 이 식을 **예측방정식**(prediction equation)이라고 한다.

한편 후자의 예로는 청소년의 키와 몸무게를 동시에 측정한 데이터에서 키가 커졌기 때문에 몸무게가 증가한 것인지, 몸무게가 증가하였기 때문에 키가 커진 것인지를 판단하기가 매우 어렵거나 불가능하다. 이때 키와 몸무게의 관련성은 인과관계로 설명할 수 없다. 이 경우 어떤 원인에 의해서 결과가 나타났을 것이라고 증명하는 것은 불가능하지만, 이들 두 변수 간의 상호관련성은 평가할 수 있다. 이러한 경우에 사용하는 것이 **상관분석**이다.

2.1 | 상관분석(correlation analysis)

두 변수 간의 상호 관계성을 평가하는 방법이 상관분석이다. 상관분석에서 구해지는 상관계수는 r(모집단에서는 ρ)로 표시하며, 두 변수의 선형적(직선적) 관련성의 정도를 나타낸다.

■ Pearson 상관계수에 의한 분석법

일반적으로 상관계수(r)는 피어슨의 상관계수를 의미한다. 상관계수는 '−1에서 1' 사이에 존재하며 상관계수가 0이라면 두 변수 사이에 선형적 관계가 없다는 것을 의미한다. 이 값은 0을 중심으로 −1에서 +1의 범위를 갖는다.

[그림 2−1]은 상관관계에서 상관계수의 크기를 나타낸 것이다. (a)의 경우 두 변수 사이에는 상관관계가 없으며, '$r=0$'으로 표현한다. (b)와 (c)의 경우 완벽한 직선적 관계가 존재하며, 다만 방향성만 차이가 있을 뿐이다. (b)에서는 두 변수가 직선의 경향이 있다. 데이터들이 모두 이 직선상에 완벽하게 일치하는 것을 볼 수 있으며, '$r=1$'로 표현한다. (c)는 음의 관계가 있으며 '$r=-1$'이다. (d)는 (b)와 마찬가지로 양의 직선관계가 존재하지만 기울기가 (b)보다 작다는 것을 알 수 있다. 하지만 상관분석에서는 기울기를 고려하지 않으므로 이때의 상관계수 역시 '$r=1$'이다. (e)는 (b)와 같은 양의 관계가 존재하지만 완벽한 직선적 관계라기보다는 선형의 경향을 보이며 상관계수는 '$r=0.8$'이다. (f)는 '$r=-0.8$'이다. (g)는 (e)보다 선형의 경향이 좀 더 약해진 것을 나타내며 '$r=0.5$'이고, (h)는 '$r=-0.5$'이다. 또한 (i)의 경우 두 변수 간에 관련성은 매우 높으나,

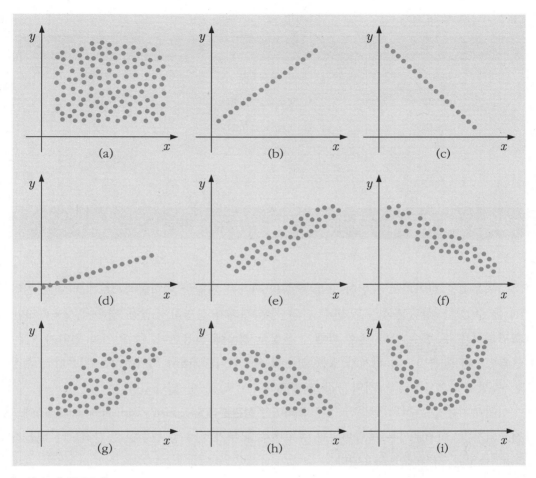

[그림 2-1] 상관관계

직선의 관계가 아닌 곡선의 관계를 나타내고 있다. 이와 같이 선형적 관계가 아닌 경우 'r = 0'이다.

상관계수는 위와 같이 선형관계만 고려한다. 부호가 '+'인 경우 양의 상관 또는 정적 상관이 있다고 하며, '−'인 경우 음의 상관 또는 부적 상관이라고 한다. 상관계수의 크기는 뚜렷한 기준은 없지만 코헨(J. Cohen)은 효과 크기의 측면에서 <표 2-1>과 같이 정의하였다.[3]

---

3) Cohen, J. (1988). *Statistical Power Analysis for the Behavioral Sciences*(2nd ed.). Lawrence Erlbaum Associates, Publishers, Hillsdale, New Jersey.

구분	상관계수	효과 크기
large	$0.46 \leq |r|$	0.8
middle	$0.29 \leq |r| < 0.46$	0.5
small	$0.10 \leq |r| < 0.29$	0.2

2.2 | 회귀분석(regression analysis)

회귀분석을 한마디로 표현하면 두 변수의 관계를 간단한 수학공식으로 나타낸 것이라고 할 수 있다. 상관분석은 두 변수 간의 선후 관계가 분명하지 않은 경우에 사용하지만, 회귀분석은 두 변수 간의 선후 관계가 분명한 경우에 사용한다. 즉 원인과 결과가 있는, 독립변수와 종속변수의 관계가 있는 경우에 사용한다. 그래서 회귀분석을 이용하면 측정한 특정 x값으로부터 미지의 y값을 예측하여 추정할 수 있다.

상관분석은 순위척도 변수인 경우 **스피어만 상관분석**(Spearman's correlation analysis)에도 적용되지만, 회귀분석은 독립변수와 종속변수 모두가 연속형 변수인 등간척도나 비율척도로 측정한 경우에만 사용된다.

회귀분석은 분산분석의 경우처럼 분석을 시작하기 전에 분석하고자 하는 데이터가 다음의 가정을 만족하는지 반드시 점검해야 한다.

1. 독립변수 x는 오차 없이 측정한 것이다.
2. 독립변수 x에 대응되는 종속변수 y는 정규분포를 보이며, 그 평균값들은 회귀직선 상에 놓인다(정규성).
3. x에 대응되는 데이터 y의 분산은 동일하다(등분산성).
4. 한 측정값이 다른 측정값에 영향을 주지 않는다. 즉 모든 y값들은 서로 독립적이다 (독립성).

회귀분석을 실시하기 전에 먼저 독립변수와 종속변수 간의 그래프(scatter plot, 산점도)를 그려보는 것이 좋다. 두 변수가 서로 직선의 관계인 선형성이 있는지, 아니면 곡선의 관계가 있는지를 파악해야 한다. 선형의 관계가 있으면 회귀분석을 실시할 수 있으나, 곡선의 관계인 경우에는 회귀분석을 실시할 수 없다. 곡선의 관계일 때는 log 변환($\ln y$)을 하여 선형 관계로 변환한 후에 회귀분석을 실시하거나 비선형(non-linear) 회귀분석을 실시한다.

03

회귀분석의 기본 개념

EasyFlow Regression Analysis

회귀분석의 정식 명칭은 선형회귀분석(linear regression analysis)이다. 간단히 회귀분석이라고 하며, 크게 **단순(simple)회귀분석**과 **다중(multiple)회귀분석**으로 분류할 수 있다. '단순'과 '다중'을 가르는 기준은 독립변수(설명변수)이다. 즉 독립변수의 수가 1개이면 단순회귀분석이고, 2개 이상이면 다중회귀분석이라고 한다. 이 장에서는 단순회귀분석을 이용하여 회귀분석에 대한 기초적인 개념을 정리하고자 한다.

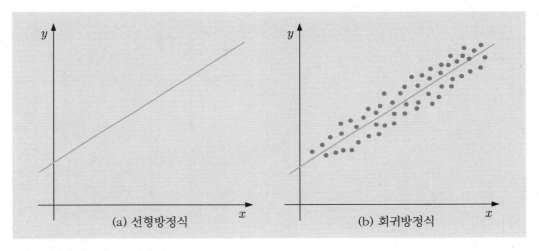

[그림 3-1] 선형방정식과 회귀방정식

회귀분석은 수학적으로 선형방정식을 이용한다. [그림 3-1]에서 (a)는 우리가 흔히 알고 있는 수학의 선형방정식 $y = a + bx$이다. 이 선형방정식에서 x, y는 각각 미지수이고, a는 절편, b는 기울기에 해당한다. 선형방정식에서는 데이터들이 완벽하게 직선상에 놓이는 이상적인 모형이다.

이에 비해 통계학에서 사용하는 회귀모형의 회귀방정식은 $y = \beta_0 + \beta_1 x + \epsilon$이다. 선형방정식의 절편 a는 회귀방정식의 β_0, 기울기 b는 β_1으로 대응하여 사용하고 있으며, 회귀방정식에서 이 β_0, β_1을 **회귀계수**(regression coefficient)라고 한다. 다만, 선형방정식에 없는 ϵ_i를 사용하는 것이 다른 점이다. ϵ_i는 '오차항'으로서 회귀방정식에서 매우 중요한 위치를 차지하고 있으며, 수학식과 다른 통계적 모형을 제공하는 핵심이다.

$$
\begin{array}{ll}
\text{선형방정식} & y = a + bx \\[8pt]
\text{회귀방정식} & y = \beta_0 + \beta_1 x + \epsilon
\end{array}
$$

선형방정식에서는 오차가 존재하지 않지만, 통계학적 모형인 회귀방정식에서는 오차항이 존재한다. [그림 3-2]에서 회귀계수인 절편항 β_0, 기울기 β_1과 오차항 ϵ_i를 확인할 수 있다.

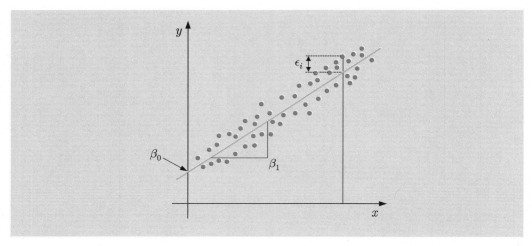

[그림 3-2] 회귀모형

독립변수와 종속변수의 데이터를 회귀방정식으로 표현하면 다음 두 가지 장점이 있다. 첫째, 데이터가 아닌 회귀방정식으로 전체를 대신 **설명**하는 점이다. 즉 독립변수와 종속변수의 관계가 [그림 3-1]의 (b)와 같을 때 이 두 변수 사이의 관계를 $y = \beta_0 + \beta_1 x + \epsilon$으로 표현함으로써 이 회귀방정식이 두 변수 간의 관계를 설명하게 된다. 둘째, 이렇게 데이터를 대신 설명하는 회귀방정식이 존재함으로써 특정 x값을 알면 y값을 **예측**할 수 있다는 것이다. 예를 들어 회귀방정식이 $y = 3 + 4x$와 같을 때, x값이 5라면 y는 23이라는 것을 예측할 수 있다. '설명＋예측'이 바로 회귀방정식의 중요한 사항이다. 그렇다면 선형방정식은 '설명＋예측'을 할 수 없는 것인가? 하는 의문이 제기된다. 여기서 회귀방정식과 선형방정식의 다른 점이 바로 '오차'이다. [그림 3-1] (a)의 선형방정식에서는 x에 대응되는 예측값과 실제값은 오직 하나밖에 존재하지 않는다. 그러나 실제 y값은 여러 가지가 나올 수 있다. 즉 예측값과 실제값의 차이가 발생할 수 있는데, 선형방정식에서는 이를 무시하는 데 반해 회귀방정식에서는 ϵ이라는 오차를 포함하고 있다. 또 오차는 1개만 나오는 것이 아니라 데이터의 수만큼 존재하며, 이를 ϵ_i로 표시한다.

3.2 | 회귀방정식의 생성

3.2.1 오차와 잔차

독립변수 x와 종속변수 y의 관계가 [그림 3-3]의 (a)와 같이 분포할 때, 이들 두 변수 사이의 관계를 표현한 것이 (b)의 회귀방정식이다.

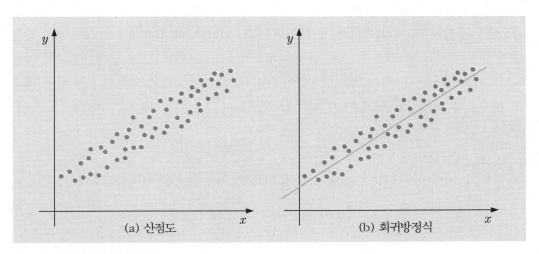

[그림 3-3] 산점도와 회귀방정식

회귀분석에서는 회귀방정식 $y = \beta_0 + \beta_1 x + \epsilon$을 찾는 것이 가장 중요하며, 이 식을 결정하는 요소가 바로 오차항 ϵ_i이다. 모집단의 데이터를 이용한 회귀방정식인 경우에는 $y = \beta_0 + \beta_1 x + \epsilon$을 사용하지만, 표본을 추출해서 표본의 회귀방정식을 구할 때에는 $\hat{y} = b_0 + b_1 x + e$를 사용한다. 여기서 e_i를 잔차라고 한다. 요컨대 모집단에서는 **오차**(ϵ_i), 표본에서는 **잔차**(e_i)라고 한다.

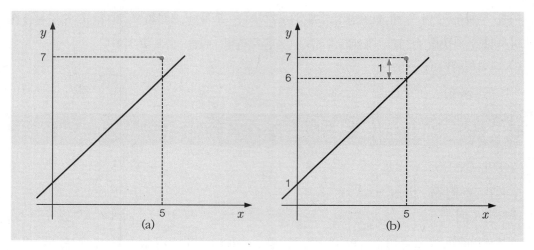

[그림 3-4] 오차

[그림 3-4]에서 (a)의 식이 $y = 1 + x$일 때, 데이터 하나를 선택해서 그림에 표시하였다. 이때 선택한 점은 (b)에서 실제 데이터는 (5, 7)이다. 즉 x가 5일 때 y는 7의 값을 갖는 데이터이다. 하지만, 식 $y = 1 + x$에서 x에 5를 입력하면 y는 실제값이 7이 아닌 6으로 예측하게 된다. 즉 y값은 실제값이 7보다 1이 작은 6으로 예측된다. 이때 실제값과 예측값의 차이($y_i - \hat{y}$)를 **오차**(ϵ_i)라고 하며, (b)에서 오차는 1이다.

$$\epsilon_i = y_i - \hat{y} = 7 - 6 = 1$$

[그림 3-5]에서 3개의 점 a, b, c를 살펴보면, a는 실제값이 예측값보다 큰 경우로

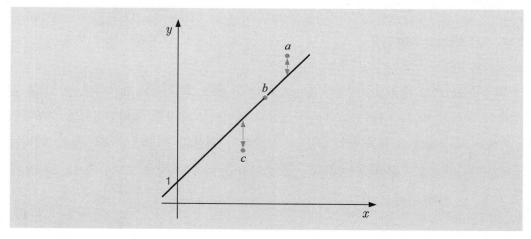

[그림 3-5] 오차의 종류

오차가 양수(+)이며, b는 실제값과 예측값이 동일한 경우로 이때의 오차는 0이다. c의 경우에는 실제값이 예측값보다 작은 경우로 오차는 음수(−)이다. 이와 같이 오차는 각각의 데이터마다 모두 값이 존재하므로 오차의 개수는 데이터 수만큼 존재한다.

[그림 3-6]에는 A, B, C 3개의 회귀방정식이 있다. 동일한 데이터에 3개의 식이 있을 때 이 중에서 두 변수 x, y의 관계를 가장 잘 표현한 것은 과연 어떤 식일까?

예측의 관점에서 봤을 때 식 A는 **적정 예측**한 경우이다. 이에 비하여 B는 **과대 예측**하였으며, C는 **과소 예측**한 경우이다. 식을 과대 예측한 B의 경우 대부분의 예측값은 실제값보다 높게 예측하게 된다. 따라서 오차는 주로 음수(−)의 값을 가지게 될 것이다. 과소 예측한 C의 경우 대부분의 예측값은 실제값보다 낮게 예측하게 되므로 오차는 주로 양수(+)의 값을 가지게 된다. 이에 비하여 적정 예측한 A의 경우 오차는 양수와 음수가 적절하게 섞여 있는 것을 알 수 있다.

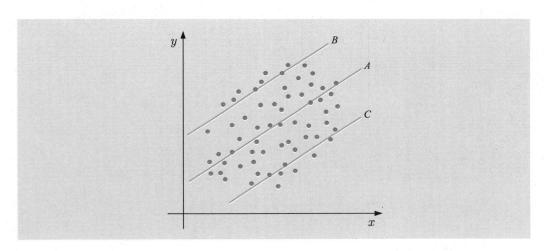

[그림 3-6] 예측의 유형

예측의 관점에서 보면 A, B, C 3개의 식 중에서 가장 적합한 것은 적정 예측한 A이다. 통계학적 관점에서 적정 예측한 것은 오차로 표현이 가능하다. 즉 식 A로 예측한 경우 모든 데이터의 오차를 계산할 수 있으며, 그 오차들을 모두 더하면 오차의 합은 0이다.

$$\sum \epsilon_i = 0$$

그러나 B의 경우에는 대부분의 오차가 음수(−)이므로 오차의 합은 0보다 작다($\sum \epsilon_i < 0$). 반면에 과소 예측한 C는 오차들이 양수(+)가 많으므로 오차의 합은 0보다 크다($\sum \epsilon_i > 0$).

$$\sum \epsilon_i = 0$$

즉 회귀방정식을 찾는 첫 번째 조건은 오차의 합이 0이 되게 하는 것이다. 오차의 합이 0이 된다는 것은 바로 '적정 예측'한다는 것을 의미하며, 그래프상에서 보면 회귀방정식이 데이터들의 가운데를 지나가게 된다.

문제는 오차의 합이 0이 되는 식이 A 하나만 존재하는 것이 아니라는 점이다. [그림 3-7]에서 식 D를 살펴보자. 그래프상에서 D는 데이터를 예측하는 데 좋지 않다는 것을 바로 알 수 있다. 그러나 오차의 관점에서 봤을 때 식 D에서 예측된 값들에 대한 오차의 합은 0이다. 즉 식 A와 D 모두 오차의 합은 0이다.

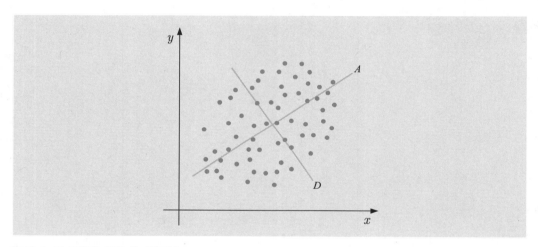

[그림 3-7] 오차에 의한 회귀방정식

그러므로 단순히 오차의 합이 0이라는 첫 번째 조건만으로 적합한 회귀방정식을 찾는 데는 한계가 있다. 그래서 회귀방정식을 찾는 두 번째 조건을 사용한다. 통계학에서는 데이터에 문제가 생겼을 때 취하는 방법 중 **변수변환**이라는 것이 있다. 변수변환은 원래 데이터인 y에 log, $\sqrt{\ }$, 역수나 제곱 등을 취하는 것을 의미한다.

변수변환의 가장 대표적인 방법인 log는 주로 매출액이나 자산과 같이 단위가 매우 크고 양수로 된 데이터에 적합하다. $\sqrt{\ }$는 log와 비슷하지만 0을 포함하는 경우에 사용한다. log 0은 수식에서 존재할 수 없으므로 양수만으로 되어 있을 때는 log, 0을 포함한 양수일 경우에는 $\sqrt{\ }$를 취한다. 역수($1/y$)는 단위가 매우 작을 때 사용하며, 제곱(y^2)은 음수와 양수가 섞여 있는 경우에 사용한다.

식 A, D의 오차는 위의 4가지 경우의 수 중에서 음수와 양수가 섞여 있는 경우이므로 제곱을 취한다. 즉 오차의 제곱 ϵ_i^2을 계산하는 것이다. 회귀방정식의 첫 번째 조건인 오차의 합($\sum \epsilon_i$)을 이용하듯이 두 번째 조건인 오차제곱의 합($\sum \epsilon_i^2$)을 계산한다.

식 A와 식 D의 오차제곱의 합을 구하면 식 A의 오차제곱합이 식 D의 오차제곱합보다 작다는 것을 알 수 있다.

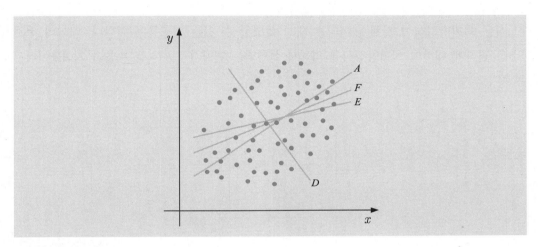

[그림 3-8] 오차제곱합

[그림 3-8]에서는 식 E, F를 구할 수 있다. 이때 식 E, F는 식 A, D와 마찬가지로 오차의 합은 모두 0이다. 하지만, 이들 식의 오차제곱합은 식 A가 가장 작고 식 D가 가장 크다.

$$\sum \epsilon_{i_A}^2 < \sum \epsilon_{i_F}^2 < \sum \epsilon_{i_E}^2 < \sum \epsilon_{i_D}^2$$

위의 4개의 식 A, D, E, F의 오차의 합은 모두 0이지만, 오차제곱의 합은 식 A가 가장 작고, F, E, D순으로 크게 나타난다. 선형회귀분석에서는 이 오차제곱의 합이 가장 작은 회귀방정식($\text{Min} \sum \epsilon_i^2$)을 구하는데, 이를 **최소제곱법**(least square)에 의한 회귀분석이라고 한다.

> 회귀방정식을 찾는 두 번째 조건
> $$\text{Min} \sum \epsilon_i^2$$

3.2.2 결정계수

회귀분석에서 가장 중요한 통계량 중의 하나는 **결정계수**이다. 결정계수는 전체 편차 중에서 회귀방정식의 편차가 차지하는 비로서 식으로 나타내면 다음과 같다.

$$R^2 = \frac{SSR}{SST} = \frac{\text{회귀방정식의 편차}}{\text{전체 편차}}$$

이 식은 회귀방정식이 전체 데이터를 대신 설명할 수 있는 정도를 의미한다. 데이터 전체의 총 편차에 대하여 회귀방정식에 의해서 설명되는 편차가 기여하는 비율을 **기여율**이라고 부르기도 한다.

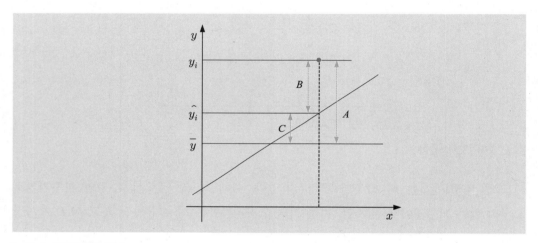

[그림 3-9] 편차의 구분

[그림 3-9]는 편차를 도식화한 것이다. 그림에서 나타낸 A, B, C는 모두 편차를 의미한다.

$A : y_i - \bar{y}$: 총 편차

$B : y_i - \hat{y_i}$: 회귀방정식으로 설명되지 않는 편차

$C : \hat{y_i} - \bar{y}$: 회귀방정식으로 설명되는 편차

본래 편차는 $x_i - \bar{x}$로 나타낸다. 회귀분석에서 종속변수인 y에 대하여 편차를 구하면 $y_i - \bar{y}$이고, 이것을 **총 편차**(total deviation, A)라고 한다. 그런데 이 총 편차는 회귀방정식에 의해서 2개로 나눌 수 있다. 회귀방정식에 의해서 예측된 예측값($\hat{y_i}$)과 평균값의 차이

에 대한 편차는 결국 회귀방정식으로 설명할 수 있는 편차 $C(\hat{y_i}-\bar{y})$와 설명되지 않는 편차 $B(y_i-\hat{y_i},$ 오차)로 분리된다. 이때 결정계수 $R^2=C/A$이다.

결정계수는 0에서 1 사이에 존재하며($0 \leq R^2 \leq 1$), 상관계수의 제곱과 같다. 독립변수와 종속변수 간의 인과관계가 전혀 없어서 회귀방정식의 기울기가 0인 경우 결정계수는 0이 되며, x와 y 사이의 상관관계가 1이면 결정계수는 1이 된다. 결정계수가 1이면 종속변수 y는 전적으로 독립변수 x에 의해서 결정된다.

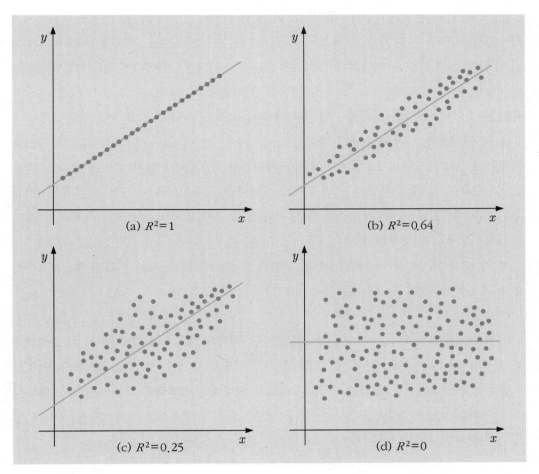

[그림 3-10] 결정계수

[그림 3-10]은 여러 가지 크기의 결정계수를 그림으로 나타낸 것이다. (a)의 경우 결정계수는 1.0이다. 즉 회귀방정식의 편차가 전체 데이터의 편차를 모두 대신할 수 있다는 것이다. 예측의 관점에서 봤을 때, 독립변수 x에 대하여 종속변수 y의 값을 예측할 수

있다. 이때 예측한 값은 실제값과 모두 일치한다. 즉 예측의 정확도는 100%이다.

(b)의 경우 상관계수가 $r = 0.8$ 정도이기 때문에 결정계수는 $R^2 = 0.64$이다. 그렇다면 독립변수 x에 대하여 종속변수 y의 값을 예측한 경우 과연 얼마나 맞출까? 64%는 맞춘다고 생각하겠지만 실제로는 그렇지 않다. 만약 데이터가 100개가 있다고 가정한 경우, 이를 예측했을 때 정확히 맞추는 것이 64%인 64개의 데이터가 맞았을까? 즉 회귀선상에 100개의 데이터 중에서 64개가 있어야 64%를 맞춘 것이다. 그러나 실제 (b)를 자세히 보면 회귀선상에 있는 데이터는 1개밖에 없다. 그럼 맞춘다는 관점에서 보면 100개 중 1개이므로 1%라는 말이 된다. 하지만 결정계수가 0.64인 64%와 맞춘다는 개념의 1% 사이에는 너무나 큰 차이가 있다. 결국 결정계수는 맞추는 개념이 아니라 **정확도**(accuracy)의 개념이다. 정확도는 예측값과 실제값의 편차가 작은 정도(추정값이 참값에 얼마만큼 가까이 있는가 하는 측도[1])이다. 즉 오차(잔차)를 의미한다. 결정계수가 높다는 것은 오차가 작다는 것이며, 이것은 예측을 했을 때 예측의 오차가 작다는 것을 의미한다.

(c)의 상관계수는 $r = 0.5$이기 때문에 결정계수는 $R^2 = 0.25$, 즉 25%이다. 여기서도 데이터가 100개 있다면 25개의 데이터가 회귀선상에 있을까? 역시 그렇지 않다는 것을 알 수 있으며, 실제로 확인해 보면 2개의 데이터가 회귀선상에 존재한다. 오히려 (b)의 경우보다 예측값과 실제값이 맞은 경우는 더 많다. 하지만 (b)가 (c)보다 정확도가 높다는 것은 누구나 인정하게 된다.

(d)의 결정계수는 $R^2 = 0$이다. 즉 x가 어떻게 변화하더라도 y는 변화가 없으며, 이것은 x로 y를 예측할 수 없다는 것을 의미한다.

이상의 결과를 통해 알 수 있듯이 결정계수는 예측의 정확도를 의미한다. 즉 결정계수는 회귀방정식의 편차로, 전체 데이터의 편차를 설명할 수 있는 정도를 의미한다. 이것은 회귀방정식이 데이터를 설명할 수 있는 정도를 의미하는 **설명력**을 의미하며, 회귀방정식이 기여하는 비율인 '기여율'을 의미한다. 일반적으로 공학에서는 결정계수를 70% 이상을 추천하지만 사회과학에서는 이보다 낮은 값을 요구한다.

---

1) 한국통계학회(1987). 통계용어사전. 자유아카데미.

〈표 3-1〉 결정계수의 크기

구분	결정계수	효과 크기
large	$0.26 \leq R^2$	0.35
middle	$0.13 \leq R^2 < 0.26$	0.15
small	$0.02 \leq R^2 < 0.13$	0.02

사회과학에서는 심리적 지표들을 많이 사용한다. 예를 들어 '스트레스와 연봉이 삶의 만족에 미치는 영향'에 대해서 연구하는 경우를 생각해 보자. 종속변수인 '삶의 만족'에 영향을 주는 요인은 수십, 수백 가지가 있을 것이다. 그중에서 연구자는 '스트레스와 연봉' 두 가지 요인만 고려한다. 이때 삶의 만족도에 영향을 주는 수십, 수백 가지 요인들의 전체 설명률이 100%이다. 그중 스트레스와 연봉이라는 두 가지 요인이 과연 삶에 대한 만족을 얼마나 설명할 수 있을까? 공학 연구에서와 마찬가지로 70% 이상을 설명할 수 있을까? 그렇지 않다. 실제 어떤 특정 독립변수의 설명력이 20~30% 이상인 변수는 극히 희박하다. 종속변수가 행동지표가 아닌 심리적 지표인 경우에는 더 낮을 수밖에 없다. 따라서 사회과학 연구에서는 설명력이 중간 정도의 효과크기인 13% 이상만 되어도 효과가 있다고 할 수 있다.[2]

3.2.3 가설 검정

회귀분석에서는 회귀방정식에 대해서 가설 검정을 한다. 즉 표본의 회귀방정식인 $\hat{y} = b_0 + b_1 x + e$로 모집단의 회귀방정식 $y = \beta_0 + \beta_1 x + \epsilon$을 추정하는 것이다. 이 식에서 가장 중요한 요소는 바로 기울기인 β_1의 회귀계수이다.

---

2) Cohen, J. (1988). *Statistical Power Analysis for the Behavioral Sciences*(2nd ed.). Lawrence Erlbaum Associates, Publishers, Hillsdale, New Jersey.

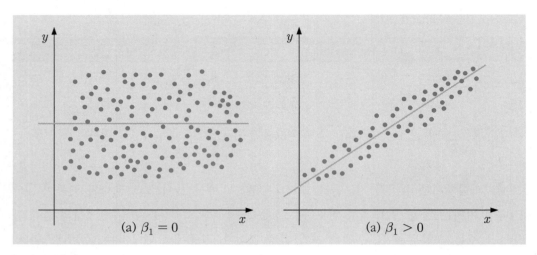

[그림 3-11] 회귀계수 β_1

[그림 3-11]의 (a)는 기울기가 0, 즉 $\beta_1 = 0$인 회귀방정식이며, (b)는 기울기가 0보다 큰 경우로 $\beta_1 > 0$이다. 즉 기울기가 0이라는 것은 독립변수로 종속변수를 예측할 수 없다는 것을 의미하며, 0이 아니라는 것은 독립변수로 종속변수를 예측할 수 있다(또는 종속변수를 설명할 수 있다)는 것을 의미한다. 따라서 단순회귀분석의 가설은 아래와 같다.

$$H_0 : \beta_1 = 0$$

$$H_1 : \beta_1 \neq 0$$

위의 가설에서 귀무가설 H_0는 기울기가 0이라는 것이고, 대립가설 H_1은 기울기가 0이 아니라는 것이다. 이를 좀 더 쉽게 설명하면 다음과 같다.

H_0: 독립변수는 종속변수에 영향을 주지 않는다.

H_1: 독립변수는 종속변수에 영향을 준다.

기울기가 0이 아니라는 것은 독립변수로 종속변수를 설명하고 예측할 수 있다는 것을 의미한다. 이것은 다시 말해서 독립변수가 종속변수에 영향을 준다는 것을 뜻한다.

| 예제 3.1 |　　　어느 회사에서 사용하는 기계의 유지보수비용을 책정하고자 한다. 그동안 사용한 기계의 사용빈도(x)와 수리비용(y) 데이터가 있어서 사용빈도로 수리비용을 예측하는 모형을 만든다. (데이터: reg-예제1.sav)

x	y	x	y	x	y
531	22.99	529	23.01	533	23.14
535	23.36	535	23.42	535	23.11
536	23.62	534	23.16	530	23.24
530	22.86	526	22.87	531	23.13
532	23.16	533	23.62	530	23.00
533	23.28	534	23.63	531	23.35
532	22.89	530	23.01	529	22.62
531	23.00	531	23.12	534	23.37
528	23.08	536	23.50	532	23.08
534	23.64	533	22.75	533	23.31

이 문제에서 종속변수는 수리비용이고 독립변수는 사용빈도이다. 이들 독립변수와 종속변수를 살펴보면 모두 연속형 변수인 양적 변수라는 것을 알 수 있으며 비율척도를 사용한다.

종속변수: 수리비용 (양적 변수 or 등비척도)
독립변수: 사용빈도 (양적 변수 or 등비척도)

따라서 분석기법은 단순회귀분석을 사용한다.

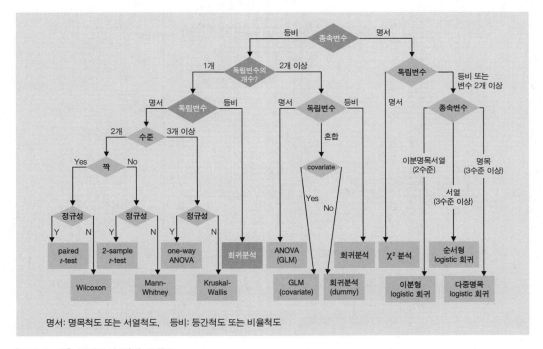

[그림 3-12] 통계분석 기법 흐름도

[Step 1] 산점도 그리기

회귀분석을 실시하기 전에 독립변수와 종속변수의 산점도를 그린다.

그래프 → 레거시 대화상자 → 산점도/점도표

[그림 3-13] 산점도 그리기

산점도는 독립변수가 1개이므로 '단순산점도'를 선택한다. [그림 3-14]의 대화상자에서 [Y-축(Y):]에는 종속변수인 수리비용을, [X-축(X):]에는 독립변수인 사용빈도를 입력한다.

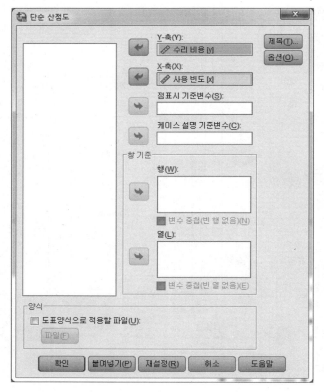

[그림 3-14] 산점도 그리기

출력 결과는 [그림 3-15]와 같다. 이 산점도에서 확인해야 할 사항은 우선 직선인가, 곡선인가 하는 것이다. 회귀분석은 선형의 관계만을 규명할 수 있다. 심한 곡선 형태의 비선형 데이터인 경우에는 회귀분석을 할 수 없다. 본 예제의 결과에서는 '선형' 형태이 므로 회귀분석이 가능하다. 다음으로 확인해야 할 사항은 이상값(outlier)의 유무이다. 이 상값에 대해서는 다음 절에서 다루도록 한다.

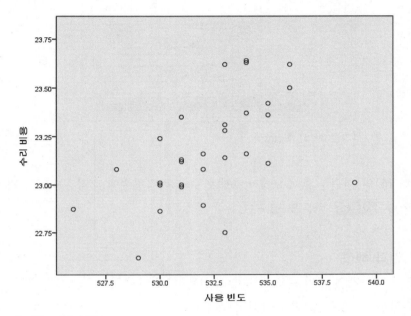

[그림 3-15] 산점도

산점도를 살펴본 결과 선형의 관계를 띠고 있으므로 이 데이터는 회귀분석을 실시하기 에 적합하다.

[Step 2] 회귀분석

회귀분석을 실시하는 방법은 우선 분석 메뉴의 회귀분석 메뉴에서 선형을 선택한다.

분석 → 회귀분석 → 선형

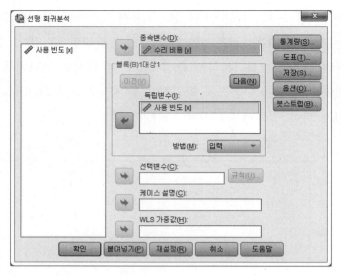

[그림 3-16] 회귀분석

[그림 3-16]의 회귀분석 메뉴에서 종속변수와 독립변수에 각각 수리비용과 사용빈도
를 입력한 후 ⬚확인⬚ 버튼을 클릭한다.

[Step 3] 결과 해석

분석 결과 총 3개의 표가 출력되는데, 그것은 [그림 3-17]의 모형요약표, [그림 3-18]
의 분산분석표, 그리고 [그림 3-19]의 계수표이다.

모형 요약

모형	R	R 제곱	수정된 R 제곱	추정값의 표준오차
1	.521[a]	.271	.245	.23168

a. 예측값: (상수), 사용 빈도

[그림 3-17] 모형요약표

분산분석[a]

모형		제곱합	자유도	평균 제곱	F	유의확률
1	회귀 모형	.559	1	.559	10.421	.003[b]
	잔차	1.503	28	.054		
	합계	2.062	29			

a. 종속변수: 수리 비용

b. 예측값: (상수), 사용 빈도

[그림 3-18] 분산분석표

계수ª

모형		비표준화 계수		표준화 계수	t	유의확률
		B	표준오차	베타		
1	(상수)	-4.498	8.573		-.525	.604
	사용 빈도	.052	.016	.521	3.228	.003

a. 종속변수: 수리 비용

[그림 3-19] 계수표

〈표 3-2〉 회귀분석 결과 해석 순서

순서	표	통계량
1	분산분석	p
2	계수	B
3	모형요약	R^2

분석 결과는 다음 순서로 확인한다.

① [그림 3-18]에서 유의확률인 p-value는 .003이고 회귀분석의 가설은 아래와 같다. 즉 $p = .003 < .05$이므로 가설은 H_1을 선택한다.

$$H_0 : \beta_1 = 0$$

$$H_1 : \beta_1 \neq 0$$

기울기가 0이 아니라는 것이므로 정리하면 다음과 같다.

H_0: 독립변수는 종속변수에 영향을 주지 않는다.

H_1: 독립변수는 종속변수에 영향을 준다.

독립변수인 사용빈도는 종속변수인 비용에 유의한 영향을 준다($p < .05$)는 것을 알 수 있다. ② 사용빈도가 수리비용에 어떠한 영향을 주는지는 [그림 3-19]의 비표준화 회귀계수 B의 값을 통해 알 수 있다. 여기에서 중요한 것은 회귀계수의 부호이다. $B = .052$로 부호가 '+'이므로 사용빈도가 높을수록($B = .052$) 수리비용이 많아진다는 것을 의미한다. 기울기 .052가 의미하는 것은 기계를 1회 더 사용할수록 수리비용은 .052만큼 증가한다는 것을 의미한다.

③ [그림 3-17]의 결정계수를 보면 결정계수가 .271이므로 $R^2 = .271$이다. 이것은 독립변수가 종속변수를 설명하는 설명력이 27.1%라는 것을 의미한다.

회귀분석 결과에 대하여 식을 작성하면 다음과 같다.

$$y = -4.498 + 0.052 x$$

또는

수리비용 $= -4.498 + 0.052$ (사용빈도)

이 식을 그래프로 표현하면 [그림 3-20]과 같다.

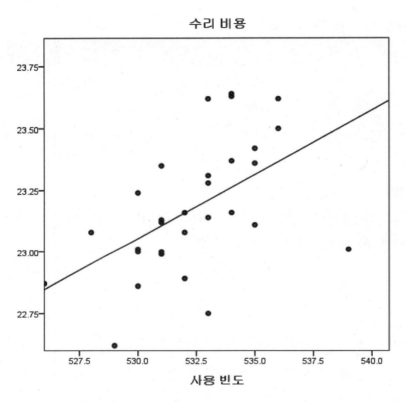

[그림 3-20] 회귀방정식

[Step 4] 표의 작성 및 해석

회귀분석을 실시한 후에는 분석 결과를 표로 작성하고 그에 대한 해석을 해야 한다. 표 작성 시에는 완전한 형태의 표와 약식 형태의 표가 있는데 우선 완전한 형태의 표를 작성한다.

분석 결과에 나온 3개의 표(모형요약표, 분산분석표, 계수표)에서 필요한 통계량만 추출한다.

● 표 작성 예 1

가장 중요한 통계량은 회귀계수이다. 계수표에서는 모든 통계량을 가져오며, 분산분석표에서는 F 통계량과 유의확률인 p-value를 사용한다. 마지막으로 모형요약표에서는 결정계수가 필요하다. 이들 통계량을 이용하여 아래와 같은 표를 만들 수 있다.

또한 해석은 하지 않지만 중요한 통계량인 표준오차(Standard Error, SE)와 t, F의 검정통계량까지 제시하는 것이 좋다. 학위논문의 경우에는 아래와 같은 표를 제시하는 것이 좋다.

〈표 3-3〉 회귀분석 결과표

	B	SE	β	t	p
상수	−4.498	8.573		−.525	.604
사용빈도	.052	.016	.521	3.228	.003

$R^2 = .271,\ F = 10.421\ (p = .003)$

▶ 표 3-3 해석

기계의 사용빈도가 수리비용에 미치는 영향을 알아보기 위하여 단순회귀분석을 실시하였다. 그 결과 기계의 사용빈도는 수리비용($p = .003 < .05$)에 유의한 영향을 주었으며, 기계의 사용빈도가 높을수록($B = .052$) 수리비용이 높아졌다. 사용빈도가 수리비용을 설명하는 설명력은 27.1%이다.

● 표 작성 예 2

앞의 <표 작성 예 1> 중에서 중요한 통계량만을 가지고 표를 만들 수 있는데, 이때 필요한 것은 회귀계수와 결정계수이다.

〈표 3-4〉 회귀분석 결과표

	B	β	R^2	F
상수	−4.498		.271	10.421[**]
사용 빈도	.052	.521[**]		

[**] $p < .01$

저널의 경우에는 지면상 제약이 많기 때문에 완전한 형태의 표를 사용하지 않는 경우가 많다. 이렇게 약식 표를 사용할 때는 꼭 필요한 통계량만을 사용한다.

보통 p-value를 생략하는 경우가 많고 '*'로 p-value를 대신한다. 위의 표에서 $p = .003$과 같은 경우에는 $p < .05$로 유의하다. 또한 이 값은 .01보다도 작기 때문에 보편적으로는 $p < .01$로 사용한다. 따라서 $p = .003 < .01$로 표현해서 '**'를 사용한다. 이때 *, **, *** 표시를 할 때는 위첨자로 쓰는 것이 일반적이다.

〈표 3-5〉 p-value 표시 기준

표시	기준
*	$p < .05$
**	$p < .01$
***	$p < .001$

<표 3-6>은 <표 3-4>를 작성하는 연구자를 위한 팁으로 제시한 것이다. 표 안의 점선(---)은 최종 표에서는 선이 보이지 않게 처리한 것이다. 그리고 표 아래의 주석 ** $p < .01$은 표 안의 글자보다 2 point 작게 한다.

〈표 3-6〉 회귀분석 결과표

	B	β	R^2	F
상수	−4.498		.271	10.421**
사용빈도	.052	.521**		

** $p < .01$

3.3 | 잔차분석

3.3.1 자기상관

1) 종속변수 내 상관관계

회귀분석에서 종속변수는 **독립성**의 가정이 존재한다. 이 가정은 "한 측정값은 다른 측정값에 영향을 주지 않는다."는 것을 의미한다. 예를 들어, 100명을 대상으로 스트레스가 삶의 만족도에 미치는 영향에 관한 조사를 한 경우를 보자. 첫 번째 사람은 4.6이고, 두 번째 사람은 3.4였을 때, 이 두 사람의 삶의 만족도 점수는 서로 영향을 받지 않아야 한다. 만약 두 사람의 삶의 만족도 점수가 서로 영향을 받는다면 삶의 만족도 점수에 상관관계가 존재한다는 것을 의미한다. 따라서 개개인의 삶의 만족도 점수는 서로 상관관계가 없고 **독립적**이다. 설문조사와 같은 횡단면 연구에서 종속변수의 측정값은 독립적이어야 한다.

하지만 종속변수를 시간 순서로 측정한 데이터의 경우를 보자. 월별 매출액, 매일의 종합주가지수와 같이 매월(또는 매일) 종속변수를 측정하는 종단면 연구데이터의 경우에는 종속변수의 측정값은 독립적이 아닌 경우가 대부분이다. 종합주가지수의 경우를 고려해 보면 오늘의 종합주가지수와 어제의 종합주가지수는 서로 연관이 있을 수 있다.

월	일	종합주가지수
9	11	2003.85
9	10	1994.06
9	9	1974.67
9	6	1955.31
9	5	1951.65
9	4	1933.03
9	3	1933.74
9	2	1924.81
8	30	1926.36

[그림 3-21] 종합주가지수

위의 그림은 2013년 8월 30일~9월 11일의 종합주가지수를 조사한 데이터이다. 여기서 9월 11일의 종합주가지수 2003.85와 9월 10일의 종합주가지수 1994.06은 서로 관계가 없는 것이 아니다. 9월 10일의 종합주가지수가 9월 11일에 영향을 준다. 즉 어제의 종합주가지수는 오늘의 종합주가지수에 영향을 주게 되므로 회귀분석의 기본 가정인

종합주가지수	T_1
2003.85	1994.06
1994.06	1974.67
1974.67	1955.31
1955.31	1951.65
1951.65	1933.03
1933.03	1933.74
1933.74	1924.81
1924.81	1926.36
1926.36	

[그림 3-22] 종합주가지수

'독립성' 가정에 문제가 발생한다.

[그림 3-21]의 데이터에서 새로운 변수를 생성한 것이 [그림 3-22]의 'T_1' 변수이다. T_1 변수는 어제의 종합주가지수가 오늘 날짜에 연계된 데이터이다. 즉 9월 10일의 종합주가지수 1994.06은 T_1 변수의 첫 번째 행에 위치하여 9월 11일과 10일의 종합주가지수 간에 상관관계를 분석할 수 있다.

| 예제 3.2 | 오늘의 종합주가지수와 어제의 종합주가지수 간의 상관관계를 알아보자.
             (데이터: 자기상관.sav)

데이터에서 오늘의 종합주가지수와 어제의 종합주가지수 간의 상관관계를 확인하기 위해서는 '종합주가지수'와 'T_1' 변수 간의 상관관계를 분석하면 된다.

분석 → 상관분석 → 이변량 상관계수

상관분석 메뉴에서 이변량 상관계수를 선택한 후 [그림 3-23]의 상관분석 대화상자에서 종합주가지수와 T_1의 변수를 투입한 후 확인 버튼을 클릭한다.

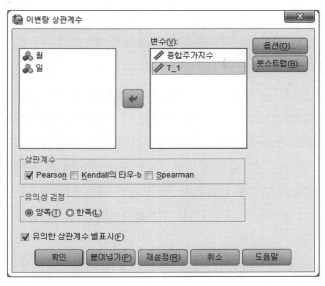

[그림 3-23] 상관분석

상관계수

		종합주가지수	T_1
종합주가지수	Pearson 상관계수	1	.961**
	유의확률 (양쪽)		.000
	N	9	8
T_1	Pearson 상관계수	.961**	1
	유의확률 (양쪽)	.000	
	N	8	8

**. 상관계수는 0.01 수준(양쪽)에서 유의합니다.

[그림 3-24] 상관분석 결과

▼ 그림 3-24 해석

[그림 3-24]의 상관분석 결과를 보면, 상관계수는 $r = .961$이고 $p = .000$으로 나타났다. 따라서 오늘의 종합주가지수와 어제의 종합주가지수 사이에 매우 높은 상관관계가 있음을 알 수 있다.

이렇게 종속변수 자체에 상관관계가 존재하면 독립성 가정에 위배되어 회귀분석을 사용할 수 없다.

2) 오차의 자기상관

3.3.1절에서는 종속변수 내의 상관관계에 대해서 살펴보았다. 이 절에서는 회귀분석의 가정인 '오차항의 독립성' 가정에 대해서 살펴본다.

오차항의 독립성은 **자기상관**(autocorrelation)으로 측정한다. 자기상관은 앞 절에서 설명한 상관과는 조금 다른 개념으로 접근해야 한다. 3.3.1절에서 다룬 상관은 종속변수 자체의 상관관계를 계산한 것으로, 종속변수의 측정값이 다른 측정값에 영향을 받지 않는다는 것을 의미한다. 하지만 엄밀하게 말하면 자기상관은 회귀분석 후에 예측한 결과로 계산된 오차항들 사이의 독립성을 의미한다. 즉 표본의 관점에서 잔차들은 서로 관계가 있으면 안 되고 독립적이어야 한다. 이것을 **자기상관**이라고 하며 r_{ac}로 나타낸다.

자기상관계수는 예측 메뉴의 '자기상관'에서 구하며, 자기상관분석은 메뉴에서 종속변수인 '종합주가지수'를 입력한 후 [확인] 버튼을 클릭한다.

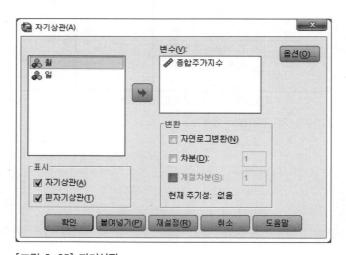

[그림 3-25] 자기상관

자기상관분석 결과는 [그림 3-26]과 같다. 이 결과에서 시차가 1일 때 자기상관계수 $r_{ac} = .679$이고, 유의하게 나타나($p = .017 < .05$) 종합주가지수는 자기상관이 존재한다. 이렇게 자기상관이 존재하는 경우에는 회귀분석을 할 수 없다. 일반적으로 자기상관계수의

절댓값이 0.3 이상이면 자기상관이 있다고 말한다. 여기서 시차가 1이면 오늘과 어제(시간의 차가 1일)를 말하고, 시차가 2이면 2일의 차(오늘과 그제)를 말한다.

자기상관

계열: 종합주가지수

시차	자기상관	표준오차[a]	Box-Ljung 통계량		
			값	자유도	유의확률[b]
1	.679	.284	5.698	1	.017
2	.323	.266	7.170	2	.028
3	.026	.246	7.181	3	.066
4	-.194	.225	7.926	4	.094
5	-.359	.201	11.124	5	.049
6	-.400	.174	16.397	6	.012
7	-.373	.142	23.280	7	.002

a. 가정된 기본 공정은 독립적입니다(백색잡음).
b. 점근 카이제곱 근사를 기준으로 합니다.

[그림 3-26] 자기상관 출력 결과

회귀분석에서 자기상관을 측정하는 경우에는 자기상관계수를 이용하는 방법과 **Durbin-Watson 지수**를 이용하는 방법이 있다. Durbin-Watson 지수는 0에서 4 사이에서 나온다. 간편 공식으로 나타내면 Durbin-Watson 지수는 다음과 같다(실제 공식은 생략, $\approx$ 기호는 대체적으로 비슷하다는 것을 의미함).

$$d \approx 2(1 - r_{ac})$$

표본의 크기가 큰 경우 Durbin-Watson 지수 d는 자기상관계수 r_{ac}로 계산이 가능하다. 예를 들어 자기상관계수 $r_{ac} = 0$이면

$$d \approx 2(1 - 0) = 2$$

이다. 즉 Durbin-Watson 지수가 2이면 회귀방정식에 예측된 종속변수의 오차항은 자기상관이 없이 독립적이라는 것을 의미한다.

자기상관계수가 $r_{ac} = 1$인 경우(즉 완벽한 자기상관관계가 있는 경우) Durbin-Watson 지수는 0이다.

$$d \approx 2(1 - 1) = 0$$

자기상관계수가 $r_{ac} = -1$이면 Durbin-Watson 지수는 4가 된다.

$$d \approx 2(1-(-1)) = 4$$

그러므로 Durbin-Watson 지수가 0에 가까우면 양의 자기상관이 있다는 것이고, 4에 가까우면 음의 자기상관이 있다는 것이다. 또 2에 가까우면 자기상관이 없다는 것을 뜻한다.

| 예제 3.3 | <예제 3.2>의 데이터를 이용하여 Durbin-Watson 지수를 구해보자.

<예제 3.2>의 종합주가지수 예를 이용하여 자기상관을 파악하기 위한 Durbin-Watson 지수를 구한다. Durbin-Watson 지수를 구하기 위해서는 회귀분석을 실시해야 한다. 자기상관은 오차항 사이의 상관관계를 의미하므로 회귀분석 실시 결과 잔차를 구해야 Durbin-Watson 지수를 구할 수 있다.

분석 → 회귀분석 → 선형

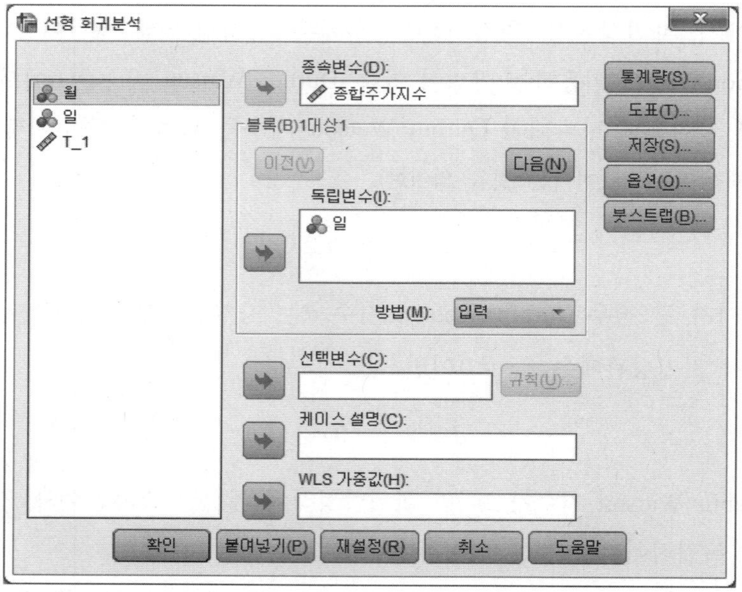

[그림 3-27] 회귀분석

[그림 3-27]의 회귀분석 대화상자에서 종속변수와 독립변수를 입력한다. 대화상자의 옵션에서 통계량(S)... 옵션을 체크한다.

[그림 3-28]의 통계량 대화상자에서 [☑ Durbin-Watson(U)]을 체크하면 Durbin-Watson 지수를 구할 수 있으며, 또한 오차항의 자기상관도 구할 수 있다.

[그림 3-28] 통계량: 자기상관

모형 요약[b]

모형	R	R 제곱	수정된 R 제곱	추정값의 표준오차	Durbin-Watson
1	.002[a]	.000	-.143	31.56826	.185

a. 예측값: (상수), 일

b. 종속변수: 종합주가지수

[그림 3-29] Durbin-Watson 지수

▼ 그림 3-29 해석

분석 결과, Durbin-Watson 지수가 .185로 0에 매우 가까운 값을 가지므로 자기상관이 존재한다고 할 수 있다.

회귀분석을 실시한 결과, 자기상관이 있는 경우에는 회귀분석을 실시할 수 없다. Durbin-Watson 지수는 자기상관을 측정하는 지수이지만 두 가지 문제점을 안고 있다. 첫째, 1차 자기상관만 검정할 수 있다는 것이다. 오늘의 종합주가지수가 어제의 종합주가지수에 영향을 받는 경우에는 Durbin-Watson 지수를 통해서 확인할 수 있지만, 어제의 종합주가지수에는 영향을 받지 않고 그제(2일 전)의 종합주가지수에 영향을 받는 경우,

즉 1차 자기상관은 없고 2차 자기상관만 존재하는 경우에는 Durbin-Waston 지수를 알수 없다는 단점이 있다. 둘째, Durbin-Waston 지수의 기준을 정하기 어렵다는 것이다. 2에 가까울수록 자기상관이 없이 독립적이지만 얼마나 가까워야 독립적이라고 할 수 있는가 하는 문제이다. 1.5이면 자기상관이 없는 것일까? 아니면 1.3이면 어떨까?

위의 두 가지 문제에서 첫 번째 1차 자기상관뿐만 아니라 2차, 3차의 고차 자기상관이 있는지를 확인하고 싶을 때는 어떻게 해야 할까? 이때는 [그림 3-25]의 자기상관 메뉴에서 구할 수 있다. 자기상관분석을 하는 경우에는 [그림 3-30]과 같은 자기상관함수(ACF) 그래프가 출력된다. 이 그래프를 이용해서 자기상관이 존재하는지에 대해서 확인할 수 있다. 그래프에서 위와 아래에 있는 검은 실선이 신뢰구간이며, 막대(자기상관함수)가 이 실선을 벗어나면(자기상관함수가 95% 신뢰구간보다 크면) 자기상관이 존재하는 것이다.

이 예의 경우 막대는 시차 1에서 95% 상한을 넘어가고, 시차 6, 7에서는 하한을 벗어나는 것을 볼 수 있다. 이렇게 자기상관함수가 2차 이상에서 95% 신뢰구간을 벗어나면 고차의 자기상관이 존재하는 것이다.

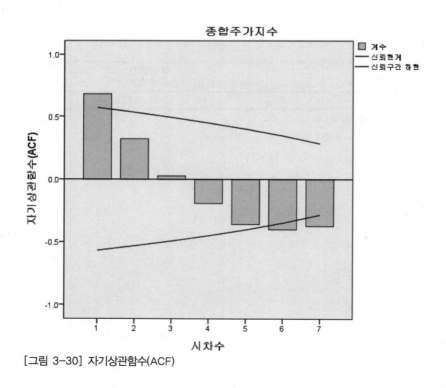

[그림 3-30] 자기상관함수(ACF)

두 번째 문제점인 Durbin-Watson 지수의 기준이 명확하게 나와 있지 않은 경우에는 자기상관계수의 크기를 이용할 수 있다. Cohen은 상관계수가 0.1이면 작은 정도라고 정

의하였다. 또한 $|\rho| > 0.3$이면 자기상관이 존재하는 것으로 판정한다.[3]

$$d \approx 2(1 - r_{ac}) = 2(1 - 0.1) = 1.8$$

표본 수 n이 큰 경우 Durbin-Watson 지수가 $1.8 < d < 2.2$이면 자기상관이 없이 독립적이라고 할 수 있다.

〈표 3-7〉 Durbin-Watson 지수 기준

자기상관계수		자기상관 판별	Durbin-Watson 검정
자기상관계수	Durbin-Watson		
$0.3 < |\rho|$	$d < 1.4$ or $2.6 < d$	자기상관	$d < d_L$ or $4 - d_L < d$
$0.1 \leqq |\rho| \leqq 0.3$	$1.4 \leqq d \leqq 1.8$ or $2.2 \leqq d \leqq 2.6$	불확실 영역	$d_L \leqq d \leqq d_U$ or $4 - d_U \leqq d \leqq 4 - d_L$
$|\rho| < 0.1$	$1.8 < d < 2.2$	독립	$d_U < d < 4 - d_U$ (or $4 - d_U < d < d_U$)

Durbin-Watson 지수를 이용하는 또 다른 방법은 Durbin-Watson 검정[4][5]을 하는 방법이다. 이 방법은 [그림 3-31]의 Excel 파일에 제시된 d_L, d_U 값으로 판정한다. Durbin-Watson 지수 d가 d_U와 $4 - d_U$ 사이에 있는 경우 독립으로 판정하며, d_L 보다 작거나 $4 - d_L$ 보다 큰 경우에는 자기상관이 존재하는 것으로 판정한다. 그 외의 영역은 불확실 영역으로, Durbin-Watson 지수가 불확실 영역에 속하는 경우는 표본의 크기를 증가시켜서 다시 분석하는 것이 좋다.

[그림 3-31]은 5% 유의수준에서의 d_L과 d_U 값이다. Durbin-Watson 지수와 d_L, d_U를 비교하기 위해서는 표본 수 n과 독립변수의 수 p로 찾아준다. Excel 파일에 분석에 사용된 표본 수가 없는 경우에는 분석에 사용된 표본 수 n 보다 큰 값을 찾아준다. 이 예제에서 Durbin-Watson 지수는 0.185이고 data의 수는 234개, 독립변수는 1개이다. 이를 [그림 3-31]의 d, n, p에 각각 입력한다.

---

3) Hibbs, D. (1974). Problems of statistical estimation and causal influence in dynamic time series methods, in Hebert Costner(ed.). *Sociological Methodology*, Vol. 5, 252-308.
4) Durbin, J., & Watson, G. S. (1950). Testing for serial correlation in least squares regression, I. *Biometrika*, Vol. 37, 3-4, 409-428.
5) Durbin, J., & Watson, G. S. (1951). Testing for serial correlation in least squares regression, II. *Biometrika*, Vol. 38, 1-2, 159-179.

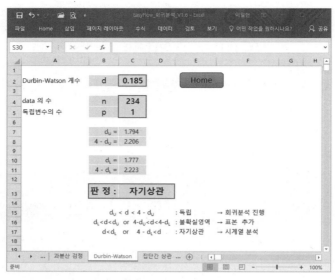

[그림 3-31] 오차의 자기상관: Durbin-Watson 지수

자기상관은 시간 순서에 따라 측정한 경우에 주로 발생한다. <예제 3.2>에서 종합주가지수는 일별로 측정한 데이터이다. 즉 시간의 흐름에 따라서 측정한 데이터이므로 이 순서가 바뀌면 안 된다.

이와 비교하여 일반적인 횡단면 연구의 경우, 스트레스와 삶의 만족에 관한 경우를 생각해 보자.

id	스트레스	삶의만족
1	5	1
2	1	4
3	4	2
4	3	4
5	2	3
6	4	1
7	5	2
8	1	5
9	2	4
10	1	5

[그림 3-32] 스트레스, 삶의 만족 데이터

[그림 3-32]는 10명에게서 '스트레스'와 '삶의 만족'을 측정한 가상의 데이터를 나타낸 것이다. 그러나 이 설문데이터의 경우에는 삶의 만족은 사람들마다 모두 다르므로(서로 관계가 없고 독립적이므로) 순서를 바꾸어서 입력을 해도 회귀분석 결과는 동일하다.

[그림 3-21]의 종합주가지수 데이터의 경우에는 날짜의 순서가 바뀌면 안 된다. 종합주가지수의 경우 어제의 종합주가지수가 오늘의 종합주가지수에 영향을 주기 때문에 어제의 종합주가지수가 엄밀하게 말하면 독립변수가 된다. 따라서 입력의 순서는 날짜별로 해야 하며, 그 순서가 달라지면 문제가 발생한다. 그러므로 자기상관을 측정하는 경우에는 입력된 순서에 주의해야 한다.

| 예제 3.4 | <예제 3.1>의 데이터를 이용하여 오차항의 자기상관을 검토하고 한 회사에서 사용하는 기계의 유지보수비용을 책정하고자 한다. 그동안 사용한 기계의 사용빈도와 수리비용에 대한 데이터가 있을 때, 사용빈도로 수리비용을 예측하는 모형을 만들어 보자. (데이터: reg-예제1.sav)

x	y	x	y	x	y
531	22.99	529	23.01	533	23.14
535	23.36	535	23.42	535	23.11
536	23.62	534	23.16	530	23.24
530	22.86	526	22.87	531	23.13
532	23.16	533	23.62	530	23.00
533	23.28	534	23.63	531	23.35
532	22.89	530	23.01	529	22.62
531	23.00	531	23.12	534	23.37
528	23.08	536	23.50	532	23.08
534	23.64	533	22.75	533	23.31

분석 → 회귀분석 → 선형

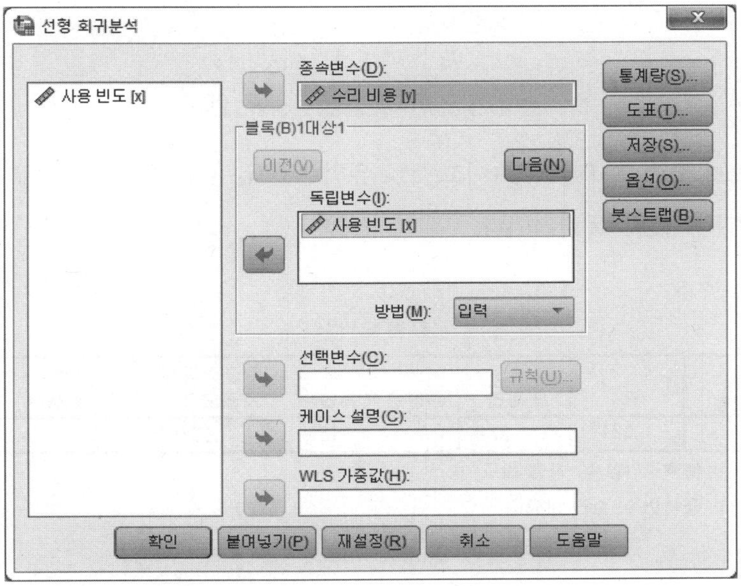

[그림 3-33] 회귀분석

[그림 3-33]의 회귀분석 메뉴에서 종속변수와 독립변수에 각각 '수리비용'과 '사용빈도'를 입력한 후 ⟨통계량(S)...⟩ 옵션을 체크한다. 그리고 [그림 3-34]의 통계량 대화상자에서 [☑ Durbin-Watson(U)]을 체크하면 Durbin-Watson 지수를 구할 수 있다. 또한 오차항의 자기상관도 구할 수 있다.

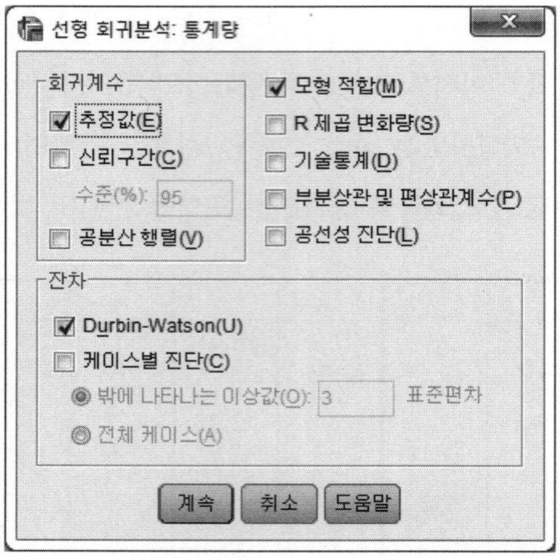

[그림 3-34] 통계량: 자기상관

표본 수는 30명, 독립변수는 1개이므로 [그림 3-31]의 Excel 파일에서 d_L, d_U 값을 확인한다. $d_L = 1.352$, $d_U = 1.489$이므로 $4 - d_U = 2.511$이다.

$$d_U < d < 4 - d_U$$

$$1.489 < d(= 2.420) < 2.511$$

Durbin-Watson 지수 $d = 2.420$이고, 5% 유의수준 $d_U < d < 4 - d_U$ 범위 내에 위치하므로 자기상관이 없이 독립적이다.

모형 요약[b]

모형	R	R 제곱	수정된 R 제곱	추정값의 표준오차	Durbin-Watson
1	.521[a]	.271	.245	.23168	2.420

a. 예측값: (상수), 사용 빈도

b. 종속변수: 수리 비용

[그림 3-35] 자기상관 출력 결과: Durbin-Watson

▶ 그림 3-35 해석

분석 결과인 모형요약표에서 Durbin-Watson 지수를 확인한다. Durbin-Watson 지수가 2.420으로 2.511($d_U < d < 4 - d_U$)보다 작으므로 자기상관이 없이 독립적이다. 따라서 본 데이터는 회귀분석을 하기에 적합하다.

3.3.2 정규성

회귀분석에서 또 다른 조건으로는 오차항이 정규분포를 따라야 한다는 것이다.

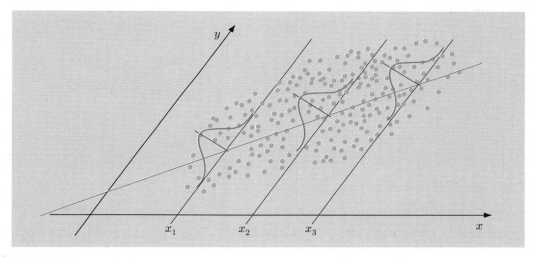

[그림 3-36] 오차항의 정규분포 1

[그림 3-36]에서 추정된 회귀방정식에서 독립변수 x에 대해서 x_1, x_2, x_3의 3개의 값을 살펴보자. [그림 3-37]에서 독립변수의 값이 x_1일 때, 예측한 값은 $\widehat{y_1}$ 1개이다(이 때 $\widehat{y_1}$값은 x_1을 가지는 모든 y값들의 평균값이다). 그러나 실제로 종속변수가 나올 수 있는 값은 무수히 많이 존재한다.

[그림 3-37]에서 독립변수가 x_1인 데이터들만 추출하면 종속변수 y값은 여러 개가 나오게 되며 이 y값들의 평균값은 $\widehat{y_1}$이다. 이 y에 대하여 정규분포를 그린 것이 [그림 3-38]이며, 이 그래프는 [그림 3-37]을 90° 회전시킨 것이다.

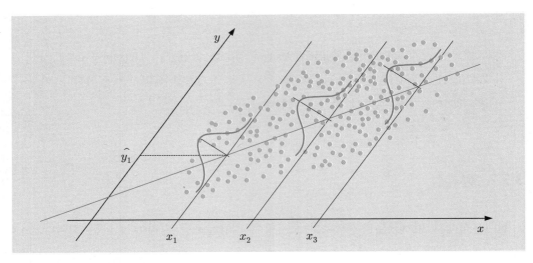

[그림 3-37] 오차항의 정규분포 2

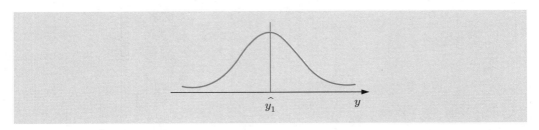

[그림 3-38] 오차항의 정규분포 3

오차항의 정규분포는 전체 데이터가 정규분포여야 하는 것이 아니라 독립변수 x_i 각각에서 정규분포여야 하는 것을 의미한다. 오차항에 대한 정규성 검정방법에는 세 가지가 있다.

〈표 3-8〉 정규성 검정방법

	방법	기준
1	첨도, 왜도	$|\theta| < 2$
2	Q-Q plot	직선 일치
3	정규성 검정(Shapiro-Wilk or Kolmogorov-Smirnov test)	$p > .05$

1) 첨도와 왜도

정규분포를 검정하는 첫 번째 방법은 **첨도**(kurtosis)와 **왜도**(skewness)를 이용하는 것이다.

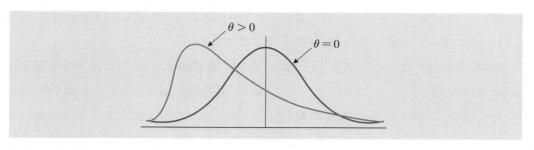

[그림 3-39] 왜도 1

왜도는 치우친 정도(비대칭도)를 나타내는 통계량이다. 분포가 좌우대칭이면 왜도는 0이다. [그림 3-39]와 같이 왼쪽으로 치우쳐 정규분포가 아닌 형태를 띠면 왜도는 0보다 큰 값(양수, +)을 갖게 된다. 반대로 오른쪽으로 치우치면 왜도는 0보다 작은 값(음수, -)을 갖는다.

왜도가 양수인 경우에는 봉우리가 가장 높은 곳이 **최빈값**(moment)이며, **평균값**(mean)이 제일 크고 **중위수**(median)는 중간에 위치한다. 치우친 정도에 따른 최빈값, 중위수 그리고 평균과의 관계는 아래 표와 같다.

〈표 3-9〉 왜도와 기술통계량

왜도	관계
$\theta > 0$	최빈값<중위수<평균
$\theta = 0$	최빈값=중위수=평균
$\theta < 0$	최빈값>중위수>평균

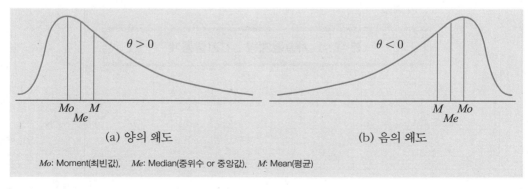

Mo: Moment(최빈값), Me: Median(중위수 or 중앙값), M: Mean(평균)

[그림 3-40] 왜도 2

왜도의 기준은 엄밀하게는 2, 관용적으로는 3을 사용한다. 즉 왜도의 절댓값이 2 미만($|\theta| < 2$)인 경우 '치우쳐 있지 않다'라고 할 수 있다.

첨도(kurtosis)는 뾰족한 정도를 의미한다. 첨도는 본래 수식상의 기준은 3이며 정규분포와 높이가 같다. 하지만 SPSS 등의 통계 프로그램에서는 첨도값에서 3을 빼주어 기준이 0이 된다. 따라서 첨도는 왜도와 마찬가지로 $\theta = 0$이면 정규분포와 비교해서 높이가 같다는 것을 의미한다. 첨도가 양수(+)이면 표준편차가 작아져서 정규분포보다 뾰족해지며, 첨도가 음수(−)이면 표준편차가 커져서 t 분포와 같이 좌우가 두툼한 형태의 모양을 띠게 된다.

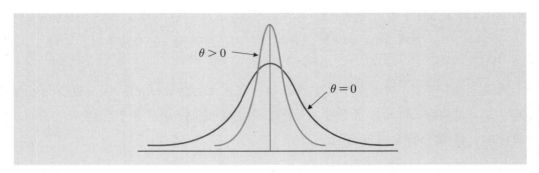

[그림 3-41] 첨도

첨도 역시 왜도와 마찬가지로 절댓값이 2 미만($|\theta| < 2$)일 때 정규분포와 비교하여 표준편차가 비슷하다는 것을 의미한다.

그러므로 첨도와 왜도가 $|\theta| < 2$인 경우 왜도 기준으로는 좌우대칭이고, 첨도 기준으로는 정규분포의 표준편차가 같다는 것을 의미한다. 따라서 첨도와 왜도가 $|\theta| < 2$이면 정규분포라고 판정한다.

> **분석 → 기술통계량 → 기술통계**

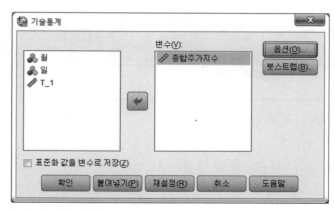

[그림 3-42] 기술통계

첨도와 왜도를 구하는 방법에는 두 가지가 있다. 첫 번째 방법은 '기술통계'분석을 하는 것이다. 기술통계량 메뉴에서 기술통계분석을 선택한 다음 [그림 3-42]의 대화상자에서 변수를 투입한다. [옵션(O)...]을 클릭한 후 [그림 3-43]의 옵션 대화상자에서 [☑ **첨도(K)**], [☑ **왜도(W)**]를 선택하면 된다.

[그림 3-43] 첨도와 왜도

기술통계분석을 실시한 결과, [그림 3-44]와 같은 출력 결과가 나왔다. 여기에서 왜도는 .666이고, 첨도는 −1.051이므로 첨도와 왜도 모두 기준값인 2 미만이므로 정규분포를 가정할 수 있다.

기술통계량

	N	평균	표준편차	왜도		첨도	
	통계량	통계량	통계량	통계량	표준오차	통계량	표준오차
종합주가지수	9	1955.2756	29.52944	.666	.717	-1.051	1.400
유효수 (목록별)	9						

[그림 3-44] 왜도 · 첨도 기술통계

첨도와 왜도를 계산하는 두 번째 방법은 4) 기타에서 설명한다.

2) Q-Q plot

정규분포를 검정하는 두 번째 방법은 대수정규확률지를 이용하는 Q-Q plot(프로그램에 따라 P-P plot도 있다)이다.

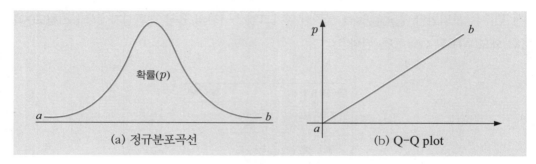

[그림 3-45] Q-Q plot

[그림 3-45]의 (a)는 일반적인 정규분포곡선이다. 곡선 아래의 면적은 확률이며 확률의 합은 1이다. 이 정규분포곡선의 좌/우 끝점을 각각 a, b라 할 때, 이 곡선을 직선으로 편 것이 (b)의 도표이고, 이 도표를 Q-Q plot이라고 한다. 다만 곡선을 직선으로 만든 방법에 따라 Q-Q plot과 P-P plot 등 여러 가지 방법이 있다.

Q-Q plot은 결국 정규분포의 또 다른 표현이라고 할 수 있다. 이때 데이터들이 완벽한 정규분포 모양을 띠고 있다면 (a)에서는 곡선, (b)에서는 직선상에 데이터들이 위치하게 된다.

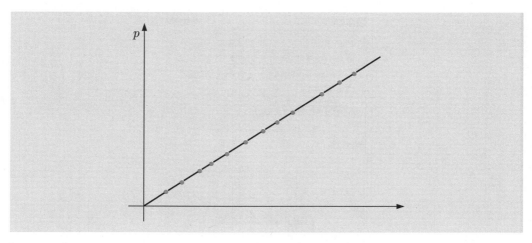

[그림 3-46] Q-Q plot: 정규분포

Q-Q plot이 [그림 3-46]과 같은 모양이면 정규분포이며, 이 Q-Q plot은 기술통계량의 데이터 탐색 메뉴에서 분석할 수 있다.

분석 → 기술통계량 → 데이터 탐색

[그림 3-47] 데이터 탐색

[그림 3-47]에서 종속변수에 종합주가지수를 입력한 다음 옵션에서 도표(T)...를 클릭하면 [그림 3-48]의 도표 대화상자가 뜬다. 이 대화상자에서 [☑ **검정과 함께 정규성도표(O)**]를 클릭하면 Q-Q plot을 확인할 수 있다.

[그림 3-48] 정규성 검정

　　데이터 탐색을 분석한 출력 결과는 [그림 3-49]와 같다. Q-Q plot의 실선은 정규곡선을 의미한다. 따라서 데이터들이 완벽한 정규분포 형태라면 이 직선상에 완벽하게 일치한다. 이 도표를 이용하여 정규성을 판정할 때는 데이터들이 직선상에 일치하고 있는지에 대한 주관적인 판단을 해야 한다. 실제 데이터 분석에서는 완벽하게 일치하지 않고 [그림 3-49]와 같은 형태가 많이 출력되는데, 이 결과를 보고 직선상에 일치한다고 보는 연구자도 있을 수 있고, 일치하지 않는다고 보는 연구자도 있을 수 있다. 바로 이러한 주관성이 Q-Q plot의 단점이다. 이를 보완하기 위한 검정방법이 앞에서 살펴본 왜도와 첨도이다.

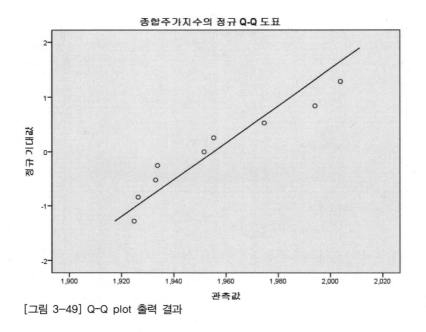

[그림 3-49] Q-Q plot 출력 결과

3) 정규성 검정

정규분포를 검정하는 세 번째 방법은 가설 검정을 이용한 정규성 검정이다. Q-Q plot은 정규분포 판정 시에 주관성의 문제가 있으며, 왜도와 첨도는 치우친 정도와 뾰족한 정도를 각각 본 후에 두 가지 모두 문제가 없으면 정규분포라고 판정한다. 하지만 첨도, 왜도가 각각 문제가 없다고 하여 반드시 정규분포라고 볼 수는 없다. 그래서 나온 방법이 가설 검정을 이용한 정규성 검정이다.

$$H_0 : \theta = 0$$

$$H_1 : \theta \neq 0$$

가설은 위와 같다. 여기서 θ는 첨도와 왜도라고 생각하면 쉽게 이해할 수 있다. 위의 가설을 아래와 같이 다시 쓸 수 있다.

$$H_0 : \text{정규분포이다.}$$

$$H_1 : \text{정규분포가 아니다.}$$

(1) Shapiro-Wilk와 Kolmogorov-Smirnov 검정

정규성 검정방법에는 여러 가지가 있지만, SPSS에서 제공하는 방법은 두 가지로 Shapiro-Wilk 검정과 Kolmogorov-Smirnov 검정이다.

〈표 3-10〉 표본 수에 따른 정규성 검정

정규성 검정	기준	보정
Shapiro-Wilk	$3 \leq n \leq 50$	$3 \leq n \leq 5,000$
Kolmogorov-Smirnov	$2,000 \leq n$	$4 \leq n$

Shapiro-Wilk 정규성 검정은 비교적 적은 수의 표본(50 case 이하)에서 사용하도록 고안된 방법이다. 그래서 초기에는 주로 실험 연구에서 많이 사용되었다. 현재는 가중치 보정을 이용하여 5,000 case까지도 분석할 수 있도록 수정 보완되었다.

Kolmogorov-Smirnov 검정은 대단위 데이터(2,000 case 이상)에서 사용하도록 개발된 방법이었으나 현재는 4 case 이상만 되어도 쓸 수 있도록 보완되었다.

따라서 실험 연구의 경우에는 Shapiro-Wilk 검정을, 설문 연구와 같은 경우에는 Kolmogorov-Smirnov 검정을 이용한다. 그리고 정규성 검정은 [그림 3-47], [그림 3-48]의 데이터 탐색 메뉴에서 분석이 가능하며 [그림 3-48]에서 [☑ **검정과 함께 정규성도표(O)**]를 선택한 경우 출력된다.

정규성 검정

	Kolmogorov-Smirnov[a]			Shapiro-Wilk		
	통계량	자유도	유의확률	통계량	자유도	유의확률
종합주가지수	.212	9	.200[*]	.890	9	.199

*. 이것은 참인 유의확률들의 하한값입니다.

a. Lilliefors 유의확률 수정

[그림 3-50] 정규성 검정

데이터 탐색의 정규성 검정을 실시한 경우 출력 결과는 [그림 3-50]과 같다. 현재의 데이터는 9일간의 종합주가지수 데이터이므로(9 case), 표본 수가 50개 이하로 적어서 Shapiro-Wilk 검정 결과를 본다. 유의확률이 .199로 $p = .199 > .05$이므로 H_0 가설을 채택하게 되어 종합주가지수 데이터는 정규분포를 따른다고 할 수 있다.

(2) 모수 지정 Kolmogorov-Smirnov 정규성 검정

정규성 검정의 또 다른 방법으로 모수 지정 Kolmogorov-Smirnov(K-S) 검정이 있다. 이 K-S 정규성 검정은 정규분포의 모수가 미리 지정되어 있는 경우로, 가정할 때 사용하는 방법이다. 표준화 잔차와 같은 경우, 평균이 0이고 분산이 1이라고 지정한 값이다. 따라서 K-S 정규성 검정은 일반적인 데이터에 대해서는 적합하지 않지만, 표준화 잔차의 정규성 검정에는 적합한 방법이다.

> 분석 → 비모수 검정 → 레거시 대화상자 → 일표본 K-S

모수 지정 K-S 검정은 비모수 검정 분석 메뉴에서 분석할 수 있다. 비모수 검정의 레거시 대화상자에 있는 일표본 K-S를 선택한다.

[그림 3-51] 모수 지정 Kolmogorov-Smirnov 검정

[그림 3-51]의 분석 대화상자에서 검정변수에 '표준화 잔차'를 입력하여 분석하는 것이다. SPSS 21 버전까지는 위와 같은 방법으로 분석이 가능하다. 하지만 SPSS 22 버전에서는 디폴트 조건이 변경되어 한 가지 작업이 더 필요하다. 붙여넣기(P)를 클릭하면 아래와 같은 명령어 창이 나온다.

```
1   NPAR TESTS
2    /K-S(NORMAL)=ZRE_1
3    /MISSING ANALYSIS.
```

이 명령어에서 /K-S(NORMAL)을 /K-S(NORMAL,0,1)로 변경하고 실행시킨다. '표준화 잔차'는 평균이 0이고, 표준편차는 1이다. 이 명령어는 평균 0, 표준편차 1인 표준정규분포인지를 검정하는 것이다.

```
1   NPAR TESTS
2    /K-S(NORMAL,0,1)=ZRE_1
3    /MISSING ANALYSIS.
```

모수 지정 Kolmogorov-Smirnov의 정규성 검정은 Shapiro-Wilk나 Kolmogorov-Smirnov 정규성 검정보다는 p-value가 크게 나오는 경향이 있다. 따라서 모수 지정 Kolmogorov-Smirnov의 정규성 검정에서는 $p > .05$이면 정규성을 가정한다.

〈표 3-11〉 모수 지정 Kolmogorov-Smirnov 기준

정규성 검정	유의성 기준	판정
모수 지정 Kolmogorov-Smirnov	$p > .05$	정규성 가정

4) 기타

3.3.2절의 1)에서 왜도와 첨도를 구하는 데는 두 가지 방법이 있다고 언급하였다. 첫 번째 방법은 기술통계분석을 이용하는 것이고, 두 번째 방법은 [그림 3-47]의 데이터 탐색 분석을 이용하는 것이다. 데이터 탐색 분석을 실시하면 출력되는 결과 중에서 [그림 3-52]의 **기술통계**를 보면 맨 아래에 왜도와 첨도가 있는 것을 확인할 수 있다. 왜도 .666과 첨도 -1.051은 [그림 3-44]와 결과가 동일하다는 것을 확인할 수 있다.

기술통계

			통계량	표준오차
종합주가지수	평균		1955.2756	9.84315
	평균의 95% 신뢰구간	하한	1932.5772	
		상한	1977.9739	
	5% 절삭평균		1954.2695	
	중위수		1951.6500	
	분산		871.988	
	표준편차		29.52944	
	최소값		1924.81	
	최대값		2003.85	
	범위		79.04	
	사분위수 범위		54.67	
	왜도		.666	.717
	첨도		-1.051	1.400

[그림 3-52] 데이터 탐색 출력 결과: 왜도와 첨도

5) 오차항의 정규성

3.3.2절의 1)~4)에서는 정규성을 검정하는 방법에 대해 검토하였다. 하지만 회귀분석에서 정규성은 종속변수가 정규분포여야 한다는 것이 아니라 "오차항이 정규분포여야 한다."라는 것을 뜻한다. 따라서 이 절에서는 회귀분석의 기본 가정인 오차항의 정규성 검정에 대해 검토하도록 한다.

| 예제 3.5 | <예제 3.1>의 데이터를 이용하여 잔차의 정규성 검정을 실시한다. 한 회사에서 사용하는 기계의 유지보수비용을 책정하는 경우 그동안 사용한 기계의 사용빈도와 수리비용의 데이터가 있을 때, 사용빈도로 수리비용을 예측하는 모형을 만들어 보자. (데이터: reg-예제1.sav)

> 분석 → 회귀분석 → 선형

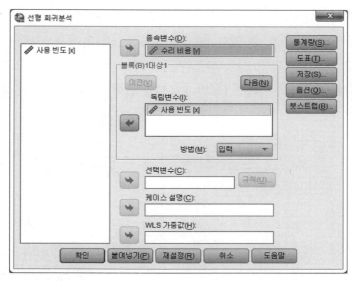

[그림 3-53] 회귀분석

회귀분석 메뉴에서 저장(S)... 옵션을 선택한다. [그림 3-54]의 '저장' 옵션의 대화상자에서 표준화 잔차를 의미하는 [☑ **표준화(A)**]를 선택한다.

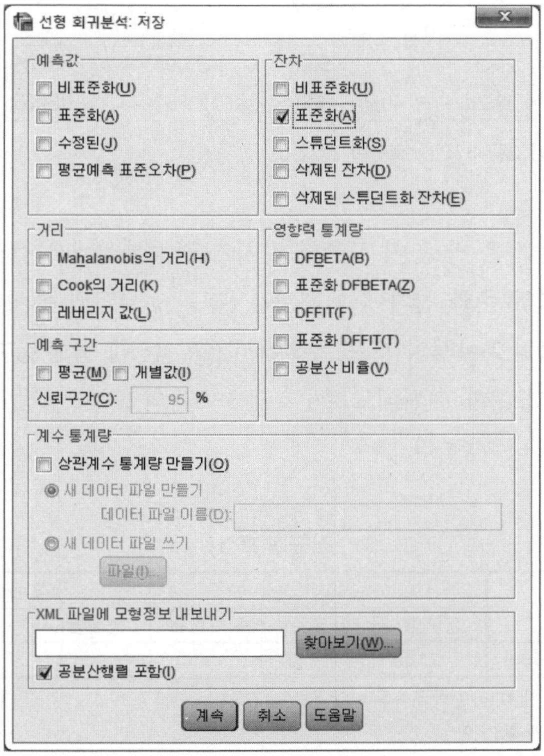

[그림 3-54] 회귀분석: 저장

‘표준화 잔차’ 옵션을 선택한 후 분석하면 워크시트에 [그림 3-55]와 같이 ‘ZRE_1’이라는 변수가 생성된 것을 볼 수 있다. 여기에서 ‘Z’는 표준 정규분포를 뜻하고, ‘RE’는 Residual(잔차)을 뜻하므로 ‘ZRE’는 ‘표준화 잔차’를 의미한다. 즉 [그림 3-54]의 ‘저장’ 옵션에서 **[표준화 잔차]**를 선택하면 [그림 3-55]와 같이 워크시트에 표준화 잔차가 저장된다.

	x	y	ZRE_1
1	531	22.99	-.50194
2	535	23.36	.19756
3	536	23.62	1.09543
4	530	22.86	-.83868
5	532	23.16	.00746
6	533	23.28	.30103
7	532	22.89	-1.15797
8	531	23.00	-.45877
9	528	23.08	.55971
10	534	23.64	1.63054
⋮			
29	532	23.08	-.33785
30	533	23.31	.43053

[그림 3-55] 표준화 잔차

오차항의 정규성 검정은 바로 이 표준화 잔차가 잔차분석에서 검정하는 오차항의 정규성 검정 대상이다. 이 표준화 잔차에 대해서는 [그림 3-47]의 데이터 탐색에서 ‘ZRE_1’ 변수를 투입한 후 [그림 3-48]의 도표 옵션에서 **[☑ 검정과 함께 정규성도표(O)]**를 클릭한다. 또는 ‘ZRE_1’은 표준화 잔차이므로 [그림 3-51]의 모수 지정 Kolmogorov-Smirnov 정규성 검정을 실시해도 무방하다.

정규성 검정

	Kolmogorov-Smirnov[a]			Shapiro-Wilk		
	통계량	자유도	유의확률	통계량	자유도	유의확률
Standardized Residual	.105	30	.200[*]	.973	30	.618

*. 이것은 참인 유의확률의 하한값입니다.

a. Lilliefors 유의확률 수정

[그림 3-56] 잔차의 정규성 검정 결과

회귀분석을 실시한 후 잔차에 대한 정규성 검정을 실시한 결과 Shapiro-Wilk의 $p = .618 > .05$로 나타나 잔차가 정규성 가정을 만족하였다. 이는 회귀분석모형이 적합하다는 것을 의미한다. 따라서 "잔차가 정규성 가정을 만족하여 회귀모형이 적합하다."고 할 수 있다.

3.3.3 등분산성

회귀분석에서 오차항에 대한 세 번째 조건은 등분산성이다. [그림 3-36]의 정규분포 그림을 다시 그리면 [그림 3-57]과 같다. 독립변수 x에 대해서 x_1, x_2, x_3의 3개의 값을 다시 고려하면 각각의 x_i값에서 잔차의 분포는 정규분포이다. x_1, x_2, x_3에 대하여 잔차는 각각 모두 정규분포이어야 한다. 그러면 3개의 정규분포곡선이 나온다.

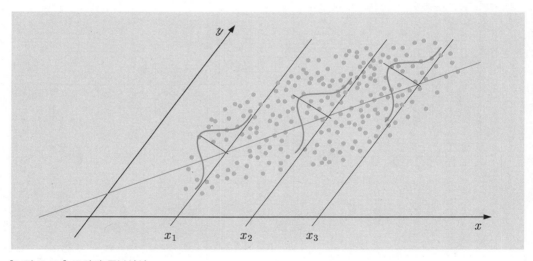

[그림 3-57] 오차의 등분산성

[그림 3-57]의 x_1, x_2, x_3의 예측값과 잔차를 나타낸 것이 [그림 3-58]이다. [그림 3-58]에서 각각의 잔차들은 정규분포이며, 또한 이 3개의 정규분포곡선은 동일한 모양을 띠고 있다. 즉 표준편차가 같으므로 **등분산**(homoscedasticity)이다.

[그림 3-57]에서는 단지 x_1, x_2, x_3의 3개의 점만을 생각했기 때문에 거기에 따라 정규분포곡선도 3개만 존재한다. 하지만, 실제로 독립변수 x의 값은 무수히 많으므로 정규

분포곡선은 무수히 많이 나올 수 있다. 이 때문에 등분산성 검정은 t-검정이나 ANOVA 처럼 단순하지 않다.

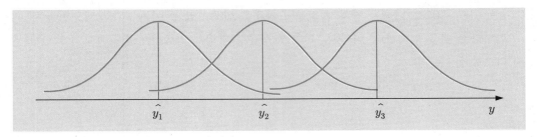

[그림 3-58] 오차항의 등분산

1) 오차의 등분산그래프

회귀분석에서 잔차의 등분산성은 그래프를 이용해서 검정한다. 잔차의 등분산그래프 에서 x축은 예측값을, y축은 표준화 잔차로 그린다.

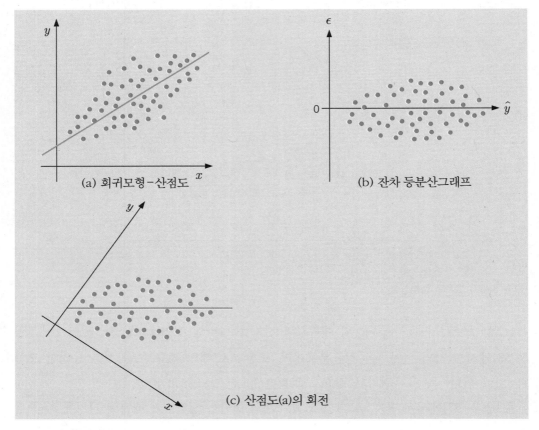

[그림 3-59] 잔차의 등분산그래프

[그림 3-59]의 (a)는 산점도에 회귀방정식을 그린 것이다. 이 식으로 계산된 잔차의 등분산그래프는 (b)와 같다. (b)의 그래프가 이해되지 않을 경우에는 다음과 같이 생각하면 쉽게 이해할 수 있다. (a)의 산점도를 회귀방정식이 x축이 되도록 회전시킨 것이 (c)이다. 바로 이 (c)를 (b)와 비교하면 비슷하다는 것을 알 수 있다. 편의상 이렇게 생각하면 잔차의 등분산그래프는 쉽게 이해할 수 있다.

표준화된 잔차의 등분산그래프는 평균 0을 중심으로 ±3 이내에서 어떤 규칙이나 추세, 경향, 주기 등이 없이 고르게 무작위로 분포되어 있어야 잔차가 등분산이 된다. 따라서 (b)의 잔차 등분산그래프는 어떤 규칙 등이 없기 때문에 잔차는 등분산이라고 할 수 있다.

잔차의 등분산그래프에 대한 여러 가지 예를 나타내면 [그림 3-60]과 같다. (a)의 회귀방정식은 적정예측하지 않고 과대예측(B)하거나 과소예측(C)한 모형으로, 잔차 등분산그래프를 보면 ±에서 균일하지 않고 양수(+)나 음수(−) 쪽으로 치우쳐 있다.

(b)의 잔차 등분산그래프는 예측값($\hat{y_i}$)이 클수록 잔차의 값도 같이 커지는 것을 볼 수 있다. 이렇게 각각의 예측값에서 잔차가 균일하지 않고 점점 커지는 경우(또는 작아지는 경우)는 등분산이 아니라 **이분산**(heteroscedasticity) 형태를 의미한다. 잔차가 이분산이라면 결국 예측 결과의 정확도가 떨어져서 오차가 커지는 문제가 발생한다. 오차가 이분산인 경우에는 정규분포가 아닌 경우에 많이 발생한다.[6] 이 경우 종속변수에 대하여 역수($1/y$)나 제곱근($\sqrt{y}$)으로 변환하여 분석하는 것이 하나의 방법이다.

(c)는 잔차가 다이아몬드(◇) 모양인 경우로, 주로 독립성 가정에 위배될 때 많이 보이는 모양이다.

(d)의 그래프는 비선형(곡선) 데이터를 선형으로 추정한 경우의 예이다.

이를 정리하면 [그림 3-60]에 나타낸 잔차의 등분산그래프에서 (a)~(d)의 경우 모두 잔차가 등분산이 아니라는 것이다. 따라서 이것은 추정한 회귀방정식이 데이터를 표현하는 데 적합하지 않다는 것을 의미한다.

---

6) Hair, Jr., J. F., Black, W. C., Babin, B. J., & Anderson, R. E. (2009). *Multivariate Data Analysis* (7th ed.), Prentice-Hall.

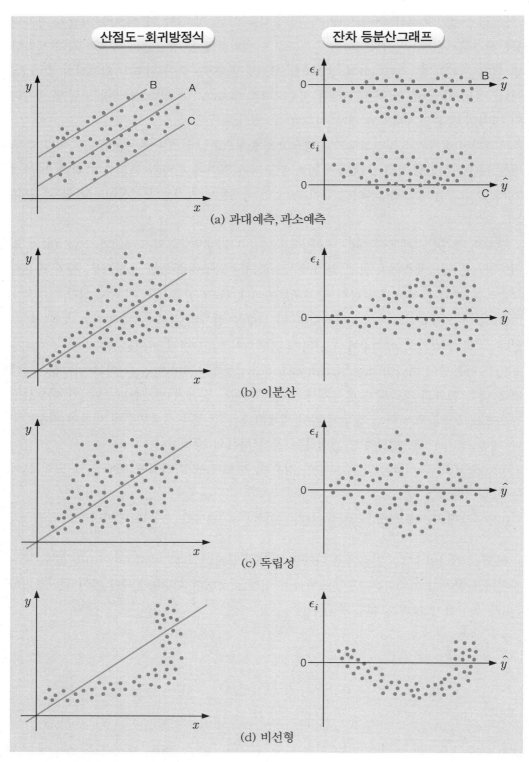

[그림 3-60] 잔차의 등분산그래프의 여러 가지 예

| 예제 3.6 | <예제 3.1>의 데이터를 이용하여 잔차의 등분산성 검정을 실시해 보자.

$$\boxed{\text{분석} \rightarrow \text{회귀분석} \rightarrow \text{선형}}$$

[그림 3-61] 회귀분석

회귀분석 메뉴에서 [도표(T)...] 옵션을 선택한다. 도표 옵션의 대화상자에서 Y에는 [*ZRESID], X에는 [*ZPRED]를 선택한다.

ZRESID: 표준화된 잔차

ZPRED: 표준화된 예측값

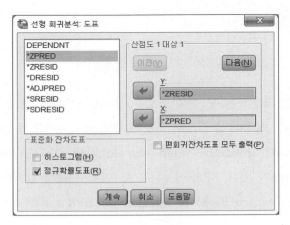

[그림 3-62] 도표 옵션: 잔차의 등분산

분석 결과 [그림 3-63]의 산점도가 출력된다. x축은 회귀 표준화 예측값, y축은 회귀 표준화 잔차로 나타낸 잔차의 등분산그래프로, 이 그래프가 평균 0을 중심으로 어떤 추세, 경향, 주기 등을 보이지 않고 고르게 무작위로 분포되어 있으면 잔차는 등분산이다.

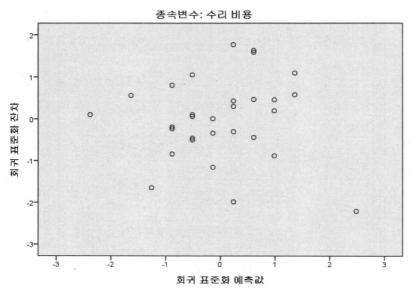

[그림 3-63] 잔차의 등분산그래프

▶ 그림 3-63 해석

잔차의 등분산그래프는 정규성 검정에서 Q-Q plot과 마찬가지로 주관적으로 판정해야 한다. 이 결과에서는 크게 문제가 없어 보이므로 잔차는 등분산이다. 따라서 회귀분석모형이 적합하다고 결론을 내릴 수 있다.

2) 등분산성 검정

오차의 등분산성을 확인하는 두 번째 방법은 등분산성 검정이다. t-검정과 ANOVA에서 Levene과 Bartlett의 등분산성 검정이 있듯이, 회귀분석에서도 등분산성 검정방법이 있다. 대표적인 방법으로는 Breusch-Pagan test, Goldfeld-Quandt test, Cook-Weisberg test 그리고 White test가 있다. SPSS에서는 모두 지원이 되지 않지만, Raynald Levesque가 제공하는 명령어 Breusch-Pagan & Koenker test(BPK test)를 이용하여 등분산 검정을 실시한다.

BPK test는 명령어 파일에서 'Breusch-Pagan_회귀_등분산성.sps'로 가능하다.

<table>
<tr><td>파일 → 열기 → 명령어</td></tr>
</table>

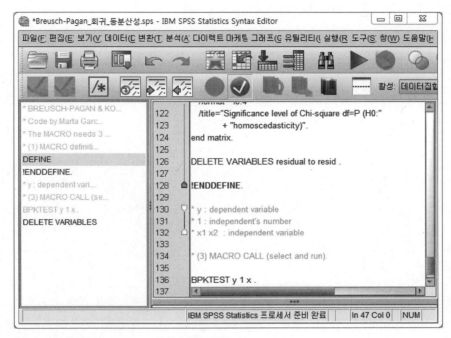

[그림 3-64] Breusch-Pagan_회귀_등분산성.sps

[그림 3-64]에서 마지막 문장이 Breusch-Pagan의 등분산 검정이다.

BPKTEST y 1 x .

이 명령어에서 y는 종속변수명이고, '1'은 분석에 사용된 독립변수의 수, x는 독립변수명이다. 예를 들어 종속변수가 삶의만족이고, 독립변수가 스트레스, 우울로 2개가 있다면 아래와 같이 입력한다.

BPKTEST 삶의만족 2 스트레스 우울 .

Breusch-Pagan의 등분산 검정을 실행하는 방법은 [그림 3-64]의 모든 명령어를 블록 설정한 다음 ▶ 버튼을 클릭한다(또는 메뉴에서 '실행→모두'를 클릭한다).

```
Breusch-Pagan test for Heteroscedasticity (CHI-SQUARE df=P)
     .074

Significance level of Chi-square df=P (H0:homoscedasticity)
     .7853
```

[그림 3-65] Breusch-Pagan 등분산 검정 결과

Breusch-Pagan 등분산 검정의 가설은 아래와 같이 사용한다.

H_0: 등분산이다.

H_1: 등분산이 아니다(이분산이다).

▶ 그림 3-65 해석

Breusch-Pagan 등분산 검정 결과, $p=.7853 >.05$로 나타나 등분산 가정을 만족하므로
회귀모형이 적합하다.

등분산 조건을 만족하지 못하는 경우에는 회귀분석(최소제곱법에 의한 회귀분석. 일반적
인 회귀분석을 의미함)을 할 수 없다. 이때 이용할 수 있는 방법이 가중최소제곱에 의한
가중회귀분석과 **등분산 변환**이다. [그림 3-60]의 (c)는 주로 종속변수를 비율(%)로 측정한
경우에 많이 발생하는데 이때는 $\arcsin(y)$로 변환해서 등분산 문제를 해결할 수 있다.

종속변수가 시간을 측정한 경우에는 주로 역수변환 $\frac{1}{y}$을 많이 사용하고, 일반적으로
는 $\ln(y)$의 log 변환을 많이 사용한다. log 변환은 0보다 큰 양수(+)인 경우에는 사용할
수 있지만, 0을 포함하거나 0보다 작은 음수가 있는 경우에는 사용하지 못한다. 0을 포함
하는 경우에는 $\sqrt{y}$를 사용하고, $\ln(y + 상수)$를 사용하는 것도 좋은 방법이다. 예를 들
어 종속변수가 −3부터 측정한 값이라면 종속변수에 상수값인 4를 더한 다음 log 변환을
한다. 즉 $\ln(y + 4)$ 변환을 한다. 하지만, $\ln(y)$와 $\sqrt{y}$는 종속변수의 측정값이 큰 경우에
는 가능하지만, 아주 작은 값을 측정하는 경우에는 사용할 수 없다. 데이터가 왼쪽으로
치우친 푸아송(Poisson) 분포 형태인 경우에는 $\sqrt{y}$도 사용한다.

〈표 3-12〉 변수변환

변수변환	상황
$\ln(y)$	일반적으로 많이 사용하는 방법 단위가 매우 큰 경우
$\ln(y+1)$	0을 포함한 경우
$\sqrt{y}$	0을 포함한 경우 왼쪽으로 치우친 푸아송 분포 모양일 때
$\ln(y+\text{상수})$	음수를 포함한 경우
$\dfrac{1}{y}$	시간을 측정한 데이터인 경우
$\arcsin(y)$	비율을 측정한 데이터인 경우

3.3.4 잔차분석

3.3.1~3.3.3절에서는 잔차의 성질에 대해서 알아보았다. 잔차(모집단에서는 오차항)는 독립적이어야 하며, 정규성과 등분산 가정을 만족해야 한다.

이때 오차항의 독립성은 자기상관으로 측정하며 Durbin-Watson 지수 또는 자기상관 계수로 검정한다. 여기서 자기상관은 회귀분석을 실시할 수 있는가 없는가에 관한 문제이다. 즉 자기상관이 존재한다고 결정되면 회귀분석을 실시할 수 없다.

오차항의 정규성과 등분산성에 대한 검정을 **잔차분석**이라고 한다. 잔차분석에서 다루는 정규성과 등분산성은 회귀분석에서 '모형의 적합성'을 의미한다. 회귀분석 결과 잔차가 정규분포가 아니거나 등분산이 아니면(또는 정규분포와 등분산성 모두 만족하지 못하면) 회귀분석에 의해서 계산된 잔차가 좋지 않다는 것을 의미한다. 이것은 거꾸로 잔차를 계산한 회귀분석이 데이터를 표현하는 데 적절하지 않다는 것을 의미한다. 따라서 회귀분석 후에는 잔차분석을 통하여 잔차가 정규성과 등분산성의 두 가지 성질을 모두 만족하는지 확인해야 하며, 이 성질을 만족할 때 비로소 회귀분석 결과를 신뢰할 수 있다.

잔차분석 결과 모형이 적합하지 않은 경우에는 회귀분석 결과를 사용할 수 없다. 이 경우에는 모형이 적합하지 않은 이유를 찾아서 해결해야 한다. 자기상관, 선형성, 이상값, 잔차의 등분산 가운데 어떤 문제인지에 따라서 분석방법을 변경하여 이상값의 제거, 변수변환, 중요한 변수의 투입 등 그에 따라 적절한 조치를 취해야 한다.

3.4 | 이상값(outlier)

선형회귀분석에서는 이상값이 매우 중요한 위치를 차지한다. 선형회귀분석은 잔차를 이용하여 적합한 회귀방정식을 찾아주는데, [그림 3-66]의 (a)에서 오른쪽 아래에 있는 데이터는 문제가 있는 데이터로 이러한 값을 **이상값**이라고 한다.

이상값이 없으면 회귀방정식은 (a)와 같이 실선으로 추정할 수 있다. 그러나 이상값이 있는 경우 이상값으로 인해 잔차의 합이 0이 되지 않는 것이 문제이다. 이 경우에는 $\sum \epsilon_i < 0$ 이 된다. 따라서 (a)처럼 실선으로 식을 추정할 수 없는 문제가 발생한다. 회귀방정식을 찾는 첫 번째 조건은 바로 잔차의 합이 0이 되는 것이다. 따라서 (b)와 같이 검은 점선으로 식의 기울기가 작아지게 함으로써 검은 점선으로 추정한 식의 잔차의 합은 0이 된다.

이상값이 존재하면 (b)와 같이 검은 점선으로 회귀방정식을 찾게 되는데, 이렇게 찾은 식은 데이터를 표현하는 데 문제가 발생한다. 즉 잔차가 정규분포가 아니고 등분산이 아닐 가능성이 상당히 높아져서 추정한 식이 적합하지 않게 된다.

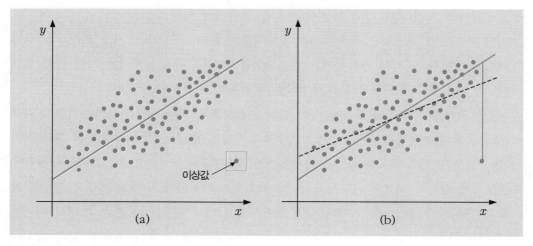

[그림 3-66] 이상값

3.4.1 이상값

이상값은 그 특성에 따라 **이상값**과 **영향 관측값**으로 분류된다. 이상값은 주로 극단값, 즉 극단적인 관측값으로 (a)와 같은 산점도와 box plot 등을 이용하면 알 수 있으며, 통계량으로 주로 '표준화된 잔차'를 이용하면 쉽게 찾을 수 있다. 표준화된 잔차의 절댓값이 3 이상인 경우에는 이상값으로 취급한다.

이상값이 있는 경우에는 회귀방정식 자체가 변경되는 경우가 많으므로 모형이 적합하지 않게 된다. 이런 경우 이상값을 찾아서 해결하면 회귀모형이 좋아진다. 이상값으로 판정된 경우에는 먼저 그 데이터를 추적하여 해당 값이 정상적인 값인지, 기입 실수 등으로 잘못 입력된 값인지를 확인해야 한다. 만약 데이터가 잘못 입력된 경우라면 정상적인 값으로 바꿔주면 이상값의 문제는 해결되므로 회귀분석을 실행하면 된다. 그러나 그 이상값이 실제로 정상적인 값이라면 문제가 발생한다. 이때는 주로 두 가지 조치를 취하게 된다.

첫 번째 방법은 일반적으로 많이 사용하는 방법으로, 해당 값을 삭제하는 것이다. 즉 위의 그림 (a)에서 이상값으로 생각되는 데이터를 삭제하면 그림과 같이 실선으로 회귀방정식을 추정하게 되며 이 추정된 회귀방정식은 적합하다고 할 수 있다.

그렇다면 이상값은 몇 개나 제거할 수 있을까? 또 실험 연구와 같이 표본 수가 매우 적은 경우에서도 삭제하는 것이 타당한가? 이 문제에 대해서 알아보자.

우선 설문 연구와 같이 표본 수가 많은 경우에는 일반적으로 삭제하는 방법을 많이 사용한다. 그럼 데이터를 몇 개나 삭제할 수 있을까? 필자의 경우에는 최대 3개까지는 허용한다. 그보다 많은 데이터가 이상값이라면 이것은 고민을 해야 한다. [그림 3-67]의 (a)에는 이상값이 여러 개이고 또 그 값들이 모여 있다. 이런 경우에는 '중요한 변수'가 생략되어 있을 가능성이 높다. 즉 아래에 모여 있는 데이터들이 어떤 동일한 특성을 가지고 있을 수 있는데 그런 경우에는 그 특성을 변수화해서 분석하는 것이 좋다.

(a)의 데이터에서 회귀방정식에서 많이 떨어진 상위의 데이터들과 하위의 데이터들을 삭제한 것이 (b)이다. (a)와 (b)의 식은 동일하다. (b)의 경우에는 잔차들이 (a)보다 훨씬 더 적기 때문에 모형 적합도가 더 좋으며, 결정계수가 훨씬 높게 나온다. 이 경우 실제 (b)의 식을 예측한 경우 그 결과를 신뢰할 수 있을까? 이상값으로 생각되는 데이터들은 삭제하면 할수록 결정계수가 점점 커지게 되어 있다. 그러다가 최종적으로는 (b)와 같은 형태로까지 나올 수 있다. 그러나 이것은 엄밀하게 말하면 데이터를 만든 것이지, 실제 데이터로 회귀모형을 만든 것이 아니다. 이와 같은 작업은 대단히 위험하며, 연구 윤리상 심각한 문제가 제기된다.

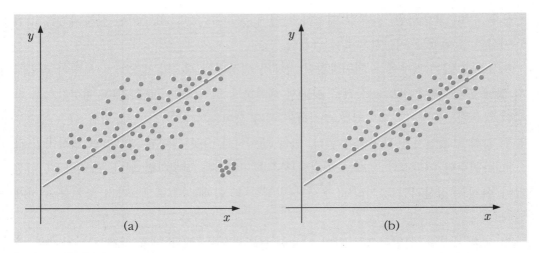

[그림 3-67] 이상값

설문 연구에서와 같이 표본 수가 많은 경우에는 해당 데이터의 삭제를 고려할 수 있지만 실험 연구와 같이 표본 수가 적은 경우에는 데이터를 1개라도 삭제하면 문제가 발생할 수 있다. 일반적으로 회귀분석을 할 때는 독립변수 대비 10배의 데이터가 필요하며, 최소한 5배의 데이터는 있어야 한다. 즉 독립변수가 5개라면 표본 수는 안정적으로는 50개, 최소한 25개 이상은 있어야 회귀분석이 가능하다. 따라서 표본 수가 15~20개로 적은 경우나 그보다도 더 적은 경우에 데이터를 삭제하는 것은 좋지 않다.

이상값이 존재할 때 사용하는 두 번째 방법은 데이터를 삭제하지 않고 분석하는 것이다. 이상값에 영향을 받지 않는 강건한(robust) 분석을 하는 것을 말하는데, 통계학에서는 이를 **로버스트 회귀분석**(robust regression analysis)이라고 한다. 로버스트 회귀분석은 이상값이 존재하는 경우에 사용하는 회귀분석으로서 이상값을 넣고 분석하거나 빼고 분석해도 두 분석의 결과는 매우 유사하게 나온다. 즉 이상값에 영향을 받지 않는 분석이 바로 로버스트 회귀분석이다. 로버스트 회귀분석은 11.2.2절에서 다룬다.

이상값을 확인하는 통계량은 주로 '잔차'이다. 이 통계량으로는 잔차, 표준화된 잔차, 스튜던트 잔차, PRESS(예측 오차제곱합, PRediction Error Sum of Squares) 등이 있으며 표준화된 잔차의 절댓값이 3보다 클 경우 이상값으로 판정한다.

3.4.2 영향 관측값

이상값의 두 번째 유형인 **영향 관측값**은 한두 개의 데이터가 회귀방정식의 추정에 상당한 영향을 주는 데이터를 말한다. 이것은 극소수의 영향 관측값이 회귀방정식의 기울기에 영향을 주는 것을 의미한다. 이 영향 관측값을 투입했을 때와 제거했을 때 회귀방정식의 기울기에서 많은 차이가 난다. [그림 3-66]의 (a)가 영향 관측값이다.

영향 관측값을 측정하는 도구로는 Cook's D, DFFIT, DFBETAS, COVRATIO가 있다. 표준화된 Cook's D의 절댓값이 1보다 큰 경우와 표준화된 DFFIT의 절댓값이 2보다 큰 경우에는 영향 관측값으로 판정한다. 또 기준값 이내에 있다 하더라도 다른 값들에 비해서 월등히 큰 경우(보통 2배 이상) 역시 영향 관측값으로 판정한다.

Cook's D 통계량과 DFFIT는 비슷한 진단 통계량이다.

3.4.3 이상값과 영향 관측값의 진단

이상값과 영향 관측값을 진단하는 여러 도구 중에서 필자가 주로 사용하는 통계량은 **표준화된 잔차**와 **표준화된 DFFIT**이다. 어떠한 진단 통계량도 완벽한 것은 존재하지 않는다. 이 두 가지 통계량 역시 이상값과 영향 관측값을 완벽하게 찾아주지는 못하지만, 진단하는 데 탁월한 효과를 발휘한다.

〈표 3-13〉 이상값과 영향 관측값의 진단기준

진단도구		진단기준	
이상값	표준화된 잔차	$|ZRE| > 3$	or 다른 값들에 비해서 월등히 큰 경우
영향 관측값	표준화된 DFFIT	$|SDF| > 2$	

이상값을 진단하는 가장 간단한 방법으로 산점도가 있다. [그림 3-15]의 산점도를 다시 나타낸 것이 [그림 3-68]이다. 이 산점도를 보면, 오른쪽 아래에 있는 한 점이 다른 값들보다 극단값이라는 것을 알 수 있다. 또한 이 이상값으로 인하여 회귀방정식의 기울기가 많이 기울어지므로 영향 관측값이라는 사실도 알 수 있다.

이러한 이상값과 영향 관측값을 찾기 위하여 산점도를 더블클릭한다.

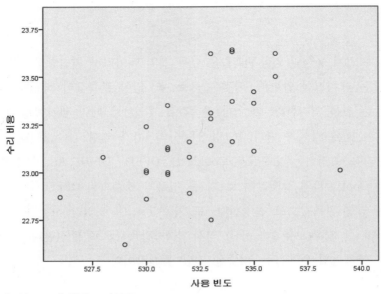

[그림 3-68] 산점도 이상값

SPSS Output에서 출력된 결과를 더블클릭하면 그래프를 수정할 수 있는 [그림 3-69]
의 편집화면이 나온다.

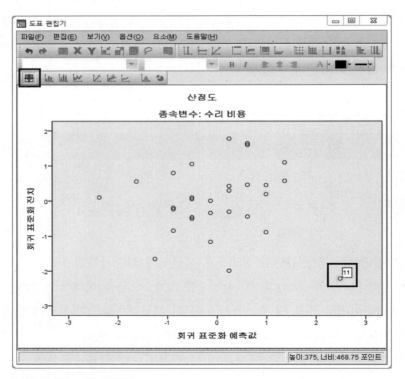

[그림 3-69] 그래프 편집

이 도표 편집기에서 왼쪽 상단의 ⊞ 아이콘을 클릭하면 커서가 화살표에서 아이콘 모양으로 바뀐다. 이 커서로 이상값에 해당하는 점을 클릭한다. 이 데이터를 클릭하면 ⊡와 같이 상단에 11이라는 숫자가 출력된다. 이것은 11번째 데이터(11th 데이터)라는 것을 의미한다. 따라서 워크시트에서 11번째 데이터에 대해 검토한다.

두 번째 방법으로는 표준화된 잔차와 표준화된 DFFIT 통계량을 이용하는 것이다.

분석 → 회귀분석 → 선형: 저장

이상값과 영향 관측값의 진단도 회귀분석 메뉴에서 가능하다. 옵션에서 저장(S)... 을 클릭한 다음 [그림 3-70]의 저장 옵션의 대화상자에서 표준화 잔차인 [☑ **표준화(A)**]와 [☑ **표준화 DFFIT(T)**]를 선택한다.

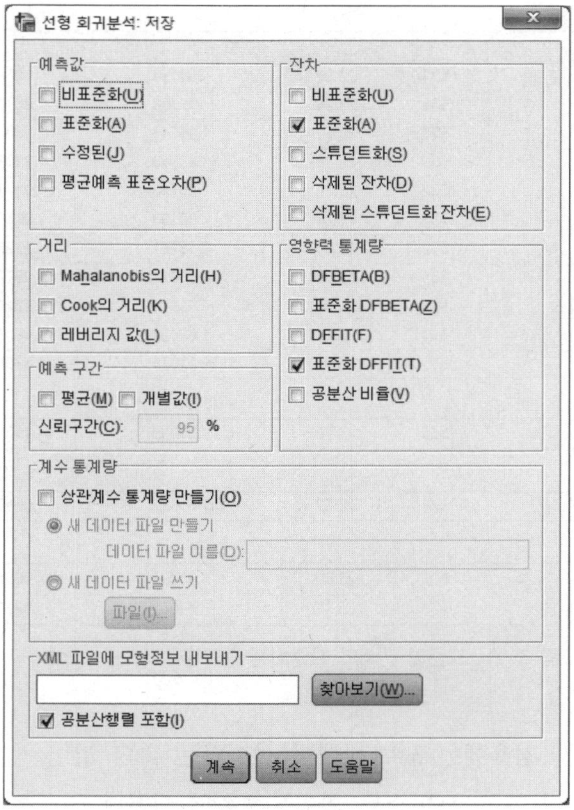

[그림 3-70] 이상값과 영향 관측값 진단도구

분석을 하면 워크시트에 2개의 새로운 변수 [ZRE_1]과 [SDF_1]이 생성된다. 'ZRE'는 표준화된 잔차이고, 'SDF'는 표준화된 DFFIT이다. '_1'은 첫 번째 분석에서 계산되었다는 것을 의미한다. 다시 한 번 회귀분석을 실시하면 'ZRE_2', 'SDF_2'라는 변수가 생성되고 이 변수들은 'ZRE_1', 'SDF_1'과 동일한 값이라는 것을 확인할 수 있다. 분석에 사용된 데이터와 변수가 동일한 경우에는 항상 동일한 값이 나올 수밖에 없다.

[그림 3-71]에 새로 생성된 2개의 변수가 있다. 표준화된 잔차의 기준은 절댓값 3이다. 전체 30개의 데이터에서 가장 큰 값이 11th 데이터인 −2.21074로 기준값 3보다 크지 않다. 또한 이 값은 두 번째 큰 값인 20th 데이터 −1.98665에 비해서 월등히 크다고 할 수 없다.

표준화된 DFFIT를 살펴보면 가장 큰 값은 역시 11th 데이터로 −1.62858이며 기준값인 절댓값 2보다 작다. 그러나 두 번째로 큰 값인 27th 데이터 −.55804보다 월등히 크다는 것을 알 수 있다. 따라서 표준화된 DFFIT와 [그림 3-69]에 의하면 11th 데이터를 이상값으로 판정하는 것이 타당하다.

	x	y	ZRE_1	SDF_1
1	531	22.99	-.50194	-.10643
2	535	23.36	.19756	.05379
3	536	23.62	1.09543	.38042
4	530	22.86	-.83868	-.21834
5	532	23.16	.00746	.00140
6	533	23.28	.30103	.05764
7	532	22.89	-1.15797	-.22258
8	531	23.00	-.45877	-.09720
9	528	23.08	.55971	.22405
10	534	23.64	1.63054	.38036
11	539	23.01	-2.21074	-1.62858
⋮				
20	533	22.75	-1.98665	-.41099
⋮				
27	529	22.62	-1.65022	-.55804
⋮				
29	532	23.08	-.33785	-.06344
30	533	23.31	.43053	.08259

[그림 3-71] 표준화 잔차와 표준화된 DFFIT

이상값으로 판정한 경우에는 3.4.1절에서 설명하는 바와 같이 삭제 후 재분석하거나 이상값에 영향을 받지 않는 로버스트 회귀분석을 실시한다.

<표 3-14> 이상값 해결방법

	이상값 해결방법
1	삭제 후 분석
2	로버스트 회귀분석(robust regression analysis)

[그림 3-69]에 의하면 11th 데이터는 이상값으로 여겨진다. 그러나 이상값을 진단하는 도구인 표준화된 잔차에서는 이 데이터를 이상값으로 진단하지 않고 있다. 왜냐하면 11th 데이터가 영향 관측값이기 때문이다. 이 때문에 기울기에 영향을 받아서 기울기가 상당히 작아지는(이상값에 회귀방정식이 가까워진) 회귀방정식을 추정하게 된다. 그러므로 잘못 추정된 식에 의해서 계산된 표준화된 잔차는 작을 수밖에 없기 때문에 이와 같은 현상이 생기는 것이다.

3.4.4 이상값과 영향 관측값의 영향

3.4.3절의 예에서 11th 데이터를 이상값으로 판정하여 삭제 후 분석하였다. 이 절에서는 이상값의 제거 전과 제거 후의 분석 결과의 차이에 대해서 알아본다.

모형 요약[b]

모형	R	R 제곱	수정된 R 제곱	추정값의 표준오차
1	.521[a]	.271	.245	.23168

a. 예측값: (상수), 사용 빈도
b. 종속변수: 수리 비용

모형 요약[b]

모형	R	R 제곱	수정된 R 제곱	추정값의 표준오차
1	.657[a]	.432	.411	.20683

a. 예측값: (상수), 사용 빈도
b. 종속변수: 수리 비용

[그림 3-72] 이상값 제거 전과 제거 후의 결정계수

[그림 3-72]는 이상값을 제거하기 전과 후의 회귀분석 결과에서 모형요약표를 나타낸 것이다. 위의 표는 이상값을 제거하기 전이고, 아래의 표는 이상값을 제거한 후이다.

이상값을 제거하기 전의 결정계수는 .271로 설명력이 27.1%였지만, 이상값을 제거한

후의 결정계수는 .432로 설명력이 43.2%이다. 다시 말해 이상값인 11th 데이터를 삭제하기 전과 후에서 16.1%p(% 간의 증감분은 %point 또는 %p로 표기한다.)의 차이가 난다. 즉 하나의 이상값이 설명력의 16.1%p 비중을 차지한다고 할 수 있다. 특히 실험 연구 등에서는 이상값의 영향력이 이와 같이 매우 큰 경우가 많다.

계수^a

모형		비표준화 계수		표준화 계수	t	유의확률
		B	표준오차	베타		
1	(상수)	-4.498	8.573		-.525	.604
	사용 빈도	.052	.016	.521	3.228	.003

a. 종속변수: 수리 비용

계수^a

모형		비표준화 계수		표준화 계수	t	유의확률
		B	표준오차	베타		
1	(상수)	-16.065	8.662		-1.855	.075
	사용 빈도	.074	.016	.657	4.531	.000

a. 종속변수: 수리 비용

[그림 3-73] 이상값 제거 전과 제거 후의 회귀방정식

[그림 3-73]은 이상값을 제거하기 전과 후의 계수표이다. 여기에서 기울기는 이상값 제거 전에는 .052에서 제거 후에는 .074로 변하는 것을 확인할 수 있다.

3.5 | 변수변환

회귀분석의 가장 기본적인 전제조건은 선형성이다. 즉 독립변수와 종속변수의 관계가 직선의 경향을 띠어야 한다. [그림 3-74]의 (a)~(m)과 같이 선형의 형태를 띠지 않는 경우에는 회귀분석을 사용하지 못한다.

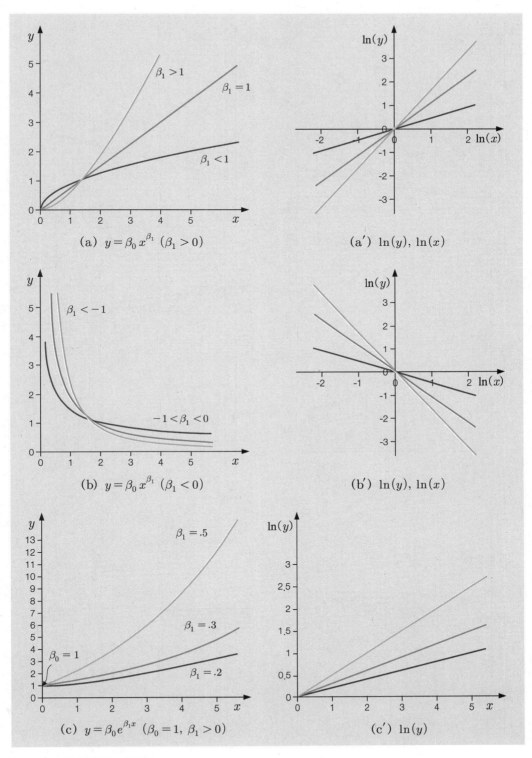

(a) $y = \beta_0 x^{\beta_1}$ $(\beta_1 > 0)$

(a′) $\ln(y), \ln(x)$

(b) $y = \beta_0 x^{\beta_1}$ $(\beta_1 < 0)$

(b′) $\ln(y), \ln(x)$

(c) $y = \beta_0 e^{\beta_1 x}$ $(\beta_0 = 1,\ \beta_1 > 0)$

(c′) $\ln(y)$

[그림 3–74] 변수변환 (계속)

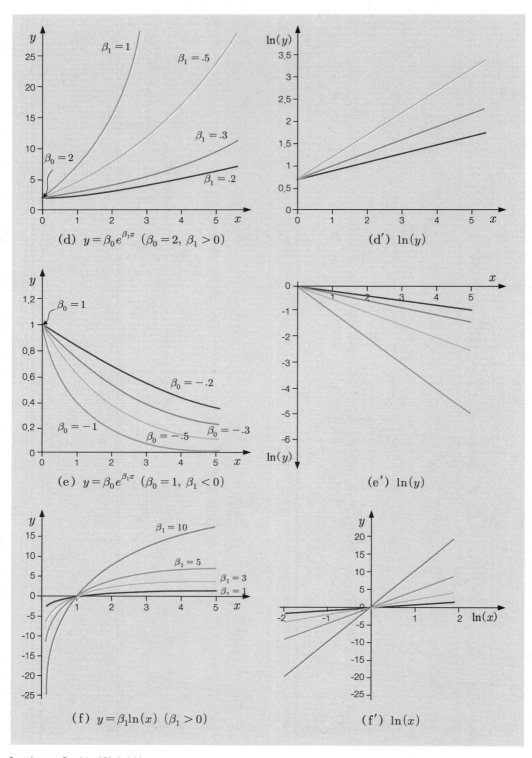

(d) $y = \beta_0 e^{\beta_1 x}$ $(\beta_0 = 2, \ \beta_1 > 0)$

(d') $\ln(y)$

(e) $y = \beta_0 e^{\beta_1 x}$ $(\beta_0 = 1, \ \beta_1 < 0)$

(e') $\ln(y)$

(f) $y = \beta_1 \ln(x)$ $(\beta_1 > 0)$

(f') $\ln(x)$

[그림 3-74] 변수변환 (계속)

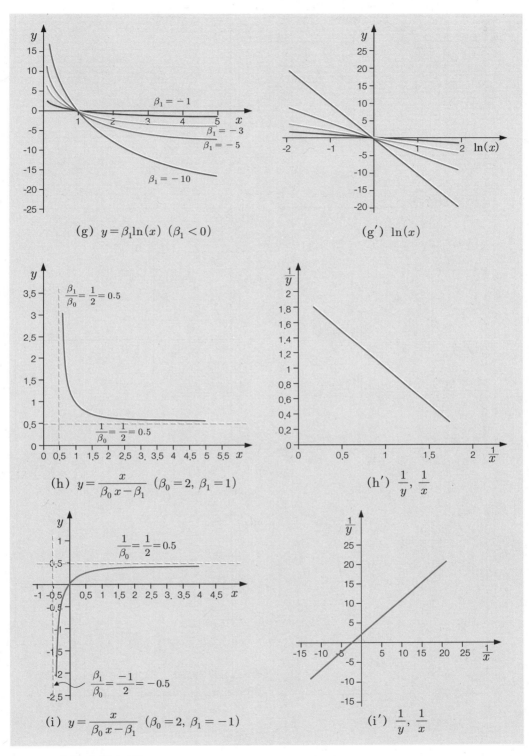

(g) $y = \beta_1 \ln(x)$ $(\beta_1 < 0)$

(g') $\ln(x)$

(h) $y = \dfrac{x}{\beta_0 x - \beta_1}$ $(\beta_0 = 2,\ \beta_1 = 1)$

(h') $\dfrac{1}{y},\ \dfrac{1}{x}$

(i) $y = \dfrac{x}{\beta_0 x - \beta_1}$ $(\beta_0 = 2,\ \beta_1 = -1)$

(i') $\dfrac{1}{y},\ \dfrac{1}{x}$

[그림 3-74] 변수변환 (계속)

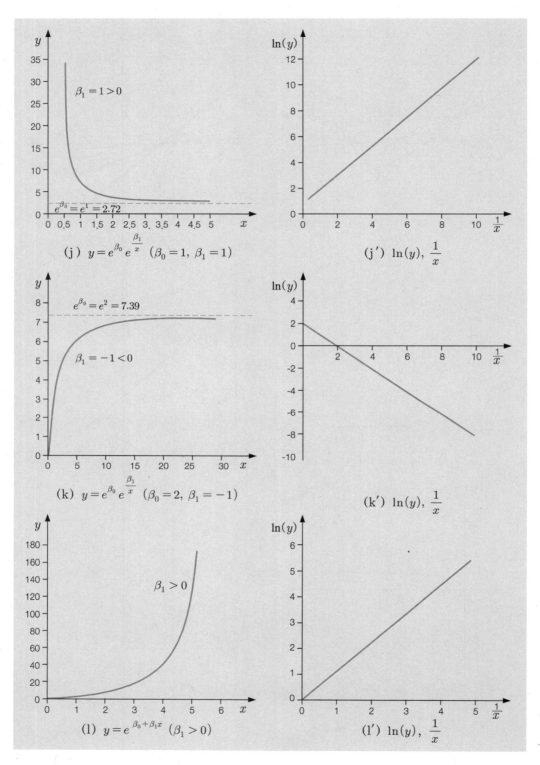

(j) $y = e^{\beta_0} e^{\frac{\beta_1}{x}}$ $(\beta_0 = 1,\ \beta_1 = 1)$ (j′) $\ln(y),\ \frac{1}{x}$

(k) $y = e^{\beta_0} e^{\frac{\beta_1}{x}}$ $(\beta_0 = 2,\ \beta_1 = -1)$ (k′) $\ln(y),\ \frac{1}{x}$

(l) $y = e^{\beta_0 + \beta_1 x}$ $(\beta_1 > 0)$ (l′) $\ln(y),\ \frac{1}{x}$

[그림 3-74] 변수변환 (계속)

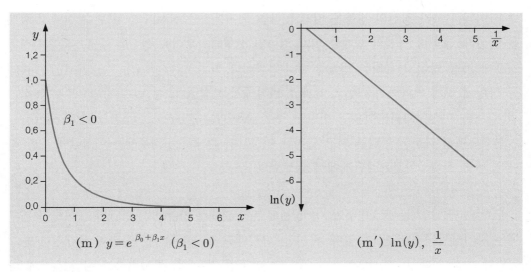

$$(m) \quad y = e^{\beta_0 + \beta_1 x} \quad (\beta_1 < 0)$$

$$(m') \quad \ln(y), \quad \frac{1}{x}$$

[그림 3-74] 변수변환

이때 가장 많이 사용하는 방법이 변수변환이다. 즉 독립변수 x나 종속변수 y를 적절하게 변환하면 (a')~(m')과 같은 선형의 형태가 될 가능성이 높다. 이렇게 변환하여 선형성 가정을 만족하는 경우, 변환된 변수로 회귀분석을 실시하는 것이다.

선형성 가정에 위배되어 변수변환하는 방법은 3.3.3절의 등분산성 가정에 위배되어 사용하는 것과 마찬가지로 주로 $\ln(y)$와 $\frac{1}{y}$을 많이 사용한다.

3.6 | 단순회귀분석 순서

3.6.1 단순회귀분석 정리

앞의 절들에서는 회귀분석에 대한 개괄적인 개념과 각각의 통계량이 의미하는 점, 그리고 그것을 확인하는 방법에 대해 설명했다. 이번 절에서는 회귀분석을 실시하는 순서에 대해서 정리하고, 이에 대해 검토한다.

단순회귀분석은 다음과 같이 5단계에 걸쳐서 분석한다.

먼저 첫 번째 단계에서는 독립변수와 종속변수의 산점도를 그린다. 산점도에서 확인할 사항은 두 가지다. 심각한 곡선의 모형인지와 이상값에 대한 검토이다. 독립변수와 종속변수 사이의 관계가 직선의 경향을 띠고 있다면 회귀분석을 실시하여 두 변수 사이의 관계를 밝힌다. 그러나 곡선의 형태를 띠고 있다면 선형회귀분석을 실시할 수 없다. 비선형인 경우에 가장 많이 사용하는 방법은 변수변환이다. $\ln(y)$, $1/y$, $\sqrt{y}$, $\arcsin(y)$, $\ln(x)$ 등 상황에 맞게 변환하여 직선의 형태로 변환해서 분석한다. 두 번째 방법으로는 분석기법 자체를 비선형회귀분석으로 바꾸어 주는 것이다.

산점도에서 직선의 형태를 띠고 있지만 이상값이 존재하는 경우에는 이상값에 대한 진단을 해야 한다. 이것은 4단계에서 검토한다.

두 번째 단계에서는 종속변수의 자기상관에 관한 문제를 진단한다. 횡단면 데이터인 경우에는 자기상관이 발생할 수 없다. 하지만, 그럼에도 불구하고 자기상관이 존재한다면 그 원인에 대해 명확히 규명해야 한다. 종단면 연구인 경우, 즉 종속변수가 시간 순서에 따라 측정한 경우에는 자기상관이 발생할 가능성이 높으며 이것은 Durbin-Watson 지수나 자기상관계수 r_{ac}로 진단한다.

세 번째 단계에서는 회귀분석을 실시한다. 실제로 가장 이상적인 경우이며, 데이터에 대한 문제가 없는 경우에는 이 단계만으로 가능하다. 분석 결과의 해석에서 가장 중요한 위치를 차지하는 단계이다.

회귀분석 결과에서 가장 먼저 확인해야 할 사항은 분산분석표의 p-value이다. $p < .05$이면 독립변수는 종속변수에 유의한 영향을 준다는 것을 의미한다. 독립변수가 종속변수에 어떤 영향을 주는지 알고자 한다면 계수표에서 비표준화 계수(또는 표준화 계수 β) B를 본다. 회귀계수에서 중요한 것은 부호이다. 부호가 양수(+)이면 양의 영향을 주는 것이고, 음수(-)이면 음의 영향을 주는 것이다. 유의확률 p-value와 회귀계수 B(or β)는 어떤 영향을 주는지에 대한 검토이다. 마지막으로는 영향력의 정도를 나타내는 결정계수 R^2을 본다.

네 번째 단계에서는 이상값에 대해 검토하는데, 단계의 위치상 4단계이지만 실제로는 2단계라고 할 수 있다. 왜냐하면 이상값을 진단하는 표준화된 잔차와 DFFIT값은 회귀분석을 실시해야만 출력되는 값이기 때문이다. 회귀분석은 이상값이 없는 경우에 사용하는 분석기법이다. 이상값이라고 판정되면 그 변수를 삭제하거나 이상값에 영향을 받지 않는 로버스트 회귀분석을 실시하는 것이 방법이다.

보통 설문 연구에서는 이상값이 나올 가능성은 극히 희박하며, 이상값은 주로 실험 연구와 같은 공학 연구에서 많이 발생한다.

〈표 3-15〉 단순회귀분석 순서

단계	비고
1. 산점도	
① 직선	회귀분석 실시
② 곡선	① 변수변환
	② 비선형회귀분석
	4단계에서 이상값과 영향 관측값 진단
③ 이상값	
2. 자기상관	
① Durbin-Watson	$d_U < d < 4 - d_U$ (or $4 - d_U < d < d_U$) ① 중요한 독립변수 투입
② r_{ac}(자기상관계수)	$\lvert r_{ac}\rvert < 0.1\,(p > .05)$ ② 시계열 분석
3. 분석	
① 분산분석표	p: 독립변수가 종속변수에 영향을 주는가? ($p < .05$: 유의한 영향을 준다)
② 계수표	B: 양의 영향인가, 음의 영향인가?
③ 모형요약표	R^2: 영향력의 정도(설명력은 얼마인가?) $R^2 \geq .13$(사회과학), $R^2 \geq .70$(공학)
4. 이상값	
① ZRE	$\lvert ZRE\rvert < 3$ ① 삭제
② SDF	$\lvert SDF\rvert < 2$ ② robust 회귀분석
5. 잔차 검정(모형 적합성 검정)	
① 정규성	
• ZRE(모수 지정 K-S 검정)	$p > .05$ ① 변수변환
• 왜도, 첨도	$\lvert \theta\rvert < 2$ ② 새로운 변수 투입
• Q-Q plot	직선 일치 ③ 모형 수정
② 등분산성	
• 잔차의 등분산그래프 (ZPred − ZResid)	① 가중회귀분석
• Breusch-Pagan 검정	$p > .05$ ② 변수변환

마지막 단계인 다섯 번째 단계에서는 이상의 결과를 수행한 회귀분석모형이 적합한지에 대한 모형 적합성을 검정한다. 모형 적합성 검정은 잔차분석을 실시하여 잔차의 정규성과 등분산성을 분석하는 잔차 검정을 실시한다. 잔차가 정규성과 등분산 가정을 만족하는 경우에는 회귀분석 결과의 회귀모형이 데이터를 설명하는 데 적합하다는 것이므로 회귀분석 결과에 대하여 표를 작성하고 해석하면 된다.

잔차가 정규성이나 등분산 가정에서 한 가지라도 만족하지 못한다면 회귀모형이 적합하지 않다는 것을 의미하므로 새로 분석하는 등의 조치를 취해야 한다.

특히 실험 연구나 공학 연구에서는 반드시 잔차 검정을 수행해야 한다.

3.6.2 예제

3.6.1절의 내용을 토대로 <예제 3.1>의 데이터에 대해서 회귀분석을 실시한다.

[Step 1] 산점도

> 그래프 → 레거시 대화상자 → 산점도/점도표: 단순 산점도

독립변수와 종속변수의 산점도를 그린다.

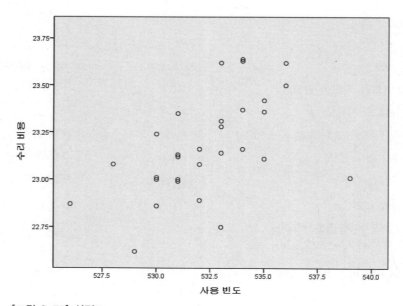

[그림 3-75] 산점도

[그림 3-75]의 산점도에서 ①, ② 직선의 경향을 보이므로 회귀분석을 실시할 수 있다. ③ 오른쪽에 이상값이 보이므로 산점도를 편집하여 몇 번째 데이터인지 검토한다. [그림 3-76]에서 확인한 결과 11th 데이터이다.

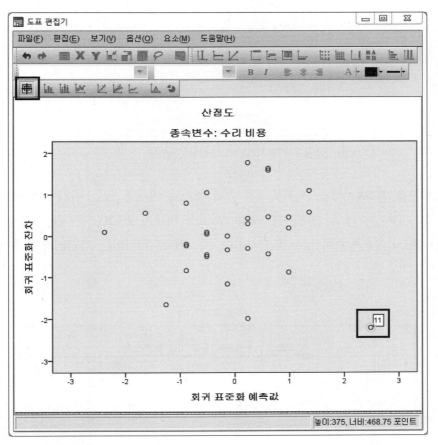

[그림 3-76] 산점도

[Step 2] 자기상관

분석 → 회귀분석 → 선형 :: 통계량: Durbin-Watson

자기상관에 대해서는 회귀분석 메뉴에서 검토하며 [그림 3-77]의 통계량에서 Durbin-Watson을 선택한다.

[그림 3-77] 자기상관: Durbin-Watson

    자기상관을 검토한 결과, 회귀분석의 출력 결과 중에서 [그림 3-78]의 모형요약표를 확인한다. 자기상관을 나타내는 Durbin-Watson 지수가 $2.420(d < 4 - d_U = 4 - 1.48936 = 2.51064)$이므로 자기상관이 없이 독립적이다. 따라서 본 데이터는 회귀분석을 실시하기에 적합하다.

모형 요약[b]

모형	R	R 제곱	수정된 R 제곱	추정값의 표준오차	Durbin-Watson
1	.521[a]	.271	.245	.23168	2.420

a. 예측값: (상수), 사용 빈도

b. 종속변수: 수리 비용

[그림 3-78] 출력 결과: Durbin-Watson

[Step 3] 회귀분석

> 분석 → 회귀분석 → 선형 :: 통계량: Durbin-Watson
>   도표: ZRESDID-ZPRED
>   저장: 표준화, 표준화 DFFIT

    2단계에서 자기상관의 문제가 없으므로 회귀분석을 실시한다. 하지만 그 전에 실제로는 4단계인 이상값에 대해서 진단한다.

[Step 4] 이상값

[Step 3]의 저장 옵션에서 선택한 표준화 잔차와 표준화 DFFIT를 검토한 결과, 11th 데이터의 표준화 DFFIT값이 다른 값들에 비해 월등히 큰 것으로 나타나 이상값으로 진단한다. 따라서 11th 데이터를 삭제한 후 회귀분석을 다시 실시한다.

	x	y	ZRE_1	SDF_1
1	531	22.99	-.50194	-.10643
2	535	23.36	.19756	.05379
3	536	23.62	1.09543	.38042
4	530	22.86	-.83868	-.21834
5	532	23.16	.00746	.00140
6	533	23.28	.30103	.05764
7	532	22.89	-1.15797	-.22258
8	531	23.00	-.45877	-.09720
9	528	23.08	.55971	.22405
10	534	23.64	1.63054	.38036
11	539	23.01	-2.21074	-1.62858
⋮				
20	533	22.75	-1.98665	-.41099
⋮				
27	529	22.62	-1.65022	-.55804
⋮				
29	532	23.08	-.33785	-.06344
30	533	23.31	.43053	.08259

[그림 3-79] 표준화 잔차와 표준화된 DFFIT

[Step 5] 회귀분석 재실시

[Step 4]에서 11th 데이터가 이상값으로 판정되어 11th 데이터를 삭제한 후 총 29개의 데이터로 회귀분석을 실시한다. 다시 실시한 회귀분석 결과에서 이상값에 대해 검토한 결과, 이상값이 없으므로 회귀분석 결과를 확인한다.

모형 요약b

모형	R	R 제곱	수정된 R 제곱	추정값의 표준오차	Durbin-Watson
1	.657a	.432	.411	.20683	1.849

a. 예측값: (상수), 사용 빈도

b. 종속변수: 수리 비용

[그림 3-80] 회귀분석 결과 (계속)

모형		제곱합	자유도	평균 제곱	F	유의확률
1	회귀 모형	.878	1	.878	20.531	.000ᵇ
	잔차	1.155	27	.043		
	합계	2.033	28			

a. 종속변수: 수리 비용

b. 예측값: (상수), 사용 빈도

계수ᵃ

모형		비표준화 계수		표준화 계수		
		B	표준오차	베타	t	유의확률
1	(상수)	-16.065	8.662		-1.855	.075
	사용 빈도	.074	.016	.657	4.531	.000

a. 종속변수: 수리 비용

[그림 3-80] 회귀분석 결과

회귀분석 결과에서 ① 분산분석표의 유의확률을 확인한다. p-value가 .000이므로 H_1을 선택한다.

$$H_0 : \beta_1 = 0$$

$$H_1 : \beta_1 \neq 0$$

기울기가 0이 아니므로

H_0: 독립변수는 종속변수에 영향을 주지 않는다.

H_1: 독립변수는 종속변수에 영향을 준다.

즉 독립변수인 사용빈도는 종속변수인 수리비용에 유의한 영향을 준다는 것을 의미한다. ② 계수표에서 비표준화 계수 B(또는 표준화 계수 β)를 확인한다. 여기에서는 부호가 중요하며 .074로 양수(+)이므로 사용빈도가 높을수록 수리비용이 높아지는 것을 의미한다. ③ 모형요약표의 결정계수(R^2)값을 확인한다. .432이므로 43.2%이다. 이것은 독립변수인 사용빈도가 수리비용을 설명하는 설명력이 43.2%라는 것을 의미한다.

[Step 6] 잔차분석-모형 적합도 검정

앞의 회귀분석 결과에서 사용빈도가 수리비용에 유의한 영향을 준다는 것을 확인하였으며, 사용빈도와 수리비용 간의 관계에 대한 회귀방정식은 다음과 같다.

$$수리비용 = -16.065 + 0.074(사용빈도)$$

이 식이 데이터를 표현하는 데 적합한지에 대하여 모형 적합도 검정을 실시한다. 모형 적합도 검정은 잔차분석으로 실시하며, 잔차가 ① 정규분포인지, ② 등분산인지에 대해서 확인한다.

먼저 등분산에 대한 검정은 잔차의 등분산그래프를 이용한다. 회귀분석 시 '도표' 옵션에서 'ZRESDID-ZPRED'의 그래프를 선택하면 [그림 3-81]과 같은 잔차의 등분산그래프가 출력된다.

표준화된 잔차의 등분산그래프는 평균 0을 중심으로 ±3 이내에서 어떤 규칙, 추세, 경향, 주기 등이 보이지 않으므로 잔차가 등분산이라고 판정한다.

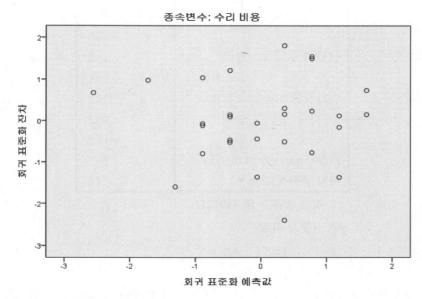

[그림 3-81] 잔차의 등분산그래프

Breusch-Pagan의 등분산 검정을 실시하는 경우에는 [그림 3-64]에서 실행한다. 분석 결과 [그림 3-82]에서 등분산 가정을 만족한다($p = .7853 > .05$).

```
Breusch-Pagan test for Heteroscedasticity (CHI-SQUARE df=P)
    .074

Significance level of Chi-square df=P (HO:homoscedasticity)
    .7853
```

[그림 3-82] Breusch-Pagan 등분산 검정

두 번째는 표준화된 잔차에 대하여 정규성 검정을 실시한다. 정규성 검정은 회귀분석 시 '저장' 옵션에서 선택한 '표준화된 잔차'(워크시트에서 ZRE)에 대하여 실시한다. 표준화된 잔차에 대하여 정규성 검정을 실시하므로 모수 지정 Kolmogorov-Smirnov 정규성 검정을 실시한다.

분석 → 비모수 검정 → 레거시 대화상자 → 일표본 K-S

일표본 Kolmogorov-Smirnov 검정

		Standardized Residual
N		30
정규 모수[a,b]	평균	0
	표준편차	1
최대극단차이	절대값	.108
	양수	.082
	음수	-.108
Kolmogorov-Smirnov의 Z		.591
근사 유의확률(양측)		.876

a. 검정 분포가 정규입니다.

b. 사용자 지정

[그림 3-83] 잔차의 정규성 검정

정규성 검정을 실시한 결과 [그림 3-83]에서 Kolmogorov-Smirnov 정규성 검정의 $p = .876$으로 나타나 $p > .05$이다. 따라서 정규성 가정을 만족한다.

잔차분석을 실시한 결과, 잔차가 정규성과 등분산 가정을 모두 만족하였으므로 회귀분석 결과 회귀모형이 적합한 것으로 판정한다.

$$수리비용 = -16.065 + 0.074(사용빈도)$$

즉 사용빈도와 수리비용을 설명하는 위의 식이 데이터를 표현하는 데 적합하다.

[Step 7] 표 작성 및 해석

이상의 결과에서 회귀모형이 적합한 것으로 나타났다. 따라서 이 결과에 대하여 표를 작성하고 해석한다.

〈표 3-16〉 수리비용에 미치는 영향

	B	SE	β	t	p
상수	−16.065	8.662		−1.855	.075
사용빈도	.074	.016	.657	4.531	<.001

$$R^2 = .432, \ F = 20.531 \ (p < .001)$$

Durbin-Watson $= 1.849(d_U = 1.483)$, Breusch-Pagan's $\chi^2 = .074(p = .785)$

▶ 표 3-16 해석

기계의 사용빈도가 수리비용에 미치는 영향을 알아보기 위하여 단순회귀분석을 실시하였다. 회귀분석을 실시하기 전에 Durbin-Watson 지수를 이용하여 종속변수의 자기상관에 대하여 검토한 결과 $1.849(d_U = 1.483 < d)$로 나타나 자기상관이 없이 독립적이므로 본 데이터는 회귀분석을 실시하기에 적합하다.

　기계의 사용빈도가 수리비용에 미치는 영향에 대한 회귀분석 결과, 기계의 사용빈도는 수리비용에 유의한 영향을 주는 것으로 나타났다($p < .001$). 기계의 사용빈도가 높을수록($B = .074$) 수리비용이 높아지며, 사용빈도가 수리비용을 설명하는 설명력은 43.2%이다.

　수리비용에 대한 회귀모형의 적합도를 알아보기 위하여 잔차의 정규성과 등분산성 검정을 이용한 모형 적합도 검정(goodness-of-fit test)을 실시한 결과, 잔차가 정규성(Kolmogorov-Smirnov's $p = .876 > .05$)과 등분산(Breusch-Pagan's $p = .785 > .05$) 가정을 만족하여 회귀모형이 적합한 것으로 나타났다.

04

다중회귀분석

4.1 | 다중회귀분석

4.1.1 다중회귀분석의 개념

회귀분석을 실시하는 일반적인 연구에서는 종속변수 y 의 변화에 대해서 독립변수 x 하나로 결정하기보다는 2개 이상의 독립변수로 결정하는 경우가 많다. 특히 사회과학 연구에서는 대부분 독립변수가 2개 이상인 경우가 많으며, 이들 독립변수 중에서 종속변수를 잘 설명하는 좋은 회귀방정식을 만드는 것이 중요하다.

독립변수가 1개인 경우의 회귀방정식을 **단순회귀모형**(simple regression model)이라고 하며, 2개 이상인 모형을 **다중회귀모형**(multiple regression model)이라고 한다. **다중회귀분석**은 **중다회귀분석**이라고도 하며, 간단히 **중회귀분석**이라고 한다.

다중회귀분석의 기본 개념은 단순회귀분석과 같다. 다만 독립변수를 1개가 아니라 2개 이상 사용한다는 점이 다르다. 이와 같이 단순회귀분석과 다중회귀분석의 차이점은 독립변수의 개수에 있다. 독립변수가 1개인 단순회귀분석의 회귀모형은

$$y = \beta_0 + \beta_1 + \epsilon$$

을 사용한다. 이에 대하여 다중회귀분석은 독립변수의 개수가 p개인 경우

$$y = \beta_0 + \beta_1 x_1 + \beta_2 x_2 + \cdots + \beta_p x_p + \epsilon$$

을 사용한다. 위의 두 식에서 볼 수 있듯이 단순회귀분석은 독립변수를 x 1개만 사용하고, 다중회귀분석은 $x_1, x_2, \cdots, x_p$ 로 p개의 독립변수를 사용한다.

다중회귀분석을 단순회귀분석과 비교하기 위하여 독립변수가 2개인 회귀모형을 생각해보자. 단순회귀분석의 경우에는 독립변수가 1개이므로 [그림 4-1]과 같은 산점도와 회귀방정식을 그릴 수 있다.

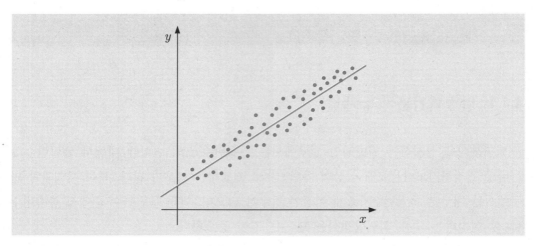

[그림 4-1] 단순회귀분석모형

　독립변수가 2개인 다중회귀분석모형의 경우에는 변수가 x_1, x_2, y의 3개가 존재하므로 산점도 역시 3차원 입체 모양이 된다.

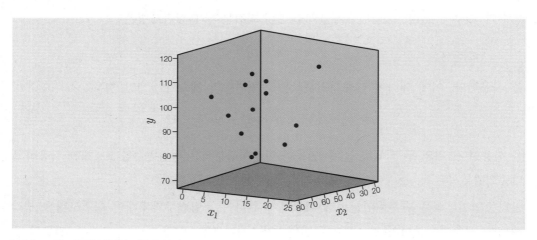

[그림 4-2] 다중회귀분석모형의 산점도

　독립변수가 2개인 경우에는 [그림 4-2]와 같이 3차원 입체 산점도가 되며, 독립변수가 3개 이상인 경우에는 축이 하나 더 나오기 때문에 4차원 산점도가 될 것이다. 하지만, 4차원 산점도는 그릴 수 없으므로 독립변수가 2개인 3차원 모형에 대해서 살펴본다.
　[그림 4-2]의 산점도로 회귀방정식을 구하면 다음과 같다.

$$y = 53.177 + 1.464\,x_1 + 0.651\,x_2$$

이 식을 3차원 모형에 나타낸 것이 [그림 4-3]이다. 이 그림에서 보는 바와 같이 독립변수 x_1과 종속변수 y는 선형의 모양이며, 독립변수 x_2와 종속변수 y 역시 선형이라는 것을 알 수 있다. 그런데 독립변수 x_1, x_2는 동시에 변화하기 때문에 종속변수 y 역시 이에 맞게 변화하게 되어 위와 같은 식이 나오며, [그림 4-3]과 같은 평면식이 된다. 즉 독립변수가 1개인 경우에는 선형의 직선이, 2개인 경우에는 평면이, 3개인 경우에는 직육면체와 같은 입체모양이 된다.

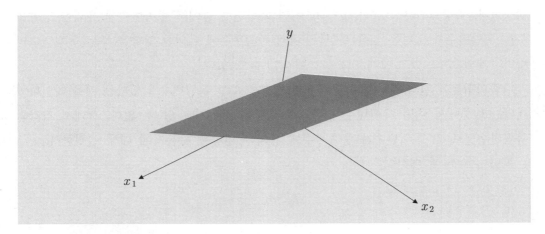

[그림 4-3] 다중회귀분석모형

다중회귀분석은 독립변수의 개수 차이만 있을 뿐 단순회귀분석과 동일하다. 따라서 다중회귀분석에서도 단순회귀분석과 마찬가지로 종속변수의 자기상관과 잔차의 정규성, 등분산성 조건이 따른다. 또한 이상값과 영향 관측값 역시 같은 개념으로 존재한다.

4.1.2 다중회귀분석 가설 검정

독립변수 $x_1, x_2, \cdots, x_p$ 가 p개인 경우 다중회귀분석식은 아래와 같다.

$$y = \beta_0 + \beta_1 x_1 + \beta_2 x_2 + \cdots + \beta_p x_p + \epsilon$$

이 다중회귀분석에 대한 가설은 다음과 같다.

$$H_0: \beta_1 = \beta_2 = \cdots \beta_p = 0$$
$$H_1: \text{적어도 하나의 회귀계수는 0이 아니다.}$$

위의 가설에서 귀무가설 H_0는 모든 회귀계수의 기울기가 0이라는 것이고, 대립가설 H_1은 회귀계수 중에서 기울기가 0이 아닌 독립변수가 있다는 것이다. 이를 좀 더 쉽게 설명하면 다음과 같다.

$$H_0: \text{모든 독립변수는 종속변수에 영향을 주지 않는다.}$$
$$H_1: \text{독립변수 중에서 종속변수에 영향을 주는 독립변수가 있다.}$$

즉 다중회귀분석에서는 p개의 독립변수 중에서 종속변수에 유의한 독립변수가 있는지를 검정한다. 다중회귀분석 결과, $p < .05$이면 독립변수 중에서 종속변수에 유의한 영향을 주는 독립변수가 있다는 것을 뜻한다. 이때 종속변수에 유의한 영향을 주는 독립변수의 수가 1개일 수도 있고, 2개 또는 그 이상일 수도 있다.

다중회귀분석 결과, 종속변수에 유의한 영향을 주는 독립변수가 있다는 것을 확인하였지만, 그 중에서 어떤 독립변수가 유의한 영향을 주는지는 알 수 없다. 그래서 각각의 독립변수별로 그 독립변수가 종속변수에 유의한 영향을 주는지에 대해 검정한다.

독립변수 x_1에 대하여

$$H_0: \beta_1 = 0$$
$$H_1: \beta_1 \neq 0$$

가설을 검정하고, 독립변수 x_2에 대해서도 검정한다.

$$H_0: \beta_2 = 0$$
$$H_1: \beta_2 \neq 0$$

마찬가지로 독립변수 x_p에 대해서도 검정한다.

$$H_0: \beta_p = 0$$
$$H_1: \beta_p \neq 0$$

즉 독립변수 각각에 대해서 모두 검정을 해서 그 독립변수가 유의한 영향을 주는지에 대해서 검정한다. 따라서 다중회귀분석에서는 $p\text{-value}$가 단순회귀분석과 같이 1개의 값만 있는 것이 아니라, 독립변수마다 모두 각각의 $p\text{-value}$가 있다.

분산분석ᵃ

모형		제곱합	자유도	평균 제곱	F	유의확률
1	회귀 모형	2611.627	3	870.542	179.683	.000ᵇ
	잔차	43.604	9	4.845		
	합계	2655.231	12			

a. 종속변수: y

b. 예측값: (상수), x3, x2, x1

[그림 4-4] 다중회귀분석 결과: 분산분석표

[그림 4-4]는 3개의 독립변수 x_1, x_2, x_3가 종속변수 y에 미치는 영향을 분석한 것이다. 분석 결과 $p = .000$으로 $p < .05$이다. 따라서 3개의 독립변수 중에서 종속변수에 유의한 영향을 주는 변수가 있다. 하지만 현재 표의 결과로 어떤 독립변수가 영향을 주는지는 알 수 없다.

계수ᵃ

모형		비표준화 계수		표준화 계수		
		B	표준오차	베타	t	유의확률
1	(상수)	48.568	3.726		13.037	.000
	x1	1.703	.195	.673	8.743	.000
	x2	.646	.042	.676	15.334	.000
	x3	.263	.176	.113	1.495	.169

a. 종속변수: y

[그림 4-5] 다중회귀분석 결과: 계수표

분석 결과에서 계수표를 확인한다. [그림 4-5]에서 3개의 독립변수 각각에는 모두 p-value가 있다. 이 중 2개의 독립변수가 $p < .05$이다. 따라서 x_1, x_2 두 개의 독립변수는 종속변수에 유의한 영향을 준다는 것을 의미한다.

x_1, x_2에 대한 가설은 각각

$$H_0 : \beta_1 = 0 \qquad H_0 : \beta_2 = 0$$

$$H_1 : \beta_1 \neq 0 \qquad H_1 : \beta_2 \neq 0$$

이므로 H_1 가설을 선택한다. x_3에 대해서도

$$H_0 : \beta_3 = 0$$

$$H_1 : \beta_3 \neq 0$$

의 가설이 나오며 x_3의 $p = .169$로 $p > .05$이므로 x_3는 종속변수에 유의한 영향을 주지 않는다.

유의한 영향을 준 경우에는 단순회귀분석과 마찬가지로 어떤 영향을 주는지에 대하여 비표준화 계수 B를 확인한다. x_1의 비표준화 회귀계수는 1.703이고, x_2의 비표준화 회귀계수는 .646으로 모두 부호가 양수(+)이다. 따라서 x_1이 높을수록($B = 1.703$), x_2가 높을수록($B = .646$) 종속변수 y가 높다는 것을 의미한다.

4.1.3 표준화 회귀계수: β

다중회귀분석에서 각각의 독립변수 x_1, x_2, $\cdots$, x_p에 대해서 분석한 결과 유의한 독립변수가 추출된다. 즉 어떤 독립변수가 종속변수에 유의한지 확인할 수 있다. 4.1.2절에서 3개의 독립변수 중에서 x_1, x_2가 종속변수에 유의한 영향을 주는 것을 확인했다. 그렇다면 이 2개의 독립변수 중에서 종속변수에 더 큰 영향을 주는(더 많은 설명을 하는) 것은 어느 것일까?

직관적으로 보면 x_1의 비표준화 회귀계수는 1.703이며, x_2는 .646이므로 x_1의 회귀계수가 x_2보다 크다. 따라서 x_1이 x_2보다 더 큰 영향을 주는 것으로 생각할 수 있다. 하지만 실제로는 그렇지 않다. 비표준화 회귀계수는 데이터의 단위에 따라 달라진다. 또 단위가 같은 경우에도 기울기가 크다고 해서 영향력이 더 크다고 할 수는 없다.

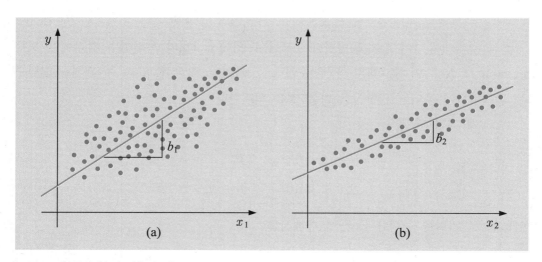

[그림 4-6] 회귀계수의 기울기 정도

[그림 4-6]에 2개의 식을 나타내었다. (a)는 (b)보다 기울기가 크다는 것을 알 수 있지만, (a)는 잔차들이 (b)보다 크기 때문에 결국에는 결정계수가 작다. 따라서 (b)는 (a)보다 기울기는 작지만 결정계수는 크게 나온다. 이와 같은 경우, 기울기가 크다고 해서 종속변수에 더 큰 영향을 준다고 할 수 있을까?

비표준화 회귀계수 B에 대하여 표준편차로 보정한 것이 **표준화 회귀계수**이다. 독립변수 x_1의 비표준화 회귀계수 B_1에 x_1의 표준편차를 곱한 후 종속변수 y의 표준편차로 나눈 값이 표준화 회귀계수 β_1이다.

$$\beta_i = B_i \times \frac{s_i}{s_y}$$

표준화 회귀계수는 결국 비표준화 회귀계수를 표준화한 값이다. 따라서 비표준화 회귀계수 간에는 크기를 비교할 수는 없지만, 표준화 회귀계수는 서로 간에 크기의 비교가 가능하다. 그러므로 표준화 회귀계수가 크면 종속변수에 더 큰 영향을 준다고 할 수 있다. 다만, 영향력이 상대적으로 더 크다는 것은 알 수 있지만, 크기에 대한 유의성 검정은 표준화 회귀계수만으로는 불가능하다.

계수[a]

모형		비표준화 계수		표준화 계수	t	유의확률
		B	표준오차	베타		
1	(상수)	48.568	3.726		13.037	.000
	x1	1.703	.195	.673	8.743	.000
	x2	.646	.042	.676	15.334	.000
	x3	.263	.176	.113	1.495	.169

a. 종속변수: y

[그림 4-5] 다중회귀분석 결과: 계수표

앞에서 언급한 [그림 4-5]의 표를 다시 보면, 독립변수 $x_1(B=1.703)$이 $x_2(B=.646)$보다 기울기가 더 크지만 표준화 회귀계수는 .673과 .676으로 비슷하다. 이렇게 표준화 회귀계수가 비슷하다는 것은 두 개의 독립변수의 영향력이 비슷하다는 것을 의미한다. 하지만 그중에서 하나의 독립변수를 선택한다면 x_2의 표준화 회귀계수가 더 크다. 따라서 x_1, x_2 중에서 종속변수에 더 큰 영향을 주는 독립변수는 x_2이다.

4.1.4 표준화 회귀계수의 응용

　기업의 경우 종속변수에 유의한 영향을 주는 독립변수들의 비중을 구하는 경우가 있다. 예를 들어, A기업에서 AS를 받은 고객의 만족도를 조사하는 경우를 가정해보자. AS 만족도를 조사하기 위하여 A기업에서는 AS를 받은 고객에게 AS센터의 응대와 처리시간에 대한 만족도, AS센터의 분위기 만족도를 질문하였다. 또 이를 바탕으로 AS의 전반적인 만족도를 질문하였다.

$$x_1: \text{응대 만족}$$
$$x_2: \text{신속 만족}$$
$$x_3: \text{분위기 만족}$$
$$y: \text{전반적인 만족}$$

　A기업에서는 응대 만족, 신속 만족, 분위기 만족이 AS의 전반적인 만족도에 미치는 영향에 대하여 분석하였다. 이 3개의 독립변수가 종속변수에 미치는 영향에 대해서 다중회귀분석을 실시한 결과 [그림 4-5]와 같이 나왔다.

　이 결과로 본다면 응대 만족($p < .001$), 신속 만족($p < .001$)은 전반적인 만족도에 유의한 영향을 주었으며, 분위기 만족($p = .169 > .05$)은 유의한 영향을 주지 않았다. 응대 만족이 높을수록($B = 1.703$), 신속 만족이 높을수록($B = .646$) AS의 전반적인 만족도가 높아지며, 그중에서도 신속 만족($\beta = .676$)이 AS의 전반적인 만족도에 더 높은 영향을 준 것으로 해석할 수 있다.

　각 만족도별로 전반적인 만족도에 미치는 영향에 대한 비중을 계산하고자 할 때 활용하는 통계량이 바로 표준화 회귀계수이다. 각 독립변수의 표준화 회귀계수를 모두 더한다음 표준화 계수의 합으로 나눈 값이 각 독립변수의 비중이다.

〈표 4-1〉 표준화 회귀계수의 응용

독립변수	β	설명력 비중		
		$\beta_i / \Sigma\beta_i$	비중	%
응대 만족	.673***	.673/1.462	.460	46.0%
신속 만족	.676***	.676/1.462	.462	46.2%
분위기 만족	.113	.113/1.462	.077	7.7%
합	1.462		1.000	100.0%

*** $p < .001$

표 <4-1>을 보면 AS센터의 전반적인 만족도에 미치는 영향에 대하여 신속 만족의 비중이 결정계수의 46.2%이며, 응대 만족은 46.0%, 분위기 만족은 유의한 영향을 주지 않지만 7.7% 비중을 차지하는 것을 알 수 있다.

▶ TIP

통계분석 결과는 반올림해서 결과를 제시한다. <표 4-1>에서도 비중의 합은 1.0이 아니라 .999로 나와 99.9%이다. 이것은 소수점 넷째 자리에서 반올림하여 나온 값이다. 소수점 다섯째 자리에서 반올림하여 값을 쓰면, 46.03%, 46.24%, 7.73%로 합이 100%이다. 일반적으로 표에 제시할 때 백분율은 둘째 자리에서 반올림하여 46.0%와 같이 사용하며, 평균과 표준편차는 셋째 자리에서 반올림하여 3.67과 같이 기술한다. 검정통계량과 p-value는 넷째 자리에서 반올림하여 $p = .116$과 같이 제시한다.

분석 결과에서 $p = .000$과 같이 출력되는 경우가 종종 있다. 이것은 p-value가 0이라는 것이 아니다. 넷째 자리에서 반올림한 값이기 때문에 실제로는 0보다 조금 큰 값이다. 요즘 저널에서는 이런 문제로 .000과 같이 출력된 경우에는 $p = .000$으로 기술하지 않고 $p < .001$(또는 $< .001$)로 기술하고 있다. 마찬가지로 $p = 1.000$과 같은 경우에는 $p > .999$(또는 $> .999$)와 같이 기술한다.

출력 결과	표 작성 시
$p = .000$	$p < .001$ or $< .001$
$p = 1.000$	$p > .999$ or $> .999$

4.2 │ 다중공선성

다중회귀분석의 기본적인 개념과 가정은 단순회귀분석과 동일하다. 다만 독립변수의 개수가 늘어남에 따라 이에 대한 몇 가지 개념이 추가된다. 다중회귀분석에서 가장 먼저 확인해야 할 사항은 **다중공선성**(multi-collinearity)이다. 다중공선성은 다공선성이라고도 하며, 여러 개의 독립변수 사이에 존재하는 공통적인 선형관계라고 할 수 있다. 예를 들어

2개의 독립변수 x_1, x_2가 있을 때

$$c = ax_1 + bx_2$$

와 같은 선형관계가 존재하는 경우, 즉 독립변수 x_1과 x_2에 의해서 c라는 값이 결정되는 경우 독립변수 x_1과 x_2 사이에는 다중공선성이 존재한다고 한다.

가령 x_1, x_2의 합이 3.7이라면, $x_1 + x_2 = 3.7$이 된다. 이때 $x_1 = 3.7 - x_2$로 계산할 수 있다. 즉 x_1은 x_2에 의해서 완전히 결정하여 설명할 수 있다. 또 키를 cm와 m로 측정하는 경우 170 cm=1.7 m가 된다. 즉 cm는 m로 완벽하게 대신 설명할 수 있다. 이런 경우 완벽한 공선성이 성립한다고 한다.

그러나 회귀분석에서는 이렇게 단지 2개의 독립변수 간에만 공선성이 발생하는 것이 아니라 여러 개의 독립변수 $x_1, x_2, \cdots, x_p$ 간에 발생할 수 있다.

다중공선성을 평가하는 가장 기본적인 방법은 상관계수 r이다. 일반적으로 상관계수의 절댓값이 0.8 이상인 경우에는 다중공선성이 있다[1]고 하며, 0.6 이상인 경우에는 다중공선성을 의심한다.

〈표 4-2〉 상관계수와 다중공선성

상관계수	다중공선성
$0.8 \leq |r|$	다중공선성 존재
$0.6 \leq |r| < 0.8$	다중공선성 의심

하지만 상관계수는 다중공선성을 평가하는 적합한 지표는 아니다. 상관계수는 두 독립변수 간에 이변량 정규분포를 보인 경우 사용할 수 있으며, 이상값이 없어야 한다. 그러나 실제로 독립변수 간에 정규성을 만족하지 못하는 경우나 이상값이 존재하는 경우 상관계수는 다중공선성을 평가하는 데 문제가 발생한다. 그리고 표본 수가 적은 경우 상관계수는 크게 나오는 경향이 있다.

또한 3개의 독립변수 간에 다중공선성이 존재하는 경우, 두 변수 간의 상관계수는 매우 작게 나올 수도 있다. 따라서 상관계수는 다중공선성을 판정하는 데 참고하는 도구이지 적합한 식별방법은 아니다.

---

1) Gunst, R. F., & Mason, R. L. (1980). *Regression Analysis and Its Applications*. Dekker, New York.

4.2.1 다중공선성의 문제

독립변수 간에 다중공선성이 존재하면 여러 가지 문제가 발생한다. 이 경우 가장 큰 문제점은 회귀계수의 분산이 커진다는 것이다. 회귀계수의 분산이 커지면 오차가 커지고, 예측의 정확도가 떨어진다. 또한 결정계수가 실제보다 크게 나올 가능성이 높아진다.

다중공선성을 의심할 수 있는 경우로는 ① 상관계수가 매우 크게 나오는 경우, ② 어떤 하나의 독립변수를 투입하거나 제거할 때 회귀계수의 크기가 크게 변화하거나, ③ 회귀계수의 부호가 바뀌는 경우, ④ 중요한 독립변수가 유의하지 않게 나오는 경우, ⑤ 과거의 선행 연구와 회귀계수의 부호가 다르게 나오는 경우 등이다.

그러나 위와 같은 상황이 생긴다고 해서 반드시 다중공선성이 존재한다고 할 수는 없다.

4.2.2 VIF

기본적으로 상관계수가 매우 크게 나오면 다중공선성을 의심할 수는 있지만, 다중공선성을 평가하는 데 적합한 지표는 아니다. 다중공선성을 평가하는 지표로는 VIF, **상태지수**, **분산비율** 등이 있다. 이 중에서 가장 쉽고 편하게 접할 수 있는 일반적 지수가 VIF (Variance Inflation Factor, 분산팽창요인)이다.

$$VIF_i = \frac{1}{1 - R_i^2}$$

여기서 R_i^2은 독립변수가 여러 개 있는 경우 i^{th} 독립변수와 다른 독립변수들과의 결정계수이다.

예를 들어 x_1, x_2, $\cdots$, x_{10}의 10개의 독립변수가 있을 때 x_1, x_2, x_8 사이에 다중공선성이 존재한다고 가정하자. R_8^2은 8th 독립변수인 x_8를 종속변수로 놓고, 나머지 9개의 독립변수로 회귀분석을 실시한 경우의 결정계수이다. x_8은 x_1, x_2와 다중공선성이 존재하므로, 즉 x_1, x_2와 x_8 사이에는 선형관계가 존재하므로 회귀분석을 실시하면 이 2개의 변수는 유의할 것이고, 결정계수는 높게 나올 것이다. $R_8^2 = 0.95$라면 VIF 값은 다음 식과 같다.

$$VIF_8 = \frac{1}{1 - 0.95} = \frac{1}{0.05} = 20$$

이와 같이 독립변수 간의 결정계수가 높게 나오면 VIF값이 높게 나오고, VIF가 10 이상인 경우 다중공선성이 존재하는 것으로 간주한다.[2] 다중공선성을 판정하는 또 다른 도구로 **공차한계**(tolerance)가 있다. 공차한계는 VIF의 역수로 계산한다.

$$Tol = \frac{1}{VIF}$$

따라서 공차가 0.1 이하인 경우 다중공선성이 존재하는 것으로 간주한다.

다중공선성이 발생하면 회귀분석을 실시할 수 없다. 이런 경우에는 다중공선성이 발생한 변수 중 하나를 삭제하거나 다중공선성이 발생한 변수들의 결합으로 새로운 변수를 생성하는 방법을 이용한다. 세 번째는 다중공선성에 영향을 받지 않는 분석기법으로 분석하는 것이다. 이때 쓰이는 분석기법으로는 **주성분 회귀분석**(Principal Component Regression analysis, PCR), **능형회귀분석**(Ridge Regression analysis, RR)과 PLS(Partial Least Square) **회귀분석**이 있다.

⟨표 4-3⟩ *VIF*와 다중공선성

다중공선성	조치
$VIF \geq 10$ or $Tol \leq 0.1$	① 다중공선성이 발생한 변수 중 하나를 삭제 ② 다중공선성이 발생한 변수들의 결합으로 새로운 변수를 생성 ③ 주성분 회귀분석, 능형회귀분석 또는 PLS 회귀분석

일반적으로 변수를 삭제하는 방법을 많이 사용한다. 변수를 삭제할 때는 보통 VIF값이 큰 변수를 삭제하지만, 삭제하고자 하는 변수를 선행 연구 등에서 매우 중요하게 다루었거나, 현재의 연구에서 중요한 독립변수라면 그 변수를 삭제할 수 없다. 이런 경우에는 차선책으로 VIF값이 두 번째로 큰 변수를 삭제하면 된다.

또 다른 방법으로 변수를 결합하는 방법이 있다. 예를 들어 청소년들의 키와 몸무게를 조사한 경우에는 이 두 변수 사이에 다중공선성이 발생할 가능성이 높다. 따라서 키와 몸무게 중 한 변수를 삭제하는 것이 좋지 않을 수 있으므로 이런 경우에 변수를 결합하는 방법을 사용한다. 즉 키와 몸무게를 이용하여 BMI(체질량지수)를 구해서 대신 사용하는 것이다.

$$BMI = \frac{kg}{m^2}$$

---

2) Hocking, R. R., & Pendleton, O. J. (1983). The regression dilemma. *Communications in Statistics*, A12, 497-527.

BMI는 몸무게를 키의 제곱으로 나눈 값이다. 결합해서 새로운 변수를 생성할 때는 그에 대한 근거가 명확해야 한다. 키와 몸무게의 경우에는 일반적으로 BMI를 많이 사용한다.

설문 연구에서 스트레스와 같은 척도의 경우에는 요인분석을 통해서 하위영역이 생긴다. 예를 들어 스트레스의 하위영역이 4개(F_1, F_2, F_3, F_4) 나온 경우, 이 4개의 하위영역 중에서 세 번째와 네 번째 하위영역(F_3, F_4) 간에 다중공선성이 발생한 경우를 생각해보자.

즉 F_1, F_2의 하위영역은 다중공선성이 없는데, F_3, F_4의 하위영역 간에 다중공선성이 발생한 경우이다. 이때 F_3, F_4의 결합으로 2개의 하위영역의 합($New\,F_3 = F_3 + F_4$)을 구해서 3개의 독립변수 F_1, F_2, $New F_3$를 투입해서 회귀분석을 실시한다. 하지만, 이같은 경우 F_3, F_4의 결합인 새로운 변수($New\,F_3 = F_3 + F_4$)는 이론적 근거가 없기 때문에 변수의 결합에 의해 새로운 변수를 생성할 수 없다(요인분석에서 F_3, F_4로 나누었기 때문에 $New\,F_3$로 새로운 변수를 생성하는 것이 아니라 각각 사용해야 한다. 만약 $New\,F_3$라는 변수를 사용하고자 한다면 요인분석에서 F_3, F_4로 각각의 하위영역으로 나누어지는 것이 아니라 결합인 $New\,F_3$로 하위영역이 묶여야 한다).

4.2.3 다중공선성 판정

예제를 통하여 다중공선성 문제를 확인한다.

| 예제 4.1 |　　　4개의 독립변수 x_1, x_2, x_3, x_4로 종속변수 y를 추정하는 회귀분석을 실시하고자 한다. 독립변수 간 다중공선성을 검토하라. (데이터: reg_예제2.sav)

	y	x1	x2	x3	x4
1	79	7	26	6	60
2	74	1	29	15	52
3	104	11	56	8	20
4	88	11	31	8	47
5	96	7	52	6	33
6	109	11	55	9	22
7	103	3	71	17	6
8	73	1	31	22	44
9	93	2	54	18	22
10	116	21	47	4	26
11	84	1	40	23	34
12	113	11	66	9	12
13	109	10	68	8	12

[그림 4-7] 예제 데이터

다중공선성을 확인하기 전에 독립변수 간 상관관계를 살펴본다. 상관계수 메뉴에서 독립변수 x_1, x_2, x_3, x_4를 투입한 후 분석을 실시한다.

분석 → 상관분석 → 이변량 상관계수

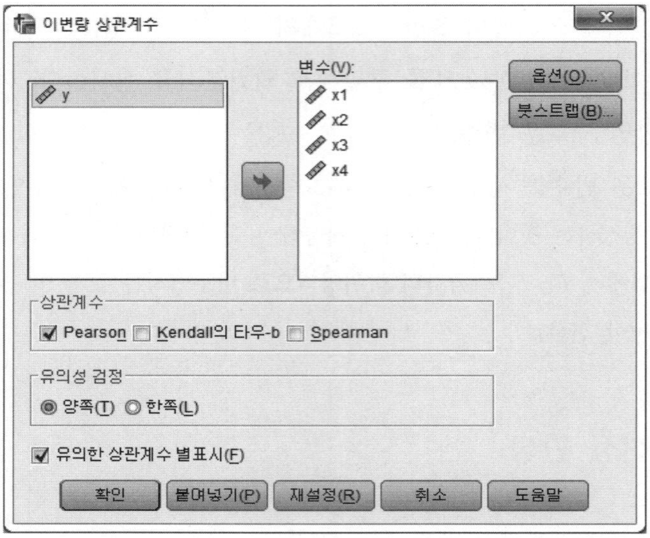

[그림 4-8] 상관분석

x_1, x_2, x_3, x_4의 4개의 독립변수 간 상관분석을 실시한 결과, x_1과 x_3의 상관계수 $r = -.824$로 절댓값이 0.8 이상으로 유의하게 나왔으며($p = .001 < .01$), x_2와 x_4의 상관계수도 $r = -.973$으로 상관계수 절댓값이 0.8 이상으로 유의하게 나왔다($p < .001$). 상관계수를 이용한 다중공선성의 경우 $x_1 : x_3$ 간 및 $x_2 : x_4$ 간에는 다중공선성이 존재한다. 그러나 상관계수는 다중공선성을 판정하는 데 절대적인 지수가 아니다. 또한 지금처럼 표본 수가 비교적 적은 경우에는 상관계수가 크게 나오는 경향이 있기 때문에 지금의 상관계수는 실제보다 크게 0.8 이상으로 나왔을 수도 있다는 것을 염두에 두어야한다.

상관계수

		x1	x2	x3	x4
x1	Pearson 상관계수	1	.229	-.824**	-.245
	유의확률 (양쪽)		.453	.001	.419
	N	13	13	13	13
x2	Pearson 상관계수	.229	1	-.139	-.973**
	유의확률 (양쪽)	.453		.650	.000
	N	13	13	13	13
x3	Pearson 상관계수	-.824**	-.139	1	.030
	유의확률 (양쪽)	.001	.650		.924
	N	13	13	13	13
x4	Pearson 상관계수	-.245	-.973**	.030	1
	유의확률 (양쪽)	.419	.000	.924	
	N	13	13	13	13

**. 상관계수는 0.01 수준(양쪽)에서 유의합니다.

[그림 4-9] 독립변수 간 상관계수

다중공선성을 판정하는 데 적합한 지수는 VIF이다. VIF를 검토하기 위해서는 회귀분석을 실시해야 한다. VIF값 자체가 결정계수에 의해서 계산되기 때문에 회귀분석을 실시한다. 회귀분석 메뉴에서 종속변수 y와 4개의 독립변수 x_1, x_2, x_3, x_4를 투입한다.

분석 → 회귀분석 → 선형

[그림 4-10] 다중회귀분석

다중공선성을 검토하기 위해서는 회귀분석 대화상자에서 [통계량(S)...]을 클릭한다. 다중공선성은 '통계량' 대화상자에서 [☑ **공선성 진단(L)**]을 클릭한다. '공선성 진단'을 클릭하면 출력 결과에서 계수표에 공차한계와 *VIF*값이 출력된다.

[그림 4-11] 회귀분석: 통계량

출력 결과에서 계수표를 확인한다. 표의 오른쪽에 공선성을 진단하는 2개의 통계량 '공차'와 '*VIF*'가 있다.

계수ª

모형		비표준화 계수		표준화 계수	t	유의확률	공선성 통계량	
		B	표준오차	베타			공차	VIF
1	(상수)	52.595	66.865		.787	.454		
	x1	1.662	.711	.657	2.338	.048	.026	38.496
	x2	.604	.691	.632	.875	.407	.004	254.423
	x3	.221	.720	.095	.307	.767	.021	46.868
	x4	-.041	.677	-.046	-.060	.953	.004	282.513

a. 종속변수: y

[그림 4-12] 다중공선성: *VIF* 1

▶ 그림 4-12 해석

다중공선성을 검토하는 일반적인 도구인 *VIF*값을 보면 x_1은 38.496, x_2는 254.423, x_3는 46.868로 10 이상이며, x_4 역시 282.513으로 10 이상이다. 따라서 독립변수 간에는 다중공선성이 존재하는 것으로 판정한다.

출력 결과로만 본다면 x_1, x_2, x_3, x_4의 모든 독립변수 사이에 다중공선성이 존재하는 것으로 생각할 수 있다. 하지만 이것은 앞의 상관계수의 결과와 사뭇 다르다는 것을 알 수 있다. 상관계수는 4개의 독립변수 간에 다중공선성이 발생한 것이 아니라, $x_1 : x_3$ 간의 상관계수와 $x_2 : x_4$ 간의 상관계수가 높게 나타나 이들 사이에 다중공선성이 존재하는 것으로 생각했다.

VIF값의 성질을 이해하면 이 문제는 바로 해결된다. VIF값을 구할 때는 하나의 독립변수를 고정시킨 다음 다른 독립변수들과의 관계를 통해 계산한다. 따라서 어떤 특정 독립변수들 간에 다중공선성이 존재하게 되면, 다른 변수들 역시 영향을 받기 때문에 지금처럼 모든 독립변수의 VIF값이 10보다 크게 나오는 문제가 발생한다.

이 예에서는 VIF값이 모두 10보다 크지만, 그중에서도 특히 x_2, x_4의 값이 크다는 것을 알 수 있다. x_2와 x_4의 VIF값은 254.423과 282.513으로 매우 크지만, x_1과 x_3의 VIF값은 38.496과 46.868로 비교적 작게 나타났다. 이는 x_2와 x_4 사이에 다중공선성이 발생하여 다른 독립변수들의 VIF값도 크게 나오는 경향이 있기 때문이다.

따라서 이 예에서는 x_2와 x_4 사이에 다중공선성이 발생하여 회귀분석을 실시할 수 없다. 다중공선성을 해결하기 위해서 변수 1개를 삭제해야 하는데, x_2와 x_4 중에서는 x_4의 VIF값이 282.513으로 더 크므로 x_4를 삭제한다. 그런 다음 3개의 독립변수 x_1, x_2, x_3로 회귀분석을 실시하여 다시 다중공선성을 검토한다. 그 검토 결과를 나타낸 것이 [그림 4-13]이다. 세 변수 x_1, x_2, x_3 모두 VIF값이 10 미만으로 나타났기 때문에 다중공선성이 없으며, 이 3개의 독립변수로 다중회귀분석을 실시한다.

이처럼 회귀분석을 실시하기 위해서는 다중공선성에 대한 검토를 반드시 수행하여 문제가 없는 변수들만으로 회귀분석을 해야 한다.

계수ᵃ

모형		비표준화 계수		표준화 계수	t	유의확률	공선성 통계량	
		B	표준오차	베타			공차	VIF
1	(상수)	48.568	3.726		13.037	.000		
	x1	1.703	.195	.673	8.743	.000	.308	3.251
	x2	.646	.042	.676	15.334	.000	.940	1.064
	x3	.263	.176	.113	1.495	.169	.318	3.142

a. 종속변수: y

[그림 4-13] 다중공선성: *VIF* 2

▼ TIP

만일 [그림 4–13]의 결과에서 x_2와 x_3의 VIF값이 각각 30.123과 32.536으로 나왔다면, x_2, x_3의 두 변수 사이에 아직도 다중공선성이 존재하는 것이다. 이런 경우에는 다시 변수 1개를 삭제한 후 분석한다.

이와 같은 현상이 나타나는 이유는 x_2, x_3, x_4의 세 변수 사이에 다중공선성(예: $x_2 = x_3 + x_4$)이 발생했다는 것으로, x_4를 제거하더라도 x_2, x_3 사이에는 아직까지 다중공선성이 존재하기 때문이다. 이처럼 다중공선성이 두 변수 사이에 발생한 것이 아니라 세 변수 이상에서 발생한 경우에는 어떤 한 변수를 삭제한 후에도 다중공선성이 남게 된다. 이런 경우에는 다중공선성이 발생하는 변수를 하나씩 차례로 삭제(x_4, x_3를 삭제하고 x_2만으로 분석)하는 것도 한 방법이고, 반대로 다중공선성이 발생한 공통적인 변수(x_2)만 삭제하고 분석하는 것도 가능하다.

다중공선성은 선형회귀분석에서만 사용하는 것이 아니라, 로지스틱 회귀분석(logistic regression analysis), 생존분석(survival analysis)의 Cox hazards regression analysis에서도 사용한다. 즉 회귀분석(regression analysis)이라는 이름이 붙은 모든 분석에서는 다중공선성 가정이 존재한다. 또한 구조방정식모형에서도 다중공선성 가정이 존재한다.

4.3 | 결정계수와 수정된 결정계수

3장의 단순회귀분석에서 결정계수에 대해 살펴보았다. 다중회귀분석에서도 결정계수가 존재한다.

4.3.1 결정계수

다중회귀분석에서의 결정계수는 회귀분석모형에 포함된 모든 독립변수들의 설명력의 총합이다. 일반적으로 결정계수는 큰 것이 좋다. 따라서 독립변수가 늘어나면 결정계수도 커지게 되므로 결정계수의 측면에서 본다면 독립변수는 많이 포함시키는 것이 좋다.

그러나 독립변수를 추가하면 그 독립변수가 적절한지의 여부와는 상관없이 결정계수가 무조건 커지는 문제가 있다. 따라서 회귀분석모형이 적절하지 않은데도 불구하고 결정계수가 매우 큰 기형적인 모형이 나올 가능성이 있다. 이런 경우에는 결정계수는 크지만 종속변수를 예측한 예측값의 오차가 커진다. 즉 과적합(over-fitting) 모형이 되어 회귀모형이 적합하지 않게 된다.

결정계수는 또 표본 수가 증가하면 같이 커지는 경향이 있다. 예를 들어 100개의 표본으로 회귀분석을 실시한 경우 설명력이 10%였다면 이 100개의 표본에 새로운 표본 100개를 추가하여 총 200개의 표본으로 회귀분석을 하게 되면 결정계수가 기존의 10%보다 큰 값이 나온다(예를 들어 15%). 결국 기존 표본에 100개의 표본을 추가하면 종속변수와 독립변수의 실질적인 유의성과는 상관없이 설명력이 5%p 커져서 15%의 설명력이 나올 수 있다.

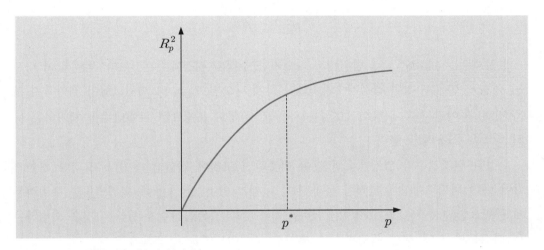

[그림 4-14] 독립변수의 개수와 결정계수

[그림 4-14]에서 보는 바와 같이 독립변수의 개수 p가 증가하면 결정계수 R_p^2도 증가한다. 독립변수의 수가 최대가 되면 결정계수의 값도 최대가 된다. 하지만 결정계수는 계속해서 커지는 것이 아니다. 독립변수를 하나씩 투입하면 결정계수는 커지다가 특정 개수(p^*)에서 둔화되어 완만하게 증가하게 된다.

이런 이유로 결정계수가 가장 큰 모형을 선택하는 것보다 독립변수를 하나씩 투입하면서 결정계수가 둔화되는 지점에서 독립변수를 선택하는 것이 좋다.

4.3.2 수정된 결정계수

결정계수는 이상의 두 가지 문제를 안고 있으며, 이 결정계수에 표본 수(n)와 독립변수의 개수(p)를 보정하여 새롭게 계산한 결정계수를 **수정된 결정계수**(adjusted R^2)라고 한다.

$$R_{adj}^2 = 1 - \frac{(n-1)}{(n-p)}(1-R^2)$$

수정된 결정계수는 R_{adj}^2 또는 $adj\, R^2$으로 표기하며, 근래의 연구에서는 결정계수 R^2 보다는 R_{adj}^2값을 선호하는 추세이다.

수정된 결정계수는 불필요한 독립변수가 추가될 때 불이익을 줌으로써 모형선택을 도 와주며 결정계수보다 항상 작다.

$$R_{adj}^2 \leq R^2$$

결정계수는 $0 \leq R^2 \leq 1$ 범위에서 나오지만 수정된 결정계수는 0보다 작은 값이 나오 는 경우도 있다. 수정된 결정계수가 0보다 작게 나오면($R_{adj}^2 < 0$) 회귀모형이 적합하지 않 은 것이다. 이런 경우에는 회귀모형을 사용할 수 없고 불필요한 독립변수를 제거하는 등 의 방법을 사용해야 한다.

수정된 결정계수와 결정계수의 값이 비슷하면 모형이 적합한 것이다. 그러나 차이가 많이 나면 회귀모형상에 과적합 등과 같은 문제가 있는 것이다. 즉 회귀모형을 추정하는 데 불필요한(의미없는, 회귀방정식에 기여를 하지 못하는) 독립변수가 있다는 것을 의미하므 로 회귀분석 시에 해당 독립변수를 제거하여 회귀모형을 수정해야 한다.

결정계수와 수정된 결정계수 간에 얼마나 차이가 나면 불필요한 독립변수가 포함되었 다고 할 수 있을까? 아직 이에 대한 명확한 기준은 없다. 하지만 필자의 경험으로 미루어 볼 때 수정된 결정계수는 결정계수보다 10% 작은 경우는 흔히 나오지만, 20% 이상 차이 나는 경우는 모형상 심각한 문제가 있다고 볼 수 있다.

예를 들어 결정계수가 40%인 회귀모형을 살펴보자. 결정계수의 10%인 4%p 이내라 면, 즉 수정된 결정계수가 36%(40-4%p)보다 크다면 일반적으로 나올 수 있는 상황이다. 하지만, 수정된 결정계수가 결정계수의 20%인 8%p보다 크다면, 즉 수정된 결정계수가 32%보다 작다면 과적합 모형이며, 이런 경우에는 반드시 모형 수정을 해야 한다.

〈표 4-4〉 결정계수와 수정된 결정계수의 차이

	수정된 결정계수	비고
10% 이내	$R^2 - (0.1 \times R^2) < R^2_{adj}$	일반적인 모형
10~20% 이내	$R^2 - (0.2 \times R^2) < R^2_{adj} \leq R^2 - (0.1 \times R^2)$	불필요한 독립변수 추가 의심
20% 이상	$R^2_{adj} \leq R^2 - (0.2 \times R^2)$	과적합 모형

〈표 4-5〉 수정된 결정계수의 예

	$R^2 = .40(40\%)$인 경우	비고
10% 이내	$.36 < R^2_{adj}$	일반적인 모형
10~20% 이내	$.32 < R^2_{adj} \leq .36$	불필요한 독립변수 추가 의심
20% 이상	$R^2_{adj} \leq .32$	과적합 모형

4.4 | 변수선택

단순회귀분석에서는 독립변수가 1개이기 때문에 반드시 독립변수를 포함해서 회귀분석을 실시한다. 그러나 다중회귀분석의 경우 독립변수가 여러 개 존재하므로 독립변수를 모두 포함하는 회귀분석을 할 것인지, 아니면 일부의 변수만을 포함하는 분석을 할 것인지를 생각해야 한다.

선행 연구가 있거나 경험상 중요한 독립변수가 있다면 이 독립변수들을 회귀분석모형에 포함해서 분석하면 된다. 하지만 사회과학 분야의 경우 독립변수 각각의 설명력이 비교적 약한 경우가 많다. 또 설명력이 강한 독립변수라 하더라도 사전에 그 변수를 파악해서 회귀분석모형에 포함시켜서 분석하기란 매우 어렵다.

일반적인 분석에서는 독립변수가 많은 복잡한 모형을 사용하기보다는 간편한 모형을 선호한다. "전체 결과의 80%는 전체 원인의 20%에서 일어난다."라고 하는 파레토 법칙(Pareto's law)은 종속변수와 독립변수의 인과관계에서도 성립된다. 여러 개의 독립변수 중에서 20%의 독립변수가 설명력의 80%를 차지한다. 따라서 독립변수가 많은 복잡한 모형보다는 20%의 독립변수만을 사용하여 80%의 설명력을 갖는 모형을 만들기를 원할 것이다. 이러한 이유로 대부분의 경우 종속변수에 영향을 미칠 것으로 여겨지는 많은 독립변수 중에서 회귀분석모형에 어떤 독립변수를 포함시킬지를 고민하게 되는데, 이 문제를 변수선택의 문제라고 한다.

종속변수 y에 영향을 미칠 수 있는 p개의 설명변수 $x_1, x_2, \cdots, x_p$ 중에서 독립변수를 선택하는 데는 다음 네 가지 방법이 있다. 이 네 가지 방법의 회귀분석 결과로 선택된 독립변수는 각각의 방법에서 모두 동일할 수도 있지만 일반적으로는 서로 다른 독립변수가 선택되는 경우가 대부분이다. 따라서 각각의 방법에 의해 선택된 독립변수는 서로 다르며, 각각의 방법에 의한 회귀모형은 서로 다른 모형이다.

4.4.1 변수의 선택방법

(1) 모두 선택방법(all selection method)

가장 일반적으로 많이 쓰이는 방법 중의 하나로 **모두 선택방법**이 있다. SPSS에서는 **입력 방법** 혹은 **Enter 방식**이라고도 한다. 모두 선택방법은 p개의 독립변수 $x_1, x_2, \cdots, x_p$를 모두 포함하여 회귀분석을 하는 것을 말한다.

모두 선택방법은 네 가지 변수선택방법 중에서 결정계수가 가장 크다.

(2) 전진선택법(forward selection method)

종속변수에 영향을 주는 p개의 독립변수들 중에서 종속변수에 가장 크게 영향을 주는 독립변수부터 차례로 하나씩 추가하는 선택방법이다. **전진선택법**은 독립변수를 하나씩 추가하면서 더 이상 중요한 독립변수가 없다고 판단될 때 변수의 선택을 중단한다.

이 방법에 의해서 선택된 독립변수는 전진선택법의 특성상 종속변수에 유의한 독립변수들이다.

(3) 후진제거법(backward elimination method)

전진선택법과는 반대로, 전체 독립변수를 투입하여 회귀분석을 실시한 후 종속변수에 미치는 영향력이 가장 작은 유의하지 않은 독립변수부터 하나씩 제거하는 방법이다. **후진제거법**은 독립변수를 제거하여 더 이상 제거할 독립변수가 없다고 판단될 때 변수의 선택을 중단한다.

후진제거법은 전진선택법과 마찬가지로 최종적으로 선택된 독립변수는 종속변수에 유의한 독립변수만 남게 된다.

(4) 단계선택법(stepwise regression method)

전진선택법이나 후진제거법에 의한 회귀모형이 반드시 최적의 모형은 아니다. 전진선택법에서 선택된 독립변수는 새로운 독립변수가 추가되어 기존의 독립변수의 중요도가 없어지더라도 제거할 수 없기 때문이다. 이러한 단점을 보완하기 위하여 전진선택법에 후진제거법을 결합시킨 방법이 바로 **단계선택법**이다.

단계선택법은 새로운 변수가 추가될 때마다 기존 독립변수의 중요도에 대해 확인한다. 중요도가 있다면 유지시키고, 중요도가 없다면 다음 단계에서 그 독립변수를 제거한다.

이러한 단계선택법은 기본적으로 전진선택법과 동일하다. 경우에 따라서는 이 두 가지 방법에 의해 선택된 독립변수가 동일한 경우가 많다.

4.4.2 기타 최적 모형의 선택문제

독립변수가 여러 개인 경우 최적의 회귀모형을 선택할 때 가장 많이 사용하는 방법이 4.4.1절에서 설명한 변수선택방법이다. 이 변수선택방법 중에서 현재 가장 많이 사용하는 방법은 모두 선택방법과 단계선택방법이다.

변수선택방법 외에도 최적 모형 선택방법이 있는데, 이때 쓰이는 통계량으로는 **Mallows'** C_p **통계량**, **PRESS 통계량**, **잔차평균제곱**(MSE), **수정된 결정계수** 등이 있다.

4.5 | 다중회귀분석 순서

이 절에서는 일반적인 다중회귀분석을 실시하는 순서에 대해서 정리하고 검토한다.

첫 번째 단계에서는 산점도를 그린다. 산점도는 두 가지 종류로 나누어서 확인한다. ① 독립변수와 종속변수의 산점도를 그리고 이 산점도에서 두 가지 사항을 확인한다. 즉 심각한 곡선의 모형인가, 이상값이 존재하는가에 대해서 확인한다. 독립변수와 종속변수 사이의 관계가 직선의 경향을 띠고 있다면 회귀분석을 실시해서 두 변수 사이의 관계를 밝힌다. 그러나 곡선의 형태를 띠고 있다면 선형회귀분석을 실시할 수 없다. 비선형인 경우 가장 많이 사용하는 방법이 변수변환이다. $\ln(y)$, $1/y$, $\sqrt{y}$, $\arcsin(y)$, $\ln(x)$ 등 상황에 맞게 변환하여 직선의 형태로 변환해서 분석한다. 그렇지 않으면 분석기법 자체를 비선형회귀분석으로 바꾸어 준다.

산점도에서 직선의 형태를 띠고 있지만 이상값이 존재하는 경우에는 이상값에 대한 진단을 해야 한다. 이것은 5단계에서 검토한다.

② 독립변수 간의 산점도를 그린다. 이 단계에서는 **독립변수 간 상관분석**이 도움이 된다. 독립변수 간 산점도에서 직선의 경향이 강하다면(상관관계가 강하다면) 다중공선성을 의심해야 한다. 상관계수가 $|r| \geqq 0.8$인 경우 다중공선성에 대해서 반드시 검토한다.

두 번째 단계에서는 다중공선성에 대해 검토한다. 다중공선성은 독립변수 간에 선형관계가 있을 때 발생하며 VIF값이 10 이상인 경우($VIF \geqq 10$)에 존재한다. 다중공선성이 존재하면 다중회귀분석을 실시할 수 없으며, 다중공선성이 발생한 변수 중에서 하나를 삭제하거나 다중공선성이 발생한 변수들을 결합하는 방법이 있다. 또 다른 방법으로 다중공선성에 영향을 받지 않는 능형회귀분석, PLS 회귀분석, 주성분 회귀분석이 있으며, 이 중 주성분 회귀분석은 해석의 어려움으로 현재는 잘 사용하지 않는다.

세 번째 단계에서는 종속변수의 자기상관에 대해서 검토한다. 횡단면 데이터인 경우에는 자기상관이 발생할 수 없다. 하지만, 그럼에도 불구하고 자기상관이 존재한다면 그 원인에 대해서 명확하게 규명해야 한다. 종단면 연구인 경우, 즉 종속변수를 시간 순서에 의해 측정한 경우에는 자기상관이 발생할 가능성이 높다. 이 경우 Durbin-Watson 지수로 진단하거나 자기상관분석을 실시하여 자기상관계수의 유의성을 검정한다. 이때 데이터를 시간 순서로 측정한 경우에는 반드시 검토해야 한다.

네 번째 단계에서는 회귀분석을 실시한다. 회귀분석 결과에서 제일 먼저 확인해야 할 사항은 ① 분산분석표의 p-value이다. $p < .05$이면 여러 독립변수 중에서 종속변수에 유의한 영향을 주는 독립변수가 있다는 것을 의미한다. 그러나 어떤 독립변수가 종속변수에 영향을 주는지는 알 수 없다. ② 독립변수들 중에서 종속변수에 유의한 영향을 주는 독립변수를 찾기 위하여 계수표에서 각 독립변수들의 p-value를 확인한다. 각각의 독립변수들마다 p-value를 확인하여 $p < .05$이면 그 독립변수가 종속변수에 유의한 영향을 주는 것이다. ③ 계수표에서 비표준화 계수 B(또는 표준화 회귀계수 β)를 확인한다.

〈표 4-6〉 다중회귀분석 순서

단계	비고	
1. 산점도		
1) 종속변수 – 독립변수		
① 직선	회귀분석 실시	
② 곡선		① 변수변환
		② 비선형 회귀분석
③ 이상값	5단계에서 이상값과 영향관측값 진단	
2) 독립변수 – 독립변수		
① 독립변수 간 상관관계	$\|r\| \geqq 0.8$ 다중공선성 의심	
2. 다중공선성		
① VIF	$VIF < 10$	① 제거
		② 변수결합
		③ 능형회귀분석 or PLS 회귀분석
3. 자기상관		
① Durbin-Watson	$d_U < d < 4 - d_U$ (or $4 - d_U < d < d_U$)	① 중요한 독립변수 투입
② r_{ac}	$\|r_{ac}\| < 0.1\,(p > .05)$	② 시계열 분석
4. 분석		
① 분산분석표	p: 독립변수 중에서 영향을 주는 변수가 있는가?	
② 계수표	p: 어떤 독립변수가 유의한 영향을 주는가?	
③ 계수표	B: 양의 영향인가, 음의 영향인가?	
④ 모형요약표	R^2: 영향력의 정도(설명력은 얼마인가?)	
⑤ 계수표	β: 영향력이 더 높은 독립변수는 어느 것인가?	
5. 이상값		
① ZRE	$\|ZRE\| < 3$	① 삭제
② SDF	$\|SDF\| < 2$	② robust 회귀분석
6. 잔차 검정(모형 적합성 검정)		
1) 정규성		
① ZRE(모수 지정 K-S 검정)	$p > .05$	① 변수변환
② 왜도, 첨도	$\|\theta\| < 2$	② 새로운 변수 투입
③ Q-Q plot	직선 일치	③ 모형 수정
2) 등분산성		
① 잔차의 등분산그래프(ZPred-ZResid)		① 가중회귀분석
② Breusch-Pagan test	$p > .05$	② 변수변환

$p < .05$로 나와 독립변수가 종속변수에 유의한 영향을 주었을 때, 어떤 영향을 주는지 알아보기 위해 B를 확인한다. 회귀계수 B에서 중요한 것은 부호이다. 부호가 양수(+)이면 양의 영향을 주는 것이고, 음수(−)이면 음의 영향을 주는 것이다. B값으로는 회귀방정식을 만들 수 있다. ④ 모형요약표에서 결정계수와 수정된 결정계수를 검토한다. 이 두 값의 차이는 작을수록 좋으며, 결정계수가 클수록 회귀모형이 데이터에 적합하다는 것을 의미한다. ⑤ 마지막으로 계수표에서 표준화 회귀계수 β값으로 유의한 영향을 주는 독립변수들 중에서 종속변수에 더 많은 영향을 주는 독립변수가 어떤 것인지를 검토한다.

다섯 번째 단계에서는 이상값에 대해 검토한다. 단계의 위치상 5단계에 해당하지만 실제로는 다중공선성과 자기상관을 검토한 후 바로 확인해야 하는 단계이다. 이상값을 진단하는 표준화된 잔차와 DFFIT값은 회귀분석을 실시해야만 출력되는 값이기 때문이다. 회귀분석은 이상값이 없는 경우에 사용하는 분석기법이다. 이상값이라고 판정되면 그 변수를 삭제하거나 이상값에 영향을 받지 않은 로버스트 회귀분석을 실시하는 것이 방법이다.

보통 설문 연구에서는 이상값이 나올 가능성은 극히 희박하며, 이상값은 주로 실험연구와 같은 공학연구에서 많이 발생한다.

마지막 단계인 여섯 번째 단계에서는 이상의 결과를 수행한 회귀분석모형이 적합한지에 대한 모형 적합성을 검정한다. 모형 적합성 검정은 잔차분석을 실시하여 잔차의 정규성과 등분산성을 분석하는 잔차 검정을 실시한다. 잔차가 정규성과 등분산 가정을 만족하는 경우에는 회귀분석 결과인 회귀모형이 데이터를 설명하는 데 적합하다는 것이므로 회귀분석 결과에 대하여 표를 작성하고 해석한다.

잔차가 정규성이나 등분산성 가정에서 한 가지라도 만족하지 못하면 회귀모형이 적합하지 않다는 것을 의미하므로 새로 분석하는 등의 조치를 취해야 한다. 잔차의 등분산 가정을 만족하지 못하는 경우에는 종속변수에 대한 변환, 회귀모형의 수정이나 분석방법을 선형회귀분석이 아닌 가중회귀분석(weighted regression analysis)을 실시한다. 특히 실험연구나 공학 연구에서는 이상값과 잔차 검정을 반드시 수행해야 한다.

설문 연구와 같은 사회과학 연구에서는 공학 연구보다는 다중공선성, 자기상관과 이상값 그리고 잔차에 대한 문제가 잘 발생하지 않는 경향이 있다.

4.6.1 모두 선택방법에 의한 회귀분석

| 예제 4.2 | <예제 4.1>의 데이터를 이용하여 4개의 독립변수 x_1, x_2, x_3, x_4로 종속변수 y를 추정하는 다중회귀분석을 실시한다. (데이터: reg_예제2.sav)

	y	x1	x2	x3	x4
1	79	7	26	6	60
2	74	1	29	15	52
3	104	11	56	8	20
4	88	11	31	8	47
5	96	7	52	6	33
6	109	11	55	9	22
7	103	3	71	17	6
8	73	1	31	22	44
9	93	2	54	18	22
10	116	21	47	4	26
11	84	1	40	23	34
12	113	11	66	9	12
13	109	10	68	8	12

[그림 4-15] 예제 데이터

[Step 1] **산점도**

> **그래프 → 레거시 대화상자 → 산점도/점도표: 행렬 산점도**

다중회귀분석을 실시하기 전에 먼저 산점도를 그린다. 독립변수가 2개 이상이므로 [그림 4-16]에서 행렬 산점도를 선택한다.

[그림 4-16] 산점도

행렬 산점도를 선택하면 [그림 4-17]과 같은 대화상자가 나온다. 대화상자에서 종속변수 y와 4개의 독립변수 x_1, x_2, x_3, x_4를 입력한 후 [확인] 버튼을 클릭한다.

[그림 4-17] 산점도 대화상자

출력된 산점도는 다음을 확인한다. 첫 번째는 종속변수와 독립변수 간의 산점도이고, 두 번째는 독립변수 간의 산점도이다.

단순회귀분석에서 실시한 단순 산점도는 종속변수와 독립변수 1개 사이의 산점도로 1개만 출력된다. 하지만 행렬 산점도는 입력한 5개 변수(종속변수 1개, 독립변수 4개)의 모든 조합에 대해서 산점도가 출력된다.

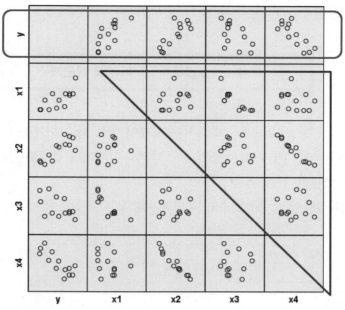

[그림 4-18] 행렬 산점도

① 맨 위에 박스(☐)로 표시한 산점도는 종속변수 y와 4개의 독립변수 x_1, x_2, x_3, x_4 간의 산점도이다. 즉 $y-x_1$, …, $y-x_4$ 각각의 산점도이다.

이 산점도에서 확인하는 것은 선형성이다. 4개의 그래프를 확인한 결과에서는 독립변수와 종속변수 간에는 직선의 경향을 보이고 있다. 따라서 본 데이터는 다중회귀분석이 가능하다.

② 독립변수와 종속변수 간의 그래프에서 하나 더 확인할 사항은 이상값의 여부이다. 산점도에서는 이상값을 완벽하게 찾아줄 수는 없지만, 대략적인 경향은 확인할 수 있다. 현재 그래프상으로 이상값은 보이지 않는다.

③ 종속변수와 독립변수 간의 산점도 확인이 끝난 다음에는 독립변수 간의 산점도를 검토한다. 이 단계에서 확인할 것은 상관관계가 높은 것이 있는지의 여부이다. 세모(◺)로 표시한 산점도를 보면 x_1-x_3와 x_2-x_4 사이의 그래프에서 상관관계가 높은 것을 확인할 수 있다. 이는 x_1, x_3 사이에 x_2, x_4 사이의 다중공선성을 의심할 수 있다.

[Step 2] 상관분석

┌──┐
│ 분석 → 상관분석 → 이변량 상관계수 │
└──┘

상관분석을 실시하는 이 단계는 반드시 수행해야 하는 필수 단계는 아니지만, 회귀분석 전에 독립변수와 종속변수 간의 관계와 독립변수 간의 상관관계를 검토함으로써 다중공선성에 대한 준비를 한다.

상관분석 대화상자에서 종속변수와 독립변수를 모두 투입하여 상관분석을 실시한다.

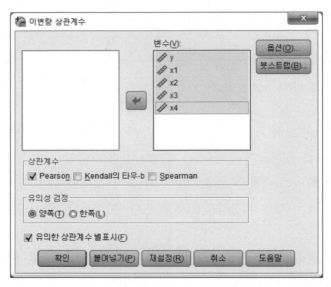

[그림 4-19] 상관분석 대화상자

상관분석을 실시한 결과는 [그림 4-20]과 같으며, 확인 순서는 산점도를 보는 것과 동일하다.

④ 독립변수와 종속변수 간의 상관계수를 확인한다. 분석 결과 x_1과 종속변수 간에는 유의한($p = .004 < .01$) 양의 상관관계 $r = .734$가 있으며, $x_2(r = .814,\ p = .001 < .01)$, $x_4(r = -.819,\ p = .001 < .01)$와 상관관계가 있는 것으로 나타났다.

독립변수와 종속변수 간에 상관관계가 있으면 다중회귀분석에서도 유의한 영향을 줄 가능성이 높다. 반대로 x_3는 종속변수와 상관관계가 없는 것으로 나타났다. 이 변수는 다중회귀분석에서도 영향력이 미미하게 나올 것으로 예상된다.

상관계수

		y	x1	x2	x3	x4
y	Pearson 상관계수	1	.734**	.814**	-.536	-.819**
	유의확률 (양쪽)		.004	.001	.059	.001
	N	13	13	13	13	13
x1	Pearson 상관계수	.734**	1	.229	-.824**	-.245
	유의확률 (양쪽)	.004		.453	.001	.419
	N	13	13	13	13	13
x2	Pearson 상관계수	.814**	.229	1	-.139	-.973**
	유의확률 (양쪽)	.001	.453		.650	.000
	N	13	13	13	13	13
x3	Pearson 상관계수	-.536	-.824**	-.139	1	.030
	유의확률 (양쪽)	.059	.001	.650		.924
	N	13	13	13	13	13
x4	Pearson 상관계수	-.819**	-.245	-.973**	.030	1
	유의확률 (양쪽)	.001	.419	.000	.924	
	N	13	13	13	13	13

**. 상관계수는 0.01 수준(양쪽)에서 유의합니다.

[그림 4-20] 상관분석 결과

⑤ 독립변수 간 상관관계를 검토한다. 산점도에서 $x_1 - x_3$와 $x_2 - x_4$ 사이의 그래프에서 상관관계가 높은 것으로 나타났다. 상관분석 결과에서도 x_1, x_3 간의 상관관계가 높게 나타났으며($r = -.824$, $p = .001 < .01$), x_2, x_4 간의 상관관계 역시 매우 높게 나타났다 ($r = -.973$, $p < .001$). 따라서 이들 변수 간의 다중공선성에 대해서 반드시 확인해야 한다.

[Step 3] 다중공선성과 자기상관

분석 → 회귀분석 → 선형 :: 통계량: Durbin-Watson
공선성 진단

회귀분석을 실시하기 전에 다중공선성과 자기상관에 대해 진단한다. 다중공선성과 자기상관은 모두 회귀분석을 실시해야 알 수 있기 때문에 회귀분석 메뉴에서 검토한다.

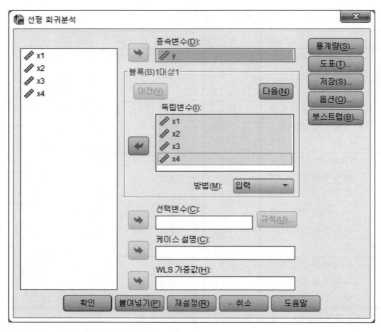

[그림 4-21] 회귀분석 대화상자

[그림 4-21]의 대화상자에서 종속변수와 독립변수를 각각 넣은 다음 옵션에서 통계량(S)... 을 클릭한다.

[그림 4-22] 통계량 대화상자

'통계량' 대화상자에서 [☑ **공선성 진단(L)**]과 [☑ D̲u̲rbin-Watson(U)]을 선택한 다음 회귀분석을 실시한다.

모형 요약[b]

모형	R	R 제곱	수정된 R 제곱	추정값의 표준오차	Durbin-Watson
1	.992[a]	.984	.975	2.334	1.973

a. 예측값: (상수), x4, x3, x1, x2

b. 종속변수: y

분산분석[a]

모형		제곱합	자유도	평균 제곱	F	유의확률
1	회귀 모형	2611.647	4	652.912	119.844	.000[b]
	잔차	43.584	8	5.448		
	합계	2655.231	12			

a. 종속변수: y

b. 예측값: (상수), x4, x3, x1, x2

계수[a]

모형		비표준화 계수		표준화 계수	t	유의확률	공선성 통계량	
		B	표준오차	베타			공차	VIF
1	(상수)	52.595	66.865		.787	.454		
	x1	1.662	.711	.657	2.338	.048	.026	38.496
	x2	.604	.691	.632	.875	.407	.004	254.423
	x3	.221	.720	.095	.307	.767	.021	46.868
	x4	-.041	.677	-.046	-.060	.953	.004	282.513

a. 종속변수: y

[그림 4-23] 회귀분석 결과: 다중공선성 검토

다중회귀분석을 실시한 결과에서는 계수표에서 VIF값을 확인한다. 이 단계에서 분석하는 것은 회귀분석이 아니고 다중공선성에 대한 검토이다.

⑥ 계수표에서 VIF값을 확인한 결과 최소 38.496에서 최대 282.513으로 VIF값이 모두 10보다 크게 나타났다. 따라서 독립변수 간 다중공선성이 발생한 것을 알 수 있다. 특정 독립변수들 간에 다중공선성이 발생한 경우, 회귀모형의 오차가 커져서 다중공선성이 발생하지 않은 다른 독립변수들의 VIF값도 같이 커지게 된다. 따라서 VIF값이 가장 크고 비슷한 독립변수들 간에 다중공선성이 발생한 것으로 판단하면 된다.

VIF값에서 x_2와 x_4의 값이 가장 크면서 비슷한 값을 보이고 있다. 따라서 x_2와 x_4 사이에 다중공선성이 발생한 것으로 판정한다.

[Step 4] 다중공선성 재검토

x_2와 x_4 사이에 다중공선성이 발생하여, 대처방안 중에서 변수를 제거하는 방법을 사용한다. 변수 x_2와 x_4 중에서 x_4의 VIF값이 더 크므로 x_4를 제거하고 3개의 독립변수

계수ᵃ

모형		비표준화 계수		표준화 계수	t	유의확률	공선성 통계량	
		B	표준오차	베타			공차	VIF
1	(상수)	48.568	3.726		13.037	.000		
	x1	1.703	.195	.673	8.743	.000	.308	3.251
	x2	.646	.042	.676	15.334	.000	.940	1.064
	x3	.263	.176	.113	1.495	.169	.318	3.142

a. 종속변수: y

[그림 4-24] 다중공선성 재검토

x_1, x_2, x_3만으로 다시 회귀분석을 실시하여 다중공선성을 재검토한다.

⑦ x_4를 제외하고 회귀분석을 다시 실시한 결과 [그림 4-24]와 같은 계수표가 출력된다. 독립변수 x_4를 제거하여 독립변수는 x_1, x_2, x_3로 3개이다. 이들 독립변수들의 *VIF* 값을 다시 검토한 결과 1.064~3.251로 모두 10.0 미만이다. 따라서 3개의 독립변수 간에는 다중공선성이 없으므로 회귀분석을 실시할 수 있다.

[Step 5] 자기상관

이 단계에서는 자기상관에 대해 검토한다. [그림 4-23]에서 다중공선성이 발생하여 독립변수 x_4를 제거하기 전과 후의 자기상관을 각각 확인한다. [그림 4-23]에서 Durbin-Watson 지수는 1.973이므로 자기상관이 없이 독립적임을 알 수 있다.

모형 요약ᵇ

모형	R	R 제곱	수정된 R 제곱	추정값의 표준오차	Durbin-Watson
1	.992ᵃ	.984	.978	2.201	1.990

a. 예측값: (상수), x3, x2, x1

b. 종속변수: y

[그림 4-25] 자기상관 검토: Durbin-Watson

⑧ 3개의 독립변수 x_1, x_2, x_3를 투입한 모형의 자기상관을 검토한 결과 Durbin-Watson 지수가 1.990($d_U = 1.816 < d$)이므로 자기상관이 없이 독립적이다. 따라서 본 데이터는 다중회귀분석을 실시할 수 있다.

▶ TIP

자기상관을 측정하는 Durbin-Watson값은 독립변수가 바뀌면 그 값도 변하게 된다. 따라서 최종 결과표에 제시되는 Durbin-Watson값은 최종 회귀모형에서의 값을 나타낸다.

[Step 6] 이상값

다중회귀분석에서도 단순회귀분석과 마찬가지로 이상값에 대해 검토해야 한다. 이상값과 영향 관측값은 회귀분석 메뉴에서 진단할 수 있다. [그림 4-21]의 회귀분석 대화상자에서 옵션에서 [저장(S)...]을 클릭한 다음 [그림 4-26]의 저장 옵션의 대화상자에서 표준화 잔차인 [☑ 표준화(A)]와 [☑ 표준화 DFFIT(T)]를 선택한다.

이상값을 검토할 때는 다중공선성 문제를 해결한 다음에 실시한다. 즉 다중공선성이 발생한 x_2, x_4 중에서 문제가 심각한 x_4를 제거하고 3개의 독립변수 x_1, x_2, x_3로 회귀분석을 실시할 때 이상값을 검토한다.

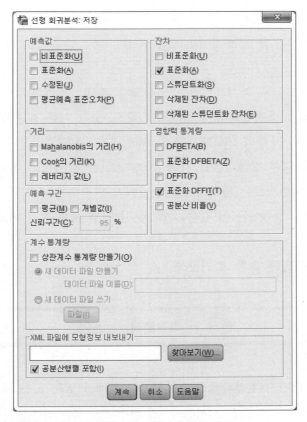

[그림 4-26] 선형회귀분석: 저장-이상값 검토

[그림 4-26]의 옵션을 선택한 후 회귀분석을 실시하면 워크시트에 [그림 4-27]과 같이 2개의 이상값 검토도구인 표준화 잔차와 표준화 DFFIT가 나온다. 표준화 잔차는 ZRE, 표준화 DFFIT는 SDF로 워크시트에 저장되며, ZRE_1, SDF_1이 이상값을 진단하는 도구이다. 여기에서 '_1'은 첫 번째 회귀분석에서 저장된 값이라는 의미이다. 회귀분석을 다시 실시하면 ZRE_2, SDF_2와 같이 워크시트에 새로운 변수가 생성된다.

	y	x1	x2	x3	x4	ZRE_1	SDF_1
1	79	7	26	6	60	.06654	.07877
2	74	1	29	15	52	.48166	.35529
3	104	11	56	8	20	-.70990	-.27543
4	88	11	31	8	47	-.64469	-.40770
5	96	7	52	6	33	.16227	.13331
6	109	11	55	9	22	1.73564	.79850
7	103	3	71	17	6	-.45077	-.41144
8	73	1	31	22	44	-1.39532	-1.63789
9	93	2	54	18	22	.64755	.33494
10	116	21	47	4	26	.12395	.30649
11	84	1	40	23	34	.84241	.84193
12	113	11	66	9	12	.32582	.17085
13	109	10	68	8	12	-1.18517	-.79881

[그림 4-27] 표준화 잔차와 표준화 DFFIT

⑨ 표준화 잔차와 표준화 DFFIT값을 검토한 결과, 표준화 잔차는 6th 데이터가 1.73564로 가장 크다. 하지만 기준값인 3보다 작고, 또한 다른 표준화 잔차보다 월등히 크다고 할 수는 없다. 표준화 DFFIT값은 8th 데이터가 -1.63789로 가장 크며, 기준값이 절댓값 2보다 작다. 다른 값들과 비교하면 두 번째로 큰 값이 11th 데이터로 .84193이다. 8th 데이터는 이 값들만으로는 명확하게 이상값이라 판정하기는 조금 힘들어 보인다. 그러나 모형이 안 좋은 경우에는 이 값을 삭제, 분석한 후 삭제 전과 비교검토 할 수 있다.

[Step 7] 모두 선택법에 의한 회귀분석

분석 → 회귀분석 → 선형

[Step 1]~[Step 6]까지의 결과에서 다중공선성 문제가 있는 x_4를 제거한 후 3개의 독립변수 x_1, x_2, x_3로 회귀분석을 실시한다. 세 변수 사이에는 다중공선성이 없으며, 종속

변수의 자기상관이 없으므로 회귀분석을 실시하기에 적합하다. 또한 회귀모형에서 이상 값의 영향을 크게 보이지 않으므로 회귀분석을 실시한다.

회귀분석 대화상자에서 독립변수 x_1, x_2, x_3를 투입한다.

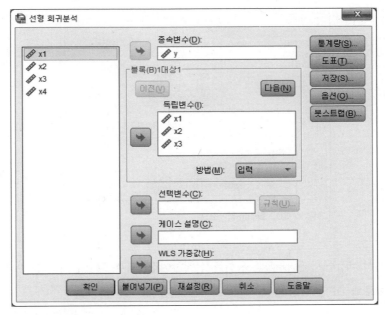

[그림 4-28] 회귀분석 대화상자

회귀분석 대화상자에서 통계량(S)... 옵션을 클릭하여 [그림 4-29]에서 [☑ **공선성 진단(L)**] 과 [☑ Durbin-Watson(U)]을 선택한다.

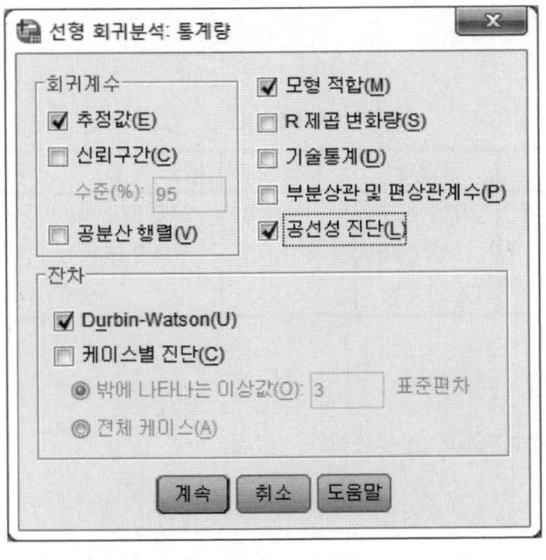

[그림 4-29] 회귀분석: 통계량

회귀분석 대화상자에서 [도표(T)...] 옵션을 선택한다. [그림 4-30]의 '도표' 옵션의 대화 상자에서 Y에는 [*ZRESID]를, X에는 [*ZPRED]를 선택한다.

[그림 4-30] 회귀분석: 도표

다시 회귀분석 메뉴에서 [저장(S)...] 옵션을 선택하여 [그림 4-26]의 대화상자에서 [☑ **표준화 (A)**]와 [☑ **표준화 DFFIT(T)**]를 선택한 후 회귀분석을 실시한다.

[Step 8] 회귀분석 결과 해석

[Step 7]의 회귀분석 결과를 보면서 해석한다. 회귀분석 결과의 해석은 분산분석표의 p-value, 계수표의 p-value, 비표준화 계수 B, 모형요약표의 수정된 결정계수, 계수표의 표준화 계수 β의 순으로 확인한다.

분산분석[a]

모형		제곱합	자유도	평균 제곱	F	유의확률
1	회귀 모형	2611.627	3	870.542	179.683	.000[b]
	잔차	43.604	9	4.845		
	합계	2655.231	12			

a. 종속변수: y

b. 예측값: (상수), x3, x2, x1

[그림 4-31] 회귀분석 결과: 분산분석표

⑩ 회귀분석의 해석에서 가장 먼저 보는 것은 분산분석표이다. 이 표에서 p-value는

$p < .001$이므로 H_1 가설을 선택한다.

$$H_0: \ \beta_1 = \beta_2 = \beta_3 = 0$$

$$H_1: \ 적어도\ 하나의\ 회귀계수는\ 0이\ 아니다.$$

독립변수가 3개이므로 위와 같은 가설이 가능하다. 즉

$$H_0: \ 3개의\ 독립변수는\ 종속변수에\ 영향을\ 주지\ 않는다.$$

$$H_1: \ 독립변수\ 중에서\ 종속변수에\ 영향을\ 주는\ 독립변수가\ 있다.$$

따라서 $p < .001$이므로 3개의 독립변수 중에서 종속변수에 유의한 영향을 주는 독립변수가 있다는 것을 알 수 있다.

> ▼ TIP
>
> 분산분석표의 p-value를 잘못 사용하는 경우가 종종 있다. 일부 연구 결과에서는 이 값이 $p < .001$로 나와서 회귀모형이 적합하다고 기술되어 있지만, 회귀모형의 적합도 검정은 p-value로 하는 것이 아니라 잔차로 하는 것이다. 분산분석표의 p-value는 독립변수 중에서 종속변수에 유의한 영향을 주는 변수가 있는지를 확인하는 통계량이다.

계수ᵃ

모형		비표준화 계수		표준화 계수	t	유의확률	공선성 통계량	
		B	표준오차	베타			공차	VIF
1	(상수)	48.568	3.726		13.037	.000		
	x1	1.703	.195	.673	8.743	.000	.308	3.251
	x2	.646	.042	.676	15.334	.000	.940	1.064
	x3	.263	.176	.113	1.495	.169	.318	3.142

a. 종속변수: y

[그림 4-32] 회귀분석 결과: 계수표

분산분석표에서 $p < .001$로 나타나 3개의 독립변수 중에서 종속변수에 유의한 영향을 주는 독립변수가 있음을 확인하였다. 이제부터는 그 독립변수들 중에서 어떤 독립변수가 실제로 종속변수에 영향을 주는지에 대해서 검정한다.

⑪ 계수표의 p-value는 독립변수 각각에 대한 검정이다. [그림 4-32]의 계수표에서 2개의 독립변수 x_1, x_2의 p-value가 모두 $p < .001$로 나왔다. 따라서 독립변수 x_1, x_2는 종속변수 y에 유의한 영향을 준다.

⑫ 유의한 영향을 주는 독립변수 x_1, x_2가 종속변수에 어떤 영향을 주는지 알아보기 위하여 [그림 4-32]에서 비표준화 회귀계수 B를 확인한다. x_1의 비표준화 회귀계수는 1.703이며, x_2는 .646으로 모두 부호가 양수(+)이다. 따라서 'x_1이 높을수록($B=1.703$), x_2가 높을수록($B=.646$) 종속변수 y가 높다.'는 것을 의미한다.

모형 요약[b]

모형	R	R 제곱	수정된 R 제곱	추정값의 표준오차	Durbin-Watson
1	.992[a]	.984	.978	2.201	1.990

a. 예측값: (상수), x3, x2, x1

b. 종속변수: y

[그림 4-33] 회귀분석 결과: 모형요약표

⑬ 이들 독립변수가 종속변수에 미치는 영향력의 정도는 [그림 4-33]의 모형요약표에서 수정된 결정계수를 살펴보면 R^2_{adj}값은 .978로 매우 높게 나타났다. 또한 결정계수 R^2값의 .984와 차이가 크지 않으므로 불필요한 독립변수가 투입된 것으로 보이지 않는다.

⑭ 유의한 영향을 준 독립변수 중에서 종속변수에 더 많은 영향을 준 변수를 알아보기 위하여 [그림 4-32]의 계수표에서 표준화 회귀계수 β를 확인한다. x_2의 β값이 .676으로 x_1보다 높게 나타났으므로 독립변수들 중에서는 x_2가 종속변수에 가장 큰 영향을 준다는 것을 알 수 있다.

[Step 9] 모형 적합도 검정: 잔차분석 – 등분산

[Step 8]의 회귀분석 결과에 대하여 그 결과를 신뢰할 수 있는지를 확인하기 위해서 회귀모형 적합도 검정을 실시한다. 회귀모형의 적합도 검정은 잔차분석을 이용하며, 잔차분석에서는 잔차의 정규성과 등분산성을 검토한다.

[그림 4-30]에서 잔차의 등분산그래프를 선택하였다. 그 결과는 [그림 4-34]와 같다.

⑮ 잔차의 등분산그래프를 살펴본 결과, 평균 0을 중심으로 ±3 이내에서 어떤 규칙, 추세, 경향, 주기 등이 보이지 않고 무작위로 분포되어 있으므로 잔차는 등분산으로 판정한다. 또한 [그림 4-35]의 Breusch-Pagan 등분산 검정 결과에서도 등분산 가정을 만족한다($\chi^2 = .894$, $p = .827 > .05$).

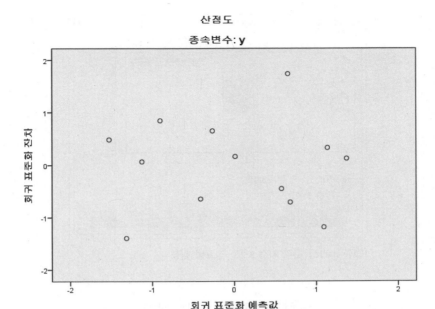

[그림 4-34] 잔차의 등분산그래프

```
Breusch-Pagan test for Heteroscedasticity (CHI-SQUARE df=P)
    .894

Significance level of Chi-square df=P (H0:homoscedasticity)
    .8268
```

[그림 4-35] Breusch-Pagan 등분산 검정

[Step 10] 모형 적합도 검정: 잔차분석 – 정규성

잔차분석은 정규성과 등분산성의 두 가지를 검정한다. 잔차의 등분산성 검정은 회귀분석 메뉴의 도표①... 옵션과 Breusch-Pagan 검정에서 가능하며, 회귀분석 결과에서 [그림 4-34]와 [그림 4-35]로 확인한다. 잔차의 정규성 검정은 추가로 분석을 하나 더 실시해야 하며 기술통계량의 데이터 탐색에서 가능하다.

> 분석 → 비모수검정 → 레거시 대화상자 → 일표본 K-S

[그림 4-36]의 대화상자에서 정규성 검정을 실시한다. 정규성 검정은 [그림 4-27]의 표준화 잔차인 'ZRE_1'을 종속변수에 투입한 후 옵션에서 확인 을 클릭한다.

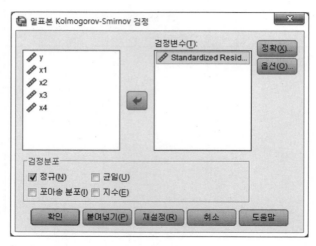

[그림 4-36] 모수 지정 K-S: 정규성 검정

일표본 Kolmogorov-Smirnov 검정

		Standardized Residual
N		13
정규 모수[a,b]	평균	0
	표준편차	1
최대극단차이	절대값	.142
	양수	.123
	음수	-.142
Kolmogorov-Smirnov의 Z		.512
근사 유의확률(양측)		.956

a. 검정 분포가 정규입니다.

b. 사용자 지정

[그림 4-37] 정규성 검정 결과

⑯ [그림 4-37]의 잔차의 정규성 검정 결과를 보면 Kolmogorov-Smirnov의 $p = .956$ 으로 $p > .05$이다. 따라서 정규성 검정의 H_0 가설을 선택한다. 정규성 검정에서 H_0는 '정규분포'이므로 잔차가 정규성 가정을 만족한다는 것을 알 수 있다.

이상의 결과 ⑮와 ⑯에서 잔차가 정규성과 등분산 가정을 만족하는 것으로 나타났으므로 ⑩~⑭의 회귀모형이 적합하다. 따라서 이상의 결과를 표로 작성하고 해석한다.

정규성 검정 결과에서 Q-Q plot이 다음과 같이 출력되었다.

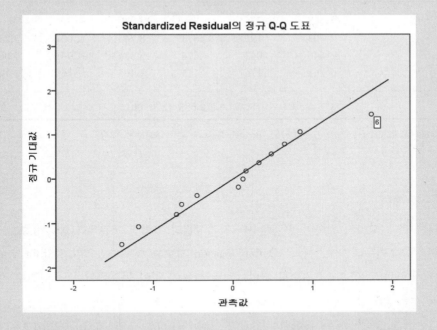

Q-Q plot에서 우측 상단에 있는 값이 다른 값보다 정규분포선에서 멀리 떨어져 있는 것을 볼 수 있다. 그 데이터에 대해 확인해 본 결과 6th 데이터라는 것을 알 수 있다.

이것은 [그림 4-27]에서 이상값을 검토하기 위해 저장한 표준화 잔차와 표준화 DFFIT에서 6th 데이터의 표준화 잔차를 보면 이해할 수 있다. 즉 Q-Q plot은 표준화 잔차에 가장 큰 영향을 받는 그래프이다. 따라서 Q-Q plot에서 이상값으로 보이는 데이터는 표준화 잔차가 매우 크다는 것을 의미한다.

[Step 11] 표 작성 및 해석

독립변수 x_1, x_2, x_3가 종속변수 y에 미치는 영향을 알아보기 위하여 '모두 선택방법 (all selection method)'에 의한 다중회귀분석을 실시한다.

〈표 4-7〉 모두 선택 회귀분석 결과표 1

	B	SE	β	t	p	VIF
상수	48.568	3.726		13.037	<.001	
x_1	1.703	.195	.673	8.743	<.001	3.251
x_2	.646	.042	.676	15.334	<.001	1.064
x_3	.263	.176	.113	1.495	.169	3.142

$$adj\,R^2 = .978, \quad F = 179.683 \ (p < .001)$$

Durbin-Watson's $d = 1.990(d_U = 1.816)$, Breusch-Pagan's $\chi^2 = .894(p = .827)$

▶ 표 4-7 해석

회귀분석을 실시하기 위하여 종속변수의 자기상관과 독립변수 간의 다중공선성을 검토 하였다. 종속변수의 자기상관은 Durbin-Watson 지수를 이용하였으며, Durbin-Watson 지수가 $1.990(d_U = 1.816 < d)$으로 나타나 자기상관이 없이 독립적이다. 독립변수 간 다 중공선성은 VIF(분산팽창요인) 지수를 이용하였고, (x_2와 x_4 사이에 다중공선성이 발생하여 VIF값이 큰 x_4를 제거한 후) 독립변수 간 VIF 지수는 $1.064 \sim 3.251$로 10 미만이므로 다중 공선성이 없는 것으로 나타났다. 따라서 본 데이터는 회귀분석을 실시하기에 적합하다.

다중회귀분석을 실시한 결과, $x_1(p < .001)$과 $x_2(p < .001)$는 종속변수에 유의한 영향 을 주었다. x_1이 높을수록($B=1.703$), x_2가 높을수록($B=.646$) y가 높아지며, 이들 변 수가 종속변수 y를 설명하는 설명력은 97.8%($adj\,R^2 = .978$)이다. 독립변수에서 x_2 ($\beta = .676$)가 종속변수에 더 큰 영향을 주는 것으로 나타났다.

회귀모형의 적합성 검정은 잔차분석을 이용하여 정규성과 등분산성을 검정하였 다. 표준화된 잔차의 Kolmogorov-Smirnov 검정 결과 정규성 가정($p = .956 > .05$)과 Breusch-Pagan 등분산 검정을 만족하는($p = .827 > .05$) 것으로 나타나 회귀모형이 적합 하였다.

〈표 4-8〉 모두 선택 회귀분석 결과표- 예시

	B	SE	β	t	p	VIF
상수	48.568	3.726		13.037	<.001	
x_1	1.703	.195	.673	8.743	<.001	3.251
x_2	.646	.042	.676	15.334	<.001	1.064
x_3	.263	.176	.113	1.495	.169	3.142
$adj\,R^2 = .978, \quad F = 179.683 \;\; (p < .001)$						

Durbin-Watson's $d = 1.990\,(d_U = 1.816)$, Breusch-Pagan's $\chi^2 = .894\,(p = .827)$

▼ TIP

모두 선택방법에 의해 다중회귀분석을 실시한 경우, 유의하지 않게 나타난 독립변수 x_3에 대한 처리를 고민하게 된다. 유의하지 않은 독립변수를 제거하고, x_1, x_2만으로 회귀분석을 다시 실시해야 할지, 아니면 지금 상태로 결과를 해석해야 할지를 생각해야 한다. 우선 x_3가 6장에서 다루어질 통제변수라면 이 변수는 삭제할 필요가 없으며 포함시켜서 분석해야 한다.

통제변수가 아닌 독립변수인 경우에는 연구 모형과 목적에 따라 이 변수를 그대로 둘 수도 있고 삭제할 수도 있다. 일반적으로 모두 선택방법에 의한 다중회귀분석을 실시한 경우에는 유의하지 않은 독립변수가 투입된 상태에서 다른 변수들이 어떤 영향이 있는지를 보고자 하는 것에 의미가 있으므로 삭제하지 않고 그대로 사용하는 것이 보편적이다. 하지만 유의한 변수만으로 회귀방정식을 만드는 것이 목적이라면 첫 번째는 변수선택방법을 달리하여 **단계선택방법**으로 할 수 있으며, 두 번째 방법은 4.10절에서 다룰 완전모형(full model)과 축소모형(reduced model)을 이용한다.

4.6.2 단계선택방법에 의한 회귀분석

| 예제 4.3 | 4.6.1절에서 다룬 모두 선택방법에 의한 다중회귀분석을 실시한 데이터에 대하여 단계선택방법에 의한 회귀분석을 실시한다. (데이터: reg_예제2.sav)

단계선택방법에 의한 다중회귀분석을 실시하는 절차는 모두 선택방법(all selection method)에 의한 회귀분석과 동일한 과정을 거친다. [Step 1]~[Step 6]까지는 동일하며 [Step 7]에서 변수선택방법을 바꿔주면 된다.

분석 → 회귀분석 → 선형

단계선택방법에 의한 회귀분석은 [그림 4-28]의 회귀분석 대화상자에서 중간에 있는 변수선택방법인 **[방법(M): 입력]**을 **[방법(M): 단계 선택]**으로 바꿔준다.

[방법(M): 입력]: 모두 선택방법에 의한 회귀분석

[방법(M): 단계 선택]: 단계선택방법에 의한 회귀분석

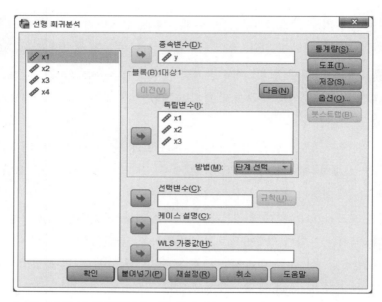

[그림 4-38] 단계선택방법에 의한 회귀분석

[그림 4-38]은 단계선택방법을 나타낸 것이다. 옵션에서 통계량(S)..., 도표(T)..., 저장(S)... 을 선택하는 것은 [그림 4-29], [그림 4-30] 그리고 [그림 4-26]과 동일하다.

[Step 8] 회귀분석 결과 해석

[Step 7]의 회귀분석 결과를 보면서 해석한다. 단계선택방법에 의한 회귀분석 결과의 해석은 모두 선택방법의 회귀분석과 동일한 과정을 거친다. 다만 단계선택방법에서는 각 단계별로 회귀분석을 시행하기 때문에 이해 대한 추가적인 설명이 필요하다.

분산분석[a]

모형		제곱합	자유도	평균 제곱	F	유의확률
1	회귀 모형	1757.911	1	1757.911	21.550	.001[b]
	잔차	897.320	11	81.575		
	합계	2655.231	12			
2	회귀 모형	2600.802	2	1300.401	238.917	.000[c]
	잔차	54.429	10	5.443		
	합계	2655.231	12			

a. 종속변수: y

b. 예측값: (상수), x2

c. 예측값: (상수), x2, x1

[그림 4-39] 회귀분석 결과: 분산분석표

⑩ 회귀분석의 해석에서 가장 먼저 보는 것은 분산분석표이다. 모두 선택방법에서는 분산분석표에서 p-value의 값이 1개 나왔는데 단계선택방법에서는 2개가 나왔다. 이는 2단계까지 단계선택방법을 시행했다는 것을 의미한다.

회귀분석 결과 분산분석표에 모형 1과 모형 2가 있다. 모형 1의 $p = .001^b$이고, 표의 주석에 [b. 예측값: (상수), x_2]로 되어 있다. 모형 1은 단계선택방법에서 1단계를 의미한다. 즉 가장 중요한 변수로 x_2가 선택되었다는 것을 의미한다.

결국 모형 1은 독립변수들 중에서 가장 영향력이 큰 독립변수 x_2 하나만 선택되었다는 것을 의미하고, 이것은 단순회귀분석과 동일하다. $p = .001 < .01$로 나타났기 때문에 결국 독립변수 x_2는 종속변수에 유의한 영향을 준다는 것을 알 수 있다.

⑪ 분산분석표 모형 2에서 $p = .000^c$이다. 주석에 [c. 예측값: (상수), x_2, x_1]으로 되어 있으므로 단계선택방법에서 2단계를 의미하고 x_2, x_1 2개의 변수가 선택된 것을 의미한다. 따라서 단계선택방법에 의한 회귀분석에서 x_2, x_1이 종속변수에 유의한 영향을 주는 것으로 나타났다.

계수[a]

모형		비표준화 계수		표준화 계수	t	유의확률	공선성 통계량	
		B	표준오차	베타			공차	VIF
1	(상수)	58.007	8.448		6.866	.000		
	x2	.778	.168	.814	4.642	.001	1.000	1.000
2	(상수)	53.177	2.217		23.991	.000		
	x2	.651	.044	.681	14.651	.000	.948	1.055
	x1	1.464	.118	.579	12.444	.000	.948	1.055

a. 종속변수: y

[그림 4-40] 회귀분석 결과: 계수표

분산분석표에서 2단계까지 모형이 설정되었으며, 1단계에서는 x_2, 2단계에서는 x_1이 종속변수에 유의한 영향을 주었다.

계수표에서도 분산분석표와 동일하게 모형 1과 모형 2가 출력된다. 모형 1의 계수는 독립변수 x_2만으로 종속변수 y를 예측하는 단순회귀분석과 결과가 같고, 모형 2는 x_2, x_1의 독립변수 2개를 투입하여 모두 선택방법으로 분석하는 다중회귀분석과 결과가 같다.

> ▼TIP
>
> 단계선택방법으로 회귀분석을 실시하는 경우, 각 단계에서 선택된 독립변수는 유의하게 나타난다. 또한 각 단계에서 차례대로 투입되는 독립변수는 영향력이 큰 순서대로 나온다. 따라서 단계선택방법으로 회귀분석을 해석할 때는 각 단계에서 선택된 변수 순서대로 하는 것이 타당하다.

⑫ 단계선택방법으로 회귀분석을 실시한 결과, $x_2(p<.001)$와 $x_1(p<.001)$은 종속변수 y에 유의한 영향을 주는 것으로 나타났다.

⑬ x_2가 높을수록($B=.651$), x_1이 높을수록($B=1.464$) 종속변수 y가 높아지는 것으로 나타났다.

모형 요약[c]

모형	R	R 제곱	수정된 R 제곱	추정값의 표준오차	Durbin-Watson
1	.814[a]	.662	.631	9.032	
2	.990[b]	.980	.975	2.333	1.764

a. 예측값: (상수), x2
b. 예측값: (상수), x2, x1
c. 종속변수: y

[그림 4-41] 회귀분석 결과: 모형요약표

⑭ 이들 독립변수가 종속변수에 미치는 영향력의 정도는 [그림 4-41]과 같다. 모형 1의 수정된 결정계수는 $R_{adj}^2=.631$이며, 모형 2의 수정된 결정계수는 $R_{adj}^2=.975$이다. 이것은 독립변수 x_2가 종속변수를 설명하는 설명력이 63.1%라는 것을 뜻한다.

또 모형 2에는 x_2에 x_1이 추가된 것이고 이때의 설명력은 97.5%가 나왔다. 이것은 모형 1에서 모형 2로 변화되었을 때 결정계수가 63.1%에서 97.5%, 즉 34.4%p(97.5-63.1=34.4)가 증가한 것을 말한다. 다시 말해 독립변수 x_1이 추가되어 설명력이 34.4%p가 증가하였다는 것이므로 x_1의 설명력은 34.4%가 된다.

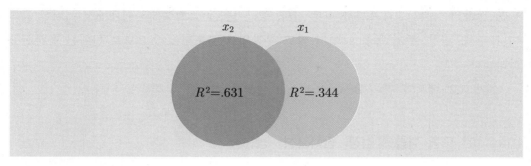

[그림 4-42] 결정계수

이를 그림으로 나타내면 [그림 4-42]와 같다. x_2의 설명력은 63.1%이고, x_1의 추가 설명력은 34.4%이므로 전체 설명력은 97.5%가 된다.

⑮ 유의한 영향을 준 독립변수 중에서 종속변수에 더 높은 영향을 주는 변수는 단계선 택에서 먼저 투입된 x_2이다.

[Step 9] 모형 적합도 검정: 잔차분석 – 등분산성

[Step 9]와 [Step 10]의 잔차분석도 모두 선택방법과 같은 방법으로 수행한다. 다만 모 두 선택방법에서 선택된 변수는 3개이고, 단계선택방법에서 선택된 변수는 2개이므로 회 귀모형이 달라진다. 따라서 잔차도 서로 다르므로 두 회귀분석에서 잔차에 대한 검정 역 시 다르게 출력될 것이다. [그림 4-43]에 잔차의 등분산그래프를 나타낸다.

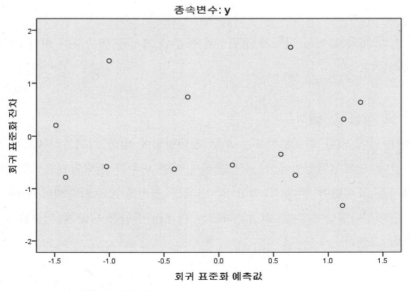

[그림 4-43] 잔차의 등분산그래프

⑯ 잔차의 등분산그래프를 살펴본 결과, 평균 0을 중심으로 ±3 이내에서 어떠한 규칙이나 추세, 경향, 주기 등을 보이지 않고 무작위로 분포되어 있으므로 잔차는 등분산을 나타낸다.

<예제 4.2>에서와 같이 Breusch-Pagan 등분산 검정을 수행해도 된다.

[Step 10] 모형 적합도 검정: 잔차분석 – 정규성

정규성 검정

	Kolmogorov-Smirnov[a]			Shapiro-Wilk		
	통계량	자유도	유의확률	통계량	자유도	유의확률
Standardized Residual	.189	13	.200[*]	.933	13	.376

*. 이것은 참인 유의확률의 하한값입니다.

a. Lilliefors 유의확률 수정

[그림 4-44] 잔차의 정규성 검정

⑰ 표본 수가 적은 경우에는 모수 지정 Kolmogorov-Smirnov 정규성 검정보다는 Shapiro-Wilk 검정이 더 적합하므로 [그림 4-44]의 잔차의 정규성 검정 결과 Shapiro-Wilk 의 $p = .376$으로 $p > .05$이다. 따라서 잔차는 정규성 가정을 만족한다.

표준화된 잔차의 정규성 검정이므로 모수 지정 Kolmogorov-Smirnov 검정을 실시해도 된다.

이상의 결과 ⑯과 ⑰에서 잔차가 정규성과 등분산 가정을 만족하여 회귀모형은 적합한 것으로 나타났다.

[Step 11] 표 작성 및 해석

단계선택방법에 의한 회귀분석표는 모두 선택방법에 의한 회귀분석표와는 사뭇 다르게 만들어진다. 단계선택방법에서는 각 단계에 어떤 변수가 선택되었고, 그 변수들이 각각 어떠한지를 표시해야 한다. 그리고 각 단계별 결정계수도 기술해야 한다.

따라서 단계선택방법에 의한 회귀분석표는 단계의 수만큼 나오게 되므로 일반적으로 아래와 같이 그린다.

〈표 4-9〉 단계선택방법의 회귀분석 결과표 1

	Step 1		Step 2	
	B	β	B	β
상수	58.007		53.177	
x_2	.778	.814**	.651	.681***
x_1			1.464	.579***
$R^2_{adj}(\Delta R^2_{adj})$	.631		.975(.344)	
F	21.550***		238.917***	

** $p < .01$ *** $p < .001$

▶ 표 4-9 해석

독립변수 x_1, x_2, x_3, x_4가 종속변수 y에 미치는 영향을 알아보기 위하여 단계선택방법에 의한 다중회귀분석을 실시하였다.

회귀분석을 실시하기 위하여 종속변수의 자기상관과 독립변수 간 다중공선성 검토를 실시하였다. 종속변수의 자기상관은 Durbin-Watson 지수를 이용하였다. Durbin-Watson 지수가 1.990이므로 종속변수는 자기상관이 없이 독립적이다. 독립변수 간 다중공선성은 VIF(분산팽창요인) 지수를 이용하였다. (x_2와 x_4 사이에 다중공선성이 발생하여 VIF값이 큰 x_4를 제거한 후) 독립변수 간 VIF 지수는 1.064~3.251로 10 미만이므로 다중공선성이 없는 것으로 나타났다. 따라서 본 데이터는 회귀분석을 실시하기에 적합하다.

다중회귀분석을 실시한 결과, x_2, x_1의 순으로 영향을 주며, x_2는 y에 유의한 영향을 주고 설명력은 63.1%이다. x_1이 추가되어 34.4%p가 증가한 전체 설명력은 97.5%이다. x_2가 커질수록($B = .651$), x_1이 커질수록($B = 1.464$) 종속변수 y가 커지는 것으로 나타났다.

〈표 4-10〉 단계선택방법의 회귀분석 결과표 1-예시

	Step 1		Step 2	
	B	β	B	β
상수	58.007		53.177	
x_2	.778	.814**	.651	.681***
x_1			1.464	.579***
$R^2_{adj}(\Delta R^2_{adj})$	.631		.975(.344)	
F	21.550***		238.917***	

** $p < .01$ *** $p < .001$

분석 결과를 정리하면 <표 4-10>과 같다. 이 표에서 점선(---)은 실제 표에서는 보이지 않게 처리한 것이다.

　단계선택방법에 의한 회귀분석표는 이외에도 여러 가지 형식으로 만들 수 있다.

4.6.3 단계선택방법에 의한 회귀분석표 작성 예

　다중회귀분석의 결과표를 작성하는 데는 아주 많은 방법이 있다. 그 중에서도 많이 쓰이는 방법들에 대해서 살펴보도록 한다.

〈표 4-11〉 단계선택방법의 회귀분석 결과표 2

	B	β	$R^2(\Delta R^2)$	F
상수	53.177			
x_2	.651	.681***	.662	21.550***
x_1	1.464	.579***	.980(.317)	238.917***

*** $p < .001$

　<표 4-11>은 4.6.2절의 결과표와 동일하다. 다만 1단계의 비표준화 계수와 표준화 계수를 사용하지 않은 점이 다르다. 그리고 형식면에서 아랫줄에 있는 R^2와 F값을 오른쪽으로 붙여 놓은 것이 다르다.

　이와 같은 표는 단계선택방법에서 단계가 많이 나올 때 유용하다. 4.6.2절에서 선택된 변수가 5개라면, 즉 단계가 5단계 이상이라면 Step 1, Step 2, …, Step 5와 같이 오른쪽으로 계속 추가하면 된다. 하지만 많은 변수를 바로 사용하지 못한다는 단점이 있다.

　이러한 단점을 보완한 것이 [표 4-12]이며, 단계가 많을 때 유용하게 쓰인다. 표 안에 들어가는 회귀계수는 마지막 단계만을 넣지만, 결정계수와 F값은 각 단계마다 추가한다.

〈표 4-12〉 단계선택방법의 회귀분석 결과표 3

	B	β	R^2	ΔR^2	F
상수	53.177				
x_2	.651	.681***	.662		21.550***
x_1	1.464	.579***	.980	.317	238.917***

*** $p < .001$

<표 4-13>에서는 F 값을 삭제하였다. 단계선택방법을 시행하면 기본적으로 F 값의 p-value는 .05보다 작아진다. 따라서 당연히 유의하기 때문에 이 값을 뺀 것이다.

〈표 4-13〉 단계선택방법의 회귀분석 결과표 4

	B	R^2	ΔR^2
상수	53.177		
x_2	.651***	.662	
x_1	1.464***	.980	.317

*** $p < .001$

<표 4-13>은 <표 4-12>를 좀 더 단순화한 것이다. 단계선택방법의 특성상 앞 단계에 투입한 변수가 더 중요한 변수이기 때문에 표준화 회귀계수 β를 사용하지 않았다.

이 표에서 중요한 것은 비표준화 계수 B만으로 표를 만들 경우에는 반드시 상수값을 적어야 한다는 점이다. 그래야만 비표준화 회귀계수를 이용하여 아래와 같은 회귀방정식을 만들 수 있기 때문이다.

$$y = 53.177 + 0.651 \times x_2 + 1.464 \times x_1$$

회귀방정식이 있으면, 즉 독립변수 각각의 값을 알면 종속변수의 값을 예측할 수 있다. 그런데 표준화 계수가 없기 때문에 어느 변수가 더 중요한지 알 수가 없다. 하지만 변수의 선택방법이 단계선택방법이기 때문에 어느 변수가 중요한지는 바로 알 수 있다.

〈표 4-14〉 단계선택방법의 회귀분석 결과표 5

	β	R^2	ΔR^2
x_2	.681***	.662	
x_1	.579***	.980	.317

*** $p < .001$

<표 4-14>는 <표 4-13>의 비표준화 계수 B 대신에 표준화 계수 β로 대체한 것이다. 표준화 계수만으로 표를 만들 때는 상수값을 기입하지 않는다. 이러한 표는 회귀방정식이 필요없을 때 사용하는데, 회귀방정식이 있으면 종속변수의 값을 예측할 수 있지만 예측에 관심이 없을 때는 비표준화 계수는 필요없기 때문이다. 즉 이 표는 독립변수들과 종속변수 간의 설명에만 관심이 있을 때 사용한다.

<표 4-15>～<표 4-18>은 <표 4-11>～<표 4-14>의 표 안에 숨겨진 선들을 점선으로 표시한 것이다.

〈표 4-15〉 단계선택방법의 회귀분석 결과표 2-예시

	B	β	$R^2(\Delta R^2)$	F
상수	53.177			
x_2	.651	.681***	.662	21.550***
x_1	1.464	.579***	.980(.317)	238.917***
*** $p < .001$				

〈표 4-16〉 단계선택방법의 회귀분석 결과표 3-예시

	B	β	R^2	ΔR^2	F
상수	53.177				
x_2	.651	.681***	.662		21.550***
x_1	1.464	.579***	.980	.317	238.917***
*** $p < .001$					

〈표 4-17〉 단계선택방법의 회귀분석 결과표 4-예시

	B	R^2	ΔR^2
상수	53.177		
x_2	.651***	.662	
x_1	1.464***	.980	.317
*** $p < .001$			

〈표 4-18〉 단계선택방법의 회귀분석 결과표 5-예시

	β	R^2	ΔR^2
x_2	.681***	.662	
x_1	.579***	.980	.317
*** $p < .001$			

4.6.4 사례 분석 1

| 예제 4.4 |　　　　통신사 SKT, KTF, LGT를 이용하는 고객들이 느끼는 '브랜드 차별', '브랜드 가치', '브랜드 신뢰'가 '브랜드 충성도'에 미치는 영향을 분석한다. (데이터: 회귀.sav)

[Step 1] 산점도

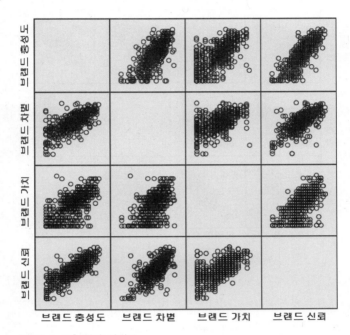

[그림 4-45] 행렬 산점도

　① 종속변수와 독립변수 간의 산점도에서 심한 곡선의 형태를 보이지 않고 선형성을 보이므로 회귀분석을 실시하기에 적합하다. 또한 극단값은 크게 보이지 않으므로 이상값의 문제는 크지 않을 것으로 여겨진다.

　② 독립변수 간 그래프에서는 상관관계가 높은 변수들이 보이지 않으므로 다중공선성은 비교적 안전해 보인다.

[그림 4-45]의 산점도에서 이상값으로 의심되는 데이터가 있다. 이 데이터를 알아보기 위하여 그래프를 편집하면 아래와 같다.

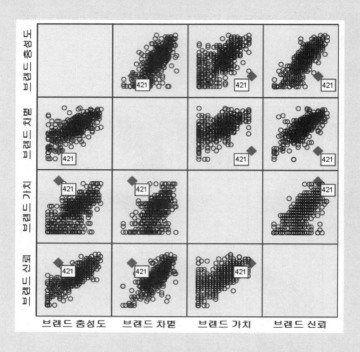

위의 그래프에서 문제가 있어 보이는 데이터를 확인해 본 결과 421th 데이터로 판정되었다. 산점도에서 점 하나를 마킹하면 또 다른 산점도에 해당 데이터가 모두 표시되므로 이상값을 찾을 때 아주 유용하다.

421th 데이터를 알아보기 위하여 확인한 결과는 아래와 같다.

	zx1	zx2	zx3	zm	zn	zy
421	2.00	7.00	6.00	3.00	2.60	2.20

위의 데이터에서 살펴보면, zx_2(브랜드 가치), zx_3(브랜드 신뢰)는 월등히 높은 데 비하여 zx_1(브랜드 차별), zy(브랜드 충성도)는 상대적으로 낮은 것을 알 수 있다.

설문 연구에서는 표본 수와 독립변수가 대부분 많다. 표본의 수가 많아지면 산점도상에 데이터의 수가 많아져서 이상값을 눈으로 찾는 것은 힘들어진다. 독립변수의 수가 많아지면 산점도의 개수가 많아지는데(현재는 가로축에 3개) 독립변수가 10개라면 가로축과 세로축에 각각 10개씩의 산점도가 나온다.

위와 같은 산점도를 보이므로 산점도에서 어떤 규칙을 찾기란 거의 불가능하다. 따라서 산점도는 변수의 개수와 표본의 수가 비교적 적은 경우에 아주 유용하게 사용된다. 변수와 표본의 수가 많으면 오히려 상관분석을 하는 것이 더 효율적이다.

[Step 2] 상관분석

상관계수

		브랜드 충성도	브랜드 차별	브랜드 가치	브랜드 신뢰
브랜드 충성도	Pearson 상관계수	1	.709**	.647**	.808**
	유의확률 (양쪽)		.000	.000	.000
	N	512	512	512	512
브랜드 차별	Pearson 상관계수	.709**	1	.547**	.716**
	유의확률 (양쪽)	.000		.000	.000
	N	512	512	512	512
브랜드 가치	Pearson 상관계수	.647**	.547**	1	.653**
	유의확률 (양쪽)	.000	.000		.000
	N	512	512	512	512
브랜드 신뢰	Pearson 상관계수	.808**	.716**	.653**	1
	유의확률 (양쪽)	.000	.000	.000	
	N	512	512	512	512

**. 상관계수는 0.01 수준(양쪽)에서 유의합니다.

[그림 4-46] 상관계수표

변수들 간의 상관분석을 실시한 결과는 [그림 4-46]과 같다.

③ 종속변수인 '브랜드 충성도'와 독립변수들 간의 상관분석 결과를 보면 모든 독립변수가 종속변수와 유의한 양의 상관관계가 있는 것으로 나온다. 따라서 회귀분석을 실시하면 이들 독립변수가 종속변수에 유의한 영향을 줄 것으로 예상할 수 있다.

④ 독립변수들 간의 상관계수에서 '브랜드 차별'과 '브랜드 신뢰'의 상관계수가 제일 큰 것이 $r = .716(p < .001)$이므로 양의 상관관계가 있다. 따라서 독립변수의 상관계수가 $|r| < .8$이므로 다중공선성 문제에서는 비교적 여유롭다.

[Step 3] 다중공선성

[Step 2]에서 다중공선성의 문제는 없어 보이지만 정확하게 확인하기 위해서 VIF를 이용한 다중공선성을 검토한다.

계수ª

모형		비표준화 계수		표준화 계수	t	유의확률	공선성 통계량	
		B	표준오차	베타			공차	VIF
1	(상수)	-.878	.159		-5.534	.000		
	브랜드 차별	.318	.047	.239	6.830	.000	.476	2.101
	브랜드 가치	.176	.032	.175	5.446	.000	.561	1.783
	브랜드 신뢰	.644	.048	.523	13.550	.000	.390	2.566

a. 종속변수: 브랜드 충성도

[그림 4-47] 다중공선성: *VIF*

⑤ 다중공선성을 검토하기 위해 [그림 4-47]을 분석한 결과 *VIF*값은 1.783~2.566으로 10 미만이므로 독립변수 간 다중공선성은 없는 것으로 나타났다.

[Step 4] 자기상관

Durbin-Watson 지수를 이용하여 종속변수의 자기상관을 검토한다.

모형 요약ᵇ

모형	R	R 제곱	수정된 R 제곱	추정값의 표준오차	Durbin-Watson
1	.840ª	.705	.703	.77692	1.956

a. 예측값: (상수), 브랜드 신뢰, 브랜드 가치, 브랜드 차별

b. 종속변수: 브랜드 충성도

[그림 4-48] 자기상관: Durbin-Watson

⑥ 종속변수의 자기상관을 검토하기 위해 Durbin-Watson 지수를 살펴본 결과, $d = 1.956$ 이므로 자기상관이 없이 독립적이다($n = 550$, $p = 3$, $d_U = 1.87094$, $1.87094 < d < 2.12906$).

따라서 이 데이터는 종속변수가 자기상관이 없이 독립적이며, 독립변수 간 다중공선성이 존재하지 않으므로 회귀분석을 하기에 적합하다.

[Step 5] 이상값

일반적으로 설문 연구에서는 이상값이 잘 발생하지 않는다. 그러나 설문 연구라고 해서 반드시 그런 것은 아니므로 가능하면 확인하는 것이 좋다. 실험 연구와 공학 연구 등에서는 이상값에 대해서 반드시 검토해야 한다.

<예제 4.1>과 같이 표본의 수가 적은 경우에는 워크시트에서 ZRE, SDF값을 직접 확인해서 이상값의 여부를 판정할 수 있다. 하지만, 설문 연구와 같이 표본 수가 많은 경우에는 이것이 불가능하다. 이때 데이터를 정렬해서 보면 쉽게 확인할 수 있다.

	zy	id	ZRE_1		SDF_1	
0	6.20	1		잘라내기(T)		143
0	1.40	2		복사(C)		392
0	5.00	3		붙여넣기(P)		146
0	4.80	4		지우기(E)		667
0	5.20	5		변수 삽입(I)		909
0	6.60	6				344
0	6.20	7		오름차순 정렬(A)		281
0	3.60	8		내림차순 정렬(D)		045
0	4.40	9		기술통계량		664
0	5.00	10		맞춤법(S)...		401
0	3.80	11		-.97230		-.05986
0	6.60	12		1.75316		.12290
0	5.00	13		-1.05785		-.11509

변수를 클릭한 후 마우스의 오른쪽 버튼을 누르면 위와 같은 대화상자가 뜬다. 중간에 있는 '오름차순 정렬', '내림차순 정렬'을 클릭하면 정렬되어 쉽게 데이터를 확인할 수 있다.

id	ZRE_1	SDF_1
421	-3.42283	-1.00426
40	-3.13443	-.23602
305	-3.12239	-.40523
2	-3.05404	-.20392

(a) 표준화 잔차-오름차순 정렬

id	ZRE_1	SDF_1
421	-3.42283	-1.00426
83	-2.06105	-.44590
305	-3.12239	-.40523
497	-1.66344	-.38731

(b) 표준화 DFFIT-오름차순 정렬

id	ZRE_1	SDF_1
152	3.29971	.28313
169	3.05233	.36634
38	2.74343	.20578
213	2.53619	.21289

(c) 표준화 잔차-내림차순 정렬

id	ZRE_1	SDF_1
169	3.05233	.36634
232	2.27099	.32833
152	3.29971	.28313
166	1.73789	.25038

(d) 표준화 DFFIT-내림차순 정렬

[그림 4-49] 이상값 검토

이상값을 찾기 위하여 표준화 잔차 'ZRE'와 표준화 DFFIT 'SDF'를 검토한다. [그림 4-49]의 (a), (c)는 표준화 잔차를 기준으로 각각 오름차순 정렬과 내림차순 정렬을 실시한 결과이다. (b), (d)는 표준화 DFFIT로 정렬한 결과이다.

⑦ [그림 4-49]에서 표준화 잔차의 값(절댓값 기준으로 확인한다. 부호는 고려하지 않는다)이 가장 큰 것은 421th 데이터로 -3.42283이다. 표준화 잔차는 기준값 3.0보다는 크지만 3.0보다 큰 데이터가 이외에도 많이 있다. 하지만 다른 값들에 비해 월등하게 크지는 않다.

▶ TIP

표본의 수가 많은 경우 표준화 잔차나 표준화 DFFIT값이 기준값을 넘는 경우가 많다. 이런 경우에는 단순히 기준값만으로 이상값을 판정하는 것이 아니라 다른 값들과 비교해서 판정해야 한다.

⑧ 표준화 DFFIT에서 가장 큰 값은 421th 데이터로 -1.00426이다. 기준값 2.0보다 작지만 두 번째로 큰 값은 83th 데이터로 -.44590이며 2배 이상 차이가 난다. 따라서 421th 데이터를 이상값으로 판정한다.

표본 수가 큰 설문 연구와 같은 경우에는 이상값의 영향력이 상대적으로 미미하다. 설문 연구의 이상값은 대부분 미스 펀칭(miss punching)으로 데이터를 잘못 입력한 경우이다.

설문 연구에서는 주로 Likert형 5점 척도(매우 그렇다, …, 전혀 아니다)로 질문을 하며 나올 수 있는 값의 범위가 1~5로 아주 작고 각각의 점수에 응답하는 사람들이 상당수 나오게 된다. 따라서 극단값인 이상값이 나올 가능성은 잘못 입력한 경우 외에는 거의 발생하지 않는다.

모형 요약[b]

모형	R	R 제곱	수정된 R 제곱	추정값의 표준오차	Durbin-Watson
1	.840[a]	.705	.703	.77692	1.956

a. 예측값: (상수), 브랜드 신뢰, 브랜드 가치, 브랜드 차별

b. 종속변수: 브랜드 충성도

421th 삭제 전

모형 요약[b]

모형	R	R 제곱	수정된 R 제곱	추정값의 표준오차	Durbin-Watson
1	.843[a]	.711	.710	.76796	1.956

a. 예측값: (상수), 브랜드 신뢰, 브랜드 가치, 브랜드 차별

b. 종속변수: 브랜드 충성도

421th 삭제 후

이상값으로 의심되는 421th 데이터를 삭제하기 전과 후의 결정계수를 살펴보면, 삭제 전에는 70.5%, 삭제 후에는 71.1%로 0.6%p 증가한 것을 알 수 있다. 표본 수가 적은 경우에는 이상값에 의한 설명력 증가분이 매우 크지만, 표본 수가 많은 경우에는 증가분이 상대적으로 작다. 이런 경우에는 421th 데이터를 삭제할 것인지의 여부를 연구자가 판정해야 한다. 또한 이상값을 제거할 때는 앞에서 언급하였듯이 계속적으로 제거하는 것이 아니다. 필자의 경우에는 최대 3개 정도까지만 허용한다. 그 이상의 데이터를 삭제하게 되면 결국에는 연구자가 모형을 만드는 것이며, 이것은 연구 윤리에 위배된다. 본 예제에서는 삭제하지 않은 데이터로 분석 결과를 해석한다.

[Step 6] 회귀분석

회귀분석을 실시한 결과를 검토한다.

분산분석^a

모형		제곱합	자유도	평균 제곱	F	유의확률
1	회귀 모형	733.189	3	244.396	404.896	.000^b
	잔차	306.630	508	.604		
	합계	1039.819	511			

a. 종속변수: 브랜드 충성도
b. 예측값: (상수), 브랜드 신뢰, 브랜드 가치, 브랜드 차별

[그림 4-50] 분산분석표

⑨ 회귀분석 결과 [그림 4-50]의 분산분석표에서 $p < .001$이므로 브랜드 차별, 브랜드 가치, 브랜드 신뢰의 독립변수들 중에서 종속변수인 브랜드 충성도에 유의한 영향을 주는 변수가 있음을 알 수 있다.

계수^a

모형		비표준화 계수		표준화 계수	t	유의확률
		B	표준오차	베타		
1	(상수)	-.878	.159		-5.534	.000
	브랜드 차별	.318	.047	.239	6.830	.000
	브랜드 가치	.176	.032	.175	5.446	.000
	브랜드 신뢰	.644	.048	.523	13.550	.000

a. 종속변수: 브랜드 충성도

[그림 4-51] 계수표

⑩ 독립변수 중에서 종속변수에 유의한 영향을 주는 변수를 확인하기 위해 [그림 4-51]의 계수표에서 $p-value$를 확인한다. 독립변수인 브랜드 차별($p < .001$), 브랜드 가치($p < .001$), 브랜드 신뢰($p < .001$)의 $p-value$가 모두 $p = .000 < .001$로 나타나 모든 독립변수가 브랜드 충성도에 유의한 영향을 준다.

⑪ 독립변수가 어떤 영향을 주는지에 대하여 비표준화 계수 B를 검토한다. 브랜드 차별의 $B = .318$, 브랜드 가치의 $B = .176$, 그리고 브랜드 신뢰의 $B = .644$로 모든 독립변수의 부호가 양수(+)이므로 브랜드 차별, 브랜드 가치, 브랜드 신뢰가 높을수록 브랜드 충성도가 높아진다.

모형 요약^b

모형	R	R 제곱	수정된 R 제곱	추정값의 표준오차	Durbin-Watson
1	.840^a	.705	.703	.77692	1.956

a. 예측값: (상수), 브랜드 신뢰, 브랜드 가치, 브랜드 차별
b. 종속변수: 브랜드 충성도

[그림 4-52] 모형요약표

⑫ 독립변수인 브랜드 차별, 브랜드 가치, 브랜드 신뢰가 브랜드 충성도에 미치는 영향력에서 얼마나 설명하는지를 알아보기 위하여 [그림 4-52]의 수정된 결정계수를 검토한다. R^2_{adj} 값이 .703이므로 브랜드 차별, 브랜드 가치, 브랜드 신뢰가 브랜드 충성도를 설명하는 설명력은 70.3%이다.

⑬ 브랜드 차별, 브랜드 가치, 브랜드 신뢰 중에서 브랜드 충성도에 더 높은 영향을 주는 변수를 알아보기 위하여 [그림 4-51]에서 표준화 계수 β를 본다. 브랜드 신뢰의 표준화 계수 $\beta = .523$이 가장 크게 나타났으므로 브랜드 충성도에 가장 큰 영향력을 주는 독립변수는 브랜드 신뢰이다. 그리고 브랜드 차별 $\beta = .239$, 브랜드 가치 $\beta = .175$이므로 브랜드 충성도를 설명하는 독립변수는 브랜드 신뢰, 브랜드 차별, 브랜드 가치의 순으로 브랜드 충성도에 영향을 준다.

[Step 7] 잔차분석

실험 연구에서는 반드시 잔차분석을 해야 한다. 하지만 설문 연구에서는 잔차분석을 생략하는 경우가 많다.

표준화 잔차에 대하여 모수 지정 Kolmogorov-Smirnov 정규성 검정을 실시한 결과를 [그림 4-53]에 나타내었다.

일표본 Kolmogorov-Smirnov 검정

		Standardized Residual
N		512
정규 모수[a,b]	평균	.0000000
	표준편차	.99706026
최대극단차	절대값	.051
	양수	.037
	음수	-.051
Kolmogorov-Smirnov의 Z		1.155
근사 유의확률(양측)		.139

a. 검정 분포가 정규입니다.
b. 데이터로부터 계산.

[그림 4-53] 모수 지정 Kolmogorov-Smirnov 검정

모수 지정 Kolmogorov-Smirnov의 정규성 검정에서 $p = .139 > .05$로 나타나 정규성 가정을 만족시킨다.

정규성 검정

	Kolmogorov-Smirnov[a]			Shapiro-Wilk		
	통계량	자유도	유의확률	통계량	자유도	유의확률
Standardized Residual	.051	512	.003	.985	512	.000

a. Lilliefors 유의확률 수정

표준화 잔차에 대하여 Shapiro-Wilk의 정규성 검정을 실시한 경우 $p < .001$이며, 표본 수가 많아서 Kolmogorov-Smirnov의 정규성 검정을 실시해도 $p = .003$으로 $p < .01$로 나타나 정규분포가 아닌 것으로 나온다.

정규성 검정의 경우 표본 수에 반응을 많이 보이는 경향이 있다. 표본 수가 커지면 $p-\text{value}$는 작아지며, 설문 연구 등과 같이 표본 수가 많은 경우 정규성 검정에서는 $p < .001$인 경우가 많아서 $p < .05$인 경우는 흔히 발생한다.

따라서 설문 연구에서는 모수 지정 Kolmogorov-Smirnov 정규성 검정이나 왜도, 첨도를 본다.

기술통계

		통계량	표준오차
Standardized Residual	평균	.0000000	.04406425
	평균의 95% 신뢰구간 하한	-.0865694	
	상한	.0865694	
	5% 절삭평균	.0221743	
	중위수	.0120312	
	분산	.994	
	표준편차	.99706026	
	최소값	-3.42283	
	최대값	3.29971	
	범위	6.72254	
	사분위수 범위	1.20795	
	왜도	-.363	.108
	첨도	.847	.215

왜도와 첨도를 이용한 방법에서 왜도는 −.363이며, 첨도는 .847로 왜도와 첨도가 모두 $|\theta| < 2$이므로 정규성 가정을 만족한다.

[Step 8] 표 작성 및 해석

브랜드 차별, 브랜드 가치, 브랜드 신뢰가 브랜드 충성도에 미치는 영향에 대하여 모두 선택방법에 의한 다중회귀분석을 실시한다.

〈표 4-19〉 모두 선택 회귀분석 결과표

	B	β	R^2	F
상수	−.878		.705	404.896[***]
브랜드 차별	.318	.239[***]		
브랜드 가치	.176	.175[***]		
브랜드 신뢰	.644	.523[***]		

[***] $p < .001$

▶ 표 4-19 해석

다중회귀분석을 실시하기 위하여 종속변수의 자기상관과 독립변수 간의 다중공선성을 검토하였다. 종속변수의 자기상관은 Durbin-Watson 지수를 이용하였다. Durbin-Watson 지수가 1.956이므로 자기상관이 없이 독립적이다. 독립변수 간 다중공선성은 VIF 지수를 이용하였다. VIF 지수가 1.783∼2.566으로 10 미만이므로 다중공선성이 없는 것으로 나타나, 이 데이터는 회귀분석을 실시하기에 적합하다.

다중회귀분석을 실시한 결과 브랜드 차별($B = .318$, $p < .001$)이 높을수록, 브랜드 가치($B = .176$, $p < .001$)와 브랜드 신뢰($B = .644$, $p < .001$)가 높을수록 브랜드 충성도가 높아지는 것으로 나타났으며, 브랜드 차별, 브랜드 가치, 브랜드 신뢰가 브랜드 충성도를 설명하는 설명력은 70.5%이다. 독립변수 중 브랜드 신뢰($\beta = .523$)가 브랜드 충성도에 가장 큰 영향을 주었으며, 브랜드 차별($\beta = .239$), 브랜드 가치($\beta = .175$)의 순으로 브랜드 충성도에 영향을 주었다.

4.6.5 사례 분석 2

| 예제 4.5 | 4.6.4절의 브랜드 차별, 브랜드 가치, 브랜드 신뢰가 브랜드 충성도에 미치는 영향에 대하여 단계선택방법에 의한 회귀분석을 실시한다. 단계선택방법에서의 기본 과정은 모두 선택방법과 동일하다. 따라서 [Step 1]∼[Step 5]는 동일하므로 [Step 6]에서부터 진행한다.

[Step 6] 단계선택 회귀분석

단계선택 회귀분석을 실시한 결과를 검토한다.

분산분석[a]

모형		제곱합	자유도	평균 제곱	F	유의확률
1	회귀 모형	679.161	1	679.161	960.390	.000[b]
	잔차	360.658	510	.707		
	합계	1039.819	511			
2	회귀 모형	715.285	2	357.643	560.927	.000[c]
	잔차	324.534	509	.638		
	합계	1039.819	511			
3	회귀 모형	733.189	3	244.396	404.896	.000[d]
	잔차	306.630	508	.604		
	합계	1039.819	511			

a. 종속변수: 브랜드 충성도

b. 예측값: (상수), 브랜드 신뢰

c. 예측값: (상수), 브랜드 신뢰, 브랜드 차별

d. 예측값: (상수), 브랜드 신뢰, 브랜드 차별, 브랜드 가치

[그림 4-54] 단계회귀분석: 분산분석표

⑨ 회귀분석 결과, [그림 4-54]의 분산분석표를 보면 3개의 모형이 선택되었다. 따라서 독립변수 3개 모두가 브랜드 충성도에 유의한 영향을 주는 것을 알 수 있다.

계수[a]

모형		비표준화 계수		표준화 계수	t	유의확률
		B	표준오차	베타		
1	(상수)	-.271	.144		-1.877	.061
	브랜드 신뢰	.996	.032	.808	30.990	.000
2	(상수)	-.933	.163		-5.728	.000
	브랜드 신뢰	.760	.044	.617	17.385	.000
	브랜드 차별	.357	.047	.267	7.527	.000
3	(상수)	-.878	.159		-5.534	.000
	브랜드 신뢰	.644	.048	.523	13.550	.000
	브랜드 차별	.318	.047	.239	6.830	.000
	브랜드 가치	.176	.032	.175	5.446	.000

a. 종속변수: 브랜드 충성도

[그림 4-55] 단계회귀분석: 계수표

⑩ 독립변수에서 단계선택방법에 투입되는 변수의 순서는 브랜드 신뢰, 브랜드 차별,

브랜드 가치의 순이고, 이들 변수는 모두 유의하게 나타나고 있다.

브랜드 신뢰(B=.644), 브랜드 차별(B=.318), 브랜드 가치(B=.176)가 높을수록 브랜드 충성도가 높아진다.

모형 요약^d

모형	R	R 제곱	수정된 R 제곱	추정값의 표준오차	Durbin-Watson
1	.808^a	.653	.652	.84094	
2	.829^b	.688	.687	.79849	
3	.840^c	.705	.703	.77692	1.956

a. 예측값: (상수), 브랜드 신뢰
b. 예측값: (상수), 브랜드 신뢰, 브랜드 차별
c. 예측값: (상수), 브랜드 신뢰, 브랜드 차별, 브랜드 가치
d. 종속변수: 브랜드 충성도

[그림 4-56] 단계회귀분석: 모형요약표

⑪ 브랜드 신뢰가 브랜드 충성도에 미치는 영향력의 정도는 65.3%이다. 브랜드 차별이 추가되어 설명력은 68.8%이며, 브랜드 가치가 추가된 경우의 설명력은 70.5%이다. 따라서 브랜드 신뢰의 설명력은 65.3%, 브랜드 차별은 3.5%(.688-.653=.035), 브랜드 가치의 설명력은 1.7%(.705-.688=.017)이다.

[Step 7] 잔차분석

모두 선택방법과 동일한 변수가 선택되었기 때문에 잔차분석 결과는 모두 선택방법과 동일하다.

[Step 8] 표 작성 및 해석

브랜드 차별, 브랜드 가치, 브랜드 신뢰가 브랜드 충성도에 미치는 영향에 대하여 단계 선택방법에 의해 다중회귀분석을 실시한다.

다중회귀분석을 실시하기 위하여 종속변수의 자기상관과 독립변수 간 다중공선성에 대해 검토한다. 종속변수의 자기상관은 Durbin-Watson 지수를 이용하였다. Durbin-Watson 지수가 1.956이므로 자기상관이 없이 독립적이다. 독립변수 간 다중공선성은 *VIF* 지수를 이용하였다. *VIF* 지수는 1.783~2.566으로 10 미만이므로 다중공선성이 존재하지 않으므로 이 데이터는 회귀분석을 실시하기에 적합하다.

〈표 4-20〉 단계선택방법의 회귀분석 결과표

	B	β	R^2	ΔR^2
상수	−.878			
브랜드 신뢰	.644	.523[***]	.653	
브랜드 차별	.318	.239[***]	.688	.035
브랜드 가치	.176	.175[***]	.705	.017

[***] $p < .001$

▶ 표 4-20 해석

단계선택방법에 의한 다중회귀분석을 실시한 결과, 브랜드 신뢰가 브랜드 충성도에 가장 영향력이 크며, 브랜드 신뢰가 브랜드 충성도를 설명하는 설명력은 65.3%이다. 브랜드 차별이 추가되어 설명력은 3.5%p가 증가한 68.8%이며, 브랜드 가치는 1.7%p의 설명력이 증가하여 전체 설명력은 70.5%이다. 따라서 브랜드 신뢰(B=.644), 브랜드 차별(B=.318), 브랜드 가치(B=.176)가 높을수록 브랜드 충성도가 높아지는 것으로 나타났다.

4.7 | 독립변수의 영향력

독립변수가 종속변수를 설명하는 설명력을 나타내는 지수를 **결정계수**라고 한다. 이 결정계수를 이용하면 독립변수들이 종속변수를 얼마나 설명하는지 알 수 있으며, 회귀방정식의 유용성을 나타내는 데도 유용하다. 그러나 다중회귀분석에서 결정계수는 오직 1개의 값만 나오게 된다. 4개의 독립변수가 있는 회귀방정식에서 x_1만이 종속변수에 유의한 영향을 주고, x_2, x_3, x_4는 유의한 영향을 주지 않는다면, 결정계수만으로 충분히 설명할 수 있다.

하지만 4개의 독립변수 x_1, x_2, x_3, x_4가 모두 종속변수에 유의한 영향을 준다면 어떤 독립변수가 얼마나 종속변수에 영향을 주는지 알 수 없다. 물론 표준화 회귀계수 β를 이용하여 그 순위는 정할 수 있지만 독립변수별로 결정계수를 구할 수 있다면 좀 더 많은 정보를 얻을 수 있다. 이때 이러한 정보를 제공해 주는 통계량이 **편상관계수**(partial correlation coefficient)와 **부분상관계수**(part correlation coefficient)이다.

4.7.1 편상관계수와 부분상관계수

3개의 변수 x_1, x_2, y가 있을 때 이들 변수의 편상관과 부분상관은 다음과 같이 구할 수 있다.

[그림 4-57]은 3개의 변수 관계를 도식적으로 나타낸 것이다. x_1과 y의 상관은 $A + ab$이다. **편상관**(partial correlation)은 다른 독립변수들의 효과를 제거하였을 때 x_1과 y의 상관이며, **부분상관**(part correlation)은 다른 독립변수들의 예측효과를 제거하였을 때 x_1과 y의 상관이다.

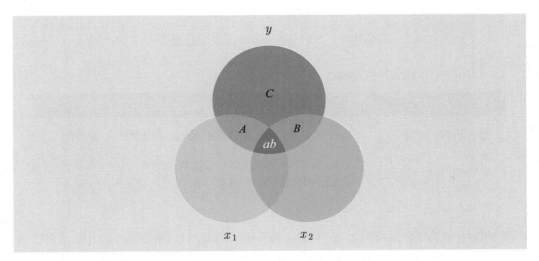

[그림 4-57] 편상관과 부분상관

x_1과 y의 편상관과 부분상관은 다음과 같이 구할 수 있다.

$$편상관계수:\ r_{yx_1 \cdot x_2} = \frac{A}{A + C}$$

$$부분상관계수:\ r_{x_1(y \cdot x_2)} = \frac{A}{A + B + ab + C}$$

상관계수의 표기법에 대하여 설명하면 $r_{x_1 x_2}$는 일반적으로 r로 표시하며, 이는 2개의 변수 x_1과 x_2의 상관계수라는 의미이다. 즉 x_1, x_2의 상관계수 $r_{x_1 x_2} = r$로 표현한다.

r_{yx_1}은 y와 x_1의 상관계수이며, $r_{yx_1 \cdot x_2}$는 x_2의 영향을 제거한 y와 x_1의 상관계수이다. $r_{x_1(y \cdot x_2)}$는 독립변수 x_2의 영향력을 제거한 y와 x_1의 상관계수이다.

4.7.2 독립변수의 영향력

4.7.1절에서 편상관과 부분상관에 대한 개념적인 정의를 살펴보았다. 이번 절에서는 이 2개의 상관계수를 이용하여 독립변수의 영향력에 대해 알아본다.

편상관계수제곱($r^2_{yx_1, x_2}$)은 다른 독립변수들의 설명력을 제외한 나머지 설명력을 의미하며, **부분상관계수제곱**($r^2_{x_1(y, x_2)}$)은 전체 설명력 중에서 해당 독립변수 고유의 설명력을 의미한다. 따라서 부분상관제곱은 그 독립변수의 순수한 영향력이라고 할 수 있다.

결정계수와 편상관제곱, 부분상관제곱은 다음의 관계를 갖는다.

$$R^2 \geq r^2_{yx_1, x2} \geq r^2_{x_1(y, x_2)}$$

결정계수 ≥ 편상관제곱 ≥ 부분상관제곱

〈표 4-21〉 편상관제곱과 부분상관제곱

통계량	의미
편상관제곱 $r^2_{yx_1, x_2}$	다른 독립변수들의 설명력을 제외한 독립변수의 설명력
부분상관제곱 $r^2_{x_1(y, x_2)}$	전체 설명력에서 독립변수 고유의 설명력, 독립변수의 순수한 설명력

편상관과 부분상관을 구하기 위해서는 회귀분석 메뉴에서 통계량(S)... 옵션을 클릭한 후 [그림 4-58]에서 [☑ **부분상관 및 편상관계수(P)**]를 선택한다.

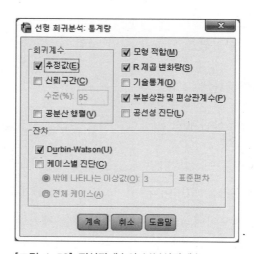

[그림 4-58] 편상관계수와 부분상관계수

회귀분석을 실시한 후 출력 결과인 계수표(그림 4-59)에 편상관계수와 부분상관계수가 출력된다.

계수ª

모형		비표준화 계수		표준화 계수	t	유의확률	상관계수		
		B	표준오차	베타			0차	편상관	부분상관
1	(상수)	-.878	.159		-5.534	.000			
	브랜드 차별	.318	.047	.239	6.830	.000	.709	.290	.165
	브랜드 가치	.176	.032	.175	5.446	.000	.647	.235	.131
	브랜드 신뢰	.644	.048	.523	13.550	.000	.808	.515	.326

a. 종속변수: 브랜드 충성도

[그림 4-59] 편상관계수와 부분상관계수

〈표 4-22〉 편상관제곱과 부분상관제곱-활용

구분	상관계수		제곱	
	편상관계수	부분상관계수	편상관제곱	부분상관제곱
브랜드 차별	.290	.165	8.4%	2.7%
브랜드 가치	.235	.131	5.5%	1.7%
브랜드 신뢰	.515	.326	26.5%	10.6%
공통분산			30.0%	55.4%

<표 4-22>는 편상관계수와 부분상관계수를 이용하여 편상관제곱과 부분상관제곱을 계산한 결과이다. 이 표를 보면, 브랜드 신뢰의 편상관제곱과 부분상관제곱이 모두 가장 크다는 것을 알 수 있다. 브랜드 차별과 브랜드 가치를 제외한 브랜드 신뢰가 브랜드 충성도를 설명하는 설명력은 26.5%이며, 브랜드 신뢰가 브랜드 충성도를 설명하는 순수한 설명력은 10.6%이다.

브랜드 차별, 브랜드 가치, 브랜드 신뢰가 브랜드 충성도에 미치는 전체 설명력은 70.5%였다. 이 전체 설명력에서 편상관제곱을 모두 제외하면 30.0%이다. 이 30.0%는 결국 3개의 독립변수가 브랜드 충성도를 설명하는 공통적인 설명력이라고 할 수 있다.

4.8 | 능형회귀분석

4.2절에서 다중공선성에 대해 살펴보았다. 다중공선성이 존재하면 회귀분석을 할 수 없으며, 그 대안으로 일반적으로 사용하는 방법이 다중공선성이 있는 변수를 삭제하거나 그 변수들의 결합에 의해 새로운 변수를 생성하여 회귀분석을 실시하는 것이다.

그러나 이 두 가지 방법 외에도 다중공선성에 영향을 받지 않고 통계분석을 하는 방법이 연구되었는데, 바로 능형회귀분석과 주성분 회귀분석, 그리고 PLS 회귀분석이다.

4.8.1 능형회귀분석

다중공선성이 있으면 회귀계수가 안정적이지 못하고 오차가 커져서 큰 변화를 보인다. 경우에 따라서는 선행 연구 결과와 부등호 자체가 달라지기도 한다. 따라서 다중공선성이 있는 경우 이러한 회귀계수를 그대로 받아들여서 해석해서는 안 된다.

능형회귀분석은 선형회귀분석과 마찬가지로 회귀분석의 기본적인 형태는 유지하면서 불안정한 회귀계수에 대하여 새로운 알고리즘을 적용하여 분석하며, Hoerl & Kennard(1970)[3]에 의해 제안된 방법이 사용된다. 또한 능형회귀분석은 능형매개변수(ridge parameter, bias parameter)를 이용하여 회귀계수를 추정한다. 능형매개변수 k가 커지면 편의(bias)가 증가하여 회귀계수 $\beta_1 = 0$에 가까워진다. 따라서 능형회귀분석에서는 바로 이 능형매개변수인 k에 관심을 갖는다.

k는 0에서부터 점점 증가시키면서 회귀계수의 변화를 살펴본다. 회귀계수가 급격한 변화를 보이다가 특정 지점부터는 안정된 값을 나타내는데 이때의 지점 k에서 최소의 k를 선택하여 회귀계수를 추정하는 방법이다.

ridge는 산등성이나 능선을 의미한다. 능형매개변수 k가 증가함에 따라 회귀계수가 변화하는 것이 마치 산등성이인 능선과 닮았다고 하여 이 k를 능형 변수라고 하며 분석기법의 이름을 **능형회귀분석**(ridge regression analysis)이라고 한다.

SPSS에서는 능형회귀분석을 직접 할 수 없다. 능형회귀분석을 하기 위해서는 하나의 파일(ridge regression.sps)이 필요하며, 명령어를 이용해서 분석한다.

---

3) Hoerl, A. E., & Kennard, R. W. (1970). Ridge regression: biased estimation for non-orthogonal problems. *Technometrics*, Vol. 12, 55~67.

ridge regression.sps 파일은 능형회귀분석을 실시할 수 있는 SPSS 매크로 파일이다. 이 파일은 SPSS 버전마다 차이가 있지만 SPSS 21.0 프로그램을 기준으로 다음의 경로에 있다.

C:\Program Files\IBM\SPSS\Statistics\21\Samples\English

위 경로 중간의 '21'은 SPSS 버전이며, SPSS 18.0 이후 버전은 경로가 버전 숫자로 되어 있으므로 자신의 SPSS 버전에 맞게 경로만 수정하면 된다.

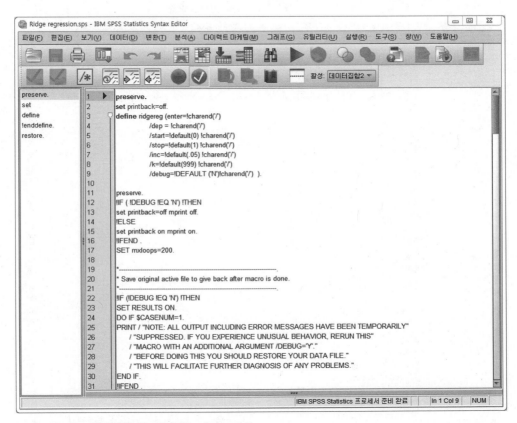

[그림 4-60] 능형회귀분석을 실시하는 매크로 파일

능형회귀분석은 SPSS 메뉴 방식이 아닌 명령어로 수행한다. 명령어는 '파일' 메뉴에서 수행하며 한나래출판사 홈페이지(http://www.hannarae.net) Data Room에서 '능형회귀.sps' 파일을 불러온다.

4.8.2 능형회귀분석 실행

> 파일 → 열기 → 명령문

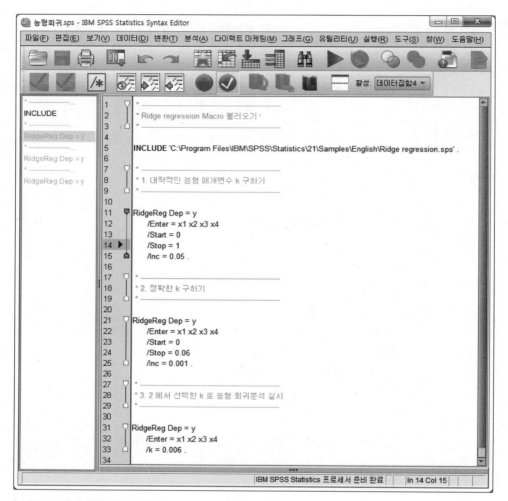

[그림 4-61] 능형회귀분석 명령어

능형회귀분석은 다음과 같은 단계로 분석한다.

[Step 1] SPSS 매크로 실행

[Step 2] 능형매개변수 k 찾기

[Step 3] 능형회귀분석 실행

능형회귀분석의 명령어에 대한 설명은 <표 4-23>과 같다.

〈표 4-23〉 능형회귀분석 명령어

명령어	설명
RidgeReg	능형회귀분석 명령어
Dep =	종속변수 지정
/Enter =	능형회귀분석에 사용될 독립변수명 지정
/Start =	능형매개변수 k의 시작값(0~1): Default = 0
/Stop =	능형매개변수 k의 종료값(0~1): Default = 1
/Inc =	능형매개변수 k의 증가분: Default = 0.05
/k =	능형회귀분석 수행의 능형매개변수 k 지정

'능형회귀분석.sps' 파일에는 총 4개의 명령어가 있다.

[Step 1] SPSS 매크로 실행

첫 번째 명령어는 능형회귀분석을 수행하기 위해서 SPSS 매크로 파일을 불러오는 명령어이다. '*'로 시작하는 줄은 실행되지 않는 주석으로 어떤 명령어인지를 설명하는 부분이다.

```
* ----------------------------------------
* Ridge regression Macro 불러오기
* ----------------------------------------

INCLUDE 'C:\Program Files\IBM\SPSS\Statistics\21\Samples\English\Ridge regression.sps' .
```

[Step 2-1] 능형매개변수 k 찾기

두 번째부터 능형회귀분석에 대한 실제 명령어이다. 이 명령어를 이용하여 능형매개변수의 대략적인 위치를 찾는 작업을 한다.

```
* _____
* 1. 대략적인 능형 매개변수 k 구하기
* _____

RidgeReg Dep = y
    /Enter = x1 x2 x3 x4
    /Start = 0
    /Stop = 1
    /Inc = 0.05 .
```

[Step 1, 2]를 수행하기 위해서는 위에 언급한 2개의 명령어를 블록 설정한 다음 ▶ 버튼을 클릭한다(또는 메뉴에서 '실행 → 선택영역'을 클릭한다). [Step 1, 2]를 수행한 결과로 우선 'ridge trace'가 출력된다. 이 그래프를 확인하여 능형매개변수 k의 대략적인 지점을 찾아주는 작업을 한다.

[그림 4–62]에서는 ridge trace가 점점 감소하는 것을 확인할 수 있다. 또한 이 값들은 어느 지점부터는 완만하게 진행된다. 능형매개변수 k는 갑자기 감소하다가 완만해지면서 안정적인 최소의 지점을 찾아준다. 결과에서 보면 두 번째 $k(k = .05)$지점에서 갑자기 감소하다가 점점 완만해지는 것을 확인할 수 있다. 따라서 첫 번째 능형매개변수 $k = .05$로 설정한다.

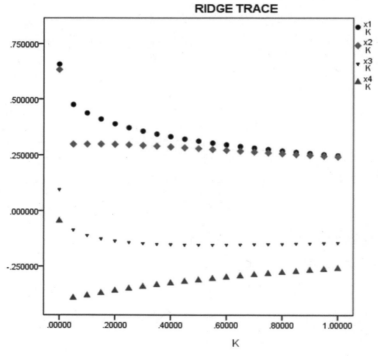

[그림 4–62] 능형회귀분석: ridge trace

[그림 4-63]은 능형매개변수 k의 각각의 지점에 대한 회귀계수이다. 증가분을 .05로 설정하였기 때문에 k값은 각각 0, .05, .10, .15, …순으로 증가하며, 이때의 회귀계수는 점점 작아지는 것을 확인할 수 있다. 독립변수 x_1의 경우 $k = .0$일 때 회귀계수 $B = .657138$이며, $k = .05$일 때 $B = .475065$, $k = .10$일 때 $B = .437257$로 점점 감소한다. 이 회귀계수값을 그래프로 표현한 것이 [그림 4-62]의 ridge trace이다.

K	RSQ	x1	x2	x3	x4
.00000	.98359	.657138	.632007	.095109	-.045938
.05000	.98182	.475065	.297641	-.086960	-.391021
.10000	.97908	.437257	.297894	-.111576	-.380799
.15000	.97560	.409785	.298088	-.126678	-.369554
.20000	.97163	.388237	.297051	-.136575	-.359161
.25000	.96726	.370562	.295056	-.143212	-.349661
.30000	.96255	.355598	.292399	-.147673	-.340925
.35000	.95754	.342626	.289299	-.150619	-.332826
.40000	.95227	.331175	.285905	-.152478	-.325266
.45000	.94676	.320919	.282325	-.153538	-.318167
.50000	.94105	.311626	.278633	-.154000	-.311468
.55000	.93517	.303127	.274881	-.154009	-.305121
.60000	.92914	.295293	.271108	-.153672	-.299089
.65000	.92298	.288024	.267341	-.153066	-.293338
.70000	.91671	.281243	.263601	-.152254	-.287845
.75000	.91036	.274887	.259901	-.151280	-.282586
.80000	.90393	.268905	.256253	-.150181	-.277542
.85000	.89745	.263256	.252663	-.148987	-.272697
.90000	.89093	.257905	.249136	-.147718	-.268038
.95000	.88438	.252822	.245677	-.146393	-.263551
1.0000	.87781	.247982	.242288	-.145028	-.259225

[그림 4-63] 능형회귀분석: ridge trace별 회귀계수

[Step 2-2] 능형매개변수 k 찾기

대략적인 능형매개변수는 $k = .05$이지만, 정확한 지점을 찾기 위해 능형매개변수의 시작점, 끝점과 증가분을 수정한다. .05가 대략적인 값이므로 .05 전후로 진행하면서 k를 찾고, 증가분은 .001로 좀 더 세분화하도록 한다.

```
*  ─────────────────────────────────────
* 2. 정확한 k 구하기
*  ─────────────────────────────────────

RidgeReg Dep = y
     /Enter = x1 x2 x3 x4
     /Start = 0
     /Stop = 0.06
     /Inc = 0.001 .
```

두 번째 명령어를 블록 설정한 후 다시 ▶로 명령어를 수행한다.

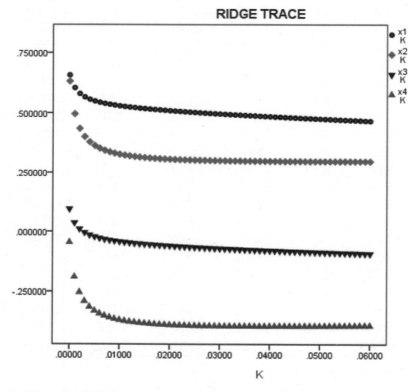

[그림 4-64] 능형회귀분석: ridge trace

분석 결과 [그림 4-64], [그림 4-65]에서 ridge trace가 3∼4번째 지점까지는 급격하게 감소하는 추세를 보이다가 이 지점부터 회귀계수가 완만하게 안정적인 추세를 나타내는 것을 확인할 수 있다. 또한 7번째인 k = .006 지점부터는 회귀계수의 변화가 거의 없이 안정적이다.

따라서 능형매개변수 k는 세 번째 지점인 $k = .002$로 설정할 수도 있으나, 좀 더 안정적으로 선택한다면 $k = .006$으로 설정할 수 있다.

K	RSQ	x1	x2	x3	x4
.00000	.98359	.657138	.632007	.095109	-.045938
.00100	.98351	.604560	.495775	.037012	-.189486
.00200	.98343	.580311	.434925	.010462	-.253540
.00300	.98337	.566018	.400544	-.005001	-.289681
.00400	.98332	.556377	.378509	-.015286	-.312800
.00500	.98328	.549285	.363226	-.022734	-.328798
.00600	.98325	.543743	.352037	-.028456	-.340477
.00700	.98322	.539217	.343515	-.033051	-.349341
.00800	.98319	.535393	.336827	-.036865	-.356269
.00900	.98317	.532076	.331455	-.040117	-.361808
.01000	.98314	.529137	.327057	-.042950	-.366317

[그림 4-65] 능형회귀분석: ridge trace별 회귀계수

[Step 3] 능형회귀분석

[Step 1]과 [Step 2]에서 능형매개변수 $k = .006$을 설정하였으며, 이 지점에서 능형회귀분석을 실시한다.

```
* ─────────────────────────────────
* 3. 2 에서 선택한 k 로 능형 회귀분석 실시
* ─────────────────────────────────

RidgeReg Dep = y
    /Enter = x1 x2 x3 x4
    /k = 0.006 .
```

능형회귀분석을 실시한 결과는 [그림 4-66]과 같다.

```
****** Ridge Regression with k = 0.006 ******


Mult R        .991588149
RSquare       .983247056
Adj RSqu      .974870584
SE           2.358042931

              ANOVA table
                 df        SS        MS
Regress       4.000    2610.748    652.687
Residual      8.000      44.483      5.560


        F value         Sig F
     117.3820041       .0000004

--------------Variables in the Equation----------------
                 B          SE(B)         Beta        B/SE(B)
x1          1.37499270    .23666039    .54374343    5.80998252
x2           .33652245    .15312288    .35203652    2.19772807
x3          -.06608629    .22187468   -.02845631    -.29785412
x4          -.30257954    .14802373   -.34047661   -2.04412856
Constant   78.85229811  14.45111307    .00000000    5.45648614
```

[그림 4-66] 능형회귀분석 결과

능형회귀분석에서 분석 결과를 확인하는 방법은 다중회귀분석의 순서와 동일하다. 다만 다중회귀분석에서는 t통계량과 p-value가 출력되지만, 위의 표에서는 출력되지 않는 점이 다르다.

① 분산분석표: p-value

표의 결과에서 $Sig\ F$로 되어 있는 부분이 분산분석표의 p-value이다. 따라서 $p = .0000004 < .001$이므로 H_1 가설을 선택한다.

$$H_0 : \beta_1 = \beta_2 = \beta_3 = \beta_4 = 0$$

$H_1 :$ 적어도 하나의 회귀계수는 0이 아니다.

독립변수가 4개이므로 위와 같은 가설이 존재한다. 즉

$H_0 :$ 4개의 독립변수는 종속변수에 영향을 주지 않는다.

$H_1 :$ 독립변수 중에서 종속변수에 영향을 주는 것이 있다.

즉 $p < .001$이므로 4개의 독립변수 중에서 종속변수에 유의한 영향을 주는 독립변수가 있다는 것을 의미한다.

② 계수표: $p-\text{value}$

각 회귀계수의 $p-\text{value}$는 출력되지 않는다. 위의 결과에서 'B/SE(B)' 부분이 t통계량이다. t통계량의 절댓값이 1.960 이상이면 $p < .05$이므로 $x_2(t = 2.19772807 > 1.960)$, $x_4(t = |-2.04412856| > 1.960)$는 $p < .05$ 수준에서 유의하며, $x_1(t = 5.80998252 > 3.291)$은 $p < .001$ 수준에서 유의한 것을 알 수 있다.

따라서 3개의 독립변수 x_1, x_2, x_4는 종속변수에 유의한 영향을 준다.

〈표 4-24〉 t통계량과 $p-\text{value}$

$t = B/SE(B)$	$p-\text{value}$
$|t| > 1.960$	$p < .05$
$|t| > 2.576$	$p < .01$
$|t| > 3.291$	$p < .001$

③ 계수표: B

유의한 독립변수 x_1, x_2, x_4가 종속변수에 어떤 영향을 주는지 알아보기 위하여 비표준화 계수 B값을 확인한다. x_1, x_2의 회귀계수는 $B = 1.375$, $B = .337$로 양수(+)이므로 양의 영향을 주며, x_4의 회귀계수는 $B = -.303$으로 음수(−)이므로 음의 영향을 준다. 즉 $x_1(B = 1.375, p < .001)$, $x_2(B = .337, p < .05)$가 커질수록 종속변수 y가 커지며, $x_4(B = -.303)$는 작을수록 종속변수 y가 커진다.

④ 모형요약표: $adj\ R^2$

이들 독립변수가 종속변수에 미치는 영향력의 정도는 수정된 결정계수 R^2_{adj}값이 .975로 매우 높게 나타났다. 또한 결정계수 R^2값 .983과 차이가 크지 않으므로 모형은 안정적인 것을 알 수 있다.

⑤ 계수표: β

유의한 독립변수 x_1, x_2, x_4 중에서 종속변수에 더 많은 영향을 주는 변수를 찾아보기 위하여 표준화 회귀계수 β값을 확인한 결과, x_1의 표준화 회귀계수 $\beta = .544$로 가장 높게 나타난 것을 알 수 있다. 따라서 3개의 독립변수 중에서 x_1이 가장 높은 영향을 주며, $x_2(\beta = .352)$, $x_4(\beta = -.340)$의 순으로 영향을 준다.

⑥ 표 작성 및 해석

〈표 4-25〉 능형회귀분석 결과

	B	SE	β	t	VIF
상수	78.852	14.451		5.456***	
x_1	1.375	.237	.544	5.810***	38.496
x_2	.337	.153	.352	2.198*	254.423
x_3	−.066	.222	−.028	−.298	46.868
x_4	−.303	.148	−.340	−2.044*	282.513
	$adj\,R^2 = .975$, $F = 117.382$ ($p < .001$)				

* $p < .05$ *** $p < .001$
ridge parameter $k = .006$

▶ 표 4-25 해석

독립변수 x_1, x_2, x_3, x_4가 종속변수 y에 미치는 영향을 알아보기 위하여 모두 선택방법에 의한 다중회귀분석을 실시하였다. 회귀분석을 실시하기 위하여 종속변수의 자기상관과 독립변수 간의 다중공선성을 검토하였다. 종속변수의 자기상관은 Durbin-Watson 지수를 이용하였다. Durbin-Watson 지수가 1.990이므로 자기상관이 없이 독립적이다. 독립변수 간 다중공선성은 VIF 지수를 이용하였다. 독립변수 간 VIF 지수는 38.496~282.513으로 모두 10 이상이므로 다중공선성이 존재하는 것으로 나타났다. 다중공선성이 존재하여 다중회귀분석을 실시하는 것이 적절하지 않으므로 능형회귀분석을 실시하였다.

Hoerl & Kennard(1970)의 방법을 이용하여 ridge trace와 회귀계수가 안정된 값으로 나타나는 최소의 능형매개변수 $k = .006$으로 설정하여 능형회귀분석을 실시하였다. 그 결과 $x_1(p < .001)$, $x_2(p < .05)$, $x_4(p < .05)$는 종속변수 y에 유의한 영향을 주었으며, $x_1(B = 1.375)$, $x_2(B = .337)$가 높아질수록, $x_4(B = -.303)$가 낮아질수록 y가 높아졌다. 독립변수가 종속변수를 설명하는 설명력은 97.5%($adj\,R^2 = .975$)이며, $x_1(\beta = .544)$이 가장 높은 영향을 주는 것으로 나타났다.

4.8.3 능형회귀분석과 다중회귀분석의 결과 비교

능형회귀분석과 다중회귀분석 결과를 비교하기 위하여 각 분석 결과에서 계수표를 확인하면 결과가 서로 다르다는 것을 알 수 있다.

두 분석 결과에서 특히 다중공선성이 있는 x_2, x_4의 결과에서 차이가 많이 나는 것을 알 수 있다. [그림 4-67]의 다중회귀분석에서는 다중공선성이 있는 2개의 변수 x_2, x_4가 모두 유의하지 않게 나타난 것에 비하여, [그림 4-68]의 능형회귀분석 결과에서는 x_2, x_4가 모두 유의하게 나타난 것을 확인하였다.

계수^a

계수ᵃ

모형		비표준화 계수		표준화 계수	t	유의확률	공선성 통계량	
		B	표준오차	베타			공차	VIF
1	(상수)	52.595	66.865		.787	.454		
	x1	1.662	.711	.657	2.338	.048	.026	38.496
	x2	.604	.691	.632	.875	.407	.004	254.423
	x3	.221	.720	.095	.307	.767	.021	46.868
	x4	-.041	.677	-.046	-.060	.953	.004	282.513

a. 종속변수: y

[그림 4-67] 다중회귀분석 결과

```
--------------Variables in the Equation----------------
                  B            SE(B)           Beta          B/SE(B)
x1          1.37499270     .23666039       .54374343      5.80998252
x2           .33652245     .15312288       .35203652      2.19772807
x3          -.06608629     .22187468      -.02845631      -.29785412
x4          -.30257954     .14802373      -.34047661     -2.04412856
Constant   78.85229811   14.45111307       .00000000      5.45648614
```

[그림 4-68] 능형회귀분석 결과

현재 두 분석 결과는 서로 상이하다. 다중회귀분석에서는 유의하지 않으나 능형회귀분석에서는 유의하게 나타났다. 하지만 항상 이런 현상이 일어나는 것은 아니다. 다중회귀분석에서는 유의하나 능형회귀분석에서는 유의하지 않은 반대의 경우가 발생하기도 한다.

이때 연구자는 $p < .05$로 유의하게 나타난 결과를 사용할 수 있는데, 다중공선성이 발생한 경우 그 변수들을 처리하지 않고 다중회귀분석을 수행하게 되면 회귀계수의 편의가

커져서 신뢰할 수 없게 된다. 따라서 이런 경우에는 다중공선성이 발생한 변수를 삭제하거나 그 변수들을 결합하여 다중회귀분석을 수행하는 일반적인 방법을 사용하는 것이 좋다. 다중공선성이 발생한 변수를 삭제하지 못하는 경우에는 이를 보정한 방법인 능형회귀분석이나 PLS 회귀분석을 사용할 것을 권한다.

4.9 | 완전모형과 축소모형

4.6.1절에서는 모두 선택방법에 의해 다중회귀분석을 실시한 경우, 유의하지 않은 독립변수 x_3의 처치에 대해 알아보았다. 이번 절에서는 모든 독립변수가 포함된 완전모형과 유의하지 않은 독립변수 x_3가 삭제된 축소모형에 대해 살펴본다.

완전모형(full model)은 모든 변수가 포함된 모형을 말한다. 이때 모든 변수에는 5장과 6장에서 다룰 더미변수와 통제변수도 포함된다. 즉 다중회귀분석에서 종속변수에 미칠 것으로 여겨지는 모든 변수를 포함하여 분석한 다중회귀분석모형이 바로 완전모형이다.

축소모형(reduced model)은 완전모형에서 종속변수에 유의한 영향을 주지 않는 독립변수와 설명력이 미약한 변수를 제외하고, 종속변수에 유의한 변수만을 포함하는 회귀분석모형을 말한다. 축소모형을 사용하는 이유는 **간결성 원칙**에 있다. 통계분석에서는 가능하면 적은 수의 독립변수를 사용하여 최상의 효과를 보고자 하기 때문이다.

완전모형과 축소모형의 유의성 검정을 실시하여 유의하게 나타나면 2개의 모형은 서로 다른 모형이라는 것을 의미한다. 이 경우에는 축소모형보다는 완전모형을 사용하여 설명한다. 그러나 유의하지 않게 나타나면 2개의 모형은 서로 같은 모형이라고 할 수 있으므로 이때는 축소모형을 사용하여 해석한다.

완전모형과 축소모형을 비교하는 유의성을 검정할 때는 Jaccard & Turrisi(2003)[4]의 방법에 의한 결정계수 증가분 ΔR^2을 이용한다.

$$F = \frac{(R_2^2 - R_1^2)/(p_2 - p_1)}{(1 - R_2^2)/(n - p_2 - 1)}$$

위의 식에서 p_1은 축소모형에서 사용한 독립변수의 개수이고, p_2는 완전모형에서 사용

---

4) Jaccard, J., & Turrisi, R. (2003). *Interaction Effects in Multiple Regression*(2nd ed.). Sage Publications.

한 독립변수의 개수이다. R_1^2은 축소모형의 결정계수, R_2^2은 완전모형의 결정계수, n은 분석에 사용된 데이터의 수이다.

[그림 4-33]과 [그림 4-41]의 결과를 다시 정리하면, 3개의 독립변수 x_1, x_2, x_3가 모두 사용된 완전모형은 [그림 4-69]와 같으며, 유의하지 않게 나타나 x_3를 제외시킨 축소모형은 [그림 4-70]과 같다.

완전모형의 결정계수 $R_2^2 = .984$이고, 축소모형의 결정계수 $R_1^2 = .980$이다. 또한 전체 데이터는 13명이다.

모형 요약[b]

모형	R	R 제곱	수정된 R 제곱	추정값의 표준오차	Durbin-Watson
1	.992[a]	.984	.978	2.201	1.990

a. 예측값: (상수), x3, x2, x1

b. 종속변수: y

[그림 4-69] 완전모형의 결정계수

모형 요약[c]

모형	R	R 제곱	수정된 R 제곱	추정값의 표준오차	Durbin-Watson
1	.814[a]	.662	.631	9.032	
2	.990[b]	.980	.975	2.333	1.764

a. 예측값: (상수), x2

b. 예측값: (상수), x2, x1

c. 종속변수: y

[그림 4-70] 축소모형의 결정계수

[그림 4-71]은 EXCEL을 이용하여 완전모형과 축소모형의 유의성을 검정하는 프로그램을 보인 것이다.

모든 독립변수를 사용한 완전모형과 유의하지 않은 독립변수 x_3를 제외시킨 축소모형에 대한 유의성을 검정한 결과, $p = .085$로 나타나 두 모형은 유의한 차이가 없음을 알 수 있다. 따라서 축소모형은 완전모형과 같은 모형으로 평가할 수 있으므로 축소모형을 사용해도 무방하다.

[그림 4-71] Excel을 이용한 완전모형과 축소모형의 유의성 검정

〈표 4-26〉 완전모형과 축소모형의 유의성 평가

	완전모형		축소모형		F
	B	β	B	β	
상수	48.568		53.177		2.250
x_1	1.703	.673***	1.464	.579***	
x_2	.646	.676***	.651	.681***	
x_3	.263	.113			
R^2	.984		.980		

*** $p < .001$

▶ 표 4-26 해석

다중회귀분석을 실시한 결과, $x_1(p < .001)$과 $x_2(p < .001)$는 종속변수에 유의한 영향을 주었다. x_1이 높을수록($B = 1.703$), x_2가 높을수록($B = .646$) y가 높아지고, 이들 변수가

종속변수 y를 설명하는 설명력은 98.4%($R^2=.984$)이다. 그리고 독립변수 중에서 x_2 ($\beta=.676$)가 종속변수에 더 높은 영향을 주는 것으로 나타났다.

한편 유의하지 않게 나타나 x_3를 제외시킨 축소모형에 대해서도 분석했다. 완전모형과 축소모형의 차이에 대하여 Jaccard & Turrisi(2003)의 방법으로 유의성 검정을 실시한 결과 완전모형과 축소모형에 유의한 차이가 없었다($F=2.250$, $p>.05$). 따라서 x_3를 제외시킨 축소모형을 모든 독립변수가 포함된 완전모형 대신 사용할 수 있다.

더미회귀분석

EasyFlow Regression Analysis

브랜드 차별, 브랜드 가치, 브랜드 신뢰가 브랜드 충성도에 미치는 영향에 대한 다중회귀분석에서 성별이 브랜드 충성도에 높은 영향을 줄 것으로 여겨져 성별을 포함하여 회귀분석을 실시하고자 한다.

회귀분석에서는 기본적으로 종속변수와 독립변수가 모두 양적 변수(등간척도 또는 비율척도)여야 한다. 따라서 성별과 같은 범주형 변수(명목척도 또는 서열척도)는 독립변수에 포함시킬 수 없다. 하지만 독립변수 중에 범주형 변수가 중요 변수인 경우에는 문제가 발생할 수 있다. 이때 사용되는 것이 **더미변수**(dummy variable) 또는 **가변수**이다.

더미는 실험이나 연구 등에서 사람 대신에 실험하는 동물이나 마네킹 등을 일컫는 말이다. 더미에 발암물질을 투여하여 암을 유발시킨 다음 새로 개발된 신약이 암에 어떠한 효능이 있는지 등을 파악하거나 안전벨트를 하지 않은 더미가 탑승한 차를 시속 80 km로 정면 충돌하였을 경우 인체에 미치는 영향 등을 파악할 수 있다.

회귀분석에서는 범주형 변수를 사용해야 하는 경우 범주형 변수를 독립변수로 직접 투입하지 않고 더미(더미변수)로 만들어 투입한다.

5.1.1 더미변수의 기본적 모형

더미변수에 대한 통계학적 모형을 가장 쉽게 이해할 수 있는 방법은 실제 모형을 살펴보는 것이다.

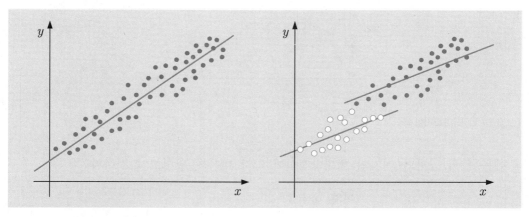

[그림 5-1] 더미변수 구분 전후의 회귀모형

[그림 5-1]을 보면 2개의 산점도(scatter plot)가 있다. 첫 번째 산점도는 통상적으로 많이 볼 수 있는 독립변수와 종속변수 간의 관계를 선형회귀모형으로 나타낸 것이다. 이 산점도의 회귀모형을 살펴보면 독립변수값이 증가할수록 종속변수값이 증가한다는 것을 알 수 있다.

하지만 이러한 산점도의 회귀모형을 남자(●)와 여자(○)로 구분하여 다시 그려보면 두 번째 그래프와 같이 나온다. 이때 성별을 고려하지 않고 회귀모형을 추정하여 예측하면 문제가 발생한다. 그래프에서 보는 바와 같이, 남자들은 여자들보다 종속변수의 값이 애초부터 높다는 것을 알 수 있다. 따라서 회귀모형도 남자와 여자를 구분하여 각각 만드는 것이 예측하는 데 훨씬 효율적이라는 것을 알 수 있다.

[그림 5-2]는 남자와 여자에게 각각 회귀모형을 적용한 결과이다. 이 결과를 식으로 정리하면 다음과 같다.

$$여자: \ y = \beta_0 + \beta_1 x + \epsilon$$
$$남자: \ y = (\beta_0 + \beta_2) + \beta_1 x + \epsilon$$

이때 여자와 남자의 회귀방정식의 기울기는 모두 β_1으로 동일하다. 다만 여자는 절편이 β_0이고, 남자는 여자보다 β_2만큼 커서 $\beta_0 + \beta_2$로 나타낸 것이다.

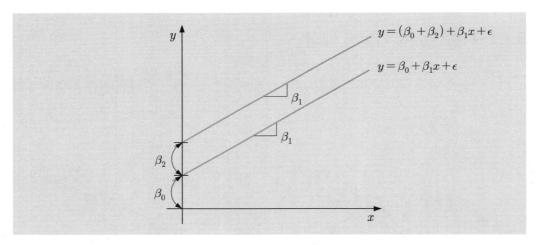

[그림 5-2] 더미회귀방정식

예를 들어 남자와 여자의 회귀방정식이 각각 다음과 같다고 가정하자.

$$여자: \ y = 3 + 2x$$
$$남자: \ y = (3 + 3) + 2x = 6 + 2x$$

위의 식을 보면 남자와 여자 모두 독립변수 x가 1이 커지면 종속변수 y는 2가 커지게 된다. 이때 절편은 3과 6이다. 이 둘의 차이는 3이 되는데, 이것이 바로 남자와 여자의 종속변수 평균값의 차이다. 만약 여자의 종속변수 평균이 3.4라면 남자는 6.4가 된다.

5.1.2 더미변수 설정: 이분형 변수

실제 사례를 이용하여 더미변수를 설정하는 방법과 분석하는 방법에 대해서 살펴보자. 더미변수를 만드는 방법은 여러 가지가 있으며, 그 방법들에 대해서 살펴보도록 한다.

1) 이분형 변수의 더미변수 설정

먼저 이분형 변수를 더미변수로 설정하는 방법이 가장 쉽고 편리하다. 즉 **레퍼런스**(reference)는 0, **이벤트**(event, 관심값)는 1로 입력하여 더미변수를 설정한다.

예를 들어 흡연과 같은 변수가 있다면, 흡연이라는 변수가 가질 수 있는 값은 '비흡연/흡연'의 두 가지다. 이때 연구자가 관심을 갖는 것은 '비흡연'보다는 '흡연'이다. 이와 같이 연구자가 관심을 갖는 것을 이벤트라고 하고, 이 이벤트에 대응되며 기본이 되는 것을 레퍼런스라고 한다. 보통 레퍼런스는 타당한 것, 기본적이고 일반적인 것, 정상적인 것 등을 많이 사용한다. 흡연 여부에서 비흡연, 음주 여부에서 비음주, 고혈압 여부에서 정상 등이 레퍼런스로 사용되며, 이벤트는 흡연, 음주, 고혈압과 같은 값으로 설정하게 된다.

| 예제 5.1 | 데이터에서 '성별'이라는 변수를 더미변수로 설정한다. 성별은 남자와 여자 2개의 값만을 가지는 이분형 변수이다. 이때 레퍼런스를 '남자'로, 이벤트를 '여자'로 설정한다. 즉 현재 입력된 남자(1), 여자(2)의 값은 남자는 0, 여자는 1로 변환한다.

〈표 5-1〉 이분형 변수의 더미변수 설정

기존변수	→	더미변수
1	→	0
2	→	1

더미변수의 이름을 정하는 데 규칙이 있는 것은 아니다. 필자의 경우에는 더미변수라는 것을 쉽게 파악하기 위해 변수명 앞에 $D.$를 붙인다. 그러고 나서 기존의 변수명을 쓴 다음 이벤트를 쓴다. 예를 들어 변수명이 sex이고 이벤트를 여자로 설정했다면 새롭게 만들어진 더미변수의 이름은 $D.sex.F$가 된다.

그러면 실제 데이터로 더미변수를 설정해보자.

	id	sex	D.sex.F
1	1	1	0
2	2	1	0
3	3	1	0
4	4	1	0
5	5	1	0
6	6	1	0
7	7	1	0
8	8	1	0
9	9	1	0
10	10	1	0
11	11	1	0
12	12	1	0
13	13	2	1
14	14	1	0
15	15	2	1
16	16	1	0
17	17	1	0
18	18	1	0
19	19	1	0

[그림 5-3] 더미변수 설정

데이터에서 성별인 'sex'에서 여자를 이벤트로 하는 더미변수를 생성하여 $D.sex.F$를 새롭게 만든다.

방법 1 | 변환 → 다른 변수로 코딩 변경

첫 번째 방법은 변수변환을 이용한 방법이다. 메뉴에서 **변환 → 다른 변수로 코딩 변경**으로 들어간다. [그림 5-5]와 같이 변경하고자 하는 변수 'sex'를 넣은 다음 출력변수에 새롭게 만들어질 변수인 '$D.sex.F$'를 입력하고 바꾸기(H) 버튼을 클릭한다.

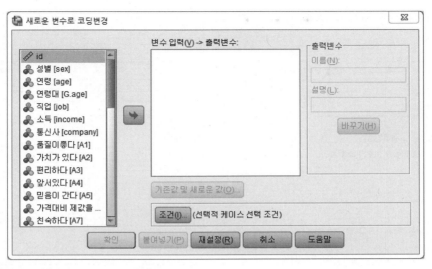

[그림 5-4] 다른 변수로 코딩 변경 1

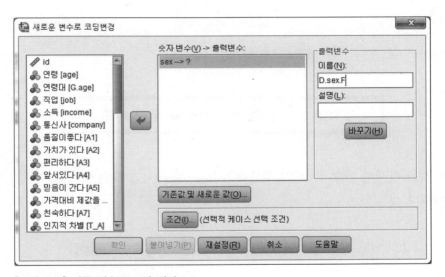

[그림 5-5] 다른 변수로 코딩 변경 2

남자와 여자의 값 1/2를 각각 0/1로 변환하기 위해서는 옵션에서 기존값 및 새로운 값(O) 을 클릭하면 [그림 5-6]과 같은 대화상자가 나온다. 이때 **[기존값]**에는 현재 'sex'라는 변수에 1이나 2를 입력하고, **[새로운 값]**에는 변환하고자 하는 값인 레퍼런스 0이나 이벤트 1을 입력한다. 따라서 남자의 1은 레퍼런스 0으로, 여자의 2는 이벤트 1로 변환한다.

[그림 5-6]에서와 같이 기존값과 새로운 값을 입력한 후 추가(A) 버튼을 클릭하여 설정한 후 계속 을 클릭하여 [그림 5-5]로 복귀한 후 확인 을 클릭한다. 그러면 worksheet의

맨 뒤에 새롭게 생성된 변수 '$D.sex.F$'를 확인할 수 있다.

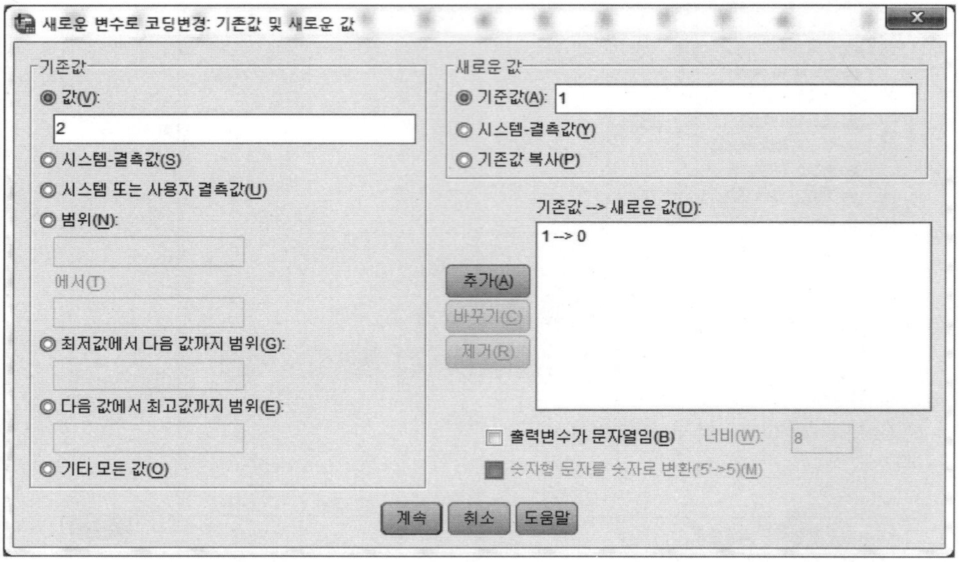

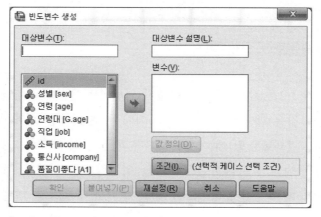

[그림 5-6] 다른 변수로 코딩 변경: 기존값 및 새로운 값

방법 2 | 변환 → 케이스 내의 값 빈도

이 방법은 현재의 변수 'sex'에 결측값이 없는 경우 한번에 더미변수를 만들 수 있어서 편리하다.

[그림 5-7] 케이스 내의 값 빈도 1

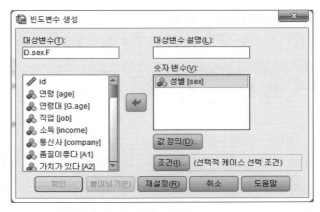

[그림 5-8] 케이스 내의 값 빈도 2

메뉴에서 **변환 → 케이스 내의 값 빈도**에 들어간다. [그림 5-7]의 화면에서 **[변수(V):]**는 기존 변수인 'sex'를 입력하고, **[대상변수(T):]**에 새롭게 만들고자 하는 변수 '$D.sex.F$'를 입력한 뒤 값정의(D)... 를 클릭한다.

[그림 5-9]에서 **[값(V):]**에 이벤트로 놓고자 하는 값인 여자 2를 입력하고 추가(A) 를 클릭한 후 계속 을 클릭하여 [그림 5-8]로 복귀한다. 그런 다음 확인 을 클릭하면 worksheet의 맨 뒤에 새롭게 생성된 변수 '$D.sex.F$'가 있는 것을 확인할 수 있다. [그림 5-9]에서 변수값을 정의한 2는 모두 이벤트인 1로 변환된다. 그리고 그 이외의 값은 모두 레퍼런스인 0으로 변환된다.

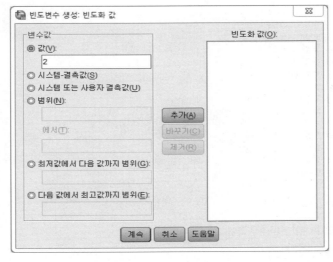

[그림 5-9] 케이스 내의 값 빈도: 값 정의

이 방법은 앞에서도 언급했듯이 결측값이 없는 경우 편리하게 더미변수를 생성할 수 있다. 특히 지금과 같이 이분형 변수가 아니고 3 수준 이상인 경우에는 최소의 시간으로 가장 편하게 더미변수를 설정할 수 있다. 하지만 결측값이 있는 경우에는 그 결측값 자체도 레퍼런스인 0으로 변경되기 때문에 주의해야 한다.

2) 이분형 변수의 더미회귀분석

앞에서 이분형 변수인 'sex'를 이용하여 더미변수 '$D.sex.F$'를 생성하였다. 이제 이 변수와 기존의 독립변수인 '브랜드 차별(zx_1)'이 종속변수인 '브랜드 충성도(zy)'에 미치는 영향에 대한 더미회귀분석을 실시한다.

$$분석 \rightarrow 회귀분석 \rightarrow 선형$$

더미회귀분석을 실시하는 방법은 기존의 단순회귀분석이나 다중회귀분석과 동일한 과정을 거친다. 다만 새롭게 설정한 더미변수를 추가로 넣어주면 된다.

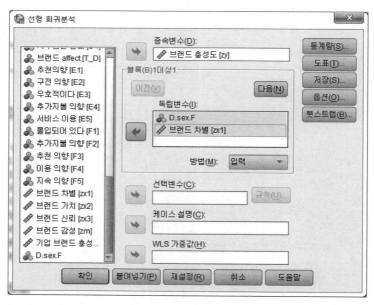

[그림 5-10] 더미회귀분석

모형 요약

모형	R	R 제곱	수정된 R 제곱	추정값의 표준오차
1	.709[a]	.503	.501	1.00771

a. 예측값: (상수), 브랜드 차별, D.sex.F

분산분석[a]

모형		제곱합	자유도	평균 제곱	F	유의확률
1	회귀 모형	522.945	2	261.472	257.489	.000[b]
	잔차	516.875	509	1.015		
	합계	1039.819	511			

a. 종속변수: 브랜드 충성도

b. 예측값: (상수), 브랜드 차별, D.sex.F

계수[a]

모형		비표준화 계수		표준화 계수		
		B	표준오차	베타	t	유의확률
1	(상수)	-.463	.214		-2.162	.031
	D.sex.F	.054	.090	.019	.602	.547
	브랜드 차별	.950	.042	.711	22.573	.000

a. 종속변수: 브랜드 충성도

[그림 5-11] 더미회귀분석 결과

더미회귀분석 결과는 [그림 5-11]과 같다. 이 결과는 기존의 단순회귀분석과 다중회귀분석에서와 마찬가지로 3개의 표로 구성되며, 해석방법도 기존의 방법과 동일하다. 다만 더미변수에 대한 부분을 추가적으로 해석해야 한다.

3) 더미회귀분석의 해석

더미회귀분석의 해석도 일반적인 회귀분석과 마찬가지로 제일 먼저 분산분석표의 p-value를 본다.

분산분석[a]

모형		제곱합	자유도	평균 제곱	F	유의확률
1	회귀 모형	522.945	2	261.472	257.489	.000[b]
	잔차	516.875	509	1.015		
	합계	1039.819	511			

a. 종속변수: 브랜드 충성도

b. 예측값: (상수), 브랜드 차별, D.sex.F

[그림 5-12] 분산분석표

[그림 5-12]를 보면 p-value는 '$p = .000$'으로 되어 있다. 즉 $p < .05$보다 작기 때문에 H_1 가설을 채택한다. 다중회귀분석에서와 마찬가지로 가설은

$$H_0 : \beta_1 = \beta_2 = 0$$

$$H_1 : \text{적어도 하나는 다르다.}$$

이다. 회귀분석의 활용 관점에서 세운 가설은 다음과 같다.

$$H_0 : \text{독립변수가 종속변수에 영향을 주지 않는다.}$$

$$H_1 : \text{영향을 주는 독립변수가 있다.}$$

따라서 현재 더미회귀분석에 사용된 2개의 변수 '브랜드 차별'과 '$D.sex.F$' 중에서 종속변수에 유의한 영향을 주는 변수가 있다는 것이다. 그러나 이 결과만으로는 2개의 변수 중에서 영향을 주는 변수가 있다는 사실만 알 수 있을 뿐 그중 어떤 변수인지는 알 수 없다. 둘 중 1개의 변수만 영향을 줄 수도 있고 2개 모두 영향을 줄 수도 있다. 이를 확인하기 위해서는 [그림 5-13]의 계수표를 확인해야 한다.

계수ª

모형		비표준화 계수		표준화 계수	t	유의확률
		B	표준오차	베타		
1	(상수)	-.463	.214		-2.162	.031
	D.sex.F	.054	.090	.019	.602	.547
	브랜드 차별	.950	.042	.711	22.573	.000

a. 종속변수: 브랜드 충성도

[그림 5-13] 계수표

[그림 5-13]의 계수표에서 주목해야 하는 값은 첫째, p-value인 유의확률이다. 앞의 분산분석표에서 유의한 변수가 있다고 했는데, 그중 어떤 변수가 유의한 변수인지 확인하는 것이 바로 이 과정이다. 여기에서 봐야 되는 것은 $p < .05$인 변수를 찾아주는 것이다. 2개의 변수 중에서 유의한 변수는 '브랜드 차별'($p = .000 < .05$)이다. 따라서 브랜드 차별은 브랜드 충성도에 유의한 영향을 준다는 것을 알 수 있다. 하지만 $D.sex.F$의 $p = .547$로 유의수준 .05보다 커서 유의하지 않기 때문에 성별은 브랜드 충성도에 영향을 주지 않는다.

둘째, 비표준화 계수인 B값이다. 이 값에서 중요한 것은 부호이며, 현재 브랜드 차별의 $B = .950$으로 양수이므로 브랜드 차별이 높을수록 브랜드 충성도가 높아진다는 것을 알 수 있다. 유의하지 않은 $D.sex.F$는 해석할 필요가 없다.

모형 요약

모형	R	R 제곱	수정된 R 제곱	추정값의 표준오차
1	.709[a]	.503	.501	1.00771

a. 예측값: (상수), 브랜드 차별, D.sex.F

[그림 5-14] 모형요약표

셋째, 모형요약표의 결정계수이다. [그림 5-14]의 표에서 수정된 결정계수는 .501이다. 즉 브랜드 차별과 성별이 브랜드 충성도를 설명할 수 있는 설명력이 50.1%라는 것을 의미한다.

더미회귀분석 결과를 표로 만드는 것도 다중회귀분석과 같다. 이때 중요한 것은 더미변수를 사용한 경우에는 표에 반드시 그 변수가 더미변수로 사용되었다는 것을 표시해야 하는 점이다. <표 5-2>의 변수명에서 '브랜드 차별'과 '성별'의 변수명을 표시한 것이 다른 것을 알 수 있다. 양적 변수인 '브랜드 차별'은 변수명 그대로 사용하였으나 더미변수인 '성별'은 '성별(여자)'로 되어 있다. 즉 '성별'이라는 변수를 더미변수로 사용하였으며, 이벤트가 여자라는 것을 의미한다.

<표 5-2> 성별과 브랜드 차별이 브랜드 충성도에 미치는 영향 1

	B	SE	β	t	p
상수	−.463	.214		−2.162	.031
성별(여자)	.054	.090	.019	.602	.547
브랜드 차별	.950	.042	.711	22.573	<.001

$$adj\,R^2 = .501, \quad F = 257.489 \ (p < .001)$$

▶ 표 5-2 해석

브랜드 차별과 성별이 브랜드 충성도에 미치는 영향을 알아보기 위하여 성별을 더미변수로 설정하여 더미회귀분석을 실시한 결과, 브랜드 차별($p < .001$)은 브랜드 충성도에 유의한 영향을 주는 것으로 나타났다. 즉 브랜드 차별이 높을수록($B = .950$) 브랜드 충성도가 높아졌고, 브랜드 충성도를 설명하는 설명력은 50.1%이다.

더미회귀분석 결과에 대한 회귀방정식은 B값으로 표현된다.

$$y = -.463 + .054(성별) + .950(브랜드\ 차별)$$

위의 식에서 성별은 0과 1의 값만을 가지므로 남자와 여자는 각각 다음과 같은 식을 갖게 된다.

$$성별 = 0(남자): \ y = -.463 + .950(브랜드\ 차별)$$
$$성별 = 1(여자): \ y = -.409 + .950(브랜드\ 차별)$$

〈표 5-3〉 성별과 브랜드 차별이 브랜드 충성도에 미치는 영향 2

	B	SE	β	t	p
상수	−.463	.214		−2.162	.031
성별	.054	.090	.019	.602	.547
브랜드 차별	.950	.042	.711	22.573	<.001

$$adj\,R^2 = .501, \ F = 257.489 \ (p < .001)$$

성별: 남자는 0, 여자는 1인 더미변수

또 다른 방법으로 나타내면 <표 5-3>과 같다. <표 5-2>와 <표 5-3>의 차이점은 주석의 처리 여부에 있다. 표 안에서 '성별'은 양적 변수와 같이 변수명을 그대로 사용하였으나 표 아래의 주석에서는 더미변수인 것을 표시하기 위하여 레퍼런스값과 이벤트를 기술하였다. 표 아래에 있는 주석의 글자 크기는 표 안의 글자보다 2 point 작게 한다.

<표 5-4>, <표 5-5>에 나타나 있는 점선은 실제 표에서는 보이지 않게 설정하였다.

〈표 5-4〉 성별과 브랜드 차별이 브랜드 충성도에 미치는 영향 1-예시

	B	SE	β	t	p
상수	−.463	.214		−2.162	.031
성별(여자)	.054	.090	.019	.602	.547
브랜드 차별	.950	.042	.711	22.573	<.001

$$adj\,R^2 = .501, \ F = 257.489 \ (p < .001)$$

〈표 5-5〉 성별과 브랜드 차별이 브랜드 충성도에 미치는 영향 2-예시

	B	SE	β	t	p
상수	−.463	.214		−2.162	.031
성별	.054	.090	.019	.602	.547
브랜드 차별	.950	.042	.711	22.573	<.001
$adj\,R^2 = .501,\ \ F = 257.489\ \ (p < .001)$					

성별: 남자는 0, 여자는 1인 더미변수

▶ TIP 더미변수를 이용한 회귀분석과 t-검정 결과 비교

성별과 브랜드 충성도만을 놓고 보았을 때 성별에 따라 브랜드 충성도의 차이가 있는 지를 알아보기 위해서는 독립표본 t-검정을 실시한다. 그런데 이 독립표본 t-검정 대 신에 더미회귀분석을 실시하면 그 결과는 어떻게 될까? 이 두 가지 분석은 동일한 변 수를 이용하여 서로 다른 분석을 하게 되는 경우이다. 이때 p-value 등의 차이가 있 는지 궁금할 것이다. 아래의 결과는 이 의문을 해결하기 위하여 독립표본 t-검정과 성 별을 더미변수로 이용하여 더미회귀분석을 실시한 결과이다.

집단통계량

	성별	N	평균	표준편차	평균의 표준오차
브랜드 충성도	남성	254	4.1559	1.43285	.08991
	여성	258	3.9481	1.41540	.08812

독립표본 검정

		Levene의 등분산 검정		평균의 동일성에 대한 t-검정			
		F	유의확률	t	자유도	유의확률 (양쪽)	평균차
브랜드 충성도	등분산이 가정됨	.485	.487	1.651	510	.099	.20784
	등분산이 가정되지 않음			1.651	509.603	.099	.20784

[그림 5-15] 독립표본 t-검정 결과

독립표본 t-검정을 실시한 결과 $p = .099$로 .05보다 크다. 따라서 성별에 따른 브 랜드 충성도는 유의한 차이가 없다. 이때 남자와 여자의 브랜드 충성도는 각각 4.1559와 3.9481로 .2078의 차이가 있지만, 이 .2078의 차이는 통계적으로 유의미하 지 않다는 것을 뜻한다.

계수[a]

모형	비표준화 계수		표준화 계수	t	유의확률
	B	표준오차	베타		
1 (상수)	4.156	.089		46.510	.000
D.sex.F	-.208	.126	-.073	-1.651	.099

a. 종속변수: 브랜드 충성도

[그림 5-16] 더미회귀분석 결과

성별을 더미변수로 변환하여 독립변수에 더미변수만을 넣고 회귀분석을 실시한 결과를 [그림 5-16]에 나타내었다. p-value 는 독립표본 t-검정과 마찬가지로 $p = .099$와 같으며, 비표준화 계수인 B값은 $-.208$로 독립표본 t-검정에서 .2078과 동일한 차이가 있음을 알 수 있다.

4) 더미회귀분석의 해석 사례

다음은 더미회귀분석 결과의 사례들이다. 이 사례들을 통하여 더미회귀분석의 결과를 여러 가지 형식의 표로 만들고 해석한다.

[사례 1] 성별과 과제특성이 신체증상에 미치는 영향을 분석한다. 성별을 더미변수(여자를 이벤트)로 변환하여 더미회귀분석을 실시한 결과를 나타내면 [그림 5-17]과 같다.

모형 요약

모형	R	R 제곱	수정된 R 제곱	추정값의 표준오차
1	.308[a]	.095	.090	.765

a. 예측값: (상수), 과제특성, D.sex.F

분산분석[a]

모형		제곱합	자유도	평균 제곱	F	유의확률
1	회귀 모형	21.942	2	10.971	18.766	.000[b]
	잔차	209.881	359	.585		
	합계	231.822	361			

a. 종속변수: 신체증상

b. 예측값: (상수), 과제특성, D.sex.F

[그림 5-17] 사례 1: 더미회귀분석 결과 (계속)

모형		비표준화 계수		표준화 계수	t	유의확률
		B	표준오차	베타		
1	(상수)	1.144	.226		5.064	.000
	D.sex.F	.422	.196	.108	2.156	.032
	과제특성	.350	.061	.289	5.751	.000

a. 종속변수: 신체증상

[그림 5-17] 사례 1: 더미회귀분석 결과

[사례 1]의 결과에서는 $D.sex.F$라는 더미변수가 $p = .032$로 유의한 것으로 나타났다. 이때 성별의 레퍼런스는 남자이고, 이벤트는 여자라는 사실을 알고 있으므로 성별에 따른 신체증상은 유의한 차이가 있다. 또한 B값이 .422이므로 여자가 남자보다 신체증상이 .422만큼 높다는 것을 의미한다.

위의 결과를 표로 만들면 다음과 같다.

〈표 5-6〉 성별이 신체증상에 미치는 영향

	B	β	R^2	F
상수	1.144		.095	18.766***
성별(여자)	.422	.108*		
과제특성	.350	.289***		

* $p < .05$ *** $p < .001$

▶ 표 5-6 해석

성별과 과제특성이 신체증상에 미치는 영향을 알아보기 위하여 성별을 더미변수로 설정하여 더미회귀분석을 실시하였다. 그 결과 성별($p < .05$)과 과제특성($p < .001$)은 신체증상에 유의한 영향을 주는 것으로 나타났다. 성별에서 여자($B = .422$)는 남자보다 신체증상이 .422만큼 높게 나타났으며, 과제특성이 높을수록($B = .350$) 신체증상이 높아지는 것으로 나타났다. 성별과 과제특성이 신체증상을 설명하는 설명력은 9.5%이며, 과제특성($\beta = .289$)이 성별보다 신체증상에 더 높은 영향을 주었다.

〈표 5-7〉 성별이 신체증상에 미치는 영향-예시

	B	β	R^2	F
상수	1.144		.095	18.766***
성별(여자)	.422	.108*		
과제특성	.350	.289***		

* $p < .05$ *** $p < .001$

5.2 | 3수준 이상의 더미변수 설정

앞의 절에서는 이분형 변수를 더미변수로 설정하는 방법 등에 대해서 살펴보았다. 이번 절에서는 3수준 이상의 범주형 변수를 더미변수로 설정하는 방법과 분석, 해석하는 것에 대해 살펴보도록 한다.

5.2.1 3수준 범주형 변수의 더미변수 설정

1) 더미변수 설정

3수준 이상의 변수를 더미변수로 설정하는 방법은 이분형 변수를 더미변수로 만드는 것을 확장한 것이다.

이분형 변수에서 나올 수 있는 값은 두 가지 경우의 수만 있으므로 더미변수를 설정할 때 레퍼런스는 0, 이벤트는 1로 입력하였다.

학력의 경우에는 연구자에 따라 설문항목을 다르게 할 수 있다. 예를 들어 학력을 고졸 이하/대졸/대학원 이상의 세 집단으로 구분하여 설문한 경우를 살펴보자. [그림 5-2]에서 성별에 따라 남자와 여자의 회귀방정식을 설정한 경우와 마찬가지로 학력도 [그림 5-18]과 같은 3개의 회귀방정식을 얻을 수 있다.

$$\text{고졸 이하:} \quad y = 2 + 2x$$
$$\text{대졸:} \quad y = (2 + 1) + 2x = 3 + 2x$$
$$\text{대학원 이상:} \quad y = (2 + 4) + 2x = 6 + 2x$$

위의 식은 성별에서와 마찬가지로 기울기는 같고 절편인 상수항만 다르다.

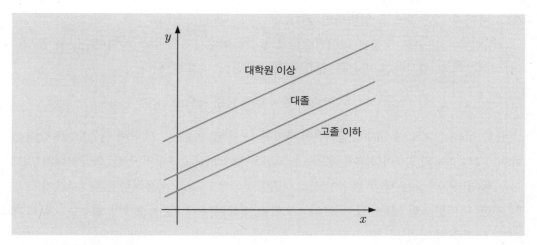

[그림 5-18] 학력별 회귀방정식

이제 3수준인 경우 더미변수를 설정하는 방법에 대해 알아본다. 이분형 변수의 더미변수를 설정하는 규칙을 생각해 보면, 이벤트로 설정하는 항목을 변수명에 기재하여 $D.sex.F$와 같이 만들었던 것을 기억할 것이다. 3수준인 경우에도 3개 수준 중에서 하나를 레퍼런스로 설정하고, 나머지 2개 수준은 이벤트로 설정한다. 즉 더미변수가 이제 2개 필요한 것이다.

〈표 5-8〉 더미변수 설정방법

학력	→	$D.$학력.대졸	$D.$학력.대학원
1	→	0	0
2	→	1	0
3	→	0	1

학력에서는 고졸 이하를 레퍼런스로 설정한다. 그러면 대졸과 대학원 이상의 2개 수준이 남게 되는데, 이를 각각 이벤트로 설정하면 더미변수의 이름은 대졸을 이벤트로 하는 '$D.$학력.대졸'과 대학원 이상을 이벤트로 하는 '$D.$학력.대학원'의 2개 변수를 만들 수 있다.

새로 생성할 2개의 변수 '$D.$학력.대졸', '$D.$학력.대학원'의 더미변수는 앞에서 레퍼런스는 0, 이벤트는 1로 입력한다고 설명했다. 3수준 이상인 경우에도 이벤트만 1로 입력하고 나머지 값은 0으로 입력하면 된다.

그러면 독립변수로 생성된 더미변수는 2개이며 이 2개의 변수와 독립변수 x를 투입하여 회귀분석을 실시하면 다음과 같은 회귀방정식이 나오게 된다.

$$y = 2 + D.학력.대졸 + 4(D.학력.대학원) + 2x$$

위의 식을 살펴보면 회귀방정식은 1개이며, 사용된 변수는 'D.학력.대졸', 'D.학력.대학원' 그리고 x의 3개이다. 이 식으로 [그림 5–18]과 같은 3개의 식을 이끌어내기 위해서는 독립변수인 x는 양적 변수이므로 회귀방정식에 그대로 사용하면 된다. 우리가 고민할 것은 더미변수인 'D.학력.대졸'과 'D.학력.대학원'이다. 먼저 2개의 변수 'D.학력.대졸', 'D.학력.대학원'의 값이 모두 0인 경우를 들 수 있다. 그러면 식은

$$y = 2 + 2x$$

가 되는데, 이 식이 바로 고졸 이하의 회귀방정식이다. 이제 이벤트를 생각해서 'D.학력.대졸'의 값이 1인 경우를 보면, 'D.학력.대졸'은 1, 'D.학력.대학원'은 0을 입력하면 식은

$$y = 3 + 2x$$

가 된다. 그리고 'D.학력.대학원'의 값이 1인 경우에 'D.학력.대졸'은 0, 'D.학력.대학원'은 1로 입력하면 식은

$$y = 6 + 2x$$

가 된다. 마지막으로 'D.학력.대졸'과 'D.학력.대학원'에 모두 1을 입력하는 경우를 생각할 수 있는데, 처음에 더미변수를 만들 때 이러한 경우는 처음부터 생성하지 않았다. 따라서 3수준의 더미회귀분석 결과에서는 위와 같은 3개의 회귀방정식이 얻어진다. 정리하면 다음과 같다.

$$\begin{aligned} \text{고졸 이하:} \quad & y = 2 + 2x \\ \text{대졸:} \quad & y = 3 + 2x \\ \text{대학원 이상:} \quad & y = 6 + 2x \end{aligned}$$

이제 3수준 이상의 범주형 변수를 더미변수로 만드는 방법에 대해서 알아보자. 여기서도 역시 두 가지 방법을 사용하도록 한다.

변수에서 연령대는 20~24세/25~29세/30세 이상으로 3수준으로 분류되어 있다. 이 변수를 20~24세를 레퍼런스로 하는 더미변수를 생성하자.

방법 1 | **변환 → 다른 변수로 코딩 변경**

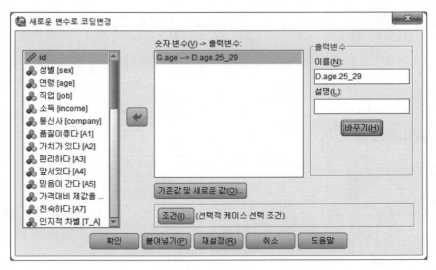

[그림 5-19] *D.age*.25_29 더미변수 생성

첫 번째 방법은 변수변환을 이용한 방법이다. 메뉴에서 **변환 → 다른 변수로 코딩 변경**에 들어간다. [그림 5-19]와 같이 변경하고자 하는 변수 '*G.age*'를 넣은 다음 출력변수에 새롭게 만들어질 변수인 '*D.age*.25_29'를 입력하고 바꾸기(H) 버튼을 클릭한다.

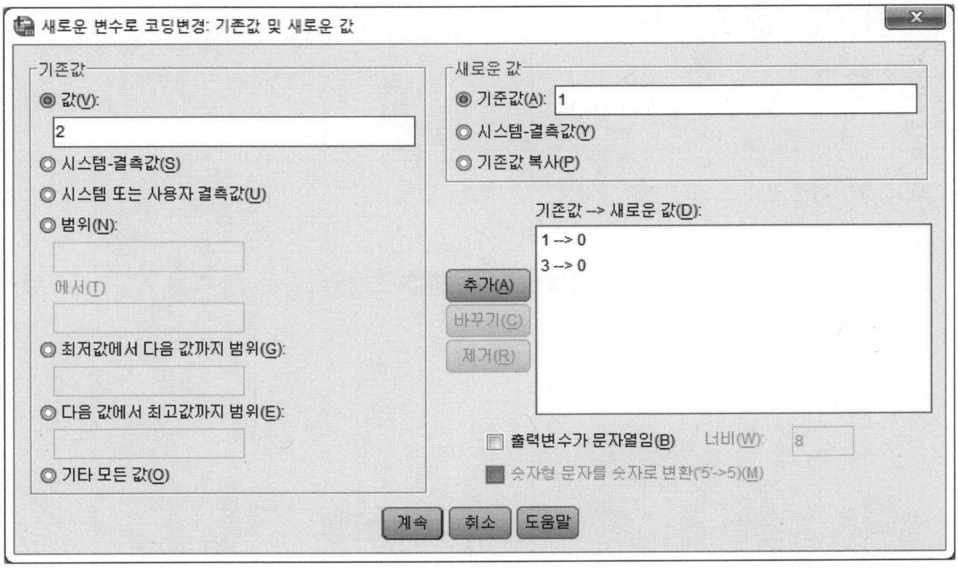

[그림 5-20] *D.age*.25_29 더미변수 생성: 기존값 및 새로운 값

이제 남자와 25~29세를 이벤트로 설정하기 위하여 옵션에서 기존값 및 새로운 값(O) 을 클릭한 뒤 [그림 5-20]의 대화상자에서 25~29세인 2는 1로 바꾸고, 1, 3은 0으로 변환한다. 그리고 계속 을 클릭하여 [그림 5-19]로 복귀한 뒤 확인 을 클릭하면 worksheet의 맨 뒤에 'D.age.25_29' 변수가 생성된다. 그런 다음 다시 [그림 5-21]의 화면으로 들어가서 30세 이상은 1로 입력하고 그 외의 값은 0으로 입력하여 'D.age.30'이라는 더미변수를 생성한다.

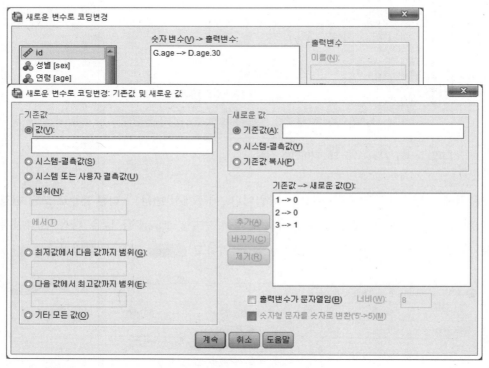

[그림 5-21] 다른 변수로 코딩 변경: 기존값 및 새로운 값

이와 같이 2개의 더미변수를 생성하면 [그림 5-22]와 같은 결과를 얻을 수 있다.

age	G.age	D.age.25_29	D.age.30
35	3	0	1
30	3	0	1
28	2	1	0
29	2	1	0
30	3	0	1
28	2	1	0
36	3	0	1
29	2	1	0
27	2	1	0
29	2	1	0
30	3	0	1
35	3	0	1
29	2	1	0
24	1	0	0
28	2	1	0

[그림 5-22] 더미변수 설정 결과

방법 2 │ 변환 → 케이스 내의 값 빈도

성별에서 언급한 바와 같이 '결측값'이 없는 경우에 유용하게 사용할 수 있는 방법이다. 메뉴에서 **변환 → 케이스 내의 값 빈도**로 들어간다. [그림 5-23]에서 연령대인 $G.age$ 변수를 이용하여 $D.age.25\_29$라는 더미변수를 생성하기 위해 [**숫자변수(V):**]에 기존의 변수인 $G.age$ 변수를 입력한 다음 [**대상변수(T):**]에 새롭게 생성할 '$D.age.25\_29$' 변수명을 입력하고 값 정의(D)... 를 클릭한다.

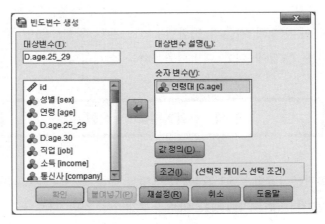

[그림 5-23] $D.age.25\_29$ 더미변수 생성

[그림 5-24]에서 [값(V):]에 이벤트로 놓고자 하는 값인 25~29세의 값 2를 입력한 후
추가(A) 를 클릭하고 계속 을 클릭하여 [그림 5-23]으로 복귀한 다음 확인 을 클릭한다.

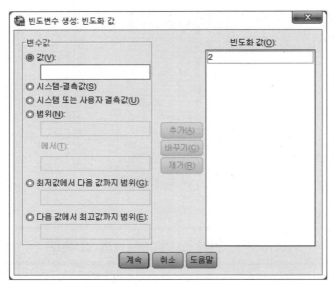

[그림 5-24] $D.age.25\_29$ 더미변수 생성: 값 정의

30세 이상을 '$D.age.30$'의 더미변수로 만들기 위해서는 동일한 작업을 반복하여 변수
값 3을 입력하여 새로운 더미변수를 생성한다.

2) 더미변수를 이용한 회귀분석

앞에서 3수준인 변수 '$G.age$'를 이용하여 더미변수 '$D.age.25\_29$'와 '$D.age.30$'을
생성하였다. 이제 이 변수와 기존의 독립변수인 브랜드 차별(zx_1)이 종속변수인 브랜드
충성도(zy)에 미치는 영향에 대한 더미회귀분석을 실시한다.

분석 → 회귀분석 → 선형

3수준인 더미회귀분석방법은 5.1.2절에서 설명한 이분형 변수의 분석방법과 동일한 과
정을 거친다. 다만, 더미변수가 1개가 아니라 2개라는 것만 다르다.

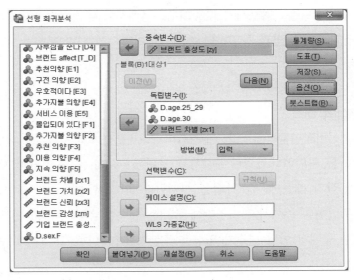

[그림 5-25] 더미회귀분석

회귀분석 메뉴에 들어가서 종속변수인 '브랜드 충성도'와 독립변수에 더미변수인 'D.age.25_29', 'D.age.30'과 독립변수인 브랜드 차별을 입력한 후 확인 을 클릭한다. 3수준의 더미회귀분석 결과는 [그림 5-26]과 같다.

모형 요약

모형	R	R 제곱	수정된 R 제곱	추정값의 표준오차
1	.712[a]	.507	.504	1.00483

a. 예측값: (상수), 브랜드 차별, D.age.30, D.age.25_29

분산분석[a]

모형		제곱합	자유도	평균 제곱	F	유의확률
1	회귀 모형	526.895	3	175.632	173.946	.000[b]
	잔차	512.924	508	1.010		
	합계	1039.819	511			

a. 종속변수: 브랜드 충성도

b. 예측값: (상수), 브랜드 차별, D.age.30, D.age.25_29

계수[a]

모형		비표준화 계수		표준화 계수	t	유의확률
		B	표준오차	베타		
1	(상수)	-.449	.214		-2.095	.037
	D.age.25_29	-.030	.108	-.010	-.275	.783
	D.age.30	.201	.130	.058	1.540	.124
	브랜드 차별	.946	.042	.709	22.747	.000

a. 종속변수: 브랜드 충성도

[그림 5-26] 더미회귀분석 결과

이 결과는 기존의 단순회귀분석과 다중회귀분석에서와 마찬가지로 3개의 표로 구성되며, 해석방법도 기존의 방법과 동일하다. 다만, 더미변수에 대한 부분을 추가적으로 해석해야 한다.

3) 더미회귀분석의 해석

3수준 이상의 더미회귀분석에 대한 해석도 더미회귀분석과 마찬가지로 제일 먼저 분산분석표의 p-value를 확인한다. [그림 5-27]을 보면 p-value는 '$p = .000$'으로 되어 있다. 즉 $p < .05$보다 작기 때문에 H_1 가설을 선택한다. 따라서 현재 더미회귀분석에 사용된 2개의 변수와 독립변수 중에서 종속변수에 유의한 영향을 주는 변수가 있는데, 이 결과에서는 3개의 변수 중에서 어떤 변수가 영향을 주는지를 [그림 5-28]의 계수표로 알아본다.

분산분석[a]

모형		제곱합	자유도	평균 제곱	F	유의확률
1	회귀 모형	526.895	3	175.632	173.946	.000[b]
	잔차	512.924	508	1.010		
	합계	1039.819	511			

a. 종속변수: 브랜드 충성도
b. 예측값: (상수), 브랜드 차별, D.age.30, D.age.25_29

[그림 5-27] 분산분석표

계수[a]

모형		비표준화 계수		표준화 계수	t	유의확률
		B	표준오차	베타		
1	(상수)	-.449	.214		-2.095	.037
	D.age.25_29	-.030	.108	-.010	-.275	.783
	D.age.30	.201	.130	.058	1.540	.124
	브랜드 차별	.946	.042	.709	22.747	.000

a. 종속변수: 브랜드 충성도

[그림 5-28] 계수표

두 번째로 확인할 사항은 [그림 5-28]의 계수표를 보면 p-value가 .05보다 작은 변수는 '브랜드 차별'이다. 따라서 브랜드 차별은 브랜드 충성도에 유의한 영향을 준다는 것을 알 수 있다. 하지만 더미변수로 사용한 $D.age.25\_29$와 $D.age.30$은 모두 유의하지 않게 나타났다.

세 번째로 확인해야 하는 값은 비표준화 계수인 B값이다. 이 값에서 중요한 것은 부호이며, 현재 브랜드 차별의 $B=.946$으로 양수이므로 브랜드 차별이 높을수록 브랜드 충성도가 높아진다는 것을 알 수 있다.

모형 요약

모형	R	R 제곱	수정된 R 제곱	추정값의 표준오차
1	.712[a]	.507	.504	1.00483

a. 예측값: (상수), 브랜드 차별, D.age.30, D.age.25_29

[그림 5-29] 모형요약표

네 번째로 확인해야 하는 것은 수정된 결정계수로, [그림 5-29]의 모형요약표를 보면 .504이다. 즉 연령대와 브랜드 차별이 브랜드 충성도를 설명할 수 있는 설명력의 정도가 50.4%라는 것을 의미한다.

3수준의 더미회귀분석 결과를 표로 만들면 <표 5-9>와 같다.

<표 5-9> 연령과 브랜드 차별이 브랜드 충성도에 미치는 영향

	B	SE	β	t	p
상수	−.449	.214		−2.095	.037
연령대(25~29세)	−.030	.108	−.010	−.275	.783
연령대(30세 이상)	.201	.130	.058	1.540	.124
브랜드 차별	.946	.042	.709	22.747	<.001

$$adj\,R^2 = .504, \quad F = 173.946 \ (p < .001)$$

▶ 표 5-9 해석

연령대와 브랜드 차별이 브랜드 충성도에 미치는 영향을 알아보기 위하여 연령대를 더미변수로 설정하여 더미회귀분석을 실시하였다. 그 결과 브랜드 차별($p < .001$)은 브랜드 충성도에 유의한 영향을 주었으며, 브랜드 차별이 높을수록($B=.946$) 브랜드 충성도가 높아졌다. 또 브랜드 충성도를 설명하는 설명력은 50.4%이다.

더미회귀분석 결과에 대한 회귀방정식은 B값으로 나타낸다.

$$y = -.449 - .030(D.age.25\_29) + .201(D.age.30) + .946(브랜드\ 차별)$$

위의 식에서 더미변수인 $D.age.25\_29$와 $D.age.30$의 변수는 모두 0인 경우와 각각 1/0과 0/1인 경우로 나뉘므로 최종적으로 얻은 식은 다음과 같다.

$$연령대=24세 이하: \quad y = -.449 + .946(브랜드 차별)$$
$$연령대=25\sim29세: \quad y = -.479 + .946(브랜드 차별)$$
$$연령대=30세 이상: \quad y = -.248 + .946(브랜드 차별)$$

여기서 연령대에 사용된 2개의 더미변수가 유의하지 않으므로, 25~29세의 브랜드 차별이 브랜드 충성도에 미치는 영향과 24세 이하의 브랜드 차별이 브랜드 충성도에 미치는 영향에서 유의한 차이가 없었다. 또한 30세 이상에서 브랜드 차별이 브랜드 충성도에 미치는 영향도 24세 이하와 유의한 차이가 없었다.

5.2.2 4수준 이상의 더미변수 설정

4수준 이상의 범주형 변수를 더미변수로 설정하는 방법은 3수준의 범주형 변수를 더미변수로 만드는 것과 동일하다. 이때 주의할 점은 새롭게 생성해야 할 더미변수의 숫자는 범주형 변수의 수준보다 1이 작다는 것이다.

성별의 경우 남자/여자의 2수준이므로 더미변수는 $D.sex.F$와 같이 1개의 변수만 있으면 되고, 연령대에서도 24세 이하/25~29세/30세 이상의 3수준인 경우에는 $D.age.25\_29$, $D.age.30$과 같이 2개의 변수만 있으면 된다. 따라서 4수준의 범주형 변수는 $D.var.event1$, $D.var.event2$, $D.var.event3$과 같은 형식으로 3개의 변수가 만들어진다.

5.2.3 더미회귀분석 사례

이번 절에서는 여러 가지 더미변수의 사례를 알아보도록 한다.

[사례 2] 통신사(SKT, KFT, LGT)의 범주형 변수와 브랜드 차별(zx_1), 브랜드 가치(zx_2), 브랜드 신뢰(zx_3)가 브랜드 충성도에 미치는 영향에 대한 분석을 실시한다.

통신사가 범주형 변수이므로 더미변수를 설정한다. 이때 3개 통신사 중에서 지배적 사업자인 SKT를 레퍼런스로 설정하여 KTF와 LGT를 이벤트로 하는 더미변수를 설정한다. 분석 결과 [그림 5-30]과 같은 결과가 출력되었다. 계수표의 변수명을 보면, $D.comp.KT$

와 *D.comp.LGT*의 2개의 더미변수와 브랜드 차별, 브랜드 가치, 브랜드 신뢰의 3개의
독립변수가 있는 것을 알 수 있다.

모형 요약

모형	R	R 제곱	수정된 R 제곱	추정값의 표준오차
1	.842[a]	.708	.705	.77437

a. 예측값: (상수), 브랜드 신뢰, D.comp.LGT, D.comp.KT,
브랜드 가치, 브랜드 차별

분산분석[a]

모형		제곱합	자유도	평균 제곱	F	유의확률
1	회귀 모형	736.398	5	147.280	245.611	.000[b]
	잔차	303.421	506	.600		
	합계	1039.819	511			

a. 종속변수: 브랜드 충성도

b. 예측값: (상수), 브랜드 신뢰, D.comp.LGT, D.comp.KT, 브랜드 가치,
브랜드 차별

계수[a]

모형		비표준화 계수		표준화 계수	t	유의확률
		B	표준오차	베타		
1	(상수)	-.681	.185		-3.677	.000
	D.comp.KT	-.193	.084	-.062	-2.310	.021
	D.comp.LGT	-.097	.096	-.027	-1.010	.313
	브랜드 차별	.290	.049	.218	5.938	.000
	브랜드 가치	.177	.032	.176	5.479	.000
	브랜드 신뢰	.646	.048	.524	13.538	.000

a. 종속변수: 브랜드 충성도

[그림 5-30] 사례 2: 더미회귀분석 결과

[사례 2]의 결과에서는 *D.comp.KT*라는 더미변수가 $p = .021$로 유의한 것으로 나타
났다. 이때 통신사의 레퍼런스는 SKT이고, 이벤트는 KT라는 것을 알고 있으므로 통신사
에 따른 브랜드 충성도는 유의한 차이가 있다. 또한 *B*값이 -.193이므로 KT를 이용하는
고객의 브랜드 충성도가 SKT 이용 고객보다 .193만큼 낮다는 것을 의미한다.

위의 결과를 표로 만들면 다음과 같다.

〈표 5-10〉 통신사와 브랜드 태도가 브랜드 충성도에 미치는 영향

	B	β
상수	−.681	
통신사(KT)	−.193	−.062[*]
통신사(LGT)	−.097	−.027
브랜드 차별	.290	.218[***]
브랜드 가치	.177	.176[***]
브랜드 신뢰	.646	.524[***]
$adjR^2$		.705
F		245.611[***]

[*] $p < .05$ [***] $p < .001$

▶ 표 5-10 해석

고객이 주로 이용하는 통신사와 브랜드 차별, 브랜드 가치, 브랜드 신뢰가 브랜드 충성도에 미치는 영향을 알아보기 위하여 통신사를 더미변수로 설정하여 더미회귀분석을 실시하였다. 그 결과 통신사($p < .05$)와 브랜드 차별($p < .001$), 브랜드 가치($p < .001$), 브랜드 신뢰($p < .001$)는 브랜드 충성도에 유의한 영향을 주었다. 통신사는 KT ($B = −.193$)가 SKT보다 브랜드 충성도가 낮은 것으로 나타났으며, LGT와 SKT 간에는 유의한 차이가 없었다. 브랜드 차별이 높을수록($B = .290$), 브랜드 가치가 높을수록 ($B = .177$), 브랜드 신뢰가 높을수록($B = .646$) 브랜드 충성도가 높아지는 것으로 나타났다. 통신사와 브랜드 차별, 브랜드 가치, 브랜드 신뢰가 브랜드 충성도를 설명하는 설명력은 70.5%이다. 브랜드 신뢰($\beta = .524$)가 브랜드 충성도에 가장 높은 영향을 주었으며, 브랜드 차별($\beta = .218$), 브랜드 가치($\beta = .176$)의 순으로 브랜드 충성도에 영향을 주는 것으로 나타났다.

06

통제회귀분석

EasyFlow Regression Analysis

5장에서 살펴본 바와 같이 더미변수는 독립변수 중 양적 변수가 아닌 범주형 변수가 포함되어 있는 경우 이를 해결하기 위해 사용한다.

이 장에서는 독립변수를 세분화하고, 그 중에서 통제변수의 처리방법에 대해서 알아본다.

독립변수는 분류기준과 목적 등에 따라 상당히 많은 종류가 있다.

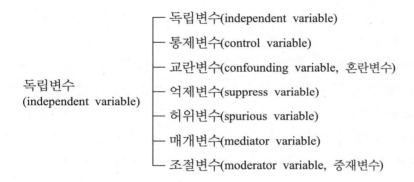

독립변수
(independent variable)
- 독립변수(independent variable)
- 통제변수(control variable)
- 교란변수(confounding variable, 혼란변수)
- 억제변수(suppress variable)
- 허위변수(spurious variable)
- 매개변수(mediator variable)
- 조절변수(moderator variable, 중재변수)

독립변수는 종속변수에 영향을 줄 것으로 여겨지는 변수이다. 앞의 예에서 브랜드 충성도에 영향을 주는 브랜드 차별, 브랜드 가치, 브랜드 신뢰 등이 모두 독립변수에 해당된다. 원래 독립변수는 종속변수에 영향을 주는 변수를 말하지만, 통계분석에서는 영향을 줄 것으로 생각되어 통계분석에 포함시킨 변수를 가리킨다. 하지만 이 독립변수는 큰 의미에서의 독립변수이고 이것을 세분화하면 위와 같이 여러 가지로 나뉜다.

반면에 작은 의미에서의 독립변수는 종속변수에 영향을 주는 독립변수(큰 의미의) 중에서 연구자가 실제로 관심을 갖고 있는 변수를 말한다.

브랜드 충성도에 영향을 주는 변수로는 성별, 연령, 학력, 직업, 브랜드 차별, 브랜드 가치, 브랜드 신뢰 등이 있다. 이때 성별, 연령, 학력, 직업 등은 브랜드 충성도에 영향을 줄 수 있지만, 이것은 연구자가 알고자 하는 것이 아니다. 연구자가 궁극적으로 알고자 하는 것은 브랜드 차별, 브랜드 가치, 브랜드 신뢰가 브랜드 충성도에 실제로 영향을 주는가 하는 것이다. 성별, 연령 등의 변수들도 브랜드 충성도에 영향을 주기 때문에 이런 변수들을 고려하지 않고 작은 의미의 독립변수들만으로 분석을 할 때 문제가 발생할 여지가 있다. 종속변수와 작은 의미의 독립변수를 제외한 모든 변수를 **제3의 변수**라고 한다.

　　통제변수(control variable)란 연구를 진행하면서 통제하는 변수를 말한다. 스트레스가 삶의 만족에 미치는 영향을 알아보기 위해 조사, 분석을 한다고 가정하자. 이 연구자는 독립변수인 스트레스가 종속변수인 삶의 만족에 어떤 영향을 주고 또 얼마나 주는지를 알고자 조사하고 분석하게 된다. 하지만 여기에서 문제가 발생한다. 남자와 여자의 스트레스와 삶의 만족이 다를 수 있고, 연령대에 따라서도 다를 수 있기 때문이다. 따라서 이 연구자가 조사, 분석을 하는 과정에서 성별과 연령을 고려하지 않고 단순히 스트레스가 삶의 만족에 미치는 영향을 분석해서 어떠한 결과를 얻었을 때(스트레스가 삶의 만족에 영향을 주며, 스트레스가 낮을수록 삶의 만족이 높아진다) 이 결과를 신뢰할 수 있을지 의문을 갖게 된다. 성별에 따라서 스트레스와 삶의 만족이 달랐으므로 성별이 스트레스와 삶의 만족에 미치는 영향 때문에 스트레스가 삶의 만족에 영향을 준 것처럼 나왔을 수도 있다고 문제 제기를 할 수 있다.

　　그렇기 때문에 본래 이런 연구를 할 때는 독립변수와 종속변수 외에 외적 변수들의 영향력이 모두 나타나지 않게 통제를 해야 한다. 그를 위해서 나온 통계적 방법론이 **실험계획**(design of experimental)이다. 즉 이 연구를 위해 피험자를 모집하는 과정에서 모두 20세의 남성들만 모아서 연구하게 되면 그 대상자들의 성별이나 연령 분포가 동일하기 때문에 거기에서 얻어진 스트레스와 삶의 만족 간의 관계는 성별과 연령에 영향을 받지 않게 된다. 이렇게 연구 전에 **실험통제**를 완벽하게 실시하여 실험을 해야 비로소 외적 변수의 영향을 제거할 수 있는 것이다. 하지만, 이 실험에서도 20세 남자들만을 대상으로 했기 때문에 이 연구 결과를 모든 대상으로 확대하여 일반화할 수 없다는 문제가 있다. 그러므로 이러한 실험통제는 실험실에서 이루어지는 실험 외에는 불가능하다고 봐야 할 것이다. 사회과학 등에서는 사람들을 대상으로 연구를 하기 때문에 특히 이러한 실험통제를 할 수 없다. 그래서 등장한 것이 바로 **변수통제**이다. 실험통제가 불가능한 연구에서 통계적으로 통제하는 방법에 대한 연구이다.

　　교란변수(혹은 혼란변수)는 주로 의학에서 많이 쓰는 표현이며, 교란변수는 독립변수가 종속변수에 미치는 영향을 숨기는 변수를 부르는 용어이다. 의학, 공학에서는 이러한 변수는 주로 covariate(공변량)로 처리하여 ANCOVA로 분석하며, 사회과학에서는 회귀분석 등의 방법을 이용해서 처리한다.

　　허위변수는 독립변수가 종속변수에 아무런 영향도 주지 않는데, 마치 영향을 주는 것처럼 보이게 하는 변수를 의미한다. 허위변수의 영향을 제어하기 위해서 실험통제를 하는데 이때 주로 실험군과 대조군(비교집단)을 마련한다.

매개변수는 독립변수가 종속변수에 미치는 영향의 중간에서 간접적인 역할을 하는 변수를 말하고, **조절변수**는 독립변수가 종속변수에 미치는 영향을 조절하는 변수이다. 매개변수와 조절변수에 대한 것은 뒤의 장에서 자세히 다루도록 한다.

6.2 | 통제변수

교란변수나 허위변수는 통계분석을 해서 그 결과가 나오기 전까지는 구별하지 못한다. 독립변수와 종속변수만으로 분석한 경우에는 유의하였지만 어떤 제3의 변수를 투입하여 분석하였을 때 유의했던 독립변수가 유의하지 않게 되면, 이때 투입한 제3의 변수는 허위변수일 수 있다. 반대로 독립변수가 종속변수에 유의하지 않았는데 제3의 변수를 투입하여 분석하였을 때 독립변수가 유의하게 나온다면 그 제3의 변수는 교란변수일 수 있다.

이번 절에서는 통제변수를 처리하는 방법과 분석방법에 대해서 알아본다. 통제변수를 처리하는 실무적 관점에서는 이를 매우 쉽게 처리할 수 있다. 성별, 연령과 같은 변수를 독립변수와 같이 투입하여 분석하는 것이다. 즉 스트레스가 삶의 만족에 미치는 영향을 분석할 때 성별과 연령을 독립변수에 넣어서 분석하면 된다. 이때 통제변수가 범주형 변수인지 양적 변수인지에 따라서 분석방법만 달라지는 것이다. 통제변수가 양적 변수이면 일반적인 회귀분석방법과 동일한 방법으로 통제변수와 독립변수를 같이 투입하여 분석하면 된다. 하지만 통제변수가 범주형 변수라면 앞의 5장에서 언급했듯이 범주형 변수를 더미변수로 변환하여 분석한다.

사실 통제회귀분석은 더미회귀분석과 구별하기가 거의 어렵다. 더미변수로 사용하는 변수의 대부분이 통제변수이기 때문이다.

그렇다면 사회과학 등의 설문 연구에서 통제변수로 사용하는 변수에는 무엇이 있을까? 가장 기본적으로는 인구사회학적 특성변인들인 일반 특성들이다. 즉 성별, 연령, 학력, 직업, 종교 등과 같은 변수가 기본적인 통제변수들이다. 일반적 특성들에 따라서 독립변수와 종속변수가 달라질 수 있기 때문이다. 여기서 한 가지 주목할 것은 통제변수는 시기상 독립변수보다 먼저 나온다는 점이다. 즉 통제변수가 먼저 나오고 나서 독립변수가 나온 다음 독립변수의 결과로서 종속변수가 배치된다.

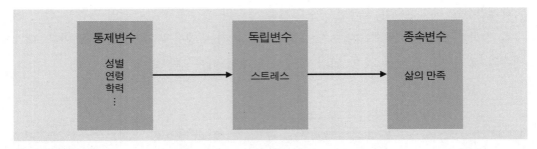

[그림 6-1] 통제변수

    두 번째 통제변수는 선행 연구 결과 등에서 종속변수에 영향을 주는 것으로 알려진 변수들이다. 삶의 만족에 영향을 주는 변수로는 스트레스만 있는 것은 아니다. 이외에도 여러 변수들이 있을 수 있으며, 선행 연구에서는 바로 그러한 것들에 대해 연구를 했을 것이다. 이렇게 선행 연구에서 삶의 만족에 영향을 준다고 밝혀진 변수들을 바로 통제변수로 사용할 수 있다.

    그러나 이러한 모든 변수를 통제변수로 처리하는 것은 거의 불가능하다. 그렇기 때문에 연구자는 설문지 설계 등의 처음 과정에서 어떤 변수들을 통제변수로 설정하여 조사할 것인가에 대해서 심도 있게 연구해야 한다.

6.2.1 통제변수의 역할

    통제변수를 이용하여 회귀분석을 하는 것을 통제회귀분석이라고 한다. 또 통제변수들 중에서 범주형 변수가 있을 경우 통제변수를 더미변수로 생성하여 회귀분석을 하기 때문에 이를 더미통제회귀분석이라고 한다. 하지만 일반적으로 통제회귀분석을 실시하였다고 표현하거나 성별·연령 등을 통제한 상태에서 스트레스가 삶의 만족에 미치는 영향을 회귀분석했다고 표현한다.

    앞 절에서도 언급했듯이 통제회귀분석을 실시하는 것은 매우 쉽다. 하지만 개념적으로 통제변수가 어떤 역할을 하는지에 대해서 연구하면 그렇게 쉽지만은 않다.

    스트레스가 삶의 만족에 미치는 영향에 대해서 회귀분석을 실시하여 얻은 p-value와 결정계수 R^2값을 생각해 보자. 이때 분석 결과인 p-value와 R^2값이 단지 스트레스가 삶의 만족에 미치는 영향만을 나타낸 값일까? 그러나 이 R^2값은 스트레스가 삶의 만족에 미치는 영향력만을 나타낸 것은 아니다.

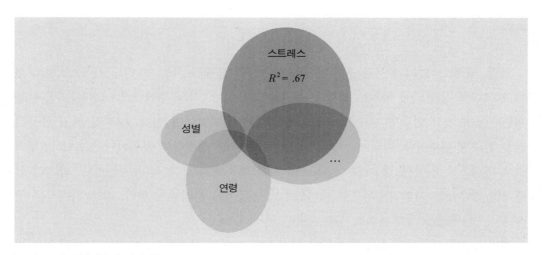

[그림 6-2] 통제변수와 결정계수

위의 그림에서와 같이 스트레스가 삶의 만족에 미치는 영향에 대한 회귀분석 결과 결정계수가 67%로 나왔다. 이 경우 67%는 스트레스가 삶의 만족에 미치는 순수한 영향력만을 나타낸 것이 아니라 성별·연령 등의 다른 변수가 혼재되어 있는 것이다. 결국 스트레스가 삶의 만족에 미치는 순수한 영향력은 67%가 아니라 그보다 상당히 낮아질 것이다(4.7절의 편상관계수와 부분상관계수 참조).

하지만 성별·연령 등의 변수를 실험통제하여 조사, 분석한 것이 아니기 때문에 성별·연령 등의 역할을 통제하지 못한다. 그렇기 때문에 우리는 변수통제를 실시하여 통계분석 과정에서 스트레스가 삶의 만족에 미치는 영향에서 성별과 연령 등이 차지하는 비중을 제거하는 방법을 선택하는 것이다. 물론 이 과정은 상당히 이론적이고 수식적이기 때문에 여기에서는 생략한다. 그러나 개념적으로 이해하고 스트레스만으로 분석한 경우 결정계수가 67%이고 이때의 p-value가 .001이라면, 성별을 스트레스와 같이 독립변수에 넣고 분석한다. 이 경우 스트레스 안에 포함되어 있는 성별의 결정계수를 통계학적으로 제거할 수 있기 때문에 스트레스의 결정계수는 67%보다 낮아질 것이다. 따라서 당연히 영향력이 줄어들었기 때문에 p-value 역시 .001보다는 크게 나올 것이다. 이와 같은 과정을 동일하게 거쳐서 여러 개의 통제변수들을 통제하여 분석하였을 경우에는 독립변수인 스트레스의 결정계수는 상당히 낮아져 있을 것이다. 물론 스트레스의 영향력 자체가 매우 크고, 통제변수들이 혼재되어 있는 부분이 매우 작다면 통제변수들을 모두 투입한다 해도 독립변수인 스트레스의 결정계수 변화가 미미할 것이고, p-value 변화 역시 작을 것이다.

6.2.2 통제회귀분석

성별, 연령, 직업의 유무를 통제변수로 설정하여 브랜드 차별, 브랜드 가치, 브랜드 신뢰가 브랜드 충성도에 미치는 영향을 분석하고자 한다. 이를 분석하기 위해서는 먼저 통제변수들 중에서 범주형 변수가 포함되어 있는지 살펴보아야 한다. 성별과 직업 유무의 경우 범주형 변수이다. 따라서 이들 변수는 더미변수를 생성하여 분석하여야 한다. 연령의 경우 연령으로 조사한 경우에는 양적 변수이기 때문에 바로 분석이 가능하다. 하지만 연령대인 경우에는 서열척도이므로 더미변수로 만들어서 분석해야 한다. 이번 절에서는 양적 변수인 연령을 통제변수로 사용하도록 한다.

성별의 경우에는 5장에서 생성한 더미변수를 그대로 사용한다. 문제는 직업의 유무이다. 현재 직업이라는 변수에는 총 7개의 항목, 즉 전문·경영직/사무직/자영업/주부/학생/무직/기타로 구성되어 있다. 여기서 분석하고자 하는 것은 직업의 종류별 분석이 아니라 직업의 유무이므로 주부/학생/무직은 직업을 무로 하여 레퍼런스로 설정하고, 그 외 나머지는 이벤트로 설정한다.

직업의 더미변수 설정은 5장에서 **다른 변수로 코딩**을 이용하는 방법으로 생성한다.

> ### 변환 → 다른 변수로 코딩 변경

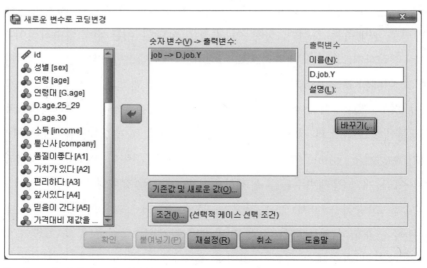

[그림 6-3] 직업 유무의 더미변수 생성 1

직업변수를 이용하여 직업의 유무에 대한 더미변수를 생성하기 위해서는 먼저 **변환 →
다른 변수로 코딩 변경** 메뉴에 들어가서 변수를 설정한다. 그런 다음 [기존값 및 새로운 값(O)...] 옵션으
로 들어가서 주부/학생/무직의 4, 5, 6은 레퍼런스인 0으로 변환하고 그 외의 값은 이벤트
인 1로 변환한다.

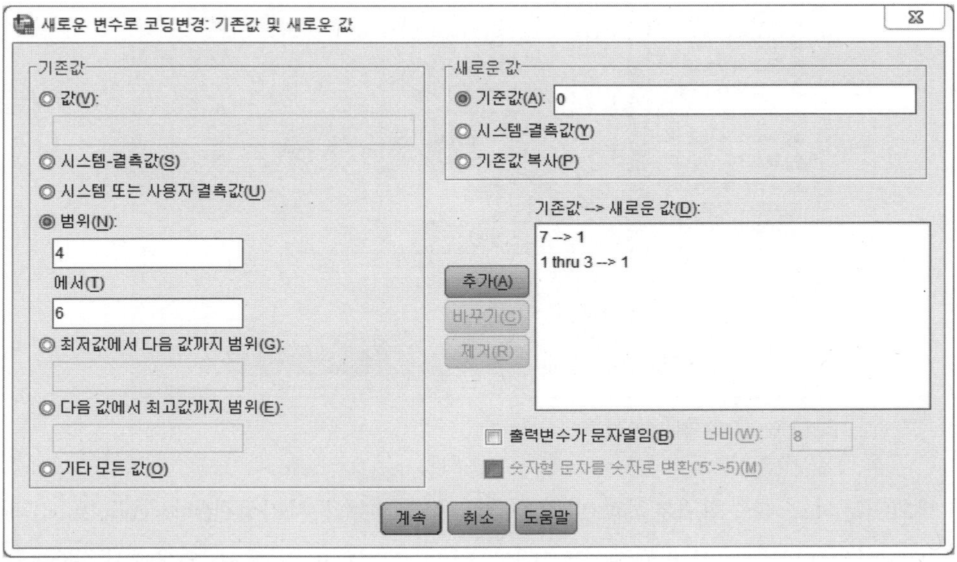

[그림 6-4] 직업 유무의 더미변수 생성 2

성별과 직업을 더미변수로 생성한 다음 통제회귀분석을 실시한다. 통제회귀분석방법
은 일반적인 회귀분석을 실시하는 것과 비슷한 과정을 거친다.

먼저 회귀분석 메뉴인 **분석 → 회귀분석 → 선형**으로 들어간다. **[종속변수(D):]**에는 브랜
드 충성도를 입력하고, **[독립변수(I):]**에는 통제변수와 독립변수를 입력한다. 이때 통제변
수를 먼저 입력하고, 독립변수는 통제변수 아래에 입력한다. 하지만 순서가 중요하지는
않다. 순서가 바뀐다고 해서 분석 결과 등이 달라지지는 않는다.

분석 → 회귀분석 → 선형

[그림 6-5] 통제회귀분석

통제회귀분석도 다중회귀분석과 마찬가지로 종속변수의 자기상관(auto-correlation)과 독립변수들 간의 다중공선성에 대해 검토해야 한다. 분석방법은 우선 옵션에서 통계량(S)... 에 들어간다. 통계량 옵션에서 [☑ Durbin-Watson(U)]과 [☑ 공선성 진단(L)]을 선택한 다음 계속 을 클릭하여 [그림 6-5]로 돌아간 다음 확인 을 클릭하면 통제회귀분석이 종료된다.

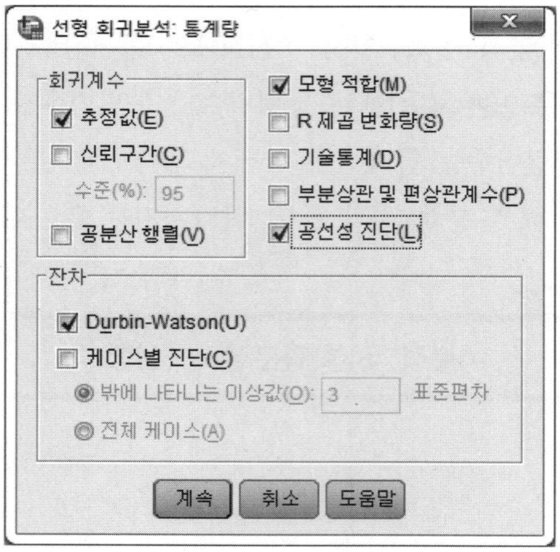

[그림 6-6] 통제회귀분석: 자기상관, 다중공선성 진단

6.2.3 통제회귀분석의 해석

통제회귀분석을 실시한 결과 다중회귀분석 결과와 동일한 형태의 표가 출력되고, 해석 방법도 다중회귀분석과 동일하다.

먼저 [그림 6-7]의 모형요약표에서 회귀분석의 가정 중 첫 번째 조건인 종속변수의 자기상관을 검토하는 Durbin-Watson 지수를 살펴보자. 분석 결과 Durbin-Watson 지수는 1.953으로 2에 가까우므로 종속변수는 자기상관이 없이 독립적임을 알 수 있다 ($d_U = 1.88204 < d$).

모형 요약[b]

모형	R	R 제곱	수정된 R 제곱	추정값의 표준오차	Durbin-Watson
1	.840[a]	.706	.702	.77828	1.953

a. 예측값: (상수), 브랜드 신뢰, D.job.Y, D.sex.F, 연령, 브랜드 가치, 브랜드 차별

b. 종속변수: 브랜드 충성도

[그림 6-7] 모형요약표

회귀분석 가정의 두 번째 조건인 다중공선성은 [그림 6-9] 계수표에서 *VIF* 값으로 확인한다. *VIF* 값은 성별 1.087에서 브랜드 신뢰 2.585까지 모두 10 미만이다. 따라서 독립변수 간에는 다중공선성이 없는 것으로 드러났다.

이상 회귀분석의 가정인 자기상관과 다중공선성에 대한 검토 결과, 자기상관이 없고, 다중공선성이 없으므로 이 데이터는 회귀분석을 실시하기에 적합하다.

분산분석[a]

모형		제곱합	자유도	평균 제곱	F	유의확률
1	회귀 모형	733.930	6	122.322	201.944	.000[b]
	잔차	305.889	505	.606		
	합계	1039.819	511			

a. 종속변수: 브랜드 충성도

b. 예측값: (상수), 브랜드 신뢰, D.job.Y, D.sex.F, 연령, 브랜드 가치, 브랜드 차별

[그림 6-8] 분산분석표

가정에 대한 검토가 끝난 다음에는 통제회귀분석 결과에 대한 해석을 해야 한다.

계수[a]

모형		비표준화 계수 B	표준오차	표준화 계수 베타	t	유의확률	공선성 통계량 공차	VIF
1	(상수)	-1.053	.307		-3.430	.001		
	D.sex.F	.012	.072	.004	.162	.871	.920	1.087
	연령	.008	.010	.024	.842	.400	.744	1.343
	D.job.Y	-.082	.081	-.028	-1.018	.309	.795	1.258
	브랜드 차별	.319	.047	.239	6.753	.000	.466	2.147
	브랜드 가치	.176	.032	.175	5.419	.000	.559	1.789
	브랜드 신뢰	.643	.048	.522	13.440	.000	.387	2.585

a. 종속변수: 브랜드 충성도

[그림 6-9] 계수표

통제회귀분석의 해석은 우선 [그림 6-8]의 분산분석표에서 $p<.001$로 나타났다. 따라서 통제변수와 독립변수 중에서 종속변수에 유의한 영향을 주는 변수가 있는 것이다.

[그림 6-8]에서 종속변수에 유의한 영향을 주는 변수가 있으므로 [그림 6-9]의 계수표를 이용하여 그 중에서 어떤 변수가 종속변수에 유의한 영향을 주는지 살펴본다. 계수표의 p-value를 보면 성별, 연령, 직업 유무의 통제변수는 유의하지 않고 독립변수인 브랜드 차별($p<.001$), 브랜드 가치($p<.001$), 브랜드 신뢰($p<.001$)는 모두 p-value가 .000으로 $p<.001$이므로 이들 독립변수는 브랜드 충성도에 유의한 영향을 주는 것으로 나타났다.

두 번째는 유의한 영향을 주는 변수가 어떤 영향을 주는지 알아보기 위하여 [그림 6-9]의 비표준화 계수인 B값을 살펴보았다. 그 결과 브랜드 차별 $B=.319$, 브랜드 가치 $B=.176$, 브랜드 신뢰 $B=.643$으로 나타나 부호가 모두 양수(+)이다. 그러므로 브랜드 차별이 높을수록 브랜드 충성도가 높아지며, 브랜드 가치가 높을수록, 브랜드 신뢰가 높을수록 브랜드 충성도는 높아지는 것으로 나타났다.

세 번째는 통제변수와 독립변수가 종속변수에 미치는 영향력의 정도가 얼마인지, 종속변수를 얼마나 설명하고 있는지 등을 살펴보기 위하여 [그림 6-7]의 수정된 결정계수인 $adjR^2$값을 살펴본 결과 .702로 나타나 통제변수와 독립변수가 브랜드 충성도를 설명하는 설명력은 70.2%로 매우 큰 설명력을 가지고 있음을 알 수 있다.

마지막으로 브랜드 충성도에 유의한 영향을 준 독립변수인 브랜드 차별, 브랜드 가치, 브랜드 신뢰 중에서 어떤 변수가 더 큰 영향을 주는지에 대하여 [그림 6-9]의 표준화 계수 β값을 살펴본 결과, 브랜드 신뢰가 $\beta=.522$로 가장 높게 나타났다. 즉 브랜드 충성도에 가장 높은 영향을 주는 변수는 브랜드 신뢰이며, 브랜드 차별($\beta=.239$), 브랜드 가치($\beta=.175$)의 순으로 나타났다.

통제회귀분석 결과를 표로 정리하면 다음과 같다. <표 6-1>~<표 6-3>은 모두 많이 사용되고 있는 표들이다. 학위논문과 보고서 등에서 가장 많이 쓰이는 표는 <표 6-1>이며, 이 표의 약식 형식이 <표 6-2>와 <표 6-3>이다. 이 2개의 표는 저널 등에 많이 사용되고 있다.

〈표 6-1〉 통제회귀분석 결과표 - 예시 1

	B	SE	β	t	p
상수	−1.053	.307		−3.430	.001
성별(여자)	.012	.072	.004	.162	.871
연령	.008	.010	.024	.842	.400
직업(유)	−.082	.081	−.028	−1.018	.309
브랜드 차별	.319	.047	.239	6.753	<.001
브랜드 가치	.176	.032	.175	5.419	<.001
브랜드 신뢰	.643	.048	.522	13.440	<.001

$adj\,R^2 = .702,\ F = 201.944\ (p < .001),\ \text{Durbin-Watson} = 1.953(d_U = 1.882)$

〈표 6-2〉 통제회귀분석 결과표 - 예시 2

	B	β
상수	−1.053	
성별(여자)	.012	.004
연령	.008	.024
직업(유)	−.082	−.028
브랜드 차별	.319	.239***
브랜드 가치	.176	.175***
브랜드 신뢰	.643	.522***

$adj\,R^2 = .702,\ F = 201.944^{***}\ \text{Durbin-Watson} = 1.953(d_U = 1.882)$

*** $p < .001$

통제회귀분석의 해석은 다음과 같다. 통제회귀분석을 실기하기 전에 회귀분석을 하기에 적절한지 자기상관과 다중공선성에 대해 검토한다.

통제변수인 성별, 연령, 직업의 유무와 독립변수인 브랜드 차별, 브랜드 가치, 브랜드 신뢰가 종속변수인 브랜드 충성도에 미치는 영향에 대하여 통제회귀분석을 실시하였다. 회귀분석을 실시하기 위하여 종속변수의 자기상관과 독립변수 간 다중공선성 검토는 Durbin-Watson 지수와 VIF 지수를 이용하여 검토하였다.

종속변수의 자기상관을 검토하기 위해 Durbin-Watson 지수를 살펴본 결과 Durbin-Watson 지수는 $1.953(d_U = 1.882 < d)$으로 2에 가까우므로 자기상관이 없이 독립적이다. 또 독립변수 간 다중공선성을 검토하기 위해 VIF 지수를 살펴본 결과 $1.087 \sim 2.585$로 모두 10 미만이므로 다중공선성이 없는 것으로 나타났다. 따라서 이 데이터는 회귀분석을 하기에 적합하다고 할 수 있다.

통제변수인 성별, 연령, 직업의 유무와 독립변수인 브랜드 차별, 브랜드 가치, 브랜드 신뢰가 종속변수인 브랜드 충성도에 미치는 영향에 대하여 통제회귀분석을 실시하였다. 그 결과 브랜드 차별($p < .001$), 브랜드 가치($p < .001$), 브랜드 신뢰($p < .001$)는 브랜드 충성도에 유의한 영향을 주었다. 브랜드 차별이 높을수록($B = .319$), 브랜드 가치가 높을수록($B = .176$), 브랜드 신뢰가 높을수록($B = .643$) 브랜드 충성도가 높아지며, 브랜드 충성도를 설명하는 설명력은 70.2%이다. 브랜드 차별, 브랜드 가치, 브랜드 신뢰 중에서 브랜드 신뢰($\beta = .522$)가 브랜드 충성도에 가장 높은 영향을 주는 것으로 나타났다.

〈표 6-3〉 통제회귀분석 결과표 - 예시 3

	β
브랜드 차별	.239 ***
브랜드 가치	.175 ***
브랜드 신뢰	.522 ***
$R^2 = .706$, $F = 201.944$***, Durbin-Watson $= 1.953$	

*** $p < .001$

<표 6-3>의 경우, 통제변수인 성별, 연령, 직업의 유무 자체가 표에 기술되어 있지 않다. 이와 같이 통제변수를 분석결과표에 기술하지 않는 표도 의외로 많은데, 이때 주의할 사항은 통제변수를 기술하지 않을 경우에는 비표준화 계수인 B 역시 표에 사용하면 안 된다는 점이다. 이를 정리하면 다음과 같다.

▼ 표 6-3 해석

성별, 연령, 직업 유무를 통제한 상태에서 브랜드 차별, 브랜드 가치, 브랜드 신뢰가 브랜드 충성도에 미치는 영향에 대한 회귀분석 결과, 브랜드 차별($p < .001$), 브랜드 가치 ($p < .001$), 브랜드 신뢰($p < .001$)는 브랜드 충성도에 유의한 영향을 주었다. 또 브랜드 신뢰($\beta = .522$), 브랜드 차별($\beta = .239$), 브랜드 가치($\beta = .175$)가 높을수록 브랜드 충성도가 높아지며, 브랜드 충성도를 설명하는 설명력은 70.6%로 나타났다.

▼ TIP

위의 결과에서는 통제변수가 유의한 영향을 주지 않았기 때문에 해석을 하지 않았다. 만약 통제변수가 유의하게 나온 경우 그 통제변수의 해석은 어떻게 해야 하는가?

통제변수의 해석은 양적 변수라면 일반적인 회귀분석과 동일하게 하고, 범주형 변수라면 더미변수의 해석과 동일한 방법으로 하면 된다. 그러나 통제변수가 유의한 경우 굳이 해석을 하지 않는 경우도 많다. 왜냐하면 통제변수는 그 자체의 역할로 충분하기 때문이다. 통제회귀분석을 하게 되면 독립변수만 포함된 회귀분석 결과와 통제변수가 투입된 결과는 사뭇 다르다. 통제변수가 포함될 경우, 독립변수에서 통제변수가 종속변수에 미치는 영향력이 제거되기 때문에 독립변수는 실제 독립변수가 종속변수에 미치는 영향력만 남게 되어 독립변수의 역할을 좀 더 명확하게 규명해 주기 때문이다.

6.2.4 통제회귀분석의 해석 사례

다음은 통제회귀분석 결과의 사례들이다. 이 사례들을 통하여 통제회귀분석을 실시하고 결과를 해석한다.

[사례 1] 브랜드 신뢰도를 구성하는 4개의 문항(C1~C4), 즉 '믿을 만하다', '의지한다', '안전하다', '정직하다'가 토털 브랜드 신뢰도(T_C)에 미치는 영향에서 성별과 연령을 통제한 상태에서 분석한다.

성별은 더미변수로 변환하여 사용하고, 연령은 양적 변수이므로 그대로 이용하여 통제회귀분석을 실시한 결과는 다음과 같다.

모형 요약[b]

모형	R	R 제곱	수정된 R 제곱	추정값의 표준오차	Durbin-Watson
1	.833[a]	.693	.690	.674	1.946

a. 예측값: (상수), 정직하다, D.sex.F, 연령, 믿을만하다, 의지한다, 안전하다

b. 종속변수: 브랜드 신뢰도

분산분석[a]

모형		제곱합	자유도	평균 제곱	F	유의확률
1	회귀 모형	518.997	6	86.500	190.349	.000[b]
	잔차	229.485	505	.454		
	합계	748.482	511			

a. 종속변수: 브랜드 신뢰도

b. 예측값: (상수), 정직하다, D.sex.F, 연령, 믿을만하다, 의지한다, 안전하다

계수[a]

모형		비표준화 계수		표준화 계수	t	유의확률	공선성 통계량	
		B	표준오차	베타			공차	VIF
1	(상수)	.767	.248		3.098	.002		
	D.sex.F	.077	.062	.032	1.243	.214	.923	1.083
	연령	-.001	.008	-.002	-.065	.948	.933	1.072
	믿을만하다	.349	.038	.356	9.262	.000	.410	2.437
	의지한다	.077	.030	.095	2.545	.011	.437	2.288
	안전하다	.205	.041	.220	4.932	.000	.306	3.265
	정직하다	.264	.036	.278	7.291	.000	.417	2.398

a. 종속변수: 브랜드 신뢰도

[그림 6-10] 통제회귀분석 사례

① 종속변수의 자기상관: Durbin-Watson값이 1.946으로 2.0에 가까우므로 종속변수는 자기상관이 없이 독립적이다.

② 독립변수 간 다중공선성: 다중공선성에 대한 검토는 *VIF* 지수를 이용하며 그 값이 1.072~3.265로 모두 10 미만이므로 독립변수 간에는 다중공선성이 없다(공차한계로 볼 경우 .306~.933으로 .10 이상이므로 독립변수 간에는 다중공선성이 없다).

③ 독립변수들의 유의성: 분산분석표에 $p < .001$로 나타나 2개의 통제변수와 4개의 독립변수 중에서 종속변수에 유의한 영향을 주는 변수가 있다.

④ 독립변수의 유의성: 계수표를 보면 통제변수와 독립변수 중에서 $p < .05$인 변수는 믿을만하다($p < .001$), 의지한다($p = .011 < .05$), 안전하다($p < .001$), 정직하다($p < .001$)의 4개이다. 즉 믿을 만하다, 의지한다, 안전하다, 정직하다는 브랜드 신뢰도에 유의한 영향을 준다.

⑤ 독립변수의 영향: ④에서 유의한 독립변수들이 종속변수에 어떤 영향을 주는지 알아보기 위하여 회귀계수의 부호를 살펴본 결과 4개 변수 모두 부호가 양(+)이므로 양의 영향을 준다. 믿을 만할수록($B=.349$), 의지할수록($B=.077$), 안전할수록($B=.205$), 정직할수록($B=.264$) 브랜드 신뢰도가 높아지는 것으로 나타났다. 즉 브랜드에 대하여 믿을수록, 의지할수록, 안전하고 정직하다고 인식할수록 브랜드 신뢰도가 높아지는 것으로 나타났다.

⑥ 영향력의 정도: 독립변수들이 종속변수에 양의 영향을 주는 것으로 나타났다. 종속변수에 얼마나 영향을 주는지 알아보기 위하여 수정된 결정계수를 살펴본 결과, .690이므로 독립변수가 종속변수를 설명하는 설명력은 69.0%이다.

⑦ 영향력의 크기: 유의한 영향을 준 4개의 독립변수 중에서 종속변수에 가장 높은 영향을 주는 변수가 무엇인가를 알아보기 위하여 표준화 계수인 β값의 크기를 확인한 결과, '믿을 만하다'가 .356으로 가장 높게 나타났다. 즉 브랜드 신뢰도에 가장 높은 영향을 주는 변수는 '믿을 만하다'이다. 그리고 정직하다($\beta=.278$), 안전하다($\beta=.220$), 의지한다($\beta=.095$)의 순으로 영향을 주는 것으로 나타났다.

〈표 6-4〉 통제회귀분석 결과 사례

	B	SE	β	t	p
상수	.767	.248		3.098	.002
성별(여자)	.077	.062	.032	1.243	.214
연령	−.001	.008	−.002	−.065	.948
믿을 만하다	.349	.038	.356	9.262	<.001
의지한다	.077	.030	.095	2.545	.011
안전하다	.205	.041	.220	4.932	<.001
정직하다	.264	.036	.278	7.291	<.001

$adj\,R^2=.690$, $F=190.349$ $(p<.001)$, Durbin-Watson$=1.946$

07

위계적 회귀분석

EasyFlow Regression Analysis

다중회귀분석은 독립변수가 여러 개인 경우에 실시하는 분석방법이고, 통제회귀분석은 다중회귀분석에서 통제변수의 영향력을 통제한 상태에서 독립변수가 종속변수에 미치는 영향을 검정하는 방법이다.

위계적 회귀분석은 통제회귀분석의 발전된 형태에서 시작되었다. 통제회귀분석을 실시하는 경우, 통제변수와 독립변수를 한번에 투입하여 종속변수에 미치는 영향을 검정한다. 이때 얻은 결정계수는 통제변수와 독립변수가 동시에 종속변수에 미치는 영향력이므로 독립변수의 영향력을 분리해낼 수 없다는 단점이 있다.

6장의 통제회귀분석에서 다룬 종속변수인 '삶의 만족'에 미치는 영향에 대한 회귀분석의 결정계수를 도형으로 나타내면 [그림 7-1]과 같다. 이 그림을 보면 결정계수는 독립변수의 영향력만 있는 것이 아니라 통제변수와 독립변수의 영향력이 혼재되어 있음을 알수 있다. 또한 각 변수들의 영향력은 모두 별개가 아니라 어느 정도 공통적인 부분을 가지고 있다. 통제변수들의 영향력을 제외시킨 상태에서(통제한 상태에서) 독립변수의 영향력을 검출할 때는 **위계적 회귀분석**을 사용한다.

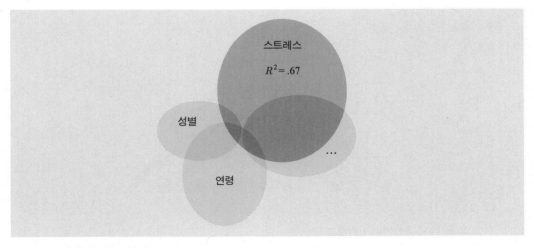

[그림 7-1] 통제변수와 결정계수

위계는 지위나 계층 따위의 등급을 뜻하고, hierarchy는 사회나 조직 내의 계급을 의미한다. 통계분석에서는 위계적 회귀분석에서의 위계는 하나의 체계를 의미한다. [그림 6-2]에서는 통제변수와 독립변수가 각각 표시되어 있지만, 위계적 회귀분석에서는

[그림 7-2]와 같이 하나의 위계에는 하나의 변수가 선택되는 것이 아니라 여러 개의 변수가 포함된다(경우에 따라 하나의 위계에 하나의 변수만 있을 수도 있다).

통제변수와 독립변수의 위계를 나타낸 [그림 7-1]과 [그림 7-2]의 차이점은 변수가 하나씩 사용되었는가, 아니면 여러 개 사용되었는가에 있다.

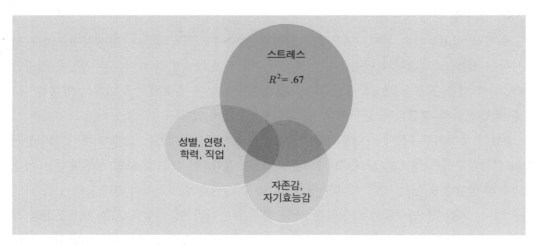

[그림 7-2] 통제변수와 독립변수의 위계 1

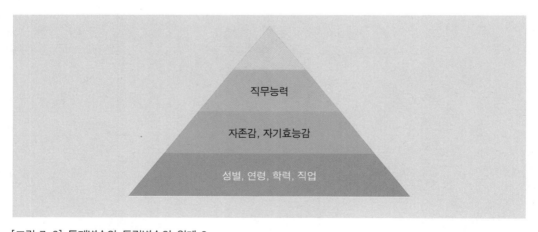

[그림 7-3] 통제변수와 독립변수의 위계 2

위계적 회귀분석과 가장 많이 비교되는 분석기법은 단계선택(stepwise)방법과 전진선택(forward selection)방법에 의한 다중회귀분석이다. 이 방법들은 종속변수에 가장 큰 영향을 주는 순서대로 독립변수를 찾아준다. 이때 영향을 주는 순서는 통계적인 방법론에 의

하며, 연구자의 의지는 개입되지 않는다. 이 방법들은 또한 영향을 주는 변수를 하나씩 차례대로 선택한다. 이때 선택한 변수들은 독립변수일 수도 있고 통제변수일 수도 있다. 즉 변수의 특성과는 관계없이 영향력의 정도로만 선택하는 것이다.

반면에 위계적 회귀분석은 변수를 차례대로 선택하는 것은 단계선택방법이나 전진선택방법과 동일하지만 가장 큰 차이점은 연구자의 개입 여부이다. 즉 위계적 회귀분석에서는 변수들이 선택되는 순서가 통계적인 방법에 의한 것이 아니라, 연구자가 정하는 순서대로(물론 그 순서는 연구자의 임의가 아닌 이론적 배경에 의한 순서) 차례로 선택된다. 또한 이때 선택되는 변수는 단계선택이나 전진선택과 같이 1개의 변수만 선택되는 것이 아니라 1개이거나 또는 2개 이상 여러 개의 변수가 선택된다.

[그림 7-3]에서 보면 종속변수에 영향을 주는 변수는 성별, 연령, 학력, 직업 등의 사회인구학적 특성 변수들과 더불어 자존감, 자기효능감의 개인적 심리특성 변수, 그리고 직무능력의 업무특성 변수로 구성되어 있다. 이들은 모두 종속변수에 영향을 줄 것으로 여겨지는 변수이다.

단계선택방법과 전진선택방법은 이들 7개의 변수를 모두 투입해서 분석한다. 이 변수들 중에서 가장 영향력이 큰 순서대로 추출(예를 들어, 직무능력, 학력, 자기효능감, 성별, …)하는데, 이때 선택된 변수들은 세 가지 특성의 변수들이 모두 뒤섞여 있으며, 하나씩 차례로 선택된다. 즉 처음에는 직무능력이 종속변수에 가장 많은 영향을 주어, 이 변수 하나만으로 회귀분석을 한다. 그 다음으로 사회인구학적 특성 변수에서 학력이 종속변수에 많은 영향을 준 것으로 나타났다. 두 번째는 직무능력과 학력 2개의 변수로 회귀분석을 하고, 세 번째는 다시 자기효능감의 영향력이 크게 나타나 직무능력, 학력, 자기효능감의 3개의 변수로 회귀분석을 실시한다. 이와 같은 방법으로 변수들이 차례로 하나씩 추가되는(단계선택에서는 하나의 변수가 제거될 수도 있다) 형식으로 회귀분석을 한다.

하지만 위계적 회귀분석에서는 세 가지 위계(사회인구학적 특성, 개인심리특성, 직무특성)가 정해져 있다. 또한 이 위계들은 시간순서상 차례대로 되어 있고, 사회인구학적 특성이 바탕이 되어야만 개인심리특성이 형성된다. 즉 성별, 연령, 학력 등이 결정된 상태에서 개인심리특성인 자존감과 자기효능감이 만들어지는 것이다. 그리고 그 위의 마지막 위계에는 직무특성 변수들이 형성된다. 위계적 회귀분석에서는 바로 이러한 위계 순서로 변수들을 선택해 가면서 분석한다.

위계적 회귀분석에서는 이러한 위계가 가장 중요한 요소이다. 하나의 위계에는 직무특성과 같이 1개의 변수만 포함될 수도 있고, 사회인구학적 특성이나 개인심리특성과 같이 여러 개의 변수가 포함될 수도 있다. 또한 이 위계 순서는 '사회인구학적 특성 → 개인심리특성 → 직무특성'과 같이 순서대로 투입해야 한다. 이 순서를 연구자가 임의로 '직무특성 → 개인심리특성 → 사회인구학적 특성'이나 '사회인구학적 특성 → 직무특성 → 개인심리특성'과 같이 바꿔서 투입해서는 안 된다. 연구자는 선행 연구의 결과 등을 통해서이 위계 순서를 명확하게 정해야 하며, 각 위계에 포함되는 변수들 역시 제대로 선택해야한다.

7.1.1 단계선택방법에 의한 회귀분석과 위계적 회귀분석의 비교

앞에서는 단계선택(또는 전진선택)방법에 의한 회귀분석과 위계적 회귀분석의 차이에대해서 살펴보았다. 이번 절에서는 실제로 동일한 데이터와 변수로 두 가지 방법을 시행하였을 때의 결과를 비교하고자 한다.

먼저 사회인구학적 특성변인으로 '성별, 직업 여부와 통신사'를, 브랜드 특성으로는 '브랜드 차별, 브랜드 가치, 브랜드 신뢰' 등 6개의 변수를 이용하여 단계선택방법에 의한 회귀분석과 위계적 회귀분석을 실시하고자 한다. 사회인구학적 특성 변인에 대한 변수들은모두 명목척도인 범주형 변수들로 구성되어 있으므로 더미변수로 처리하여 분석한다.

1) 결정계수의 차이

모형 요약

모형	R	R 제곱	통계량 변화량
			R 제곱 변화량
1	.808[a]	.653	.653
2	.829[b]	.688	.035
3	.840[c]	.705	.017
4	.841[d]	.708	.002

a. 예측값: (상수), 브랜드 신뢰
b. 예측값: (상수), 브랜드 신뢰, 브랜드 차별
c. 예측값: (상수), 브랜드 신뢰, 브랜드 차별, 브랜드 가치
d. 예측값: (상수), 브랜드 신뢰, 브랜드 차별, 브랜드 가치, D.comp.KT

[그림 7-4] 단계선택방법에 의한 회귀분석-결정계수

단계선택방법에 의한 다중회귀분석을 실시한 결과는 [그림 7-4]의 모형요약 결과표와같다. 이 표를 보면 종속변수에 영향을 주는 변수는 브랜드 신뢰, 브랜드 차별, 브랜드가치, 통신사(KT)의 순으로 4개의 변수이다. 또 이들 4개의 변수 중에서 가장 먼저 선택

된 '브랜드 신뢰'의 경우 종속변수를 설명하는 설명력은 65.3%로 매우 높다. '브랜드 차별'은 두 번째로 영향력이 크게 나타나 선택되었으며, 브랜드 신뢰와 브랜드 차별의 2개 변수가 브랜드 충성도의 종속변수에 미치는 설명력의 정도는 68.8%이다. 즉 브랜드 차별이 추가로 투입되면서 3.5%p가 증가하였다. 브랜드 가치는 세 번째로 중요한 변수로 선택되었으며 1.7%p가 증가한 3개 변수의 설명력은 70.5%이다. 마지막으로 '통신사' 변수에서 KT의 더미변수가 추가되어 0.2%p가 증가하여 전체 설명력은 70.8%인 것으로 나타났다.

위의 결과에서 결정계수의 값을 보면 가장 먼저 선택된 브랜드 신뢰만 있을 때 모형 1의 값이 65.3%로 가장 크게 나타났으며, 각각의 변수가 추가되어 3.5%p, 1.7%p, 0.2%p가 증가하는 것으로 나타났다. 즉 영향력이 큰 순서로 차례로 투입되기 때문에 증가하는 영향력은 점점 작아지게 되며, 첫 번째로 선택된 변수의 영향력이 가장 큰 것으로 나타났다.

모형 요약

모형	R	R 제곱	통계량 변화량 R 제곱 변화량
1	.293[a]	.086	.086
2	.842[b]	.709	.623

a. 예측값: (상수), D.job.Y, D.comp.KT, D.sex.F, D.comp.LGT
b. 예측값: (상수), D.job.Y, D.comp.KT, D.sex.F, D.comp.LGT, 브랜드 가치, 브랜드 차별, 브랜드 신뢰

[그림 7-5] 위계적 회귀분석-결정계수

이번에는 위계적 회귀분석 결과를 나타낸 [그림 7-5]를 살펴보자. 위계적 회귀분석에서는 첫 번째 위계에 '성별, 직업 여부, 통신사'의 통제변수들이 투입된 것을 알 수 있으며, 이들 변수의 설명력은 8.6%로 낮다. 하지만 두 번째 위계인 브랜드 특성 변수인 '브랜드 가치, 브랜드 차별, 브랜드 신뢰'가 투입된 모형 2에서의 설명력은 62.3%p가 증가하여 전체 설명력은 70.9%로 나타났다.

단계선택방법에서는 처음에 선택된 변수의 영향력이 가장 크고 점점 설명력이 줄어드는 것으로 나타났다. 하지만 위계적 회귀분석에서는 오히려 첫 번째 위계보다 두 번째 위계에 선택된 변수들의 설명력이 훨씬 큰 것으로 나타났다. — 이 경우에는 두 번째 위계의 설명력이 훨씬 큰 것으로 나타났으나, 실제는 어떻게 나타날지 알 수 없다. 첫 번째 위계의 설명력이 클 수도 있고, 지금처럼 두 번째 또는 그 다음 위계인 세 번째 위계의 설명력이 더 클 수도 있다.

2) 회귀계수의 차이

　앞에서는 단계선택방법에 의한 회귀분석과 위계적 회귀분석의 결정계수의 차이에 대해서 알아보았다. 여기서는 두 분석 결과의 계수표를 보면서 그 차이를 알아본다.

계수ᵃ

모형		비표준화 계수		표준화 계수	t	유의확률
		B	표준오차	베타		
1	(상수)	-.271	.144		-1.877	.061
	브랜드 신뢰	.996	.032	.808	30.990	.000
2	(상수)	-.933	.163		-5.728	.000
	브랜드 신뢰	.760	.044	.617	17.385	.000
	브랜드 차별	.357	.047	.267	7.527	.000
3	(상수)	-.878	.159		-5.534	.000
	브랜드 신뢰	.644	.048	.523	13.550	.000
	브랜드 차별	.318	.047	.239	6.830	.000
	브랜드 가치	.176	.032	.175	5.446	.000
4	(상수)	-.759	.168		-4.515	.000
	브랜드 신뢰	.641	.047	.520	13.509	.000
	브랜드 차별	.304	.047	.228	6.480	.000
	브랜드 가치	.179	.032	.178	5.551	.000
	D.comp.KT	-.160	.077	-.051	-2.081	.038

a. 종속변수: 브랜드 충성도

[그림 7-6] 단계선택방법에 의한 회귀분석－계수표

　먼저 단계선택방법에 의한 다중회귀분석 결과를 나타낸 [그림 7-6]을 보면 총 4개의 모형이 선택되었다. 첫 번째 모형에서는 브랜드 신뢰의 변수가 선택되었으며, 계수표에서도 모형 1에는 브랜드 신뢰 변수만 있는 것을 알 수 있다. 그리고 이 변수의 p-value는 $p = .000 < .001$로 나타나 유의하였다. 모형 2에서는 브랜드 신뢰에 브랜드 차별이 추가되어 변수가 2개이며 두 변수 모두 p-value는 $p < .05$로 나타나 유의하였다. 마찬가지로 모형 3과 모형 4에서도 차례대로 변수가 1개씩 추가되는 것을 볼 수 있으며, 각 모형의 p-value는 모두 $p < .05$로 유의한 것으로 나타났다. 즉 단계선택방법에 의한 다중회귀분석을 실시하는 경우에는 영향력이 큰 순서대로 변수가 하나씩 추가되며, 그 추가된 변수는 유의한 것을 알 수 있다.

　위계적 회귀분석 결과인 [그림 7-7]을 살펴보자. 위계적 회귀분석에서는 '사회인구학적 특성'과 '브랜드 특성'의 2개의 위계만을 투입하였다. 첫 번째 위계에는 사회인구학적 특성의 3개 변수(성별, 직업 여부, 통신사)로 구성되어 있고, 이를 더미변수로 변환하여 분석한 결과, 모형 1에는 총 4개의 변수가 있다. 하지만 첫 번째 위계의 모든 변수가 유의한 것은 아니라는 것을 알 수 있다. 이곳에서는 단지 통신사의 더미변수인 $D.comp.KT(p < .001)$와 $D.comp.LGT(p < .001)$만이 유의하고, 성별과 직업 여부의 더미변수는 유의하지 않은 것으로 나타났다.

계수^a

모형		비표준화 계수		표준화 계수	t	유의확률
		B	표준오차	베타		
1	(상수)	4.497	.131		34.345	.000
	D.sex.F	-.081	.123	-.028	-.660	.510
	D.comp.KT	-.847	.142	-.271	-5.986	.000
	D.comp.LGT	-.769	.161	-.216	-4.775	.000
	D.job.Y	.000	.127	.000	-.004	.997
2	(상수)	-.657	.197		-3.340	.001
	D.sex.F	.014	.070	.005	.195	.846
	D.comp.KT	-.194	.084	-.062	-2.312	.021
	D.comp.LGT	-.097	.096	-.027	-1.004	.316
	D.job.Y	-.050	.072	-.017	-.693	.489
	브랜드 차별	.290	.049	.217	5.890	.000
	브랜드 가치	.178	.032	.177	5.497	.000
	브랜드 신뢰	.646	.048	.525	13.508	.000

a. 종속변수: 브랜드 충성도

[그림 7-7] 위계적 회귀분석-계수표

두 번째 위계가 투입된 모형 2에서는 모형 1에서 유의했던 첫 번째 위계의 통신사 더미변수 $D.comp.LGT(p = .316 > .05)$가 유의하지 않게 나타났다. 그리고 두 번째 위계의 세 변수(브랜드 차별, 브랜드 가치, 브랜드 신뢰)는 모두 유의하였다.

위계적 회귀분석에서는 위계의 순서대로 변수를 투입하여 각 위계에는 여러 변수들이 있을 수 있다. 따라서 각각의 위계에서 투입된 변수들은 유의할 수도 있고 유의하지 않을 수도 있다. 다시 말해서 단계선택방법에 의한 회귀분석에서는 각 모형마다 유의한 변수가 추가되며, 그 변수의 설명력이 표시되지만, 위계적 회귀분석에서는 유의한 변수와 유의하지 않은 변수들이 섞여 있는 위계가 추가되며, 설명력 또한 각 변수의 설명력이 아닌 추가된 위계에 속한 전체 변수의 설명력이라는 것이다. 따라서 여기서 알 수 있는 것은 위계적 회귀분석에서는 변수들이 유의한지 유의하지 않은지가 중요한 것이 아니라는 것이다.

7.1.2 통제회귀분석과 위계적 회귀분석의 비교

7.1.1절에서는 단계선택(또는 전진선택)방법에 의한 회귀분석과 위계적 회귀분석의 차이에 대하여 간략히 살펴보았다. 이번 절에서는 통제회귀분석과 위계적 회귀분석의 차이에 대해 알아본다.

모형 요약

모형	R	R 제곱	수정된 R 제곱
1	.842[a]	.709	.704

a. 예측값: (상수), 브랜드 신뢰, D.job.Y, D.sex.F, D.comp.LGT, D.comp.KT, 브랜드 가치, 브랜드 차별

[그림 7-8] 통제회귀분석-결정계수

통제회귀분석의 결정계수를 나타낸 [그림 7-8]의 결과를 보면, 모형이 1개밖에 없으며 전체 7개 변수의 설명력이 70.9%라는 것을 알 수 있다. 하지만 각각의 변수들의 설명력을 알 수 없고, 위계별로 분리할 수 없다는 단점이 있다.

그러나 단계선택방법에서는 개별 변수의 설명력을 찾을 수 있으며, 위계적 회귀분석에서는 각 위계의 설명력을 분리할 수 있다. 즉 위계적 회귀분석 결과를 나타낸 [그림 7-5]를 보면 사회인구학적 특성 위계의 설명력은 8.6%이고, 브랜드 특성 위계의 설명력은 62.3%인 것을 알 수 있다.

계수[a]

모형		비표준화 계수		표준화 계수	t	유의확률
		B	표준오차	베타		
1	(상수)	-.657	.197		-3.340	.001
	D.sex.F	.014	.070	.005	.195	.846
	D.comp.KT	-.194	.084	-.062	-2.312	.021
	D.comp.LGT	-.097	.096	-.027	-1.004	.316
	D.job.Y	-.050	.072	-.017	-.693	.489
	브랜드 차별	.290	.049	.217	5.890	.000
	브랜드 가치	.178	.032	.177	5.497	.000
	브랜드 신뢰	.646	.048	.525	13.508	.000

a. 종속변수: 브랜드 충성도

[그림 7-9] 통제회귀분석-계수표

계수ᵃ

모형		비표준화 계수		표준화 계수	t	유의확률
		B	표준오차	베타		
1	(상수)	4.497	.131		34.345	.000
	D.sex.F	-.081	.123	-.028	-.660	.510
	D.comp.KT	-.847	.142	-.271	-5.986	.000
	D.comp.LGT	-.769	.161	-.216	-4.775	.000
	D.job.Y	.000	.127	.000	-.004	.997
2	(상수)	-.657	.197		-3.340	.001
	D.sex.F	.014	.070	.005	.195	.846
	D.comp.KT	-.194	.084	-.062	-2.312	.021
	D.comp.LGT	-.097	.096	-.027	-1.004	.316
	D.job.Y	-.050	.072	-.017	-.693	.489
	브랜드 차별	.290	.049	.217	5.890	.000
	브랜드 가치	.178	.032	.177	5.497	.000
	브랜드 신뢰	.646	.048	.525	13.508	.000

a. 종속변수: 브랜드 충성도

[그림 7-10] 위계적 회귀분석-계수표

그리고 [그림 7-9]에 나타낸 통제회귀분석 결과가 위계적 회귀분석 결과인 [그림 7-10]의 모형 2와 완벽하게 일치한다는 것을 알 수 있다. 즉 위계적 회귀분석의 마지막 모형 결과는 통제회귀분석과 같다는 것이다. 그렇다면 위계적 회귀분석은 통제회귀분석과 어떤 점이 다르고, 그 특성은 무엇일까?

7.2 | 위계적 회귀분석 실행

이 절에서는 실제로 위계적 회귀분석을 실행하는 방법과 그 결과에 대해서 살펴본다. 1단계 위계인 '성별, 직업 여부, 통신'과 2단계 위계인 '브랜드 차별, 브랜드 가치, 브랜드 신뢰'의 브랜드 특성이 종속변수인 '브랜드 충성도'에 미치는 영향에 대한 위계적 회귀분석을 실시한다.

분석 → 회귀분석 → 선형

위계적 회귀분석을 실시하는 메뉴도 일반적인 회귀분석과 동일하다.

[그림 7-11] 위계적 회귀분석

위계적 회귀분석이 일반적인 회귀분석이나 통제회귀분석과 다른 점은, 보통의 회귀분석에서는 분석하고자 하는 모든 변수를 독립변수에 넣고 분석을 하지만 위계적 회귀분석에서는 위계 1, 위계 2 등과 같이 위계를 지정해야 하는 점이다.

독립변수에 첫 번째 위계 변수인 '성별, 직업 여부, 통신사'를 투입하고, 회귀분석방법은 모두 선택방법인 '입력'을 선택한다. 여기까지 하면 첫 번째 위계를 지정한 것이다.

두 번째 위계에 있는 변수를 선택하기 위해 다음(N)을 클릭하면 [그림 7-12]의 대화상자가 나온다. 독립변수에 두 번째 위계에 속한 변수인 '브랜드 차별, 브랜드 가치, 브랜드 신뢰'를 [그림 7-13]과 같이 선택한다.

[그림 7-12]의 독립변수를 보면 **[블록(B)2대상2]**로 되어 있고 [그림 7-11]에는 **[블록(B)1대상1]**로 되어 있다. 즉 블록 1과 블록 2로 나누어져 있으며 여기서 블록은 위계를 의미한다. 첫 번째 위계를 선택하기 위해서 블록 1에 '성별, 직업 여부, 통신사'의 더미변수를 선택하고, 두 번째 위계를 선택하기 위해서는 블록 2(위계 2)에 '브랜드 차별, 브랜드 가치, 브랜드 신뢰'의 변수를 선택한다. 여기서 다음(N)을 클릭하면 블록을 이동하는 것이고, 이전(V)을 클릭하면 다시 블록 1(위계 1)로 이동하게 된다.

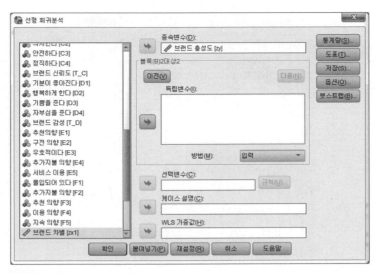

[그림 7-12] 위계적 회귀분석-두 번째 위계

대상은 총 블록의 수(총 위계의 수)를 의미하고, 블록은 현재의 위계를 의미한다. 예를 들어 **[블록(B)2대상3]**으로 되어 있다면 대상이 3이므로 위계는 3단계까지이고, 블록이 2이므로 현재 위치하고 있는 위계는 두 번째 위계라는 것을 의미한다.

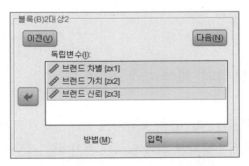

[그림 7-13] 위계적 회귀분석-두 번째 위계 선택

위계적 회귀분석에서 가장 중요한 것은 각 위계이다. 2개의 위계가 있는 경우, 첫 번째 위계는 대부분 통제변수인 경우가 많다. 지금의 예제에서 첫 번째 위계는 통제변수들로 구성되어 있고, 두 번째 위계에 속한 변수들은 실제로 독립변수이다. 즉 독립변수인 '브랜드 차별, 브랜드 가치, 브랜드 신뢰'가 종속변수인 '브랜드 충성도'에 미치는 영향을 분석하고자 할 때, 일반적 특성을 통제한 상태에서 독립변수의 실제적인 유의성을 알고자 위계적 회귀분석을 실시한 것이다.

[그림 7-14] 위계적 회귀분석-통계량

따라서 첫 번째 위계는 실제로 중요하지 않고 통제의 역할로서 그 의미를 갖게 된다. 연구자가 생각하는 실제 독립변수들(두 번째 위계)이 종속변수에 미치는 영향을 알고자 분석하는 것이다. 이를 위해 위계가 추가되면서 결정계수가 얼마나 증가하였는지를 알아보기 위해 [그림 7-12]의 대화상자에서 [통계량(S)...] 옵션에 들어가서 [☑ R제곱 변화량(S)]를 선택한 다음 [계속] 버튼을 클릭한다. [그림 7-11]로 복귀한 다음 [확인]을 클릭하여 위계적 회귀분석을 실시한다.

7.2.1 위계적 회귀분석의 해석

위계적 회귀분석 결과는 다중회귀분석 결과와 동일한 형태의 표가 출력된다. 해석하는 방법 또한 통제회귀분석과 동일하지만 위계에 대한 추가적인 사항에 대해서 검토해야 한다.

모형 요약

모형	R	R 제곱	수정된 R 제곱	추정값의 표준오차	통계량 변화량				
					R 제곱 변화량	F 변화량	df1	df2	유의확률 F 변화량
1	.293[a]	.086	.078	1.36947	.086	11.859	4	507	.000
2	.842[b]	.709	.704	.77549	.623	359.036	3	504	.000

a. 예측값: (상수), D.job.Y, D.comp.KT, D.sex.F, D.comp.LGT

b. 예측값: (상수), D.job.Y, D.comp.KT, D.sex.F, D.comp.LGT, 브랜드 가치, 브랜드 차별, 브랜드 신뢰

[그림 7-15] 위계적 회귀분석: 모형요약표

위계적 회귀분석의 해석에서 가장 중요한 것은 [그림 7-15]의 결과이며, 일반 회귀분석과 마찬가지로 결정계수가 출력된다. 이때 모형 1은 첫 번째 위계에 속한 '성별, 직업여부, 통신사'만 선택된 경우로, 이들 3개의 변수가 종속변수인 '브랜드 충성도'를 설명하는 설명력은 8.6%로 낮게 나타났다.

모형 2는 두 번째 위계에 속한 '브랜드 차별, 브랜드 가치, 브랜드 신뢰'가 추가된 경우로서 첫 번째 위계에 있는 4개의 더미변수(3개의 통제변수)와 3개의 독립변수가 모두 포함된 경우의 결정계수는 70.9%로 매우 높게 나타났다.

모형 1의 결정계수는 8.6%이고, 모형 2의 결정계수는 70.9%이므로 첫 번째 위계가 있는 상태에서 두 번째 위계가 추가된 경우 설명력은 62.3%p가 증가하였다. 여기서 문제는 증가된 설명력 62.3%p가 과연 의미가 있는가 하는 것이다. 이에 따라 증가된 설명력에 대한 통계적 유의성을 검정한 것이 바로 **[유의확률 F 변화량]**이다. 이 값은 결정계수의 변화량(ΔR^2)에 대한 통계적인 유의성을 검정한 것이다. 이에 대한 가설은 다음과 같다.

$$H_0 : \Delta R^2 = 0$$
$$H_1 : \Delta R^2 \neq 0$$

즉 $p < .05$이면 결정계수의 변화량이 0이 아니라는 것이다. 결국 결정계수의 변화량이 통계적으로 유의미하게 증가하였다는 것을 의미한다.

따라서 두 번째 위계가 추가되어 증가한 설명력 62.3%p는 통계적으로 유의미하다는 것이다. 이는 두 번째 위계에 속한 변수들이 브랜드 충성도의 종속변수에 유의한 영향을 준다는 것을 의미한다.

분산분석^a

모형		제곱합	자유도	평균 제곱	F	유의확률
1	회귀 모형	88.964	4	22.241	11.859	.000^b
	잔차	950.855	507	1.875		
	합계	1039.819	511			
2	회귀 모형	736.721	7	105.246	175.006	.000^c
	잔차	303.098	504	.601		
	합계	1039.819	511			

a. 종속변수: 브랜드 충성도
b. 예측값: (상수), D.job.Y, D.comp.KT, D.sex.F, D.comp.LGT
c. 예측값: (상수), D.job.Y, D.comp.KT, D.sex.F, D.comp.LGT, 브랜드 가치, 브랜드 차별, 브랜드 신뢰

[그림 7-16] 위계적 회귀분석: 분산분석표

[그림 7-16]의 분산분석표는 다중회귀분석과 통제회귀분석 등에서 설명한 바와 같다.

따라서 모형 1의 p-value는 $p < .001$이므로 첫 번째 위계에 속한 변수들 중에서 브랜드 충성도에 유의한 영향을 주는 변수가 있다는 것을 의미한다. 모형 2의 p-value는 $p < .001$이므로 첫 번째 위계와 두 번째 위계의 7개 변수들 중에서 종속변수에 유의한 영향을 주는 변수가 있다는 것을 뜻한다.

계수ª

모형		비표준화 계수		표준화 계수	t	유의확률
		B	표준오차	베타		
1	(상수)	4.497	.131		34.345	.000
	D.sex.F	-.081	.123	-.028	-.660	.510
	D.comp.KT	-.847	.142	-.271	-5.986	.000
	D.comp.LGT	-.769	.161	-.216	-4.775	.000
	D.job.Y	.000	.127	.000	-.004	.997
2	(상수)	-.657	.197		-3.340	.001
	D.sex.F	.014	.070	.005	.195	.846
	D.comp.KT	-.194	.084	-.062	-2.312	.021
	D.comp.LGT	-.097	.096	-.027	-1.004	.316
	D.job.Y	-.050	.072	-.017	-.693	.489
	브랜드 차별	.290	.049	.217	5.890	.000
	브랜드 가치	.178	.032	.177	5.497	.000
	브랜드 신뢰	.646	.048	.525	13.508	.000

a. 종속변수: 브랜드 충성도

[그림 7-17] 위계적 회귀분석: 계수표

[그림 7-17]의 결과에서는 첫 번째 위계만 있는 모형 1과 첫 번째와 두 번째 위계가 모두 포함된 모형 2에서 브랜드 충성도에 유의한 영향을 주는 변수가 무엇인가를 확인할 수 있다.

모형 1에서 보면 통신사의 더미변수 $D.comp.KT(p < .001)$와 $D.comp.LGT(p < .001)$가 유의한 것으로 나타났다. 따라서 레퍼런스인 SKT 이용자와 비교해서 KT 이용자의 브랜드 충성도($B = -.847$)가 낮으며, LGT 이용자 역시 SKT 이용자보다 브랜드 충성도 ($B = -.769$)가 낮음을 알 수 있다.

두 번째 위계가 추가된 모형 2에서는 모형 1에서 유의한 $D.comp.LGT$는 $p = .316$으로 유의하지 않게 나타났으며, $D.comp.KT(p = .021 < .05)$는 유의하게 나타났다. 또한 두 번째 위계에 속한 독립변수인 브랜드 차별($p < .001$), 브랜드 가치($p < .001$), 브랜드 신뢰 ($p < .001$)는 모두 종속변수인 브랜드 충성도에 유의한 영향을 주는 것으로 드러났다.

위계적 회귀분석의 결과에 대한 해석방법은 다중회귀분석이나 통제회귀분석과는 조금 다르다. 위계적 회귀분석에서는 가장 핵심적인 사항이 바로 위계이므로 그 위계에 대한 해석에 중점이 놓인다. 특히 이 사례와 같이 첫 번째 위계가 통제변수인 경우에는 통제회귀분석의 해석을 바탕으로 위계를 해석해야 한다.

〈표 7-1〉 위계적 회귀분석 1

	Model 1		Model 2	
	B	β	B	β
상수	4.497		−.657	
성별(여자)	−.081	−.028	.014	.005
직업(유)	.000	.000	−.050	−.017
통신사(KT)	−.847	−.271***	−.194	−.062*
통신사(LGT)	−.769	−.216***	−.097	−.027
브랜드 차별			.290	.217***
브랜드 가치			.178	.177***
브랜드 신뢰			.646	.525***
$R^2 (\Delta R^2)$	.086		.709(.623***)	
F	11.859***		175.006***	

$^*\ p < .05 \qquad ^{***}\ p < .001$

① 1단계 위계에서 F 통계량에 해당하는 p-value는 $p < .001$이다. 이는 1단계 위계에 사용된 통제변수들 중에서 브랜드 충성도에 유의한 영향을 주는 변수가 있다는 것을 의미한다.

② 명목척도인 범주형 변수에 속하는 성별, 직업 유무, 이용하는 통신사를 더미변수로 변환하여 분석하였으며, 이들 변수 중에서 통신사($p < .001$)는 브랜드 충성도에 유의한 영향을 주는 것으로 나타났다.

③ 통신사 KT($p < .001$)와 LGT($p < .001$) 모두 브랜드 충성도에 유의한 영향을 주었다. 이들 변수는 설문에 응답한 사람이 주로 이용하는 통신사를 나타내는 더미변수이고, 변수명을 확인해 보면 SKT 이용자가 레퍼런스임을 알 수 있다. 즉 통신사(KT)의 B값이 −.847이므로 KT 이용자의 브랜드 충성도는 SKT 이용자보다 낮고($B = -.847$), 통신사(LGT)의 B값도 −.769로 음수이므로 LGT 이용자의 브랜드 충성도 역시 SKT 이용자보다 낮다($B = -.769$)는 것을 알 수 있다. 즉 SKT 이용자의 브랜드 충성도가 KT나 LGT 이용자의 충성도보다 높다는 것을 의미한다.

④ 결정계수는 .086으로 나타났다. 이는 1단계 위계에 있는 통제변수가 브랜드 충성도를 설명하는 설명력이 8.6%임을 의미한다.

⑤ 독립변수인 위계 2가 추가된 모형 2에서 결정계수는 .709이고, 결정계수 변화량은 .623이다. 즉 브랜드 차별, 브랜드 가치, 브랜드 신뢰의 '브랜드 특성'이 추가된 위계 2의 설명력이 62.3%라는 것을 의미하며, 결정계수 변화량(ΔR^2)이 통계적으로 유의미하게 나타났다($p < .001$). 즉 '브랜드 특성'의 위계는 브랜드 충성도에 실제로 유의한 영향을 주는 것을 의미한다.

⑥ 모형 2의 통제변수에서 이용 통신사 중 LGT는 $p > .05$로 나타나 모형 1에서는 유의하였으나 독립변수의 위계가 추가된 모형 2에서는 유의하지 않게 나타났으며, KT는 모형 2에서도 유의하게 나타났다($p < .05$).

⑦ 위계 2의 독립변수들에서는 브랜드 차별($p < .001$), 브랜드 가치($p < .001$), 브랜드 신뢰($p < .001$) 모두 유의한 것으로 나타났다.

⑧ 위계 2의 독립변수들에 대한 B값을 살펴보면 모두 양수이므로 브랜드 차별이 높을수록($B = .290$), 브랜드 가치가 높을수록($B = .178$), 브랜드 신뢰가 높을수록($B = .646$) 브랜드 충성도가 높아지는 것으로 나타났다.

⑨ 위계 2의 독립변수 중에서 β 값이 가장 큰 변수는 브랜드 신뢰로 .525이다. 따라서 브랜드 신뢰가 브랜드 충성도에 가장 큰 영향을 준다는 것을 알 수 있으며, 브랜드 차별의 β 값은 .217, 브랜드 가치는 .177이므로 브랜드 신뢰, 브랜드 차별, 브랜드 가치의 순으로 브랜드 충성도에 영향을 주었다.

따라서 위계적 회귀분석은 다중회귀분석이나 통제회귀분석과 비슷한 맥락으로 해석하고, 위계에 대한 설명을 강조한다.

▶ 표 7-1 해석

일반적 특성을 통제한 상태에서 브랜드 차별, 브랜드 가치, 브랜드 신뢰의 브랜드 특성이 브랜드 충성도에 미치는 영향에 대하여 1단계 위계에는 일반적 특성을, 2단계 위계에는 브랜드 특성을 투입하는 위계적 회귀분석을 실시하였다.

통제변수인 일반적 특성만 포함된 1단계 위계에서 이용하는 통신사($p < .001$)는 브랜드 충성도에 유의한 영향을 주었으며, KT 이용자($B = -.847$)와 LGT 이용자($B = -.769$)는 SKT 이용자보다 브랜드 충성도가 낮았으며, 통제변수가 브랜드 충성도를 설명하는 설명력은 8.6%로 나타났다.

독립변수들이 포함된 두 번째 위계를 투입한 모형 2에서 설명력은 62.3%p($p < .001$)로

유의하게 증가한 것으로 나타나, 일반적 특성을 통제한 상태에서 브랜드 특성은 브랜드 충성도에 유의한 영향을 주었다. 브랜드 특성에서 브랜드 차별($p < .001$), 브랜드 가치($p < .001$), 브랜드 신뢰($p < .001$) 모두 브랜드 충성도에 유의한 영향을 주었으며, 브랜드 차별이 높을수록($B = .290$), 브랜드 가치가 높을수록($B = .178$), 브랜드 신뢰가 높을수록($B = .646$) 브랜드 충성도가 높아지는 것으로 나타났다. 브랜드 특성 중에서 브랜드 신뢰($\beta = .525$)가 브랜드 충성도에 가장 높은 영향을 주었으며, 브랜드 차별($\beta = .217$), 브랜드 가치($\beta = .177$)의 순으로 브랜드 충성도에 영향을 주었다.

7.3 | 수정된 결정계수 증가분의 유의성 평가

위계적 회귀분석에서 가장 핵심적인 사항 중 하나는 결정계수 증가분(ΔR^2)에 대한 유의성 평가이다. 결정계수 증가분 ΔR^2값이 유의해야 추가된 위계의 의미가 있기 때문이다. 하지만 위계적 회귀분석에서 제공되는 결정계수 증가분 ΔR^2은 수정된 결정계수 증가분 ΔR^2_{adj}에 대한 검정이 아니다. 4.3.2절에서 '수정된 결정계수'에 대해 살펴보았듯이, 현대 연구의 추세는 R^2이 아니라 R^2_{adj}이다. 따라서 SPSS에서 제공하는 결정계수 증가분 ΔR^2의 유의성이 아닌 수정된 결정계수의 증가분 ΔR^2_{adj}의 유의성을 검정하는 것이 더 타당하다고 볼 수 있다.

이번 절에서는 바로 이 수정된 결정계수 증가분 ΔR^2_{adj}의 유의성 검정방법에 대해 알아본다. Jaccard & Turrisi(2003)[1]의 방법을 이용하여 수정된 결정계수 증가분 ΔR^2_{adj}의 유의성 검정을 할 수 있다.

$$F = \frac{(R_2^2 - R_1^2)/(p_2 - p_1)}{(1 - R_2^2)/(n - p_2 - 1)}$$

위의 식에서 p_1은 첫 번째 위계에 사용된 독립변수의 개수이고, p_2는 두 번째 위계에 사용된 독립변수의 개수이다. R_1^2은 첫 번째 위계의 결정계수이고, R_2^2은 두 번째 위계의 독립변수의 수이며, n은 분석에 사용된 데이터의 수이다.

---

1) Jaccard, J., & Turrisi, R. (2003). *Interaction Effects in Multiple Regression*(2nd ed.). Sage Publications.

위의 식에서 결정계수 대신 수정된 결정계수를 사용하면 수정된 결정계수 증가분 ΔR_{adj}^2 의 유의성을 검정할 수 있다. F 통계량의 자유도는 $p_2 - p_1$과 $n - p_2 - 1$을 이용하여 검정한다.

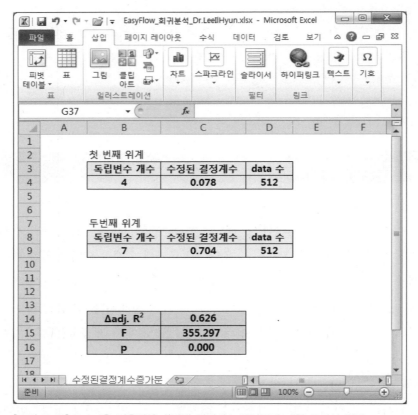

[그림 7-18] Excel을 이용하여 수정된 결정계수 증가분에 대한 유의성 검정

[그림 7-18]은 Excel을 이용하여 수정된 결정계수 증가분에 대한 유의성을 평가하는 프로그램이다.

위계적 회귀분석 결과에서 수정된 결정계수는 [그림 7-15]에 나타내었다. 분석 결과 위계 1의 수정된 결정계수는 $adjR_1^2 = .078$이며, 위계 2의 수정된 결정계수는 $adjR_2^2 = .704$이다. 독립변수의 개수는 위계 1이 4개, 위계 2는 7개이며, 전체 사용된 데이터의 수는 512명이다. 이 값들을 이용하여 계산한 F 통계량은 $F=355.297$이며, p-value는 $p < .001$로 나타나 수정된 결정계수 증가분은 유의하다. 그러므로 <표 7-1>은 <표 7-2>와 같이 사용할 수 있다.

〈표 7-2〉 위계적 회귀분석 2

	Model 1		Model 2	
	B	β	B	β
상수	4.497		−.657	
성별(여자)	−.081	−.028	.014	.005
직업(유)	.000	.000	−.050	−.017
통신사(KT)	−.847	−.271***	−.194	−.062*
통신사(LGT)	−.769	−.216***	−.097	−.027
브랜드 차별			.290	.217***
브랜드 가치			.178	.177***
브랜드 신뢰			.646	.525***
$R^2_{adj}\ (\Delta R^2_{adj})$	.078		.704(.626***)	
F	11.859***		175.006***	

* $p < .05$ *** $p < .001$

08

매개회귀분석

EasyFlow Regression Analysis

이 장에서는 사회과학에서 많이 다루는 주제의 하나인 매개변수에 대해 살펴본다. 매개
변수는 독립변수와 종속변수 사이에 매개 역할을 하는 변수이다. 매개는 '둘 사이의 양편
의 관계를 맺어 주는 것'을 의미한다. 여기서 '둘'은 독립변수와 종속변수를 뜻하고, '양
편의 관계'는 독립변수가 종속변수에 미치는 인과관계를 말한다. 따라서 통계학에서의
매개란 독립변수와 종속변수 사이의 인과관계를 맺어주는 것이라고 할 수 있다. 그런데
애초부터 독립변수와 종속변수 사이에는 인과관계가 있다. 여기서 또 다시 인과관계를
맺는다는 것의 의미를 생각하면 된다.

8.1.1 매개변수

[그림 8-1]은 독립변수와 종속변수 사이의 인과관계를 나타낸 것이다. 여기에 다시 매
개변수가 인과관계를 맺는다는 것은 독립변수와 종속변수 사이에 또 다른 변수 M이 존
재하여 그 독립변수와 다른 변수 M 사이에 인과관계를 맺고, 또 다시 M과 종속변수
사이에 인과관계를 맺는다는 것을 의미한다. 즉 [그림 8-2]와 같이 독립변수와 종속변수
사이에 또 다른 변수 M이 존재하여 인과관계가 있을 때 어떤 "변수 M은 독립변수와
종속변수 사이를 매개한다."라고 하며, 이때 독립변수와 종속변수를 매개하는 변수 M을
매개변수(mediator variable)라고 한다.

[그림 8-1] 인과관계

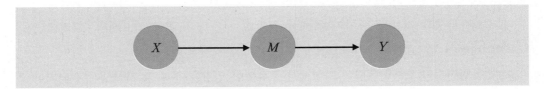

[그림 8-2] 매개변수

매개변수는 독립변수가 종속변수에 미치는 영향의 중간에서 간접적인 역할을 한다. 또 매개변수는 '중매쟁이'라고 할 수 있다. 갑돌이와 갑순이가 결혼하기 위해서는 중간에 둘 사이를 맺어주는 중매쟁이가 있다. 이 중매쟁이가 바로 매개변수이다. 따라서 매개변수는 독립변수, 종속변수와 항상 같이 생각해야 하며 따로 떼어 내서 생각하지 않는다.

예를 들어 '청소년의 집단따돌림이 자살생각에 미치는 영향'에 관한 연구를 생각해 보자. 집단따돌림이 심할수록 자살생각이 강해질 것이다. 여기에서 집단따돌림은 독립변수이고, 자살생각은 종속변수이다. 이 집단따돌림과 자살생각 간에는 인과관계가 성립된다.

집단따돌림과 자살생각이라는 변수에서 '우울'이라는 변수를 하나 추가해 보면, 집단따돌림은 우울에 영향을 주며, 또 이 우울은 자살생각에 영향을 준다. 즉 집단따돌림이 심하면 우울이 심해지고, 우울이 심해지면 그 결과로 자살생각이 강해지는 것이다. 여기서 우울은 집단따돌림과 자살생각을 매개하는 매개변수가 된다.

8.1.2 매개변수의 사용

매개변수를 사용하는 이유는 무엇일까? 이에 대해서 살펴보자.

1) 독립변수의 역할

연구자가 알고자 하는 것은 결국 종속변수이다. 위의 예에서 청소년의 자살생각이 어떠한지를 알고자 하는 것이 연구 목적일 것이므로 청소년의 자살생각에 영향을 주는 많은 원인들 중에서 '집단따돌림'을 투입한 것이다. 즉 집단따돌림이 자살생각에 영향을 주는지를 확인하는 것이다.

연구자는 궁극적으로 청소년의 자살생각을 낮추는 데 목적을 두고 있다. 그러나 자살생각 자체를 낮추고자 한다면 이것은 매우 어려운 문제이다. 이때 집단따돌림이 자살생각에 유의한 영향을 준다면 자살생각을 낮추기 위해서는 집단따돌림을 줄이면 된다는 것을 연구자는 알게 된다. 이것이 바로 인과관계분석의 목적이며, 독립변수의 역할이다.

청소년의 높은 자살생각을 낮추기 위해서는 병원에서의 약물치료와 심리치료, 주변 친구들의 지지, 가족의 협조, 선생님의 관심 등 많은 것들에 관심을 가지고 노력을 해야 한다. 즉 자살생각 자체를 줄이기 위해서는 많은 시간과 노력이 필요하다. 그런데 들인 노력에 비해서 그 효과는 미미하다.

이때 독립변수인 집단따돌림이 자살생각에 유의한 영향을 준다면, 자살생각이 낮거나 없는 청소년들도 집단따돌림을 당하게 되면 자살생각이 높아진다는 것을 알 수 있으므로 예방

차원에서 집단따돌림을 없애면 청소년의 자살생각이 많이 낮아진다는 것을 알 수 있다. 이렇게 인과관계에 의한 통계분석을 함으로써 자살생각을 낮출 수 있다.

2) 매개변수의 사용

자살생각을 낮추기 위해 예방조건으로 집단따돌림을 없애면 된다는 사실을 확인한 연구자는 집단따돌림을 없애기 위해 여러 가지 노력과 조치를 취할 것이다. 하지만, 그럼에도 불구하고 집단따돌림은 나올 수밖에 없고, 그렇게 집단따돌림을 경험한 청소년들은 자살생각이 강해질 수 있다. 이때 집단따돌림과 자살생각이라는 두 변수 사이에 새롭게 인과관계가 맺어지는 '우울'을 생각하게 된다.

집단따돌림은 우울에 유의한 영향을 준다. 즉 이 둘 사이에는 인과관계가 성립된다. 집단따돌림의 정도가 강할수록 우울이 심해질 것이다. 또한 우울과 자살생각에도 인과관계가 성립되어 우울이 심해지면 자살생각이 강해진다.

서로 다른 2개의 연구가 각각 존재하는 경우, 즉 [그림 8-3]의 (a)와 (b)가 각각 존재하는 경우 이 두 연구의 결합을 생각할 수 있다.

(a) 집단따돌림과 우울   (b) 우울과 자살생각

[그림 8-3] 집단따돌림, 우울, 자살생각

[그림 8-3]의 (a)와 (b)를 결합하면 [그림 8-4]와 같이 표현할 수 있다. 이때 '우울'은 독립변수인 '집단따돌림'과 종속변수인 '자살생각'을 맺어주게 되는데(독립변수가 종속변수에 미치는 영향을 매개), 이렇게 매개하는 변수를 **매개변수**라고 한다.

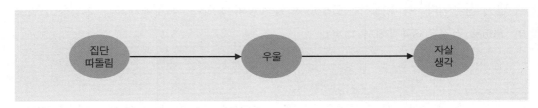

[그림 8-4] 우울의 매개변수

매개변수는 이와 같이 선행연구가 각각 존재할 때 그 연구들을 결합하는 것이다. 그렇다면 매개변수를 사용하는 이유는 단지 두 변수를 결합하기 위해서일까?

다시 앞의 집단따돌림과 우울 그리고 자살생각으로 돌아가 보자. 자살생각 자체를 낮추는 것은 힘들다. 그렇기 때문에 이를 예방하기 위해서 집단따돌림을 없애는 방법에 대해 연구하지만 그래도 집단따돌림은 존재하기 때문에 예방하는 데는 한계가 있다. 이때 예방에 실패하여 집단따돌림을 당한 청소년의 자살생각을 어떻게 줄일 것인가에 대해서 고민하게 되는데 여기서 매개변수가 효과를 발휘한다.

매개변수인 우울은 자살생각에 영향을 주게 된다. 집단따돌림을 당한 청소년들의 자살생각을 낮추기 위해서 이번에는 '우울'을 낮추는 방법에 대해 연구한다. 즉 우울을 낮추면 자살생각이 낮아지므로 연구자는 자살생각을 낮추기 위해서 우울을 낮추는 방안을 강구하게 된다. 이렇게 "어떤 변수가 매개 역할을 할 때 **매개효과**(mediator effect)가 있다."고 말한다.

현대의 연구에서는 독립변수와 종속변수의 직접적인 관계(1차원적 인과관계)에 대한 연구는 사실 거의 이루어져 있다. 즉 새로운 연구를 하고자 할 때 단순히 독립변수와 종속변수의 인과관계만으로는 한계가 있다. 이때 매개변수가 1차원적 인과관계를 2차원적 인과관계로 확장시키는 계기를 마련해 준다.

8.2 | 매개효과 검정

매개효과를 검정하는 가장 대표적인 방법으로 **Baron & Kenny의 방법**[1]과 **Sobel 검정**이 있다. 회귀분석에서는 주로 Baron & Kenny의 방법을 이용하고, 구조방정식에서는 Sobel 검정을 많이 이용한다. 현재는 회귀분석에서도 Baron & Kenny 방법보다 Sobel 검정이 더 많이 사용된다. 이 절에서는 Baron & Kenny의 방법에 의한 매개효과 검정을 알아보며, Sobel 검정은 8.4절에서 다룬다.

---

[1] Baron, R. M., & Kenny, D. A. (1986). The mederator-mediator variable distinction in social psychological research: conceptual, strategic, and statistical considerations. *J. of Personality and Social Psychology*, Vol. 51, No. 6, 1173-1182.

8.2.1 매개효과 검정

매개효과를 검정하기 위해서는 Baron & Kenny(1986)의 3단계 과정을 통해서 할 수 있다. 먼저 첫 번째 단계에서는 독립변수가 매개변수에 유의한 영향을 미치는지를 검정하고, 두 번째 단계에서는 독립변수가 종속변수에 유의한 영향을 미치는지를 검정한다. 마지막으로 세 번째 단계에서는 독립변수와 매개변수가 동시에 종속변수에 유의한 영향을 미치는지 검정한다.

〈표 8-1〉 Baron & Kenny(1986)가 제시한 매개효과 검정방법

단계	회귀모형	조건
Step 1	$M = \beta_{10} + \beta_{11}X$	β_{11}이 통계적으로 유의미해야 한다.
Step 2	$Y = \beta_{20} + \beta_{21}X$	β_{21}이 통계적으로 유의미해야 한다.
Step 3	$Y = \beta_{30} + \beta_{31}X + \beta_{32}M$	β_{32}가 통계적으로 유의미해야 한다. β_{31}이 통계적으로 유의미하지 않으며 β_{31}이 β_{21}보다 작다.

[Step 1] $X \rightarrow M$

1단계에서는 독립변수가 매개변수에 미치는 영향을 검정한다. 이때 독립변수는 매개변수에 유의한 영향을 주어야 한다. 앞의 예에서 독립변수인 '집단따돌림'이 매개변수인 '우울'에 미치는 영향에 대해 회귀분석을 실시하여 p-value가 $p < .05$로 유의하게 나와야 한다. 즉 집단따돌림이 우울에 유의한 영향을 주어야 한다.

[Step 2] $X \rightarrow Y$

2단계에서는 독립변수와 종속변수의 인과관계에 관한 것으로, 독립변수가 종속변수에 미치는 영향을 분석하여 유의하게 나와야 한다. 즉 독립변수인 '집단따돌림'이 종속변수인 '자살생각'에 미치는 영향을 분석하여 집단따돌림이 자살생각에 유의한 영향을 주어야 한다.

[Step 3] $X, M \rightarrow Y$

3단계에서는 독립변수와 매개변수가 동시에 종속변수에 미치는 영향을 분석한다. 이 단계에서 매개변수는 종속변수에 유의한 영향을 주어야 한다. 그러면 매개변수는 독립변수가 종속변수에 미치는 영향을 매개한다.

독립변수인 '집단따돌림'과 매개변수인 '우울'을 동시에 투입하여 종속변수인 '자살생각'에 미치는 영향을 분석한다. 즉 집단따돌림과 우울을 독립변수로, 자살생각을 종속변수로 하는 다중회귀분석을 실시한다. 분석 결과 매개변수인 우울이 자살생각에 유의한 영향을 주는 경우 **매개효과가 있다**라고 한다.

8.2.2 완전 매개와 부분 매개

매개효과는 독립변수의 역할에 따라 **완전 매개효과**(full mediation or complete mediation)와 **부분 매개효과**(partial mediation)로 구분할 수 있다.

1) 완전 매개효과

매개효과를 검정하는 3단계에서 매개변수는 종속변수에 유의한 영향을 주지만, 독립변수는 종속변수에 유의한 영향을 주지 않아야 한다. 또 2단계에서의 독립변수의 비표준화 계수보다 3단계에서의 독립변수의 비표준화 계수가 작을 때 매개변수는 **완전 매개**하는 것이다.

<표 8-2>는 Baron & Kenny의 방법을 이용해 매개효과를 검정한 결과를 나타낸 것이다.

〈표 8-2〉 완전 매개효과 검정 예

단계			B	R^2	F
Step 1	X	$\rightarrow$ M	$.369^{**}$	.190	2.318^{**}
Step 2	X	$\rightarrow$ Y	$.575^{***}$	.246	52.223^{***}
Step 3	X	$\rightarrow$ Y	.116	.366	37.373^{***}
	M	$\rightarrow$ Y	$.359^{**}$		

** $p < .01$ *** $p < .001$

1단계에서 독립변수는 매개변수에 유의한 영향을 주는 것으로 나타났다($p < .01$). 독립변수가 높을수록($B = .369$) 매개변수가 높아지고, 독립변수가 매개변수를 설명하는 설명력은 19.0%이다.

2단계에서 독립변수는 종속변수에 유의한 영향을 주는 것으로 나타났다($p < .001$). 독립변수가 높을수록($B = .575$) 종속변수가 높아지고, 독립변수가 종속변수를 설명하는 설명력은 24.6%이다.

3단계에서 매개변수는 종속변수에 유의한 영향을 주고($p < .001$), 독립변수는 종속변수에 유의한 영향을 주지 않는다($p > .05$). 독립변수의 비표준화 계수는 2단계의 .575에서 3단계에서는 .116으로 감소하였다. 따라서 매개변수는 독립변수와 종속변수를 완전 매개한다고 볼 수 있다.

완전 매개효과를 모형으로 나타내면 [그림 8-5]와 같다. (a)는 독립변수가 종속변수에 미치는 영향이 유의하지 않아서 경로를 그리지 않았다. 이 모형 그림은 [그림 8-2], [그림 8-4]와 같다. (b)는 독립변수가 종속변수에 미치는 영향을 점선(┈►)으로 표시하였다. 여기서 일반적으로 많이 사용하는 모형은 (b)이다. 왜냐하면 (a)의 경우에는 처음부터 독립변수가 종속변수에 미치는 영향 자체를 분석하지 않은 것으로 오해할 수 있지만, (b)는 분석은 하였으나 유의하지 않아서 점선(┈►)으로 표시한 것으로 이해할 수 있기 때문이다.

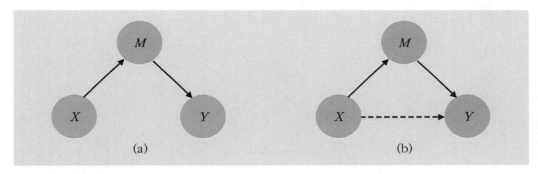

[그림 8-5] 완전 매개모형

2) 부분 매개효과

매개효과를 검정하는 3단계에서 매개변수는 종속변수에 유의한 영향을 주고, 독립변수 역시 종속변수에 유의한 영향을 주는 경우 **부분 매개**하는 것이다.

〈표 8-3〉 부분 매개효과 검정 예

	단계			B	R^2	F
Step 1	X	→	M	.369**	.190	2.318**
Step 2	X	→	Y	.575***	.246	52.223***
Step 3	X	→	Y	.516***	.366	37.373***
	M	→	Y	.159*		

* $p < .05$ ** $p < .01$ *** $p < .001$

<표 8-3>은 <표 8-2>의 검정 예와 거의 동일하며 3단계에서만 조금 차이가 있다.

1단계에서 독립변수는 매개변수에 유의한 영향을 주는 것으로 나타났다($p < .01$). 독립변수가 높을수록($B = .369$) 매개변수가 높아지며, 독립변수가 매개변수를 설명하는 설명력은 19.0%이다.

2단계에서 독립변수는 종속변수에 유의한 영향을 주는 것으로 나타났다($p < .001$). 독립변수가 높을수록($B = .575$) 종속변수가 높아지며, 독립변수가 종속변수를 설명하는 설명력은 24.6%이다.

3단계에서 매개변수는 종속변수에 유의한 영향을 주고($p < .05$), 독립변수 역시 종속변수에 유의한 영향을 준다($p < .001$). 이렇게 독립변수와 매개변수가 모두 종속변수에 유의한 영향을 줄 때, 매개변수는 "독립변수가 종속변수에 미치는 영향을 부분 매개한다."라고 한다.

부분 매개효과를 모형으로 나타내면 [그림 8-6]과 같다.

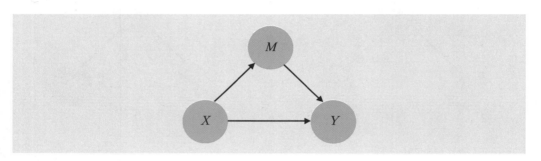

[그림 8-6] 부분 매개모형

▶ TIP

Baron & Kenny의 매개효과 검정은 회귀분석에서 가장 많이 사용하는 매개효과의 검정방법이다. 하지만 이 방법은 몇 가지 문제점을 안고 있다. 우선 매개효과 검정 시 3단계에 걸쳐서 분석을 한다는 점이다. 즉 매개효과 검정을 한번에 분석하는 것이 아니라 3단계를 거쳐서 분석하는 문제가 있다. 그래서 이에 대한 대안으로 Sobel 검정 등의 방법이 사용된다. Sobel 검정은 주로 구조방정식에서 많이 사용되고, 회귀분석에서는 Baron & Kenny 방법이 주로 사용된다.

두 번째 문제는 Baron & Kenny의 방법에서는 독립변수가 종속변수에 유의한 영향을 주어야 한다는 전제조건이 있다는 점이다. 독립변수가 종속변수에 미치는 직접효과(c')와 독립변수가 종속변수에 미치는 영향에 대하여 매개변수를 거치는 간접효과($a \times b$)가 있다.

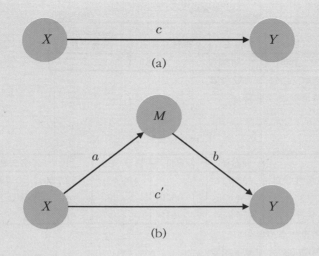

(a)

(b)

독립변수가 종속변수에 미치는 영향은 직접효과와 간접효과의 합이다.

총 효과＝직접효과＋간접효과

$$c = c' + (a \times b)$$

일반적으로 직접효과와 간접효과의 방향성은 동일하다. 즉 직접효과가 양의 영향을 주었으면 간접효과 역시 양의 영향을 주는 것이 일반적이며, 궁극적으로 총 효과는 커지게 된다. 그러나 이러한 직접효과와 간접효과가 항상 방향성이 일치하는지에 대해서는 연구해야 한다. 직접효과는 양의 효과가 있고 간접효과는 음의 효과가 있는 경우가 있으며, 반대로 직접효과는 음의 영향인데, 간접효과는 양의 영향인 경우도 있다. 따라서 총 효과는 오히려 감소하는 형태가 나올 수도 있다는 것이다. 이러한 문제를 Baron & Kenny의 방법에서는 찾아주지 못한다.

8.2.3 매개효과 검정

| 예제 8.1 | 브랜드 차별이 브랜드 충성도에 미치는 영향을 브랜드 감성이 매개하는지에 대해 검정한다.

[Step 1] $X \rightarrow M$

1단계에서는 독립변수가 매개변수에 미치는 영향에 대해서 분석한다.

모형 요약[b]

모형	R	R 제곱	수정된 R 제곱	추정값의 표준오차
1	.699[a]	.489	.488	.91237

a. 예측값: (상수), 브랜드 차별

b. 종속변수: 브랜드 감성

분산분석[a]

모형		제곱합	자유도	평균 제곱	F	유의확률
1	회귀 모형	406.431	1	406.431	488.251	.000[b]
	잔차	424.535	510	.832		
	합계	830.967	511			

a. 종속변수: 브랜드 감성

b. 예측값: (상수), 브랜드 차별

계수[a]

모형		비표준화 계수		표준화 계수	t	유의확률
		B	표준오차	베타		
1	(상수)	.039	.183		.213	.831
	브랜드 차별	.835	.038	.699	22.096	.000

a. 종속변수: 브랜드 감성

[그림 8-7] 브랜드 차별이 브랜드 감성에 미치는 영향

독립변수인 '브랜드 차별'이 매개변수인 '브랜드 감성'에 미치는 영향을 분석한 결과, 브랜드 차별은 브랜드 감성에 유의한 영향을 주는 것으로 나타났다($p < .001$). 따라서 매개효과 검정의 1단계는 성립한다.

[Step 2/3] $X \rightarrow Y / X, M \rightarrow Y$

2단계에서는 독립변수가 종속변수에 미치는 영향을 분석하고, 3단계에서는 독립변수와 매개변수가 종속변수에 미치는 영향을 분석한다. 본래는 2단계와 3단계를 각각 분석해야 하지만 7장에서 설명한 위계적 회귀분석방법을 이용하면 한번에 두 단계를 분석할 수 있다.

분석 → 회귀분석 → 선형

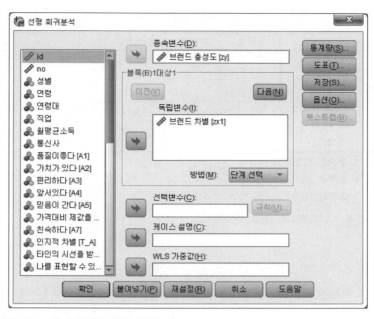

[그림 8-8] 매개효과 검정 2단계

매개효과를 검정하는 2단계에서는 독립변수가 종속변수에 미치는 영향을 분석한다. 이것은 일반적인 회귀분석 절차와 동일하며, [그림 8-8]의 회귀분석 대화상자에서 브랜드 충성도와 브랜드 차별을 종속변수와 독립변수에 각각 투입하면 된다.

3단계에서는 독립변수와 매개변수를 동시에 투입한다. 즉 [그림 8-9]의 **[블록(B)2대상2]**에 브랜드 감성을 투입한다. 이것은 [그림 8-8]의 화면에서 **[블록(B)1대상1]**의 **다음(N)** 을 클릭한 뒤 [그림 8-9]의 화면에서 매개변수인 '브랜드 감성'을 투입하는 것이다.

[그림 8-9] 매개효과 검정 3단계

매개효과를 검정하는 2, 3단계를 한번에 분석한 결과를 [그림 8-10]~[그림 8-12]에 나타낸다.

분산분석^a

모형		제곱합	자유도	평균 제곱	F	유의확률
1	회귀 모형	522.576	1	522.576	515.258	.000^b
	잔차	517.243	510	1.014		
	합계	1039.819	511			
2	회귀 모형	768.251	2	384.125	719.964	.000^c
	잔차	271.569	509	.534		
	합계	1039.819	511			

a. 종속변수: 브랜드 충성도

b. 예측값: (상수), 브랜드 차별

c. 예측값: (상수), 브랜드 차별, 브랜드 감성

[그림 8-10] 매개효과 검정: 분산분석표

[그림 8-10]에서 모형 1은 브랜드 차별이 브랜드 충성도에 미치는 영향을 분석한 것이고, 모형 2는 브랜드 차별과 브랜드 감성이 브랜드 충성도에 미치는 영향을 분석한 것이다. 따라서 모형 1은 매개효과 검정의 2단계(Step 2)에 해당하고, 모형 2는 매개효과 검정의 3단계(Step 3)에 해당한다.

계수^a

모형		비표준화 계수		표준화 계수	t	유의확률
		B	표준오차	베타		
1	(상수)	-.420	.202		-2.081	.038
	브랜드 차별	.946	.042	.709	22.699	.000
2	(상수)	-.450	.146		-3.072	.002
	브랜드 차별	.311	.042	.233	7.362	.000
	브랜드 감성	.761	.035	.680	21.458	.000

a. 종속변수: 브랜드 충성도

[그림 8-11] 매개효과 검정: 계수표

[그림 8-11]에서 모형 1은 2단계에서 독립변수인 '브랜드 차별'이 종속변수인 '브랜드 충성도'에 미치는 영향을 분석한 것이며, 브랜드 차별은 브랜드 충성도에 유의한 영향을 주는 것으로 나타났다($p < .001$). 즉 브랜드 차별이 높을수록($B = .946$) 브랜드 충성도가 높아지는 것을 알 수 있다.

3단계에서 독립변수와 매개변수가 종속변수에 미치는 영향을 분석한 결과, 매개변수인 브랜드 감성($p < .001$)이 브랜드 충성도에 유의한 영향을 주므로 매개효과가 있는 것으로 나타났다.

매개효과가 있는 경우 완전 매개인지 부분 매개인지에 대하여 검정한 결과, 독립변수인 브랜드 감성($p < .001$)이 브랜드 충성도에 유의한 영향을 주므로 부분 매개하는 것으로 나타났다. 즉 브랜드 감성은 브랜드 차별이 브랜드 충성도에 미치는 영향을 부분 매개하는 것으로 나타났다.

모형 요약^c

모형	R	R 제곱	수정된 R 제곱	추정값의 표준오차
1	.709^a	.503	.502	1.00708
2	.860^b	.739	.738	.73043

a. 예측값: (상수), 브랜드 차별
b. 예측값: (상수), 브랜드 차별, 브랜드 감성
c. 종속변수: 브랜드 충성도

[그림 8-12] 매개효과 검정: 모형요약표

독립변수와 매개변수가 종속변수에 미치는 영향을 설명하는 설명력을 살펴본 결과 [그림 8-12]에서 브랜드 차별이 브랜드 충성도를 설명하는 설명력은 50.3%이며, 브랜드 차별과 브랜드 감성이 브랜드 충성도를 설명하는 설명력은 73.9%로 나타났다. 따라서 브랜드 감성이 추가되어 23.6%p가 증가하였다.

[Step 4] 표 작성 및 해석

매개효과를 검정한 결과를 표로 나타내면 <표 8-4>, <표 8-5>와 같다. <표 8-4>는 예제에서 사용한 결과와 동일하다.

〈표 8-4〉 브랜드 감성의 매개효과 검정 1

	단계	B	R^2	F
Step 1	브랜드 차별 → 브랜드 감성	.835***	.489	488.251***
Step 2	브랜드 차별 → 브랜드 충성도	.946***	.503	515.258***
Step 3	브랜드 차별 → 브랜드 충성도	.311***	.739	719.964***
	브랜드 감성 → 브랜드 충성도	.761***		

*** $p < .001$

<표 8-5>는 단계선택방법에 의한 회귀분석과 위계적 회귀분석에서 사용한 형식의 표와 같다. 각 분석에서 종속변수가 무엇인지를 표시하기 위해 Step 1에는 매개변수인 '브랜드 감성'을 기입하고, Step 2, 3에는 종속변수인 '브랜드 충성도'를 기입한다.

〈표 8-5〉 브랜드 감성의 매개효과 검정 2

	Step 1 브랜드 감성	Step 2 브랜드 충성도	Step 3 브랜드 충성도
상수	.039	−.420[*]	−.450[**]
브랜드 차별	.835[***]	.946[***]	.311[***]
브랜드 감성			.761[***]
R^2	.489	.503	.739
F	488.251[***]	515.258[***]	719.964[***]

[*] $p < .05$ [**] $p < .01$ [***] $p < .001$

▶ 표 8-5 해석

브랜드 감성의 매개효과를 검정한 결과, 독립변수가 매개변수에 미치는 영향을 분석하는 Step 1에서 브랜드 차별($p < .001$)은 브랜드 감성에 유의한 영향을 주었으며, 브랜드 차별이 높을수록($B = .835$) 브랜드 감성이 높아졌다. 브랜드 차별이 브랜드 감성을 설명하는 설명력은 48.9%이다.

독립변수가 종속변수에 미치는 영향을 분석하는 Step 2에서 브랜드 차별($p < .001$)은 브랜드 충성도에 유의한 영향을 주었으며, 브랜드 차별이 높을수록($B = .946$) 브랜드 충성도가 높아졌다. 브랜드 충성도를 설명하는 설명력은 50.3%이다.

매개효과를 검정하는 Step 3에서는 독립변수와 매개변수가 종속변수에 미치는 영향에 대해서 분석하였다. Step 3에서 브랜드 감성($p < .001$)은 브랜드 충성도에 유의한 영향을 주어 매개효과가 있는 것으로 나타났다. 독립변수인 브랜드 차별($p < .001$) 또한 브랜드 충성도에 유의한 영향을 주어, 매개효과 중에서 부분 매개효과가 있는 것으로 나타났다. 브랜드 차별이 높을수록($B = .311$), 브랜드 감성이 높을수록($B = .761$) 브랜드 충성도가 높아지며, 브랜드 충성도를 설명하는 설명력은 73.9%이다.

이상의 검정 결과, 브랜드 차별, 브랜드 감성과 브랜드 충성도의 관계를 그림으로 나타내면 [그림 8-13]과 같다.

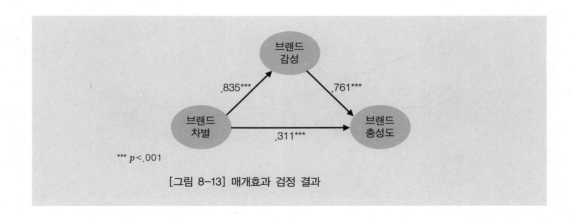

[그림 8-13] 매개효과 검정 결과

8.3 | 매개효과 분석

이 절에서는 실제 예들을 통해서 매개효과 분석을 실시한다. 매개효과 검정은 초기에는 8.2.3절의 <예제 8-1>과 같이 하나의 독립변수에 대하여 매개변수가 매개하는지를 검정하였다. 하지만 최근에는 좀 더 발전하여 여러 개의 독립변수가 있을 때나 또는 통제변수가 있어서 변수를 통제한 상태에서 매개효과를 검정하는 경우가 많다. 더 나아가서는 두 가지가 결합되어 통제변수도 존재하고 독립변수가 여러 개인 상황에서의 매개효과를 검정하기도 한다.

8.3.1 매개효과 분석: 독립변수가 여러 개인 경우

| 예제 8.2 | 브랜드 차별, 브랜드 가치, 브랜드 신뢰가 브랜드 충성도에 미치는 영향에 대해서 브랜드 감성이 매개하는지를 분석한다.

이 예는 독립변수가 3개이고 매개변수가 1개인 경우이며, 모형으로 나타내면 [그림 8-14]와 같다. [그림 8-14]의 매개 모형에 대해 검정할 경우, 기존에는 독립변수인 브랜드 차별, 브랜드 가치, 브랜드 신뢰 각각에 대하여 매개효과를 검정하였다. 그러나 현재는 3개의 독립변수는 한 척도의 하위영역이므로 3개의 변수를 동시에 고려하는 매개효과 검정을 실시해야 한다.

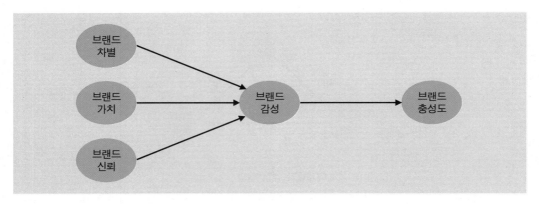

[그림 8-14] 브랜드 감성의 매개 모형

매개효과 검정의 3단계를 다시 살펴보면 다음과 같다.

[Step 1] $X \rightarrow M$
[Step 2] $X \rightarrow Y$
[Step 3] $X, M \rightarrow Y$

① 1단계에서는 독립변수가 매개변수에 미치는 영향을 검정한다. 현재 독립변수는 브랜드 차별, 브랜드 가치, 브랜드 신뢰로 3개이므로 독립변수가 3개인 다중회귀분석을 실시한다.

② 2단계에서는 독립변수가 종속변수에 미치는 영향을 검정한다. 이 단계에서도 독립변수가 3개인 다중회귀분석을 실시한다.

③ 3단계에서는 독립변수와 매개변수가 종속변수에 미치는 영향을 검정한다. 독립변수가 4개인 다중회귀분석을 실시한다.

[Step 1] 다중공선성과 자기상관

매개효과를 검정하는 분석에서도 독립변수 간에는 다중공선성이 없어야 하며, 종속변수의 자기상관이 없어야 한다. 따라서 종속변수와 독립변수 간의 다중회귀분석을 실시하여 다중공선성과 자기상관을 검토한다.

계수ª

모형		비표준화 계수		표준화 계수	t	유의확률	공선성 등계량	
		B	표준오차	베타			공차	VIF
1	(상수)	-.878	.159		-5.534	.000		
	브랜드 차별	.318	.047	.239	6.830	.000	.476	2.101
	브랜드 가치	.176	.032	.175	5.446	.000	.561	1.783
	브랜드 신뢰	.644	.048	.523	13.550	.000	.390	2.566

a. 종속변수: 브랜드 충성도

[그림 8-15] 다중공선성

다중회귀분석을 실시한 결과 [그림 8-15]의 계수표로 다중공선성을 검토한다. *VIF*값이 1.783~2.566으로 10 미만이므로 다중공선성이 없음을 알 수 있다.

모형 요약ᵇ

모형	R	R 제곱	수정된 R 제곱	추정값의 표준오차	Durbin-Watson
1	.840ª	.705	.703	.77692	1.956

a. 예측값: (상수), 브랜드 신뢰, 브랜드 가치, 브랜드 차별

b. 종속변수: 브랜드 충성도

[그림 8-16] 자기상관

[그림 8-16]의 모형요약표를 통해 자기상관을 검토한다. Durbin-Watson 지수가 $1.956(d_U = 1.87094 < d)$이므로 자기상관이 없이 독립적이다. 따라서 종속변수가 자기상관이 없이 독립적이며, 독립변수 간 다중공선성이 없는 것으로 나타나 매개효과 검정을 실시한다.

[Step 2] 매개효과 검정

매개효과 검정을 실시한다.

[매개효과 1단계] $X \rightarrow M$

1단계에서는 독립변수인 브랜드 차별, 브랜드 가치, 브랜드 신뢰가 매개변수인 브랜드 감성에 미치는 영향을 검정한다. 따라서 회귀분석 메뉴를 나타낸 [그림 8-17]에서 종속변수에는 브랜드 감성을, 독립변수에는 브랜드 차별, 브랜드 가치, 브랜드 신뢰를 투입하는 회귀분석을 실시한다.

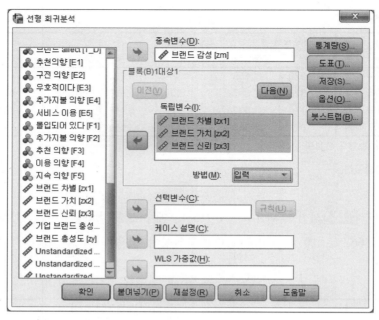

[그림 8-17] 매개효과 1단계

1단계 분석 결과에서는 독립변수가 매개변수에 미치는 영향이 유의한지에 대해서 확인한다. 즉 계수표에서 p-value만 확인하면 된다. 나머지 분산분석표와 모형요약표는 최종 분석 결과에 대해서 표를 작성할 때만 필요하다.

모형 요약[b]

모형	R	R 제곱	수정된 R 제곱	추정값의 표준오차
1	.879[a]	.772	.771	.61069

a. 예측값: (상수), 브랜드 신뢰, 브랜드 가치, 브랜드 차별

b. 종속변수: 브랜드 감성

분산분석[a]

모형		제곱합	자유도	평균 제곱	F	유의확률
1	회귀 모형	641.509	3	213.836	573.368	.000[b]
	잔차	189.458	508	.373		
	합계	830.967	511			

a. 종속변수: 브랜드 감성

b. 예측값: (상수), 브랜드 신뢰, 브랜드 가치, 브랜드 차별

[그림 8-18] 매개효과 1단계: 분석 결과 (계속)

계수ᵃ

모형		비표준화 계수		표준화 계수	t	유의확률
		B	표준오차	베타		
1	(상수)	-.361	.125		-2.897	.004
	브랜드 차별	.197	.037	.165	5.388	.000
	브랜드 가치	.309	.025	.343	12.128	.000
	브랜드 신뢰	.533	.037	.483	14.244	.000

a. 종속변수: 브랜드 감성

[그림 8-18] 매개효과 1단계: 분석 결과

[그림 8-18]의 계수표에서 p-value를 살펴보면, 매개변수인 브랜드 감성에 미치는 영향에 대하여 브랜드 차별($p < .001$), 브랜드 가치($p < .001$), 브랜드 신뢰($p < .001$)는 브랜드 감성에 유의한 영향을 주는 것으로 나타났다. 따라서 매개효과 분석 1단계에서 3개의 독립변수는 모두 매개변수에 유의한 영향을 준다.

[매개효과 2, 3단계] $X \to Y$ / $X, M \to Y$

매개효과를 검정하는 2, 3단계에서는 위계적 회귀분석방법을 이용하면 한꺼번에 분석이 가능하다.

[그림 8-19]와 같이 1블록에는 독립변수인 브랜드 차별, 브랜드 가치, 브랜드 신뢰를 넣고, 2블록에는 매개변수인 브랜드 감성을 넣어 회귀분석을 실시한다. [그림 8-20]은 분석 결과에 대하여 표를 작성할 때 필요한 표들을 나타낸 것이다.

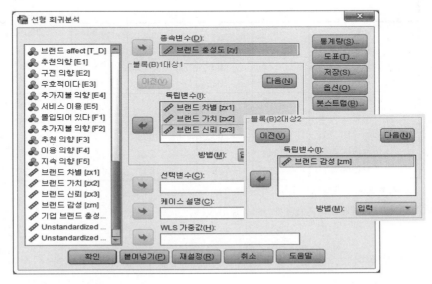

[그림 8-19] 매개효과 2, 3단계

모형 요약^c

모형	R	R 제곱	수정된 R 제곱	추정값의 표준오차
1	.840^a	.705	.703	.77692
2	.873^b	.761	.759	.69962

a. 예측값: (상수), 브랜드 신뢰, 브랜드 가치, 브랜드 차별

b. 예측값: (상수), 브랜드 신뢰, 브랜드 가치, 브랜드 차별, 브랜드 감성

c. 종속변수: 브랜드 충성도

분산분석^a

모형		제곱합	자유도	평균 제곱	F	유의확률
1	회귀 모형	733.189	3	244.396	404.896	.000^b
	잔차	306.630	508	.604		
	합계	1039.819	511			
2	회귀 모형	791.660	4	197.915	404.349	.000^c
	잔차	248.159	507	.489		
	합계	1039.819	511			

a. 종속변수: 브랜드 충성도

b. 예측값: (상수), 브랜드 신뢰, 브랜드 가치, 브랜드 차별

c. 예측값: (상수), 브랜드 신뢰, 브랜드 가치, 브랜드 차별, 브랜드 감성

[그림 8-20] 매개효과 2, 3단계: 모형요약표와 분산분석표

계수^a

모형		비표준화 계수		표준화 계수		
		B	표준오차	베타	t	유의확률
1	(상수)	-.878	.159		-5.534	.000
	브랜드 차별	.318	.047	.239	6.830	.000
	브랜드 가치	.176	.032	.175	5.446	.000
	브랜드 신뢰	.644	.048	.523	13.550	.000
2	(상수)	-.678	.144		-4.702	.000
	브랜드 차별	.209	.043	.156	4.836	.000
	브랜드 가치	.005	.033	.005	.147	.883
	브랜드 신뢰	.349	.051	.283	6.881	.000
	브랜드 감성	.556	.051	.497	10.930	.000

a. 종속변수: 브랜드 충성도

[그림 8-21] 매개효과 2, 3단계: 분석 결과

　　매개효과를 검정하는 2단계와 3단계에 대해서 위계적 회귀분석방법을 실시한 결과를 나타내면 [그림 8-21]과 같다.

매개효과를 검정하는 2단계에서는 독립변수가 종속변수에 미치는 영향을 검정하며 [그림 8-21]의 모형 1로 확인한다. 3개의 독립변수인 브랜드 차별($p < .001$), 브랜드 가치 ($p < .001$), 브랜드 신뢰($p < .001$)는 모두 종속변수인 브랜드 충성도에 유의한 영향을 주는 것으로 나타났다. 따라서 매개효과를 검정하는 2단계도 모든 독립변수가 매개효과의 2단계를 만족하는 것으로 나타났다.

3단계에서는 독립변수와 매개변수를 동시에 투입하였을 때 매개변수의 유의성을 검정한다. 모형 2에서 매개변수인 브랜드 감성의 $p = .000$으로 $p < .001$인 것으로 나타났다. 따라서 매개변수가 종속변수에 유의한 영향을 주므로 매개효과가 있는 것으로 나타났다.

[Step 3] 완전 매개인가, 부분 매개인가

1단계에서는 브랜드 차별($p < .001$), 브랜드 가치($p < .001$), 브랜드 신뢰($p < .001$)가 매개변수인 브랜드 감성에 유의한 영향을 주었다.

2단계에서는 브랜드 차별($p < .001$), 브랜드 가치($p < .001$), 브랜드 신뢰($p < .001$)가 종속변수인 브랜드 충성도에 유의한 영향을 주었다.

3단계에서는 매개변수인 브랜드 감성($p < .001$)이 종속변수인 브랜드 충성도에 유의한 영향을 주었다.

따라서 브랜드 감성은 브랜드 차별, 브랜드 가치, 브랜드 신뢰가 브랜드 충성도에 미치는 영향을 매개한다. 이때 매개변수가 각각의 독립변수에 대하여 완전 매개인지 부분 매개인지에 대하여 검토한다.

[그림 8-21]의 모형 2에서 브랜드 차별은 $B = .209$, $p < .001$, 브랜드 신뢰는 $B = .349$, $p < .001$로 유의하게 나타났다. 따라서 브랜드 차별과 브랜드 신뢰가 브랜드 충성도에 미치는 영향을 브랜드 감성이 '부분 매개'한다.

브랜드 가치에 대한 매개효과를 살펴보면, (매개효과 3단계) 모형 2에서 브랜드 가치는 $B = .005$, $p > .05$로 유의하지 않게 나타났다. 또한 (매개효과 2단계) 모형 1에서 브랜드 가치는 $B = .176$, $p < .001$로 2단계에서 유의하고 2단계의 $B = .176$에서 3단계의 $B = .005$로 작아졌다. 따라서 브랜드 가치가 브랜드 충성도에 미치는 영향을 브랜드 감성이 '완전 매개'한다. 이상의 결과를 모형으로 나타내면 [그림 8-22]와 같다.

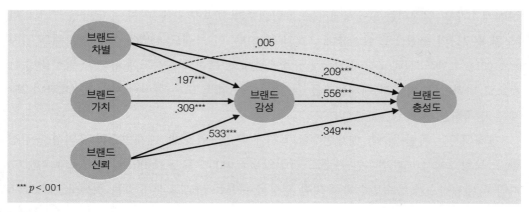

[그림 8-22] 매개효과 검정 결과

[Step 4] 표 작성 및 해석

이상의 결과를 표로 작성하면 <표 8-6>과 같다.

〈표 8-6〉 브랜드 감성의 매개효과 검정 3

	Step 1	Step 2	Step 3
	브랜드 감성	브랜드 충성도	브랜드 충성도
상수	$-.361^{**}$	$-.878^{***}$	$-.678^{***}$
브랜드 차별	$.197^{***}$	$.318^{***}$	$.209^{***}$
브랜드 가치	$.309^{***}$	$.176^{***}$	.005
브랜드 신뢰	$.533^{***}$	$.644^{***}$	$.349^{***}$
브랜드 감성			$.556^{***}$
R^2	.772	.705	.761
F	573.368^{***}	404.896^{***}	404.349^{***}

$^{**}\ p<.01$ $^{***}\ p<.001$
Durbin-Watson: $1.956(d_U = 1.87094)$

▶ 표 8-6 해석

브랜드 차별, 브랜드 가치, 브랜드 신뢰가 브랜드 충성도에 미치는 영향에 대해서 브랜드 감성이 매개하는지를 알아보기 위하여 Baron & Kenny의 매개효과 검정을 실시하였다. 매개효과를 검정하기 전에 종속변수의 자기상관과 독립변수 간 다중공선성을 검토하였다. 그 결과 Durbin-Watson 지수는 $1.956(d_U = 1.87094 < d)$으로 나타나 자기상관이 없이

독립적이며, *VIF* 지수는 1.783~2.566으로 모두 10보다 작아서 독립변수 간 다중공선성은 없는 것으로 나타나, 매개효과 검정을 실시하였다.

매개효과를 검정하는 1단계에서 독립변수인 브랜드 차별($p < .001$), 브랜드 가치($p < .001$), 브랜드 신뢰($p < .001$)는 브랜드 감성에 유의한 영향을 주는 것으로 나타났다. 브랜드 차별이 높을수록($B = .197$), 브랜드 가치($B = .309$), 브랜드 신뢰($B = .533$)가 높을수록 브랜드 감성이 높아졌다. 브랜드 감성을 설명하는 설명력은 77.2%이다.

2단계에서 독립변수인 브랜드 차별($p < .001$), 브랜드 가치($p < .001$), 브랜드 신뢰($p < .001$)는 브랜드 충성도에 유의한 영향을 주었다. 브랜드 차별이 높을수록($B = .318$), 브랜드 가치($B = .176$)가 높을수록, 브랜드 신뢰($B = .644$)가 높을수록 브랜드 충성도가 높아졌다. 브랜드 충성도를 설명하는 설명력은 70.5%이다.

매개효과 검정의 마지막 단계인 3단계에서 브랜드 감성($p < .001$)은 충성도에 유의한 영향을 주어 매개효과가 있는 것으로 나타났다.

3단계에서 브랜드 가치($B = .005$, $p > .05$)는 유의하지 않으며 회귀계수가 .176에서 .005로 감소하는 것으로 나타나 브랜드 감성은 브랜드 가치가 브랜드 충성도에 미치는 영향에 대하여 완전 매개한다. 또 브랜드 차별($p < .001$)과 브랜드 신뢰($p < .001$)는 브랜드 충성도에 유의한 영향을 주므로 브랜드 감성은 브랜드 차별, 브랜드 신뢰가 브랜드 충성도에 미치는 영향에 대하여 부분 매개하는 것으로 나타났다.

8.3.2 매개효과 분석: 통제변수가 있는 경우

| 예제 8.3| 　　　<예제 8.2>에서 성별과 연령을 통제한 상태에서 브랜드 차별, 브랜드 가치, 브랜드 신뢰가 브랜드 충성도에 미치는 영향을 브랜드 감성이 매개하는지 매개효과를 검정한다.

5장의 더미회귀분석과 6장의 통제회귀분석을 결합한 매개효과를 검정하는 것이다. 언뜻 보면 복잡한 것 같지만 실제로는 그다지 어렵지 않다. <예제 8.2>에서 각 단계마다 통제변수를 같이 넣고 분석하면 된다.

변수를 통제하는 통제변수는 성별과 연령이다. 이때 성별은 명목척도인 범주형 변수이므로 더미변수로 변환한 다음 통제한다. 연령은 연령과 연령대가 있는데, 본 나이로 측정하였으므로 연령은 비율척도인 연속형 변수이다. 그러므로 더미변수로 변환하지 않고 그대로 통제한다. 따라서 성별은 더미변수, 연령은 통제변수를 사용하여 분석한다.

[Step 1] 다중공선성과 자기상관

다중공선성과 자기상관에 대해서 검토한다. 이때 통제변수도 포함하여 검토한다.

계수[a]

모형		비표준화 계수		표준화 계수	t	유의확률	공선성 통계량	
		B	표준오차	베타			공차	VIF
1	(상수)	-.986	.300		-3.288	.001		
	G.sex.F	.008	.072	.003	.106	.916	.923	1.083
	연령	.004	.009	.011	.434	.664	.929	1.076
	브랜드 차별	.320	.047	.240	6.781	.000	.466	2.145
	브랜드 가치	.176	.032	.174	5.405	.000	.559	1.789
	브랜드 신뢰	.643	.048	.522	13.444	.000	.387	2.585

a. 종속변수: 브랜드 충성도

[그림 8-23] 다중공선성

다중공선성은 [그림 8-23]에서 *VIF* 값이 1.076~2.585로 10보다 작다. 따라서 독립변수 간 다중공선성은 없는 것으로 나타났다.

모형 요약[b]

모형	R	R 제곱	수정된 R 제곱	추정값의 표준오차	Durbin-Watson
1	.840[a]	.705	.702	.77831	1.954

a. 예측값: (상수), 브랜드 신뢰, G.sex.F, 연령, 브랜드 가치, 브랜드 차별

b. 종속변수: 브랜드 충성도

[그림 8-24] 자기상관

종속변수의 자기상관은 [그림 8-24]에서 Durbin-Watson 지수가 $1.954(d_U = 1.87833 < d)$로 나타나 자기상관이 없이 독립적이다. 따라서 자기상관과 다중공선성에 문제가 없으므로 매개효과 검정을 실시한다.

[Step 2] 매개효과 검정

매개효과 검정을 실시한다.

[매개효과 1단계] $C, X \rightarrow M$

1단계에서는 성별과 연령을 통제한 상태에서 독립변수인 브랜드 차별, 브랜드 가치,

[그림 8-25] 매개효과 1단계

브랜드 신뢰가 매개변수인 브랜드 감성에 미치는 영향에 대해서 검정한다.

성별은 범주형 변수이므로 더미변수로 변환하여 $G.sex.F$를 사용하고 연령은 연속형 변수이므로 그대로 사용한다.

매개효과 1단계 분석에서 성별($p = .351 > .05$)과 연령($p = .636 > .05$)은 유의한 영향을 주지 않는 것으로 나타났다. 성별과 연령은 통제변수로 사용한 것이므로 이 변수들은 유의할 수도 있고 유의하지 않을 수도 있으며 특별히 해석할 필요는 없다. 표에는 들어가지만 반드시 해석할 필요는 없다.

[그림 8-26]의 계수표에서 p-value를 살펴보면 매개변수인 브랜드 감성에 미치는 영향에 대하여 브랜드 차별($p < .001$), 브랜드 가치($p < .001$), 브랜드 신뢰($p < .001$)는 브랜드 감성에 유의한 영향을 주는 것으로 나타났다. 따라서 매개효과 분석 1단계에서 3개의 독립변수는 모두 매개변수에 유의한 영향을 준다.

모형 요약

모형	R	R 제곱	수정된 R 제곱	추정값의 표준오차
1	.879[a]	.772	.770	.61134

a. 예측값: (상수), 브랜드 신뢰, G.sex.F, 연령, 브랜드 가치, 브랜드 차별

분산분석[a]

모형		제곱합	자유도	평균 제곱	F	유의확률
1	회귀 모형	641.859	5	128.372	343.487	.000[b]
	잔차	189.108	506	.374		
	합계	830.967	511			

a. 종속변수: 브랜드 감성

b. 예측값: (상수), 브랜드 신뢰, G.sex.F, 연령, 브랜드 가치, 브랜드 차별

계수[a]

모형		비표준화 계수		표준화 계수		
		B	표준오차	베타	t	유의확률
1	(상수)	-.489	.236		-2.076	.038
	G.sex.F	.052	.056	.021	.933	.351
	연령	.003	.007	.010	.473	.636
	브랜드 차별	.203	.037	.170	5.465	.000
	브랜드 가치	.308	.026	.343	12.084	.000
	브랜드 신뢰	.530	.038	.481	14.099	.000

a. 종속변수: 브랜드 감성

[그림 8-26] 매개효과 1단계: 분석 결과

[매개효과 2, 3단계] $C, X \to Y$ / $C, X, M \to Y$

매개효과를 검정하는 2, 3단계에서도 통제변수를 같이 넣어서 위계적 회귀분석방법을 실시한다.

모형 요약

모형	R	R 제곱	수정된 R 제곱	추정값의 표준오차
1	.840[a]	.705	.702	.77831
2	.873[b]	.761	.759	.70084

a. 예측값: (상수), 브랜드 신뢰, G.sex.F, 연령, 브랜드 가치, 브랜드 차별

b. 예측값: (상수), 브랜드 신뢰, G.sex.F, 연령, 브랜드 가치, 브랜드 차별, 브랜드 감성

[그림 8-27] 매개효과 2, 3단계: 모형요약표와 분산분석표 (계속)

분산분석^a

모형		제곱합	자유도	평균 제곱	F	유의확률
1	회귀 모형	733.303	5	146.661	242.109	.000^b
	잔차	306.516	506	.606		
	합계	1039.819	511			
2	회귀 모형	791.773	6	131.962	268.664	.000^c
	잔차	248.046	505	.491		
	합계	1039.819	511			

a. 종속변수: 브랜드 충성도

b. 예측값: (상수), 브랜드 신뢰, G.sex.F, 연령, 브랜드 가치, 브랜드 차별

c. 예측값: (상수), 브랜드 신뢰, G.sex.F, 연령, 브랜드 가치, 브랜드 차별, 브랜드 감성

[그림 8-27] 매개효과 2, 3단계: 모형요약표와 분산분석표

[그림 8-27]의 모형요약표와 분산분석표는 매개효과를 검정할 때 표 작성 시에만 필요하며 특별한 해석은 하지 않아도 무방하다.

계수^a

모형		비표준화 계수		표준화 계수	t	유의확률
		B	표준오차	베타		
1	(상수)	-.986	.300		-3.288	.001
	G.sex.F	.008	.072	.003	.106	.916
	연령	.004	.009	.011	.434	.664
	브랜드 차별	.320	.047	.240	6.781	.000
	브랜드 가치	.176	.032	.174	5.405	.000
	브랜드 신뢰	.643	.048	.522	13.444	.000
2	(상수)	-.714	.271		-2.633	.009
	G.sex.F	-.022	.065	-.008	-.335	.738
	연령	.002	.008	.006	.252	.801
	브랜드 차별	.207	.044	.155	4.742	.000
	브랜드 가치	.004	.033	.004	.124	.901
	브랜드 신뢰	.348	.051	.283	6.856	.000
	브랜드 감성	.556	.051	.497	10.911	.000

a. 종속변수: 브랜드 충성도

[그림 8-28] 매개효과 2, 3단계: 분석 결과

매개효과를 검정하는 2단계와 3단계에 대하여 위계적 회귀분석방법을 실시한 결과, [그림 8-28]과 같다. 매개효과를 검정하는 2단계에서는 통제변수와 독립변수가 종속변수에 미치는 영향을 검정하며 [그림 8-28]의 모형 1로 확인한다. 독립변수인 브랜드

차별($p < .001$), 브랜드 가치($p < .001$), 브랜드 신뢰($p < .001$)는 모두 종속변수인 브랜드 충성도에 유의한 영향을 주는 것으로 나타났다. 따라서 매개효과를 검정하는 2단계도 모든 독립변수가 만족하는 것으로 나타났다.

3단계에서는 통제변수, 독립변수와 매개변수를 동시에 투입하였을 때 매개변수의 유의성에 대해서 검정한다. 모형 2에서 매개변수인 브랜드 감성의 $p = .000$으로 $p < .001$이다. 따라서 매개변수가 종속변수에 유의한 영향을 주므로 매개효과가 있는 것으로 나타났다.

[Step 3] 완전 매개인가, 부분 매개인가

1단계에서는 브랜드 차별($p < .001$), 브랜드 가치($p < .001$), 브랜드 신뢰($p < .001$)가 매개변수인 브랜드 감성에 유의한 영향을 주었다.

2단계에서는 브랜드 차별($p < .001$), 브랜드 가치($p < .001$), 브랜드 신뢰($p < .001$)가 종속변수인 브랜드 충성도에 유의한 영향을 주었다.

3단계에서는 매개변수인 브랜드 감성($p < .001$)이 종속변수인 브랜드 충성도에 유의한 영향을 주었다.

따라서 브랜드 감성은 브랜드 차별, 브랜드 가치, 브랜드 신뢰가 브랜드 충성도에 미치는 영향을 매개한다. 이때 매개변수가 각각의 독립변수에 대하여 완전 매개인지, 부분 매개인지를 검토한다.

[그림 8-28]의 모형 2에서 브랜드 차별은 $B = .207$($p < .001$), 브랜드 신뢰는 $B = .348$($p < .001$)로 유의하게 나타났다. 따라서 브랜드 차별과 브랜드 신뢰가 브랜드 충성도에 미치는 영향을 브랜드 감성이 '부분 매개'한다.

브랜드 가치에 대한 매개효과를 살펴보면, (매개효과 3단계) 모형 2에서 브랜드 가치는 $B = .004$($p = .901 > .05$)로 유의하지 않게 나타났다. 또한 (매개효과 2단계) 모형 1에서 브랜드 가치는 $B = .176$($p < .001$)이므로 3단계에서 유의하지 않고, 비표준화 회귀계수는 2단계의 $B = .176$에서 3단계의 $B = .004$로 작아졌다. 따라서 브랜드 가치가 브랜드 충성도에 미치는 영향을 브랜드 감성이 '완전 매개'하는 것으로 나타났다.

[Step 4] 표 작성 및 해석

이상의 결과를 표로 나타내면 <표 8-7>과 같다.

〈표 8-7〉 변수를 통제한 브랜드 감성의 매개효과 검정 1

	Step 1	Step 2	Step 3
	브랜드 감성	브랜드 충성도	브랜드 충성도
상수	$-.489^{*}$	$-.986^{**}$	$-.714^{**}$
성별(여자)	.052	.008	−.022
연령	.003	.004	.002
브랜드 차별	$.203^{***}$	$.320^{***}$	$.207^{***}$
브랜드 가치	$.308^{***}$	$.176^{***}$	.004
브랜드 신뢰	$.530^{***}$	$.643^{***}$	$.348^{***}$
브랜드 감성			$.556^{***}$
R^2	.772	.705	.761
F	343.487^{***}	242.109^{***}	268.664^{***}

$^{*}\ p<.05$ $^{**}\ p<.01$ $^{***}\ p<.001$

Durbin-Watson: 1.954($d_U = 1.87833$)

성별은 남자는 0, 여자는 1인 더미변수

◤ 표 8-7 해석

성별과 연령을 통제한 상태에서 브랜드 차별, 브랜드 가치, 브랜드 신뢰가 브랜드 충성도에 미치는 영향에 대하여 브랜드 감성이 매개하는지를 알아보기 위하여 Baron & Kenny의 매개효과 검정을 실시하였다.

매개효과를 검정하기 전에 종속변수의 자기상관과 독립변수 간 다중공선성을 검토하였다. 그 결과 Durbin-Watson 지수는 1.954($d_U = 1.87833 < d$)로 나타나 자기상관이 없이 독립적이며, *VIF* 지수는 1.076~2.585로 모두 10보다 작아서 독립변수 간 다중공선성은 없는 것으로 나타났다. 따라서 매개효과 검정을 실시하였다.

매개효과를 검정하는 1단계에서 독립변수인 브랜드 차별($p<.001$), 브랜드 가치($p<.001$), 브랜드 신뢰($p<.001$)는 브랜드 감성에 유의한 영향을 주는 것으로 나타났다. 브랜드 차별이 높을수록(B=.203), 브랜드 가치(B=.308), 브랜드 신뢰(B=.530)가 높을수록 브랜드 감성이 높아졌다. 브랜드 감성을 설명하는 설명력은 77.2%이다.

2단계에서 독립변수인 브랜드 차별($p<.001$), 브랜드 가치($p<.001$), 브랜드 신뢰($p<.001$)는 브랜드 충성도에 유의한 영향을 주었다. 브랜드 차별이 높을수록(B=.320), 브랜드 가치(B=.176), 브랜드 신뢰(B=.643)가 높을수록 브랜드 충성도가 높아졌다. 브랜드 충성도를 설명하는 설명력은 70.5%이다.

매개효과 검정의 마지막 단계인 3단계에서 브랜드 감성($p < .001$)은 브랜드 충성도에 유의한 영향을 주어 매개효과가 있는 것으로 나타났다. 3단계에서 브랜드 가치($B = .004$, $p > .05$)는 유의하지 않으며 비표준화 회귀계수가 .176에서 .004로 감소하는 것으로 나타나 브랜드 감성은 브랜드 가치가 브랜드 충성도에 미치는 영향에 대하여 완전 매개하는 것으로 나타났다.

브랜드 차별($p < .001$)과 브랜드 신뢰($p < .001$)는 브랜드 충성도에 유의한 영향을 주므로 브랜드 감성은 브랜드 차별, 브랜드 신뢰가 브랜드 충성도에 미치는 영향에 대하여 부분 매개하는 것으로 나타났다.

〈표 8-8〉 변수를 통제한 브랜드 감성의 매개효과 검정 2

	Step 1	Step 2	Step 3
	브랜드 감성	브랜드 충성도	브랜드 충성도
브랜드 차별	.203***	.320***	.207***
브랜드 가치	.308***	.176***	.004
브랜드 신뢰	.530***	.643***	.348***
브랜드 감성			.556***
R^2	.772	.705	.761
F	343.487***	242.109***	268.664***

*** $p < .001$
Durbin-Watson: $1.954(d_U = 1.87833)$

<표 8-8>에는 통제변수인 성별과 연령을 포함시키지 않았다. 이와 같은 형태의 표도 많이 사용되는데, 주의할 점은 이 표를 사용하는 경우에는 일반적으로 '상수'항을 표시하지 않으며, 해석 시에는 아래와 같이 변수를 통제한 것에 대하여 반드시 기술해야 한다는 것이다.

통제변수인 성별과 연령은 변수를 통제하였으며, 성별은 더미변수로 변환하여 사용하였다.

8.1~8.3절에서는 Baron & Kenny 방법에 의한 매개효과에 대해서 살펴보았다. 이 절에서는 **Sobel 검정**과 확장된 매개효과에 대해서 알아본다.

Baron & Kenny 방법은 **검정력**(power)이 낮다는 문제가 있는데 이러한 문제로 인하여 구조방정식에서는 이 방법보다는 Sobel 검정을 이용하고 있다. 요즘은 회귀분석에서도 Sobel 검정을 많이 이용하는 추세이다.

8.4.1 Sobel 검정

Sobel 검정은 Baron & Kenny 방법의 3단계 방법으로 이용한다. 그러나 매개효과를 검정하는 단계에서는 다른 방법을 이용한다.

Sobel 검정은 Baron & Kenny의 3단계 방법론에서 1단계와 3단계에서의 비표준화 회귀계수와 표준오차를 이용하여 검정한다.

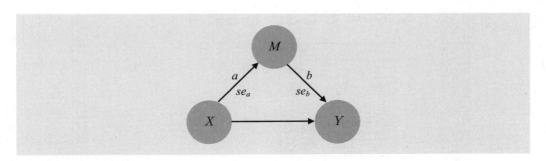

[그림 8-29] Sobel 검정 모형

[그림 8-29]에서 Baron & Kenny의 1단계에서는 독립변수가 매개변수에 미치는 영향에 대한 비표준화 회귀계수 a와 표준오차 se_a가 필요하다. 또 3단계에서는 매개변수가 종속변수에 미치는 영향에 대한 비표준화 회귀계수 b와 표준오차 se_b를 이용하여 z 통계량을 계산한다.

$$z = \frac{a \times b}{\sqrt{a^2 \times se_b^2 + b^2 \times se_a^2}}$$

위의 공식은 Sobel의 매개효과 검정식이며, 이 z 값은 표준정규분포를 따르므로 절댓값이 1.96 이상인 경우 매개효과가 있다고 한다.

<예제 8.1>의 데이터를 이용하여 Sobel 검정을 실시한다. Sobel 검정을 실시하기 위해서는 [그림 8-7]과 [그림 8-11]에서 비표준화 회귀계수 a, b와 표준오차 se_a, se_b가 필요하다. 이 값들의 Sobel 공식에 대입해서 계산하면 다음과 같다.

$$z = \frac{0.835 \times 0.761}{\sqrt{0.835^2 \times 0.035^2 + 0.761^2 \times 0.038^2}} = 15.455$$

또는 [그림 8-30]의 Excel 파일에 값을 입력하여 계산할 수도 있다. z 값은 15.455로 나타났으며, 이때의 p-value는 < .001이므로 유의하게 나타났다. 따라서 브랜드 차별이 브랜드 충성도에 미치는 영향을 브랜드 감성이 매개하는 것으로 드러났다.

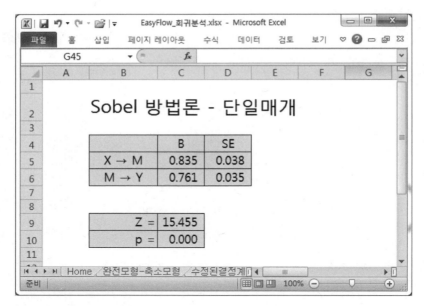

[그림 8-30] Sobel 검정

〈표 8-9〉 브랜드 감성의 매개효과-Sobel 검정

	B	SE	z	p
브랜드 차별 → 브랜드 감성	.835	.038	15.455	< .001
브랜드 감성 → 브랜드 충성도	.761	.035		

브랜드 차별이 브랜드 충성도에 미치는 영향에 대하여 브랜드 감성의 매개효과를 검정하기 위하여 Sobel 검정을 실시하였다. 그 결과, 브랜드 감성의 매개효과가 있는 것으로 나타났다($z = 15.455$, $p < .001$). 브랜드 차별이 높을수록($B = .835$) 브랜드 감성이 높아져서 브랜드 충성도가 높아지는 것으로 나타났으며, 브랜드 차별이 브랜드 충성도에 미치는 간접효과는 $0.635(B = 0.835 \times 0.761 = 0.635)$이다.

Sobel 검정도 현재는 8.3.2절과 마찬가지로 통제변수와 독립변수가 여러 개인 경우로 사용한다.

8.4.2 복수매개

지금까지는 매개변수가 1개인 경우에 대해서 살펴보았다. 이번 절에서는 매개변수가 2개 이상인 경우에 대해서 알아본다. 매개변수가 2개 이상인 경우는 두 가지 경우가 있다. 그 첫 번째는 **복수매개**(multiple mediator)이다. 복수매개는 매개변수가 독립변수와 종속변수 사이에 병렬로 여러 개가 있는 경우로, [그림 8-31]은 4개의 매개변수가 복수매개하는 경우를 나타낸 것이다.

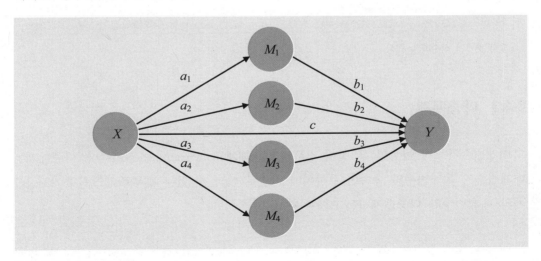

[그림 8-31] 복수매개모형

매개변수가 2개인 경우의 복수매개효과에 대한 Sobel 검정식[2])은 다음과 같다.

$$z = \frac{a_1 b_1 + a_2 b_2}{\sqrt{a_1^2 se_{b_1}^2 + b_1^2 se_{a_1}^2 + a_2^2 se_{b_2}^2 + b_2^2 se_{a_2}^2 + 2 se_{a_i b_i}}}$$

$$단, \; se_{a_i b_i} = a_1 a_2 \sqrt{b_1^2 se_{b_2}^2 + b_2^2 se_{b_1}^2} + b_1 b_2 \sqrt{a_1^2 se_{a_2}^2 + a_2^2 se_{a_1}^2}$$

[그림 8–32]는 Excel 파일에 값을 입력하여 복수매개효과를 검정하는 파일이다.

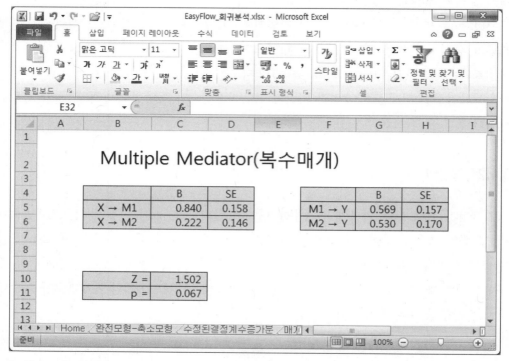

[그림 8–32] 복수매개 검정

8.4.3 다중매개

매개변수가 2개 이상인 두 번째 경우는 **다중매개**(multi-path mediator)이다. 다중매개는 매개변수가 독립변수와 종속변수 사이에 직렬로 여러 개 있는 경우로, [그림 8–33]은 2개의 매개변수가 다중매개하는 경우이다.

---

2) Preacher, K. J., & Hayes, A. F. (2008). Asymptotic and resampling strategies for assessing and comparing indirect effects in multiple mediator models. *Behavior Research Methods*, Vol. 40, No. 3, 879–891.

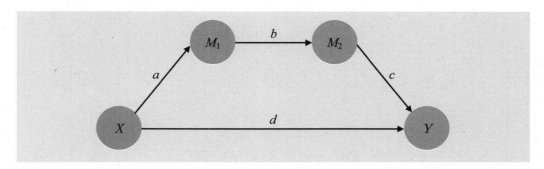

[그림 8-33] 이중매개모형

다중매개효과는 Sobel 검정식을 확장하여 검정할 수 있다. [그림 8-33]과 같은 이중매개효과에 대한 검정식은 다음과 같다.

$$z = \frac{a \times b \times c}{\sqrt{a^2 se_b^2 + a^2 se_c^2 + b^2 se_a^2 + b^2 se_c^2 + c^2 se_a^2 + c^2 se_b^2}}$$

[그림 8-34]는 Excel 파일에 값을 입력하여 이중매개효과를 검정하는 파일이다.

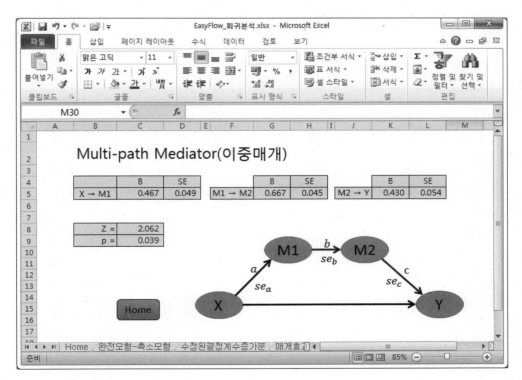

[그림 8-34] 이중매개효과 검정

09

조절회귀분석

EasyFlow Regression Analysis

8장에서는 매개변수와 매개효과의 검정에 대해서 살펴보았다. 이 장에서는 요즘 많이 다루어지고 있는 조절변수와 조절효과에 대해서 살펴본다.

조절변수는 독립변수가 종속변수에 미치는 영향을 조절하는 변수이다. 다시 말해 독립변수가 종속변수에 미치는 효과를 중간에서 조절하는 것을 의미한다.

9.1.1 조절변수

[그림 9-1]은 8장에서 살펴본 독립변수와 종속변수 사이의 인과관계를 나타낸 것이다. 여기에 다시 조절변수가 조절한다는 것은 조절변수에 따라서 독립변수가 종속변수에 미치는 영향이 달라지는 것을 의미한다.

[그림 9-1] 인과관계

조절변수가 독립변수와 종속변수에 미치는 영향을 모형으로 나타내면 [그림 9-2]와 같다. 독립변수와 종속변수 사이에 또 다른 변수 M이 존재하여 어떤 "변수 M이 독립변수가 종속변수에 미치는 효과를 조절한다."라고 한다. 이때 독립변수와 종속변수를 조절하는 변수 M을 **조절변수**(moderator variable)라고 한다.

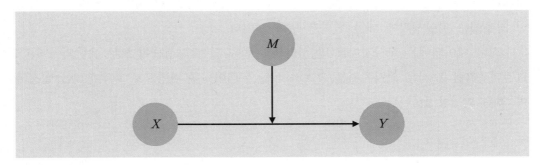

[그림 9-2] 조절효과

8장에서 다룬 '청소년의 집단따돌림이 자살생각에 미치는 영향'에 관한 연구를 다시 살펴보자. 집단따돌림이 심할수록 자살생각이 강해질 것이다. 여기에서 집단따돌림은 독립변수이고, 자살생각은 종속변수이다. 이 집단따돌림과 자살생각 간에는 인과관계가 성립된다.

집단따돌림과 자살생각 사이에 선형의 인과관계가 존재한다면 [그림 9-3]과 같은 회귀방정식이 만들어진다.

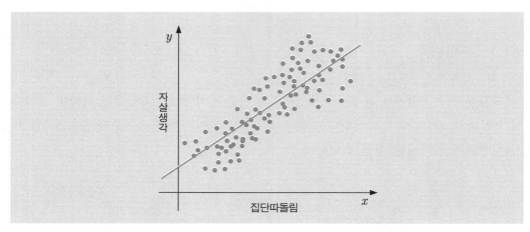

[그림 9-3] 집단따돌림이 자살생각에 미치는 영향

이때 '집단따돌림'과 '자살생각' 사이에 집단따돌림 당하는 학생을 지지하고, 응원하고, 상담하고, 친구들에게 말해 주는 그런 행위의 '교사지지'라는 변수(사회적 지지 변수)를 하나 추가해 보자.

독립변수인 집단따돌림과 교사지지는 서로 관련성이 없는 변수이다. 또 이 경우에 교사지지는 종속변수에 유의한 영향을 준다. 교사지지를 받는 학생과 받지 않는 학생을 생각해 보자. 교사지지를 받는 학생은 자살생각이 약해지지만, 교사지지를 받지 않는 학생인 경우에는 자살생각에 대한 변화가 없을 것이다.

수집한 데이터에는 교사지지를 받는 학생과 받지 않는 학생들이 모두 포함되어 있다. 그런데 [그림 9-3]은 교사지지를 고려하지 않은 데이터를 바탕으로 회귀분석을 실시하여 얻은 회귀방정식이다.

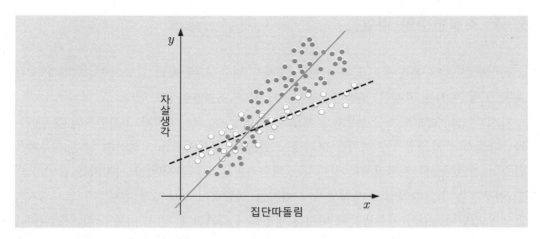

[그림 9-4] 교사지지를 고려한 회귀방정식

    이에 반해 [그림 9-4]는 교사지지를 받는 학생(○)과 받지 않는 학생(●)을 구분해서 나타냈고, 또 교사지지를 받는 집단(..··)과 받지 않는 집단(／)을 구분해서 회귀방정식을 나타냈다. 이것은 언뜻 보면 더미변수를 나타낸 5장의 [그림 5-1]과 유사하다. 하지만 [그림 9-4]와 [그림 5-1]을 자세히 보면 근본적인 차이가 있음을 알 수 있다. 더미변수가 사용된 더미회귀분석에서는 2개의 회귀방정식의 기울기가 같다. 즉 두 식은 절편(평균의 차이)만 다를 뿐이다.

    이에 비하여 [그림 9-4]의 모형에서는 기울기 자체가 다른 점이 더미변수와 다르다. 이때 기울기를 다르게 하는 변수 '교사지지'를 조절변수라고 한다.

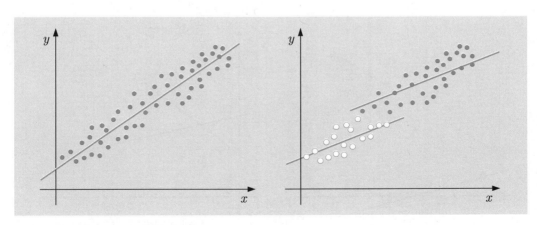

[그림 5-1] 더미변수 구분 전후의 회귀모형

9.1.2 조절변수의 역할

독립변수 X가 종속변수 Y에 미치는 효과가 변수 M에 따라 달라지면 그 변수 M은 X가 Y에 미치는 효과를 조절한다고 하며, M을 **조절변수**라고 한다.

다시 집단따돌림과 자살생각의 문제로 돌아가 보자. 교사지지가 조절변수인 경우에는 집단따돌림이 자살생각에 미치는 효과를 조절한다. 교사지지를 고려하지 않은 경우에는 단순히 집단따돌림과 자살생각에 미치는 영향력만을 고려하지만, 교사지지를 같이 고려한 경우에는 집단따돌림이 자살생각에 미치는 영향력이 감소하게 된다. 즉 교사지지가 없으면 집단따돌림이 자살생각에 미치는 영향력이 증가하게 된다. 이를 그림으로 나타내면 [그림 9-5]와 같다.

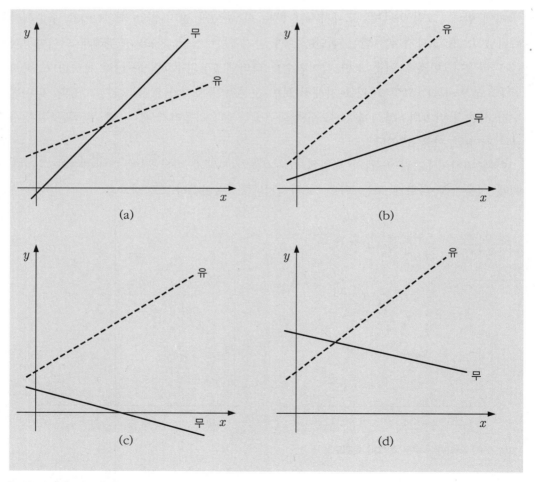

[그림 9-5] 조절효과의 예

(a)는 조절변수가 효과를 억제시키는 경우이다. (b)는 조절변수가 효과를 증가시키는 경우로, 조절변수가 존재함으로써 독립변수가 종속변수에 미치는 영향력이 더 커지는 경우이다. (c)와 (d)는 방향성 자체가 반대인 경우이다. 즉 조절변수가 있을 때 조절변수에 따라 양의 영향을 주거나 음의 영향을 주게 되는 경우이다. 이 상황에서는 독립변수와 종속변수로만 분석하면 독립변수가 종속변수에 영향을 주지 않는다고 나오는 경우가 많다. 즉 두 회귀방정식의 기울기의 정도에 따라서 차이가 생기는데, 두 식의 기울기가 부호만 다르고 계수의 값이 같다면 독립변수는 종속변수에 영향을 주지 않는다고 나온다. 그러나 양의 기울기가 음의 기울기보다 절댓값이 매우 커지는 경우에는 그 영향력은 미미하지만 독립변수가 종속변수에 양의 영향을 준다고 나온다. 반대로 양의 기울기가 음의 기울기보다 절댓값이 매우 작으면 독립변수는 종속변수에 음의 영향을 준다고 나온다.

일반적으로 조절효과를 검정하는 경우에는 (a)와 (b)의 경우가 가장 많이 나타난다.

9.2 | 조절효과 검정방법

조절효과 검정에서도 Baron & Kenny의 방법[1]을 이용한다.

9.2.1 조절효과 검정

먼저 독립변수와 조절변수가 종속변수에 미치는 영향을 분석한다. 그리고 독립변수와 조절변수의 곱(상호작용항)을 추가하여 독립변수, 조절변수, 상호작용항이 종속변수에 미치는 영향을 분석한다. 이때 상호작용항이 종속변수에 유의한 영향을 주는지를 검정한다.

---

1) Baron, R. M. and Kenny, D. A. (1986). The moderator-mediator variable distinction in social psychological research: conceptual, strategic, and statistical considerations. *J. of Personality and Social Psychology*, Vol. 51, No. 6, 1173-1182.

〈표 9-1〉 Baron & Kenny(1986)가 제시한 조절효과 검정방법

단계	모형	조건
Step 1	$Y = \beta_{10} + \beta_{11}X + \beta_{12}M$	
Step 2	$Y = \beta_{20} + \beta_{21}X + \beta_{22}M + \beta_{23}XM$	ΔR^2이 유의하게 증가(β_{23}가 유의미)

[Step 1] $X, M \rightarrow Y$

첫 번째 단계에서는 독립변수와 조절변수가 종속변수에 미치는 영향을 검정한다. 이때 독립변수와 조절변수가 종속변수에 유의한 영향을 주든 유의한 영향을 주지 않든 상관이 없다.

[Step 2] $X, M, XM \rightarrow Y$

두 번째 단계에서는 첫 번째 단계의 독립변수와 조절변수 외에 독립변수와 조절변수의 곱인 상호작용항을 같이 투입한다.

이때 1단계의 결정계수(R_1^2)와 2단계의 결정계수(R_2^2) 간에 차이($\Delta R^2 = R_2^2 - R_1^2$)가 있으면 '**조절효과**가 있다'고 한다. 결정계수의 증가분이 유의하면(조절효과가 있으면) 상호작용항은 당연히 유의하다.

〈표 9-2〉 조절효과 검정 예

단계			B	R^2	ΔR^2
Step 1	X	$\rightarrow$ Y	.316[**]	.120	
	M	$\rightarrow$ Y	.159		
Step 2	X	$\rightarrow$ Y	.241[*]	.145	.025[*]
	M	$\rightarrow$ Y	.047		
	XM	$\rightarrow$ Y	.153[*]		

[*] $p < .05$ [**] $p < .01$

<표 9-2>는 Baron & Kenny의 조절효과 검정 결과를 표로 만든 예이다.

1단계에서는 독립변수와 조절변수가 종속변수에 미치는 영향을 분석하였다. 그 결과 독립변수가 클수록($B = .316$, $p < .01$) 종속변수가 커지고 종속변수를 설명하는 설명력은 12.0%이다.

2단계에서는 독립변수와 조절변수의 상호작용항이 추가된 경우에 결정계수가 2.5%p

($p < .05$) 유의하게 증가하여 전체 설명력은 14.5%로 나타났다. 또 결정계수 증가분이 유의하게 증가하고 상호작용항($p < .05$)이 유의하게 나타나 조절변수는 독립변수가 종속변수에 미치는 영향을 조절하는 것으로 나타났다.

9.2.2 순수 조절변수와 유사 조절변수

9.2.1절에서 Baron & Kenny의 방법에 의해 조절효과를 검정하는 방법을 검토하였다. 2단계에서 상호작용항이 유의한 경우(결정계수 증가분이 유의한 경우) 조절변수는 독립변수가 종속변수에 미치는 효과(영향)를 조절한다.

8장에서 매개효과에는 완전 매개효과와 부분 매개효과가 있으며, 매개변수가 어떤 역할을 하는가에 따라서 매개변수를 세분화하였다. 그러므로 조절변수도 이와 같이 세분화할 수 있다.

Baron & Kenny 방법에서는 상호작용항의 유의성에만 관심을 두었을 뿐 독립변수나 조절변수가 종속변수에 미치는 영향에 대해서는 관심을 가지지 않았다. 그래서 [그림 9-6]에 나타낸 바와 같이 조절변수의 유의성에 관심을 가지고 조절변수가 종속변수에 미치는 영향을 검정한다. (a)는 조절변수가 종속변수에 유의한 영향을 주는 경우이며, (b)는 조절변수가 종속변수에 유의한 영향을 주지 않는 경우이다.

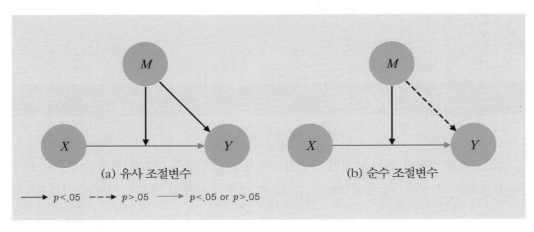

[그림 9-6] 조절변수의 유의성

〈표 9-3〉 Sharma의 조절변수 구분

단계	모형
Step 1	$Y = \beta_{10} + \beta_{11} X$
Step 2	$Y = \beta_{20} + \beta_{21} X + \beta_{22} M$
Step 3	$Y = \beta_{30} + \beta_{31} X + \beta_{32} M + \beta_{33} XM$

　　Sharma는 조절변수의 역할에 대하여 3단계 방법을 제시하였는데, 주로 검정하는 것은 2단계와 3단계이다. 3단계에서 상호작용항이 유의하지 않은 경우($\beta_{33} = 0$) 변수 M이 유의하면($\beta_{32} \neq 0$) 독립변수이다.

　　조절효과가 존재하는 경우에는 좀 더 세분화해서 살펴보자. 상호작용항은 유의하지만($\beta_{33} \neq 0$) 조절변수가 유의하지 않으면($\beta_{32} = 0$) 조절변수 M을 **순수 조절변수**(pure moderator variable)라고 한다. 상호작용항이 유의하고 조절변수도 유의할 경우($\beta_{32} \neq 0$) 변수 M을 **유사 조절변수**(quasi moderator variable)[2] 또는 의사 조절변수라고 한다. 즉 [그림 9-6]에서 조절효과가 있을 때 (a)와 같이 조절변수가 종속변수에 유의한 영향을 주는 경우 유사 조절변수라고 하며, (b)와 같이 조절변수가 종속변수에 유의한 영향을 주지 않는 경우 순수 조절변수라고 한다.

　　이 책에서는 조절효과를 검정하는 데 Baron & Kenny의 방법을 토대로 하여 Sharma의 방법을 추가해서 조절변수의 형태까지 구분하도록 하겠다.

9.3 | 범주형 조절변수

　　조절효과를 검정할 때는 조절변수가 범주형 변수인 경우와 연속형 변수인 경우로 나누어서 생각할 수 있다. 이 절에서는 조절변수가 범주형 변수인 경우에 대해서 살펴보도록 한다.

　　예를 들면, 조절변수가 남자/여자와 같이 성별인 경우와 앞의 예제에서 집단따돌림이

---

2) Sharma, S., Durand, R. M., & Gur-Arie, O. (1981). Identification and analysis of moderator variables. *Journal of Marketing Research*, Vol. 18(August), 291-300.

자살생각에 미치는 영향에 대한 분석에서 교사지지를 받은 학생과 받지 않은 학생으로 교사지지의 여부와 같은 경우가 범주형 변수이다.

범주형 변수의 조절효과는 더미변수를 이용하여 분석할 수 있다.

9.3.1 범주형 변수의 조절효과 검정

| 예제 9.1 | 독립변수 X가 종속변수 Y에 미치는 영향에 대하여 범주형 조절변수 M이 조절하는지를 분석한다. (데이터: 범주형_조절효과)

〈표 9-4〉 범주형 조절변수 예제 1

id	Y	X	M
1	2.4	4.4	1
2	2.3	3.6	1
3	2.2	2.9	1
4	3.8	4.7	2
5	3.3	4.2	2
6	2.1	2.4	2
7	1.1	1.6	2

위와 같은 데이터가 있다고 가정할 경우 범주형 조절변수 M은 1/2(유/무)로 되어 있다. 이 데이터를 단계별로 분석하면 다음과 같다.

[Step 1] 조절변수를 더미변수로 변환

조절변수가 범주형 변수인 경우에는 우선 0과 1의 더미변수로 변환한다.

> **변환 → 다른 변수로 코딩 변경**

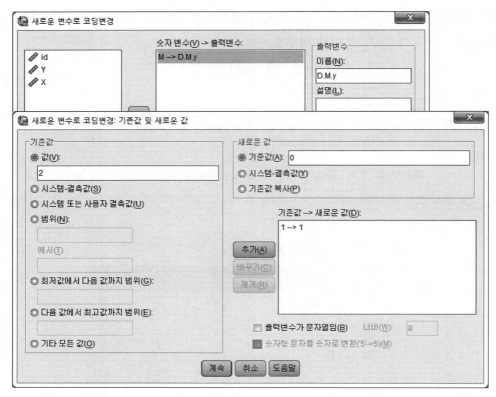

[그림 9-7] 다른 변수로 코딩 변경

5장에서 더미변수로 변환하는 방법에 대해 살펴보았듯이, '변환' 메뉴에서 '다른 변수로 코딩 변경'에서 더미변수를 생성할 수 있다. 즉 범주형 변수 'M'은 'D.M.y'라는 새로운 변수로 생성된다. 이때 [기존값 및 새로운 값(O)...] 옵션에서 1→ 1로 변환하고, 2→ 0으로 변환한다. 즉 범주형 변수 M의 값이 2인 경우(무) 레퍼런스를 0으로 설정하고, 1인 경우(유) 이벤트를 1로 설정한다.

[Step 2] 더미변수와 독립변수의 상호작용항

두 번째 단계에서는 조절효과 검정의 핵심 단계로 상호작용항을 만든다. 즉 독립변수 X와 조절변수인 더미변수 D.M.y의 곱으로 상호작용항을 만든다. 이렇게 생성된 상호작용항의 값은 0이거나 독립변수 자체의 값을 갖게 된다. 이상의 결과는 <표 9-5>와 같다.

〈표 9-5〉 더미변수와 상호작용항

id	Y	X	M	$D.M.y$	XM
1	2.4	4.4	1	1	4.4
2	2.3	3.6	1	1	3.6
3	2.2	2.9	1	1	2.9
4	3.8	4.7	2	0	0
5	3.3	4.2	2	0	0
6	2.1	2.4	2	0	0
7	1.1	1.6	2	0	0

변환 → 변수 계산

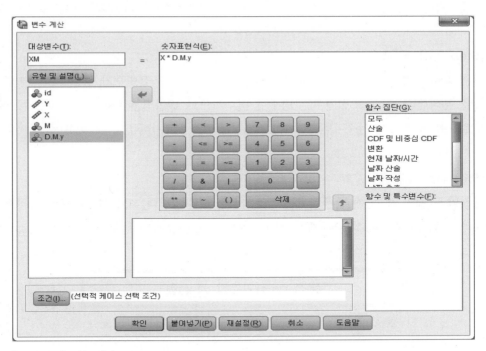

[그림 9-8] 변수 계산

변수의 곱은 '변환' 메뉴의 '변수 계산'에서 구한다. [그림 9-8]의 대화상자에서 대상 변수는 'XM'으로 놓고, 숫자표현식에 '$X*D.M.y$'를 입력한다. [그림 9-9]는 이런 과정을

id	Y	X	M	D.M.y	XM
1	2.4	4.4	1	1	4.4
2	2.3	3.6	1	1	3.6
3	2.2	2.9	1	1	2.9
4	3.8	4.7	2	0	.0
5	3.3	4.2	2	0	.0
6	2.1	2.4	2	0	.0
7	1.1	1.6	2	0	.0

[그림 9-9] 상호작용항이 생성된 워크시트

거쳐서 생성된 데이터이다.

[Step 3] 조절효과 검정

조절효과를 검정하기 위한 기본 과정이 끝났으므로 이제는 조절효과에 대해 검정한다.

[Step 3.1] $X \rightarrow Y$

조절효과를 검정하는 첫 번째 단계에서는 독립변수가 종속변수에 미치는 영향을 검정한다.

[Step 3.2] $X, M \rightarrow Y$

조절효과를 검정하는 두 번째 단계에서는 독립변수와 조절변수가 종속변수에 미치는 영향을 분석한다. 이때 조절변수는 범주형 변수이므로 투입되는 변수는 조절변수를 더미 변수로 변환하여 $D.M.y$를 투입한다.

[Step 3.3] $X, M, XM \rightarrow Y$

마지막 단계인 세 번째 단계에서는 상호작용항을 투입한다. 이상의 3단계를 거쳐서 조절효과를 검정한다. 이것은 위계적 회귀분석방법을 이용하면 한번에 분석이 가능하다.

> 분석 → 회귀분석 → 선형

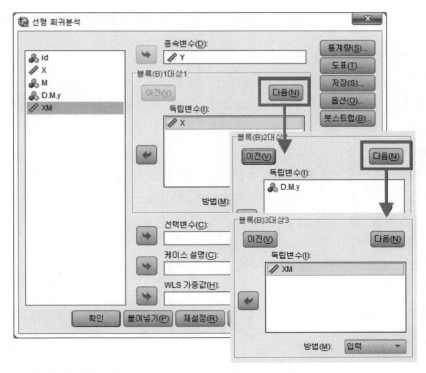

[그림 9-10] 조절효과 검정

회귀분석 메뉴에서 분석이 가능하며 블록 1에는 독립변수 X, 블록 2에는 범주형 조절
변수의 더미변수인 $D.M.y$, 블록 3에는 상호작용항 XM을 넣는다. 결정계수 증가분의
유의성을 검정하기 위하여 [통계량(S)...] 옵션을 클릭한다.

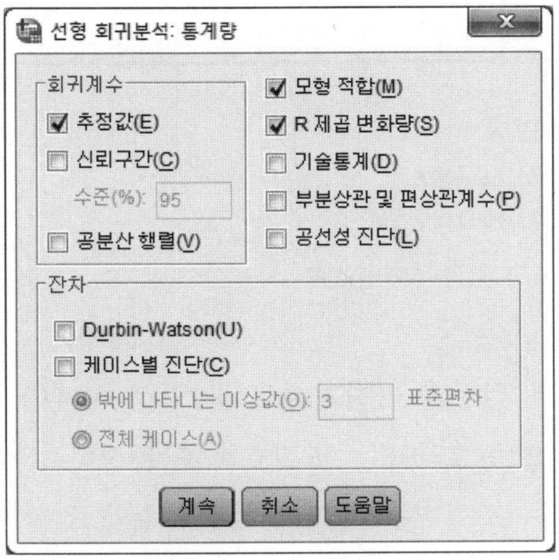

[그림 9-11] 회귀분석: 통계량

[그림 9–11]의 '통계량' 옵션 대화상자에서 [☑ R제곱 변화량(S)]을 클릭한다.

> **TIP**
>
> 조절효과를 검정하는 방법은 [그림 9–10]과 같이 3단계에 걸쳐서 분석한다. 이 과정
> 은 위계적 회귀분석방법과 동일하다. 그래서 많은 연구자들이 조절효과 검정을 위계적
> 회귀분석으로 잘못 알고 있는 경우가 많다.
> 조절효과 검정은 위계적 회귀분석에서 하는 방법을 차용해서 분석하는 것이므로 위
> 계적 회귀분석이라고 부르는 것은 문제가 있다. 그러므로 조절효과 검정은 조절회귀분
> 석이라고 명명하는 것이 타당하다.

[Step 4] 분석 결과

조절효과 검정을 실시한 결과 [그림 9–12]~[그림 9–14]의 표가 출력된다.

분산분석ª

모형		제곱합	자유도	평균 제곱	F	유의확률
1	회귀 모형	3.520	1	3.520	16.650	.010[b]
	잔차	1.057	5	.211		
	합계	4.577	6			
2	회귀 모형	4.055	2	2.027	15.525	.013[c]
	잔차	.522	4	.131		
	합계	4.577	6			
3	회귀 모형	4.510	3	1.503	67.632	.003[d]
	잔차	.067	3	.022		
	합계	4.577	6			

a. 종속변수: Y

b. 예측값: (상수), X

c. 예측값: (상수), X, D.M.y

d. 예측값: (상수), X, D.M.y, XM

[그림 9–12] 조절효과 검정: 분산분석표

[그림 9–12]는 매개효과 검정과 마찬가지로 표 작성 시에만 사용한다. [그림 9–13]의
계수표와 [그림 9–14]의 모형요약표는 조절효과를 검정하는 데 핵심적인 역할을 한다.
[그림 9–14]에서 독립변수, 조절변수 그리고 독립변수와 조절변수의 상호작용항이 투입
된 모형 3에서 결정계수의 증가분($\Delta R^2 = .100$)은 10.0%이며 이 증가분은 $p = .020$으로

유의하게 증가하였다. 따라서 변수 M은 독립변수가 종속변수에 미치는 영향을 조절하는 것으로 나타났다.

변수 M이 조절변수라는 것이 밝혀진 경우, 이제 그 조절변수가 순수 조절변수인지 유사 조절변수인지를 파악하기 위해서 조절변수의 유의성을 검정한다. [그림 9-13]의 모형 3에서 조절변수 $D.M.y$의 p-value는 $p = .042$로 조절변수가 종속변수에 유의한 영향을 주는 것으로 나타났다. 따라서 조절변수는 유사 조절변수이다.

계수ᵃ

모형		비표준화 계수		표준화 계수	t	유의확률
		B	표준오차	베타		
1	(상수)	.182	.584		.311	.768
	X	.669	.164	.877	4.080	.010
2	(상수)	.253	.460		.550	.611
	X	.720	.131	.943	5.482	.005
	D.M.y	-.569	.281	-.348	-2.024	.113
3	(상수)	-.077	.204		-.380	.729
	X	.822	.059	1.078	14.006	.001
	D.M.y	1.894	.556	1.159	3.405	.042
	XM	-.689	.152	-1.570	-4.527	.020

a. 종속변수: Y

[그림 9-13] 조절효과 검정: 계수표

모형 요약

모형	R	R 제곱	수정	통계량 변화량				
				R 제곱 변화량	F 변화량	df1	df2	유의확률 F 변화량
1	.877ᵃ	.769		.769	16.650	1	5	.010
2	.941ᵇ	.886		.117	4.095	1	4	.113
3	.993ᶜ	.985		.100	20.497	1	3	.020

a. 예측값: (상수), X

b. 예측값: (상수), X, D.M.y

c. 예측값: (상수), X, D.M.y, XM

[그림 9-14] 조절효과 검정: 모형요약표

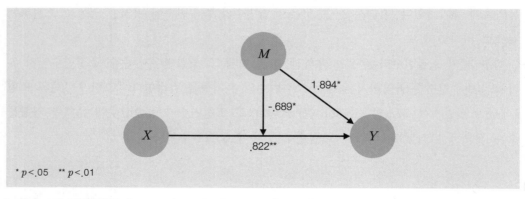

[그림 9-15] 유사 조절효과

▶ TIP

[그림 9-14]에서 모형 3의 결정계수 증가분에 대한 유의확률 p-value는 $p = .020$이며, [그림 9-13]의 계수표에서 모형 3의 상호작용항의 p-value 역시 $p = .020$이다.

위계적 회귀분석방법에서 변수를 하나씩 추가하는 경우에는 결정계수의 증가분과 그 변수의 계수의 p-value는 동일하게 나온다. 하지만 위계적 회귀분석에서처럼 추가되는 변수가 한 개가 아니라 여러 개인 경우 p-value는 서로 다르다.

9.3.2 조절효과 그래프

조절효과가 있는 경우, 이를 시각적으로 표현하는 방법에 대해서 살펴보자. 9.3.1절의 분석 결과 독립변수 X가 종속변수 Y에 미치는 영향을 조절변수 M이 조절하는 것으로 나타났다. 이때 조절변수 M이 어떤 식으로 조절효과를 나타내는지 알고자 할 때 이 분석 결과만으로는 이해하기가 어렵다. 이 조절효과를 그래프로 표시한다면 좀 더 쉽게 이해할 수 있을 것이다.

조절회귀분석 결과를 회귀방정식으로 정리하면 다음과 같다.

$$Y = -0.077 + 0.822X + 1.894D.M.y - 0.689XM$$

위의 식에서 조절변수 $D.M.y$는 0과 1의 값만을 가질 수 있다. 그러므로 이 식을 다시 정리하면 다음과 같이 2개의 식으로 쓸 수 있다.

$$D.M.y = 0$$

$$Y = -0.077 + 0.822X$$

$$D.M.y = 1$$

$$Y = 1.817 + 0.133X$$

위의 두 식에서 X에 1, 2, ⋯ , 5를 각각 입력하여 Y를 구하면 $D.M.y = 0$인 경우 0.745, 1.567, 2.389, 3.211, 4.033이고, $D.M.y = 1$인 경우에는 1.950, 2.083, 2.216, 2.349, 2.482가 된다. 이를 그래프로 나타내면 [그림 9-16]과 같다.

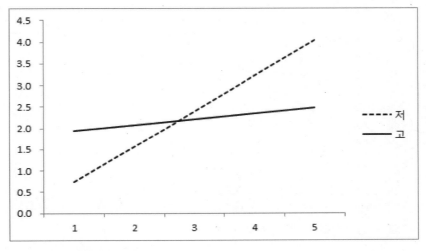

[그림 9-16] 조절효과 그래프

범주형 조절변수의 조절효과에 대한 그래프는 한나래출판사 홈페이지(http://www.hannarae.net) Data Room에 있는 Excel 파일의 '조절효과 그래프'에서 그릴 수 있다. '범주형 조절변수' 워크시트에서 회귀방정식의 결과에 회귀계수값을 입력하면 자동으로 그래프가 생성된다.

[그림 9-17]은 Excel 파일을 실행시킨 결과이다. 이 Excel창에서 회귀분석 결과의 회귀계수

$$Y = -0.077 + 0.822X + 1.894D.M.y - 0.689XM$$

을 각각 입력한다. 회귀계수를 입력하면 조절효과 그래프가 자동으로 출력된다. 출력된 그래프는 범주형 조절변수 M 수준인 저/고에 대한 그래프이다.

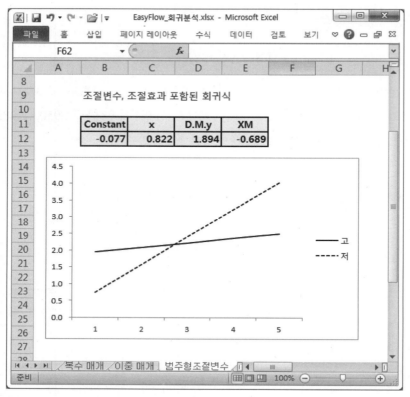

[그림 9-17] 조절효과 그래프 그리기 1

[그림 9-17]과 같이 조절효과 그래프를 그릴 수 있다. 하지만 이것이 어떤 조절작용을 하는지에 대해 조절변수가 없을 때의 결과와 비교한다면 [그림 9-18]과 같은 그래프를 그릴 수 있다. 이 그래프는 [그림 9-13]의 결과에서 독립변수만으로 실시한 단순회귀분석 결과에 회귀계수를 입력한 것이다.

$$Y = 0.182 + 0.669X$$

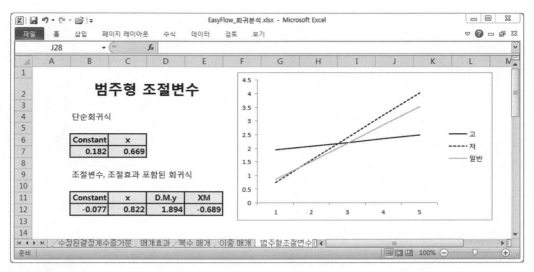

[그림 9-18] 조절효과 그래프 그리기 2

위의 그래프에서 확인할 수 있듯이, 범주형 조절변수가 '고'인 경우 조절변수가 없을 때보다 기울기가 작아지고, 반대로 '저'인 경우에는 기울기가 더 커진다. 즉 범주형 조절변수는 독립변수가 종속변수에 미치는 영향을 약하게 한다.

9.4 | 범주형 조절변수의 조절효과 평가

조절효과를 검정하여 '조절효과가 있다'라는 것은 평가할 수 있다. 하지만 그 조절효과가 어떤 것인지를 분석 결과만으로 파악하기는 쉽지 않다. 그래서 이번 절에서는 조절효과를 평가하는 방법에 대해서 살펴본다.

조절효과를 평가할 때 가장 중요한 것은 독립변수와 조절효과항(상호작용항)의 부호이다. [그림 9-19]는 조절효과의 평가에 대한 여러 가지 상황을 그래프로 나타낸 것이다. (a)~(d)는 독립변수 회귀계수의 부호가 양(+)인 경우이고, (e)~(h)는 음(-)인 경우이다.

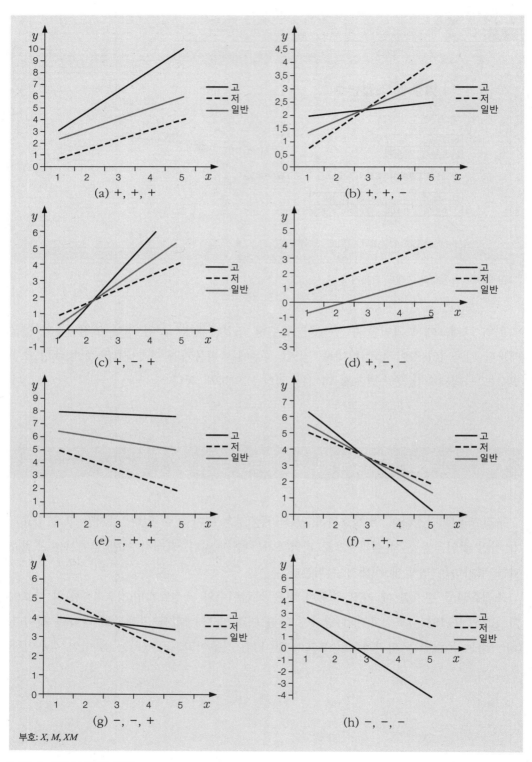

부호: X, M, XM

[그림 9-19] 조절효과 평가

9.4.1 독립변수가 양(+)의 영향을 주는 경우

독립변수의 기울기가 양수(+)인 경우 조절효과항은 양수(+)이거나 음수(−)이다. 이를 그래프로 나타내면 [그림 9-19]의 (a)~(d)와 같다.

(a)는 독립변수와 조절변수, 조절효과항이 모두 양수(+, +, +)인 경우이다. 조절변수 없이 독립변수가 종속변수에 미치는 영향을 분석한 단순회귀분석 결과는 보라색 실선과 같다. 즉 독립변수가 높아질수록 종속변수가 높아진다. 이때 범주형 조절효과항이 양수(+)인 경우를 살펴보면, 조절변수는 범주형 변수이므로 0/1의 '저/고'만 존재한다. 즉 조절변수는 '높은 집단(고)'과 '낮은 집단(저)'이며, 이를 그래프로 표시하면 각각 검은색 실선과 점선으로 표시할 수 있다. 여기서 상수항의 해석은 의미가 없으므로 볼 필요가 없고, 주의 깊게 봐야 하는 부분은 '고'집단의 기울기이다. '고'집단의 기울기는 보라색 실선보다 기울기가 커진 것을 확인할 수 있다. 즉 독립변수가 종속변수에 미치는 영향을 더 강하게 한다.

(c)는 (a)의 그래프와 마찬가지로 독립변수가 종속변수에 미치는 영향을 더 강하게 한다는 것을 확인할 수 있다. 다만 조절변수가 음수(−)이므로 '고'집단은 독립변수가 낮을 때는 종속변수가 아주 낮게 나타나지만, 독립변수가 커질수록 종속변수에 미치는 영향의 정도도 커지며, 독립변수가 높을 때는 종속변수가 매우 높게 나타난 것을 알 수 있다.

따라서 독립변수와 조절효과의 부호가 동일하게 양수(+)인 경우 조절변수는 독립변수가 종속변수에 미치는 영향을 강하게 한다. 조절변수 역시 양수(+)로 동일한 경우에는 그 정도는 동일하지만 음수(−)인 경우에는 조절변수의 조절효과가 더 극대화되어, 독립변수가 낮은 경우에 종속변수는 낮지만, 독립변수의 값이 커질수록 종속변수의 값은 더 커지게 된다.

(b)와 (d)는 독립변수와 조절효과의 부호가 서로 다른 경우이다. (b)에서 독립변수와 조절효과의 부호가 (+, −)인 경우 '고'집단은 단순회귀분석의 기울기보다 작아진다는 것을 확인할 수 있다. 즉 조절효과의 부호가 음수(−)로 다를 경우, 조절변수는 독립변수가 종속변수에 미치는 영향을 약화시킨다.

(d)에서 조절변수와 조절효과가 모두 음수(+, −, −)인 경우 '고'집단은 '저'집단보다 종속변수가 모두 낮으며, 독립변수가 종속변수에 미치는 영향을 약화시킨다.

9.4.2 독립변수가 음(−)의 영향을 주는 경우

독립변수의 기울기가 음수(−)인 경우에는 양수(+)인 경우와 정반대로 생각하면 된다. 이 경우에도 역시 독립변수와 조절효과항의 부호가 동일한지의 여부에 대해서 확인하면 쉽게 이해할 수 있다.

독립변수가 음(−)의 영향을 주는 경우 가장 기본적인 형태는 (h)이다. (h)에서 독립변수와 조절효과는 모두 음수(−, −)로 동일하다. '고'집단의 기울기는 더 작아지는 것을 알 수 있다. 즉 조절변수는 독립변수가 종속변수에 미치는 음의 영향을 더 강하게 한다. (f)도 마찬가지다.

독립변수와 조절효과의 부호가 서로 다른 경우는 (e)와 (g)이다. 이 두 경우 모두 조절변수가 '고'집단일 경우 독립변수가 종속변수에 미치는 영향을 약화시키는 것을 확인할 수 있다.

9.4.3 조절효과의 평가

9.4.1절과 9.4.2절의 조절효과 평가에 대한 결과를 정리하면 <표 9−6>과 같다. 하지만 이 결과가 절대적인 것은 아니다. 큰 틀에서의 지침이라고 생각하는 것이 좋다.

〈표 9−6〉 조절효과 평가의 일반적 지침

독립변수	조절효과	평가
+	+	독립변수가 종속변수에 미치는 양(+)의 영향을 강하게 한다.
+	−	독립변수가 종속변수에 미치는 양(+)의 영향을 약하게 한다.
−	+	독립변수가 종속변수에 미치는 음(−)의 영향을 약하게 한다.
−	−	독립변수가 종속변수에 미치는 음(−)의 영향을 강하게 한다.

조절효과에 대한 정확한 평가는 독립변수가 종속변수에 미치는 영향에 대한 단순회귀분석 결과와 조절효과를 검정한 결과를 통해서 내린다. 조절회귀방정식에서 독립변수와 조절변수에 대한 것도 같이 확인하면 좀 더 명확한 해석을 할 수 있다.

[사례 1] 조절효과 평가

[그림 9-20]은 독립변수와 조절변수는 유의하지 않으나, 조절효과항만 유의한 경우를 나타낸다. 즉 조절변수가 '순수 조절변수'인 경우이다.

독립변수가 종속변수에 미치는 영향에 대한 단순회귀분석 결과 아래와 같은 식을 얻었다.

$$y = 3.882 + 0.001x$$

이 결과 독립변수는 종속변수에 유의한 영향을 주지 않는다는 것을 알 수 있으며, [그림 9-20]의 그래프에 보라색 실선으로 표시되어 있다.

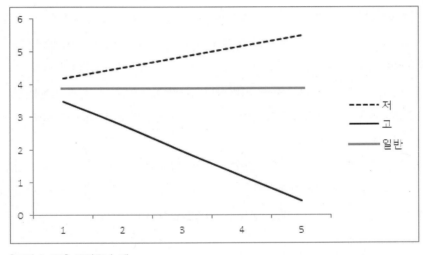

[그림 9-20] 조절효과 예

조절변수와 조절효과항이 추가된 경우의 식은 다음과 같다.

$$y = 3.877 + 0.322x + 0.394D.M.y - 1.089XM$$

이 조절회귀방정식에서 독립변수($B = .322$)와 조절변수($B = .394$)는 유의하지 않게 나타났으나, 조절효과항($B = -1.089$)은 유의하게 나타났다. 이때 독립변수와 조절효과항의 회귀계수를 살펴보면, 0.322와 −1.089로 조절효과항의 회귀계수 절댓값이 더 크다는 것을 알 수 있다. 즉 이 두 값을 더하면 −0.767로 음수(−)로 나온다. 이것은 '고'집단의 경우에는 독립변수가 커지면 종속변수는 작아진다는 것을 의미한다.

하지만, '저'집단의 경우 조절효과항은 0이 되므로 기울기는 0.322로 양수이다. 따라서 독립변수가 커지면 종속변수도 커진다는 것을 알 수 있다.

이를 그래프로 표현한 것이 [그림 9-20]이다.

[사례 2] 조절효과 평가

조절효과를 평가하는 두 번째 예로 [그림 9-21]을 살펴보자. 단순회귀분석 결과는

$$y = 2.768 + 0.534x$$

로 독립변수가 높을수록($B = .534$) 종속변수가 높아지며 유의하게 나타난 경우이다.

조절변수가 추가된 조절회귀방정식의 결과는

$$y = 3.877 + 0.322x + 0.594D.M.y - 0.789XM$$

이며, 조절효과항이 유의하게 나타난 경우이다. 독립변수와 조절효과항의 회귀계수를 살펴보면 0.322와 −0.789로 조절효과항의 회귀계수 절댓값이 더 크다는 것을 알 수 있다. 즉 이 두 값을 더하면 −0.467로 음수(−)로 나온다. 이것은 '고'집단의 경우 독립변수가 커지면 종속변수는 작아진다는 것을 의미한다. 하지만, '저'집단의 경우에는 조절효과항은 0이 되므로 기울기는 0.322로 양수이다. 따라서 독립변수가 커지면 종속변수도 커진다는 것을 알 수 있다.

이 예에서는 독립변수 자체는 종속변수에 양의 영향을 주지만 범주형 조절변수와 조절효과항이 추가된 경우, '고'집단의 기울기가 반대가 되는 것을 알 수 있다. 이때 조절변수는 독립변수가 종속변수에 미치는 영향을 **역조절한다**라고 한다.

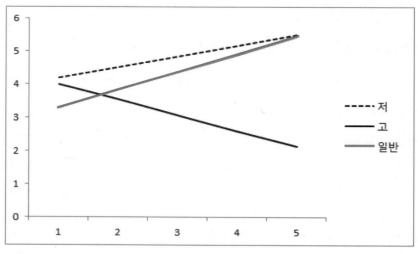

[그림 9-21] 조절효과 예

이상의 결과를 정리하면 <표 9-7>과 같다.

〈표 9-7〉 조절효과 평가

독립변수 b_1	조절효과 b_2	$b_1 + b_2$	조절효과 평가
+	+		독립변수가 종속변수에 미치는 양(+)의 영향을 강하게 한다.
+	−	$b_1 + b_2 > 0$	독립변수가 종속변수에 미치는 양(+)의 영향을 약하게 한다.
		$b_1 + b_2 < 0$	독립변수가 종속변수에 미치는 영향을 역조절한다.
−	+	$b_1 + b_2 > 0$	독립변수가 종속변수에 미치는 영향을 역조절한다.
		$b_1 + b_2 < 0$	독립변수가 종속변수에 미치는 음(−)의 영향을 약하게 한다.
−	−		독립변수가 종속변수에 미치는 음(−)의 영향을 강하게 한다.

9.5 | 평균중심화

조절효과 검정의 핵심사항은 상호작용항이다. 그러나 상호작용항은 독립변수, 조절변수와 다중공선성이 발생하는 문제가 있다.

조절효과 검정은 회귀분석을 이용하여 분석하므로 독립변수 간 다중공선성이 발생하면 조절회귀분석을 할 수 없다. 이때 상호작용항의 다중공선성을 피하는 방법으로 사용되는 것이 **평균중심화**(mean centering)이다.

| 예제 9.2| 상호작용항의 다중공선성 문제에 대해 살펴본다. (데이터: 평균중심화.sav)

	Y	X	M
1	3.58	2.48	2.48
2	3.75	2.67	2.68
3	3.84	2.84	3.85
4	4.12	3.17	3.95
5	5.00	3.67	4.67
6	1.48	1.94	2.48
7	2.48	2.05	2.84

[그림 9-22] 평균중심화.sav 데이터 파일

9.5.1 상호작용항의 다중공선성 문제

연속형 조절변수의 경우 범주형 조절변수와 마찬가지로 더미변수로 변환하지 않고 상호작용항을 만들어서 분석한다. 과정은 9.3절의 범주형 조절변수와 동일하다.

독립변수 X, 조절변수 M의 상호작용항은 '변환 → 변수 계산' 메뉴에서 만들어진다. 숫자 표현식에 독립변수와 조절변수의 곱인 $X*M$을 입력하고, 대상변수에는 새로 생성되는 변수명 XM을 입력한다.

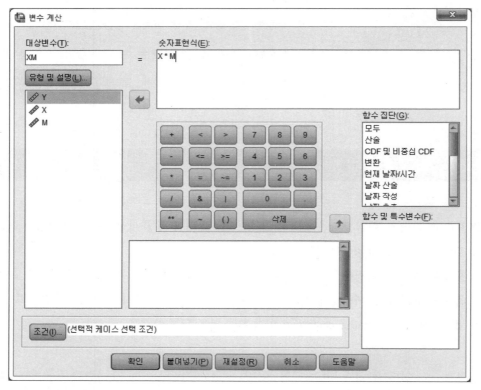

[그림 9-23] 상호작용항 생성

독립변수와 조절변수 그리고 상호작용항을 투입하는 회귀분석을 실시하는 경우 이들 세 변수 간에는 다중공선성이 존재한다.

	Y	X	M	XM
1	3.58	2.48	2.48	6.15
2	3.75	2.67	2.68	7.16
3	3.84	2.84	3.85	10.93
4	4.12	3.17	3.95	12.52
5	5.00	3.67	4.67	17.14
6	1.48	1.94	2.48	4.81
7	2.48	2.05	2.84	5.82

[그림 9-24] 상호작용항 생성 결과

위의 데이터에서 독립변수 X, 조절변수 M, 상호작용항 XM에 대하여 분석을 실시하면 다음과 같이 출력된다.

계수ᵃ

모형		비표준화 계수		표준화 계수	t	유의확률	공선성 통계량	
		B	표준오차	베타			공차	VIF
1	(상수)	-1.385	.733		-1.889	.132		
	X	2.433	.583	1.290	4.174	.014	.208	4.801
	M	-.516	.409	-.390	-1.263	.275	.208	4.801
2	(상수)	-6.100	3.877		-1.573	.214		
	X	4.035	1.407	2.140	2.867	.064	.032	31.673
	M	1.021	1.302	.773	.784	.490	.018	55.177
	XM	-.503	.407	-1.965	-1.236	.304	.007	143.724

a. 종속변수: Y

[그림 9-25] 조절효과 검정 결과: 다중공선성 문제

조절효과를 검정한 결과 [그림 9-25]에서 X, M만으로 회귀분석을 하게 되면 VIF 값이 4.801, 4.801로 둘 다 10보다 작으므로 다중공선성이 없는 것으로 나타났다. 하지만 상호작용항이 추가된 경우 VIF 값이 31.673, 55.177, 143.724로 모두 10보다 크게 나타나 변수들 사이에 다중공선성이 존재하는 것으로 나타났다. 따라서 상호작용항을 포함시켜서 분석한 회귀분석 결과를 신뢰할 수 없다는 문제가 발생한다. 이때 필요한 것이 평균 중심화이다.

X, M, XM의 세 변수는 X와 XM 사이에 그리고 M은 XM과 상관관계가 높으므로 이 변수들 사이에 다중공선성이 발생한다. 회귀분석의 기본 조건 중에서 다중공선성이 존재하면 회귀분석을 실시할 수 없다. 따라서 조절효과 검정에서도 상호작용항이 투입되는 경우 다중공선성이 발생하여 조절효과 검정을 할 수 없다.

▶ TIP

상호작용항의 다중공선성 문제는 9.3.1절에서 다룬 범주형 변수의 조절효과 검정에서
도 동일하게 적용된다. 더미변수의 상호작용항에 대한 VIF 지수를 이용한 다중공선성
을 검토하면 다음과 같다.

공선성 통계량	
공차	VIF
.820	1.219
.042	23.852
.040	24.771

위와 같이 VIF가 10보다 크게 나타나므로 다중공선성이 존재한다. 따라서 상호작
용항을 바로 투입할 수 없다. 상호작용항의 다중공선성을 해결하기 위해서는 **평균
중심화**[3]하는 방법이 있다.

9.5.2 평균중심화

평균중심화(mean centering, 평균집중화)하는 방법은 비교적 간단하다. 각 데이터에서 그
변수의 평균값을 빼면 된다. 즉 X의 평균값을 구한 후 X-평균을 구하고, M의 평균값을
구해서 M-평균을 구하는 것이다. 이렇게 각 변수에서 평균값을 뺀 것을 평균중심화라고
한다. 이때 상호작용항은 단순히 XM이 아니라 평균중심화한 변수들의 곱으로 구한다.

$$MC.X = X - \text{mean}(X)$$
$$MC.M = M - \text{mean}(M)$$
$$MC.XM = MC.X \times MC.M$$

---

3) Aiken, L., & West, S. (1991). *Multiple Regression*. Newbury Park, CA: Sage.

필자는 변수명을 부여할 때 몇 가지 규칙을 가지고 명명한다.

변수명	설명
zX	X라는 척도의 하위 문항들의 평균
sX	X라는 척도의 하위 문항들의 합
$D.sex.F$	F(여자)가 이벤트인 성별(sex)의 더미변수
$G.age$	연속형 변수 연령(age)을 범주화(grouping)한 변수
$MC.X$	변수 X를 평균중심화한 변수

설문에서 스트레스와 관련하여 10개의 문항이 있을 때 이 문항들의 평균을 내는 경우에는 z를 추가로 입력하고, 합을 구하는 경우에는 s를 입력한다. 즉 z스트레스이면 스트레스 10개 문항들의 평균을 뜻하고, s스트레스이면 스트레스 10개 문항의 합계를 뜻한다.

더미변수의 경우에는 맨 앞에 Dummy의 약자로 $D.$를 부여하고 이벤트는 추가로 붙인다. $D.sex.F$이면 남자를 0, 여자를 1로 만든 성별 관련 더미변수이다.

$G.age$는 연속형으로 측정한 연령(age)을 10대, 20대, 30대와 같이 묶은 경우 Groupping의 약자로 $G.$를 부여한다. 연령대를 더미변수로 부여한 경우에는 $D.age.30$, $D.age.40$, $D.age.50$과 같이 변수명이 만들어진다. 이때 없는 값이 레퍼런스이다. 연령대가 20대, 30대, 40대, 50대 이상이라면 $D.age.40$은 20대는 0, 40대는 1로 하는 더미변수이다.

스트레스 변수를 평균중심화(mean centering)하는 경우에 약자로 $MC.$를 부여한다. 따라서 변수 $MC.z$스트레스는 스트레스 문항들의 평균을 구한 변수를 평균중심화한 것을 의미한다.

모든 변수마다 이러한 규칙을 적용할 수는 없지만, 일반적으로 많이 사용하는 경우에는 자신만의 규칙을 만드는 것이 도움이 된다.

1) 기술통계를 이용한 평균중심화

평균중심화하는 가장 간단한 방법은 독립변수와 조절변수의 평균값을 구한 다음 독립변수와 조절변수 각각에서 변수의 평균을 빼주는 것이다.

분석 → 기술통계량 → 기술통계

[그림 9-26] 기술통계

　분석메뉴에서 '기술통계량' 메뉴의 '기술통계'를 선택한 다음 [그림 9-26]의 대화상자에서 독립변수 X와 조절변수 M을 입력하여 기술통계분석을 실시한다. 분석 결과 [그림 9-27]의 기술통계 결과를 보면 독립변수의 평균은 2.6886이고 조절변수의 평균은 3.2786이다.

기술통계량

	N	최소값	최대값	평균	표준편차
X	7	1.94	3.67	2.6886	.60963
M	7	2.48	4.67	3.2786	.86982
유효수 (목록별)	7				

[그림 9-27] 기술통계 결과

변환 → 변수 계산

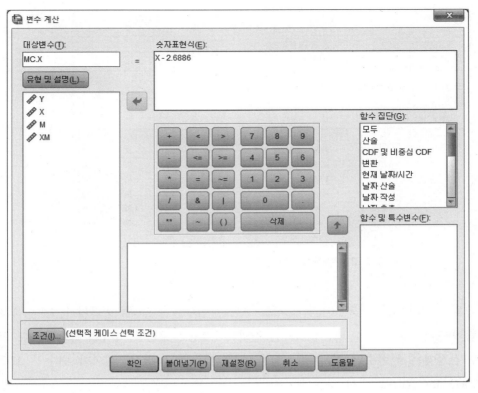

[그림 9-28] 독립변수의 평균중심화

평균중심화는 [그림 9-28]에서와 같이 '변수 계산' 메뉴에서 가능하다. 대상변수에는 '$MC.X$'를 입력하고 숫자표현식에는 '$X - 2.6886$'을 입력한다. 독립변수 X의 평균이 2.6886이므로 $X - 2.6886 = MC.X$로 저장한다.

마찬가지 방법으로 [그림 9-29]에서 조절변수 M에 대하여 $M - 3.2786 = MC.M$으로 저장하여 조절변수를 평균중심화한다.

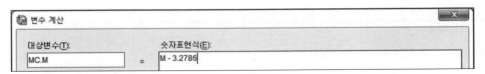

[그림 9-29] 조절변수의 평균중심화

독립변수와 조절변수를 평균중심화한 변수 $MC.X$, $MC.M$을 생성한 후 이들 변수로 상호작용항을 만들어 [그림 9-30]과 같이 입력한다.

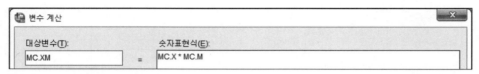

[그림 9-30] 상호작용항

	Y	X	M	XM	MC.X	MC.M	MC.XM
1	3.58	2.48	2.48	6.15	-.21	-.80	.17
2	3.75	2.67	2.68	7.16	-.02	-.60	.01
3	3.84	2.84	3.85	10.95	.15	.57	.09
4	4.12	3.17	3.95	12.52	.48	.67	.32
5	5.00	3.67	4.67	17.14	.98	1.39	1.37
6	1.48	1.94	2.48	4.81	-.75	-.80	.60
7	2.48	2.05	2.84	5.82	-.64	-.44	.28

[그림 9-31] 평균중심화와 상호작용항

[그림 9-28]~[그림 9-30]의 결과로 생성된 변수들은 [그림 9-31]과 같다. 그리고
[그림 9-24]의 데이터를 평균중심화한 결과가 [그림 9-31]에 나타낸 변수들이다. 조절
효과 검정에는 원변수인 X, M, XM을 사용하지 않고 평균중심화한 변수인 $MC.X$,
$MC.M$, $MC.XM$을 대신 사용한다.

계수^a

모형		비표준화 계수		표준화 계수		t	유의확률	공선성 통계량	
		B	표준오차	베타				공차	VIF
1	(상수)	3.464	.150			23.071	.000		
	MC.X	2.433	.583	1.290		4.174	.014	.208	4.801
	MC.M	-.516	.409	-.390		-1.263	.275	.208	4.801
2	(상수)	3.668	.217			16.923	.000		
	MC.X	2.387	.549	1.266		4.347	.022	.207	4.822
	MC.M	-.330	.413	-.250		-.799	.482	.180	5.540
	MC.XM	-.503	.407	-.203		-1.236	.304	.651	1.536

a. 종속변수: Y

[그림 9-32] 평균중심화 변수를 이용한 분석

[그림 9-32]는 평균중심화한 변수 $MC.X$, $MC.M$, $MC.XM$으로 조절효과를 검정한
것을 나타낸 것이다. VIF 값이 1.536~5.540으로 모두 10보다 작으므로 다중공선성 문
제가 발생하지 않는다.

		Step 1				Step 2			
		B	p	VIF	R^2	B	p	VIF	R^2
원변수	상수	−1.385	.132		.920	−6.100	.214		.947
	X	2.433	.014	4.801		4.035	.064	31.673	
	M	−.516	.275	4.801		1.021	.490	55.177	
	XM					−.503	.304	143.724	
평균중심화 변수	상수	3.464	.000		.920	3.668	.000		.947
	$MC.X$	2.433	.014	4.801		2.387	.022	4.822	
	$MC.M$	−.516	.275	4.801		−.330	.482	5.540	
	$MC.XM$					−.503	.304	1.536	

〈표 9-8〉은 원변수와 평균중심화 변수로 조절효과를 검정한 결과를 정리한 것이다. 독립변수와 조절변수만 사용한 1단계에서 두 결과는 일치한다. 결정계수는 .920으로 같으며, 독립변수와 조절변수의 B, p, VIF 값은 모두 일치하는 것을 알 수 있다. 상수항은 두 변수의 단위가 달라지기 때문에 차이가 생기는 것이다.

상호작용항이 투입된 2단계에서 결정계수는 .947로 동일하다. 그리고 상호작용항의 B, p 값도 일치한다. 이에 비하여 VIF 값은 평균중심화 변수를 사용한 경우 확실하게 감소한 것을 볼 수 있다.

조절효과 검정에서 가장 중요한 것은 상호작용항이 유의한지를(또는 결정계수 증가분이 유의한지를) 검정하는 것이다. 따라서 원변수를 사용한 경우와 평균중심화 변수를 사용한 경우 상호작용항이 동일하므로 다중공선성 문제를 가지고 있는 상태에서 원변수로 조절효과 검정을 하는 것보다는 다중공선성 문제를 해결한 평균중심화 변수로 조절효과 검정을 하는 것이 타당하다.

2) 명령문을 이용한 평균중심화

앞에서는 기술통계와 SPSS의 메뉴를 이용하여 평균중심화 변수를 사용하였다. 이 방법은 간편하기는 하지만 평균중심화 변수가 많은 경우에는 작업이 상당히 번거롭다. 그래서 이 작업을 편하게 할 수 있는 방법으로 명령문을 이용하는 방법이 있다.

명령문을 이용하는 경우에는 파일 메뉴에서 '새 파일'을 클릭한 후 '명령문'을 클릭한다. 그러면 [그림 9-33]과 같이 빈 화면이 나오고 이곳에 명령문을 작성한다.

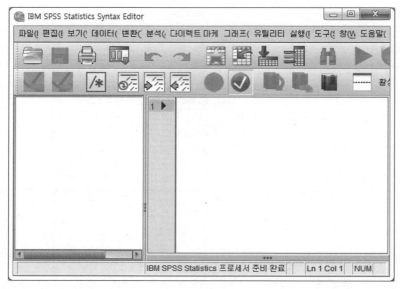

[그림 9-33] 명령문 화면

[그림 9-34]는 명령문 화면에 명령어를 작성한 것이다. 모든 명령어를 작성한 다음 메뉴에서 '실행 → 모두'를 선택하면 명령어가 실행된다. [그림 9-26]~[그림 9-30]의 과정이 한번에 실행되어 [그림 9-31]과 같이 새로운 변수가 생성된다.

명령어를 이용하는 경우에는 명령어 마지막에 마침표(.)를 반드시 넣어야 한다. 이때 대소문자는 구별하지 않는다.

명령어에 대해서 하나씩 살펴보면 다음과 같다.

> AGGREGATE
> > / M_X=mean(X)
> > / M_M=mean(M) .

맨 앞의 3줄은 하나의 명령어이다. AGGREGATE 명령은 평균값 등을 저장하는 명령어이다. mean(X)는 독립변수 X의 평균값을 말하고, 이것은 'M_X'라는 변수에 저장한다. 조절변수 M의 평균값은 'M_M'에 저장한다.

각각의 라인 앞(생성되는 변수명 앞)은 ' / '로 구분한다. 이 명령문은 [그림 9-26]과 [그림 9-27]을 대체하기 위한 것이다.

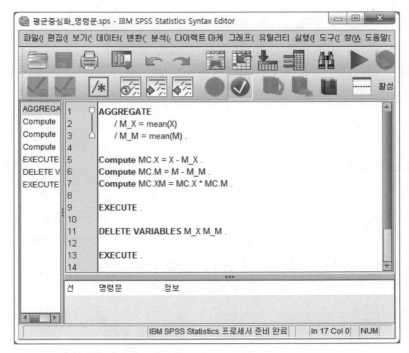

[그림 9-34] 명령문을 이용한 평균중심화

두 번째 명령문

> Compute MC.X=X − M_X .
>
> Compute MC.M=M − M_M .
>
> Compute MC.XM=MC.X * MC.M .
>
> EXECUTE .

는 변수계산 명령으로 [그림 9-28]~[그림 9-30]을 위한 명령어이다. 이 명령어는 3개의 변수계산 명령이다.

Compute라는 명령어는 변수계산의 명령어로 독립변수 X에서 X의 평균값인 M_X를 빼서 $MC.X$에 저장하라는 것이다. 마찬가지로 명령어의 마지막에 마침표 (.)를 입력한다. 마지막 줄의 EXECUTE는 변수계산을 실행하라는 명령어이다.

마지막 세 번째 명령문은

> DELETE VARIABLES M_X M_M .

이다. 맨 앞의 명령문을 실행하면 SPSS 워크시트상에 M_X와 M_M이라는 2개의 변수가 생성된다. 하지만 이 변수는 평균중심화를 위해서 임시로 사용한 것이고, 이후에는 필요가 없는 변수이므로 삭제하고자 할 때 사용하는 명령어이다.

DELETE VARIABLES는 변수를 삭제하겠다는 것이고 M_X M_M이므로 2개의 변수를 삭제한다는 것이다.

▶ TIP

첫 번째 AGGREGATE 명령어는 평균값이나 표준편차 등을 변수 계산에 사용할 때 주로 이용하며, 조절효과 검정을 하고자 하는 변수가 많은 경우에 아주 유용하게 사용된다. 두 번째 명령어인 Compute는 실제로 아주 유용하며 자주 사용하는 명령어이다. 이 명령어는 Excel의 함수식과 동일한 효력을 가지며 설문 연구 등의 경우에 a1, a4, a8, a9, a15라는 변수의 평균을 구할 때 아주 유용하다.

    Compute za＝mean(a1,a4,a8,a9,a15) .

    EXECUTE .

와 같이 하면 5개 변수의 평균을 구해서 'za'라는 변수에 저장한다. 각 변수들 사이는 콤마(,)로 구분한다. 콤마로 구분하는 경우는 변수가 떨어져 있을 때 사용한다.

b1, b2, b3, b4, b5의 평균과 b6, b7, b8, b9, b10의 평균을 구하는 경우와 같이 변수가 SPSS상에 연이어 있는 경우에는

    Compute zb1＝mean(b1 to b5) .
    Compute zb2＝mean(b6 to b10) .

    EXECUTE .

로 사용하면 아주 편리하다.

9.6 | 조절효과 검정

9.6.1 범주형 조절변수의 조절효과 검정

| 예제 9.3 | 독립변수 X가 종속변수 Y에 미치는 영향에 대하여 범주형 조절변수 M이 조절하는지를 분석한다. (데이터: 범주형_조절효과.sav)

9.3절에서는 범주형 조절변수에 대해서 살펴보았고, 9.4절에서는 상호작용항으로 인해 다중공선성 문제가 발생하는 것을 알아보았다. 상호작용항은 조절변수가 연속형 변수뿐만 아니라 범주형 변수인 경우에도 다중공선성 문제가 발생한다. 따라서 범주형 조절변수의 조절효과 검정에서도 연속형 독립변수 X는 평균중심화해야 한다. 범주형 변수는 평균중심화 과정 없이 더미변수로 사용하면 된다.

[Step 1] 자기상관과 다중공선성

조절효과를 검정하는 조절회귀분석에서도 종속변수의 자기상관 문제는 여전히 존재하며 독립변수들의 다중공선성 문제 또한 존재한다. 다중공선성 문제는 평균중심화로 해결되므로 이것은 [Step 3]에서 다룬다.

[Step 2] 조절변수를 더미변수로 변환

[그림 9-7]과 같이 [Step 1]을 수행하여 더미변수를 생성한다.

[Step 3] 평균중심화 변수 만들기

연속형 독립변수에 대하여 평균중심화한 변수를 만들고, 범주형 더미변수와 평균중심화한 독립변수의 상호작용항을 만든다. 이때 [그림 9-35]의 명령어를 이용한다.

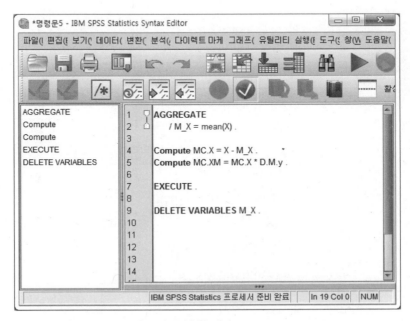

[그림 9-35] 범주형 조절변수 상호작용항 생성

[Step 4] 조절효과 검정

조절효과를 검정하기 위한 기본 과정이 끝났으므로 이제 조절효과에 대해서 검정한다.

[Step 4.1] $X \rightarrow Y$

조절효과를 검정하는 첫 번째 단계에서는 독립변수가 종속변수에 미치는 영향을 검정한다.

[Step 4.2] $X, M \rightarrow Y$

조절효과를 검정하는 두 번째 단계에서는 독립변수와 조절변수가 종속변수에 미치는 영향을 분석한다. 이때 조절변수는 범주형 변수이므로 조절변수를 더미변수로 변환한 $D.M.y$를 투입한다.

[Step 4.3] $X, M, XM \rightarrow Y$

마지막 단계인 세 번째 단계에서는 상호작용항을 투입한다.

이상의 세 단계를 거쳐서 조절효과를 검정한다. 하지만 이것은 위계적 회귀분석방법을 이용하면 한번에 분석이 가능하다.

분석 → 회귀분석 → 선형

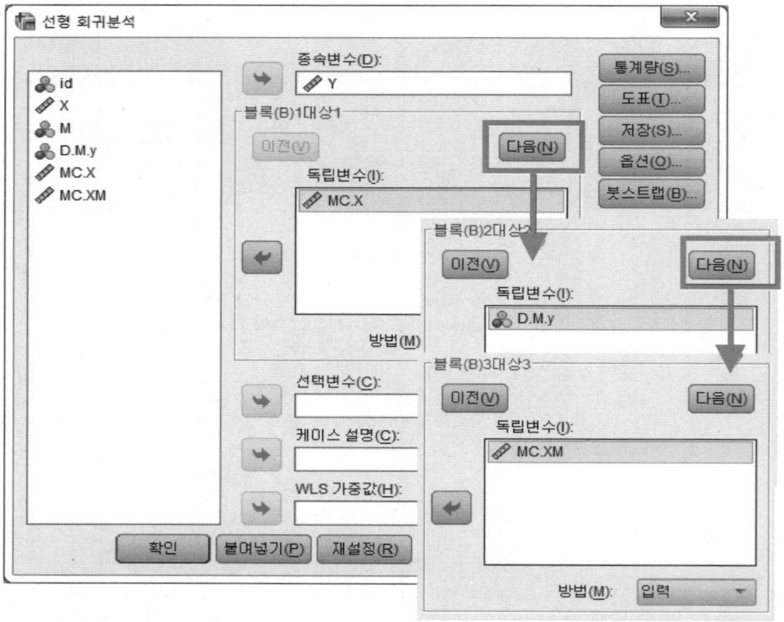

[그림 9-36] 조절효과 검정

회귀분석 메뉴에서 분석이 가능하며 블록 1에는 독립변수 $MC.X$, 블록 2에는 더미변수인 $D.M.y$, 블록 3에는 상호작용항 $MC.XM$을 입력한다. 결정계수 증가분의 유의성을 검정하기 위하여 통계량(S) 옵션을 클릭한다. [그림 9-37]의 '통계량' 옵션 대화상자에서 [☑ R제곱 변화량(S)]을 클릭한다.

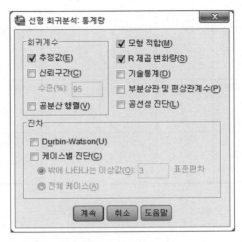

[그림 9-37] 회귀분석: 통계량

[Step 5] 분석 결과

조절효과 검정을 실시한 결과 [그림 9-38]~[그림 9-40]의 표가 출력된다.

모형 요약

모형	R	R 제곱	수정된 R 제곱	추정값의 표준오차	R 제곱 변화량	F 변화량	df1	df2	유의확률 F 변화량
					통계량 변화량				
1	.877[a]	.769	.723	.4598	.769	16.650	1	5	.010
2	.941[b]	.886	.829	.3614	.117	4.095	1	4	.113
3	.993[c]	.985	.971	.1491	.100	20.497	1	3	.020

a. 예측값: (상수), MC.X
b. 예측값: (상수), MC.X, D.M.y
c. 예측값: (상수), MC.X, D.M.y, MC.XM

[그림 9-38] 범주형 조절변수의 조절효과 검정: 모형요약표

조절효과 검정 시 가장 중요한 것은 결정계수 증가분의 유의성이다. [그림 9-38]에서 상호작용항이 투입되기 전의 결정계수 $R^2 = .886$(모형 2)이다. 상호작용항이 투입된 후인 모형 3의 결정계수 $R^2 = .985$이며 결정계수 증가분은 $\Delta R^2 = .100$으로 나타났다. 즉 상호작용항이 투입된 후 10.0%p의 설명력이 증가한 것이다. 그리고 이 증가한 설명력 10.0%p

는 통계적으로 유의미하게 나타났다(p = .020). 따라서 범주형 조절변수인 $D.M.y$는 독립변수가 종속변수에 미치는 영향을 조절하는 것으로 드러났다. [그림 9–39]는 표를 작성할 때만 사용한다.

분산분석[a]

모형		제곱합	자유도	평균 제곱	F	유의확률
1	회귀 모형	3.520	1	3.520	16.650	.010[b]
	잔차	1.057	5	.211		
	합계	4.577	6			
2	회귀 모형	4.055	2	2.027	15.525	.013[c]
	잔차	.522	4	.131		
	합계	4.577	6			
3	회귀 모형	4.510	3	1.503	67.632	.003[d]
	잔차	.067	3	.022		
	합계	4.577	6			

a. 종속변수: Y
b. 예측값: (상수), MC.X
c. 예측값: (상수), MC.X, D.M.y
d. 예측값: (상수), MC.X, D.M.y, MC.XM

[그림 9–39] 범주형 조절변수의 조절효과 검정: 분산분석표

계수[a]

모형		비표준화 계수		표준화 계수	t	유의확률
		B	표준오차	베타		
1	(상수)	2.457	.174		14.139	.000
	MC.X	.669	.164	.877	4.080	.010
2	(상수)	2.701	.182		14.829	.000
	MC.X	.720	.131	.943	5.482	.005
	D.M.y	-.569	.281	-.348	-2.024	.113
3	(상수)	2.719	.075		36.130	.000
	MC.X	.822	.059	1.078	14.006	.001
	D.M.y	-.450	.119	-.275	-3.783	.032
	MC.XM	-.689	.152	-.356	-4.527	.020

a. 종속변수: Y

[그림 9–40] 범주형 조절변수의 조절효과 검정: 계수표

[그림 9–40]의 상호작용항의 p-value는 p = .020이고, [그림 9–38]과 마찬가지로 결정계수 증가분 ΔR^2 = .100의 p-value는 p = .020으로 동일하다. 따라서 범주형 조절변

수는 독립변수가 종속변수에 미치는 영향을 조절하는 것으로 나타났다.

변수 M이 조절변수라는 것이 밝혀진 경우, 이제 그 조절변수가 순수 조절변수인지, 유사 조절변수인지를 파악하기 위해서 조절변수의 유의성을 검정한다. [그림 9-40]의 모형 3에서 조절변수 $D.M.y$의 $p = .032$로 조절변수가 종속변수에 유의한 영향을 주는 것으로 나타났다. 따라서 범주형 조절변수 M은 유사 조절변수이다.

[Step 6] 표 작성 및 해석

범주형 조절변수의 조절효과가 있는지 알아보기 위하여 조절회귀분석을 이용한 조절효과 검정을 실시한다. 범주형 조절변수는 더미변수로 변환하고, 상호작용항의 다중공선성 문제를 해결하기 위하여 연속형 독립변수는 평균중심화한 변수를 이용해서 상호작용항을 생성하여 조절효과 검정을 실시한다.

〈표 9-9〉 범주형 조절변수의 조절효과 검정

	Step 1		Step 2		Step 3	
	B	β	B	β	B	β
상수	2.457		2.701		2.719	
X	.669	$.877^{**}$	.720	$.943^{**}$	.822	1.078^{**}
M(yes)			−.569	−.348	−.450	$−.275^{*}$
XM					−.689	$−.356^{*}$
$R^2(\Delta R^2)$	.769		.886(.117)		$.985(.100^{*})$	
F	16.650^{**}		15.525^{*}		67.632^{**}	

$^{*}\ p < .05$ $^{**}\ p < .01$
M: No는 0, Yes는 1인 더미변수

▼ 표 9-9 해석

조절효과를 검정한 1단계에서 독립변수는 종속변수에 유의한 영향을 주었으며($p < .01$), 독립변수가 높을수록($B = .669$) 종속변수가 높아지는 것으로 나타났다. 독립변수가 종속변수를 설명하는 설명력은 76.9%이다.

조절변수가 추가된 2단계에서 11.7%p가 증가하였으나, 설명력 증가분이 유의하지 않게 나타났다.

상호작용항이 추가된 3단계에서 설명력이 10.0%p 유의하게 증가하여($p < .05$) 범주형

조절변수는 독립변수가 종속변수에 미치는 영향을 조절하는 것으로 나타났다. 조절변수는 종속변수에 유의한 영향을 주는 것으로 나타나($p < .05$), 범주형 조절변수는 유사 조절변수이다.

9.6.2 연속형 조절변수의 조절효과 검정

이 절에서는 조절변수가 연속형 변수인 경우에 대해서 살펴본다. 연속형 조절변수는 9.5절의 평균중심화 변수를 이용해서 분석한다.

1) 독립변수가 여러 개인 조절효과

(1) 연속형 조절변수 조절효과: 방법 1

| 예제 9.4 | 브랜드 차별, 브랜드 가치, 브랜드 신뢰가 브랜드 충성도에 미치는 영향에 대하여 기업 브랜드 충성도가 조절하는지를 검정한다. (데이터: 회귀.sav)

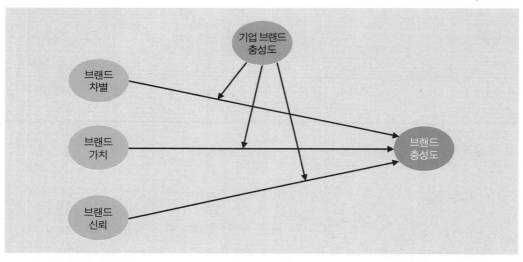

[그림 9-41] 조절효과모형

독립변수가 여러 개인 경우 연속형 조절변수의 조절효과에 대해서 검정한다. 독립변수인 브랜드 차별, 브랜드 가치, 브랜드 신뢰의 변수명은 zx_1, zx_2, zx_3이며, 조절변수인 기업 브랜드 충성도는 zn이다.

[Step 1] 자기상관과 다중공선성

종속변수의 자기상관과 독립변수들의 다중공선성 문제를 확인한다. 다중공선성 문제는 평균중심화로 해결되므로 이것은 Step 2에서 다루고 종속변수의 자기상관 여부를 확인한다.

모형 요약[b]

모형	R	R 제곱	수정된 R 제곱	추정값의 표준오차	Durbin-Watson
1	.903[a]	.815	.814	.61537	2.024

a. 예측값: (상수), 기업 브랜드 충성도, 브랜드 가치, 브랜드 차별, 브랜드 신뢰

b. 종속변수: 브랜드 충성도

[그림 9-42] 종속변수의 자기상관

종속변수인 브랜드 충성도의 자기상관을 검토한 결과 Durbin-Watson 지수가 2.024 $(d_U = 1.87462 < d)$로 나타나 자기상관이 없이 독립적임을 알 수 있다.

[Step 2] 평균중심화 변수 만들기

연속형 독립변수와 조절변수에 대하여 평균중심화한 변수를 만들며, 평균중심화한 독립변수와 조절변수의 상호작용항을 만든다. 독립변수의 수가 많으므로 [그림 9-43]의 명령어를 이용한다. (데이터: 평균중심화_명령문_예제4.sav)

[그림 9-43]은 [그림 9-34]보다 독립변수의 수가 더 많기 때문에 명령어가 훨씬 더 많아진 것을 알 수 있다. 독립변수가 3개이므로 AGGREGATE 명령어가 추가되었으며, 상호작용항 역시 독립변수 개수만큼 증가한다.

> ▶ TIP
>
> 마지막 DELETE VARIABLES 명령어 변수들을 각각 지정하지 않고
>
> > first to last varialbe
>
> 형식으로 작성하여 한번에 삭제한다.
>
> > DELETE VARIABLES M_zx1 to M_zn .
> > Execute .
>
> Compute 명령어와 DELETE VARIABLES 명령어 뒤에는 반드시 Execute 명령이 있어야 실행된다.

```
AGGREGATE                    1  |AGGREGATE
Compute                      2  |  / M_zx1 = mean(zx1)
Compute                      3  |  / M_zx2 = mean(zx2)
Compute                      4  |  / M_zx3 = mean(zx3)
Compute                      5  |  / M_zn = mean(zn) .
Compute                      6  |
Compute                      7  |Compute MC.zx1 = zx1 - M_zx1 .
Compute                      8  |Compute MC.zx2 = zx2 - M_zx2 .
EXECUTE                      9  |Compute MC.zx3 = zx3 - M_zx3 .
DELETE VARIABLES            10  |Compute MC.zn  = zn  - M_zn .
Execute.                    11  |
                            12  |Compute MC.zx1zn = MC.zx1 * MC.zn .
                            13  |Compute MC.zx2zn = MC.zx2 * MC.zn .
                            14  |Compute MC.zx3zn = MC.zx3 * MC.zn .
                            15  |
                            16  |EXECUTE .
                            17  |
                            18  |DELETE VARIABLES M_zx1 to M_zn.
                            19  |
                            20  |Execute.
```

[그림 9-43] 평균중심화 명령문

[Step 3] 조절효과 검정

조절효과를 검정하기 위한 기본 과정이 끝났으므로 이제는 조절효과에 대해서 검정한다.

[Step 3.1] $X \to Y$

[Step 3.2] $X,\ M \to Y$

[Step 3.3] $X,\ M,\ XM \to Y$

조절효과를 검정하는 3단계는 위계적 회귀분석방법을 이용하면 한번에 분석이 가능하다.

$$\boxed{\text{분석} \ \to \ \text{회귀분석} \ \to \ \text{선형}}$$

회귀분석 메뉴에서 분석하며 블록 1에는 3개의 독립변수를 평균중심화한 변수 $MC.zx_1$, $MC.zx_2$, $MC.zx_3$를 입력한다. 블록 2에는 조절변수를 평균중심화한 변수 $MC.zn$을, 블록 3에는 독립변수 zx_1과 조절변수 zn의 상호작용항 $MC.zx_1zn$을 입력한다. 결정계수 증가분의 유의성을 검정하기 위하여 통계량(S)... 옵션을 클릭한다.

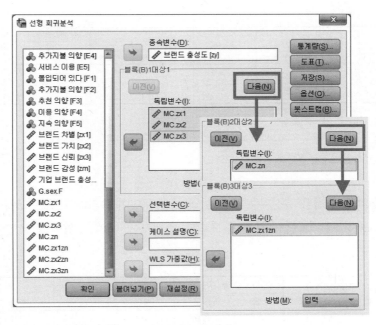

[그림 9-44] 연속형 조절변수의 조절효과 검정

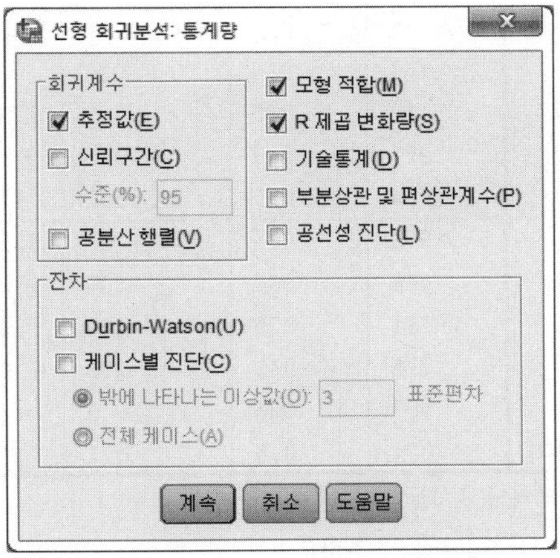

[그림 9-45] 회귀분석: 통계량

[그림 9-45]의 '통계량' 옵션 대화상자에서 [☑ **R제곱 변화량(S)**]을 클릭한다.

[Step 4] 분석 결과

조절효과 검정을 실시한 결과 [그림 9-46]과 [그림 9-47]의 표가 출력된다.

모형 요약

모형	R	R 제곱	수정된 R 제곱	추정값의 표준오차	통계량 변화량				
					R 제곱 변화량	F 변화량	df1	df2	유의확률 F 변화량
1	.840[a]	.705	.703	.77692	.705	404.896	3	508	.000
2	.903[b]	.815	.814	.61537	.110	302.722	1	507	.000
3	.903[c]	.816	.814	.61486	.001	1.852	1	506	.174

a. 예측값: (상수), MC.zx3, MC.zx2, MC.zx1

b. 예측값: (상수), MC.zx3, MC.zx2, MC.zx1, MC.zn

c. 예측값: (상수), MC.zx3, MC.zx2, MC.zx1, MC.zn, MC.zx1zn

[그림 9-46] 연속형 조절변수의 조절효과: 모형요약표

조절효과를 검정한 결과 결정계수 증가분 $\Delta R^2 = .001$이 유의하지 않으므로($p = .174 > .05$) 기업 브랜드 충성도는 브랜드 차별이 브랜드 충성도에 미치는 영향을 조절하지 않는다.

계수[a]

모형		비표준화 계수		표준화 계수	t	유의확률
		B	표준오차	베타		
1	(상수)	4.051	.034		117.989	.000
	MC.zx1	.318	.047	.239	6.830	.000
	MC.zx2	.176	.032	.175	5.446	.000
	MC.zx3	.644	.048	.523	13.550	.000
2	(상수)	4.051	.027		148.962	.000
	MC.zx1	.133	.038	.099	3.450	.001
	MC.zx2	.112	.026	.112	4.341	.000
	MC.zx3	.277	.043	.225	6.416	.000
	MC.zn	.604	.035	.562	17.399	.000
3	(상수)	4.030	.031		129.045	.000
	MC.zx1	.144	.039	.108	3.660	.000
	MC.zx2	.111	.026	.110	4.286	.000
	MC.zx3	.275	.043	.223	6.367	.000
	MC.zn	.607	.035	.565	17.461	.000
	MC.zx1zn	.021	.016	.027	1.361	.174

a. 종속변수: 브랜드 충성도

[그림 9-47] 연속형 조절변수의 조절효과: 계수표

모형 요약

모형	R	R 제곱	수정된 R 제곱	추정값의 표준오차	통계량 변화량				
					R 제곱 변화량	F 변화량	df1	df2	유의확률 F 변화량
1	.840[a]	.705	.703	.77692	.705	404.896	3	508	.000
2	.903[b]	.815	.814	.61537	.110	302.722	1	507	.000
3	.903[c]	.816	.814	.61570	.000	.472	1	506	.492

a. 예측값: (상수), MC.zx3, MC.zx2, MC.zx1

b. 예측값: (상수), MC.zx3, MC.zx2, MC.zx1, MC.zn

c. 예측값: (상수), MC.zx3, MC.zx2, MC.zx1, MC.zn, MC.zx2zn

[그림 9-48] 브랜드 가치에 대한 조절효과 (계속)

계수ᵃ

모형		비표준화 계수		표준화 계수	t	유의확률
		B	표준오차	베타		
1	(상수)	4.051	.034		117.989	.000
	MC.zx1	.318	.047	.239	6.830	.000
	MC.zx2	.176	.032	.175	5.446	.000
	MC.zx3	.644	.048	.523	13.550	.000
2	(상수)	4.051	.027		148.962	.000
	MC.zx1	.133	.038	.099	3.450	.001
	MC.zx2	.112	.026	.112	4.341	.000
	MC.zx3	.277	.043	.225	6.416	.000
	MC.zn	.604	.035	.562	17.399	.000
3	(상수)	4.041	.031		129.825	.000
	MC.zx1	.133	.038	.100	3.460	.001
	MC.zx2	.111	.026	.110	4.247	.000
	MC.zx3	.279	.043	.227	6.446	.000
	MC.zn	.606	.035	.564	17.386	.000
	MC.zx2zn	.009	.014	.013	.687	.492

a. 종속변수: 브랜드 충성도

[그림 9-48] 브랜드 가치에 대한 조절효과

모형 요약

모형	R	R 제곱	수정된 R 제곱	추정값의 표준오차	통계량 변화량				
					R 제곱 변화량	F 변화량	df1	df2	유의확률 F 변화량
1	.840ᵃ	.705	.703	.77692	.705	404.896	3	508	.000
2	.903ᵇ	.815	.814	.61537	.110	302.722	1	507	.000
3	.903ᶜ	.816	.814	.61440	.001	2.602	1	506	.107

a. 예측값: (상수), MC.zx3, MC.zx2, MC.zx1
b. 예측값: (상수), MC.zx3, MC.zx2, MC.zx1, MC.zn
c. 예측값: (상수), MC.zx3, MC.zx2, MC.zx1, MC.zn, MC.zx3zn

계수ᵃ

모형		비표준화 계수		표준화 계수	t	유의확률
		B	표준오차	베타		
1	(상수)	4.051	.034		117.989	.000
	MC.zx1	.318	.047	.239	6.830	.000
	MC.zx2	.176	.032	.175	5.446	.000
	MC.zx3	.644	.048	.523	13.550	.000
2	(상수)	4.051	.027		148.962	.000
	MC.zx1	.133	.038	.099	3.450	.001
	MC.zx2	.112	.026	.112	4.341	.000
	MC.zx3	.277	.043	.225	6.416	.000
	MC.zn	.604	.035	.562	17.399	.000
3	(상수)	4.024	.032		125.645	.000
	MC.zx1	.133	.038	.100	3.474	.001
	MC.zx2	.112	.026	.111	4.319	.000
	MC.zx3	.282	.043	.229	6.517	.000
	MC.zn	.609	.035	.567	17.500	.000
	MC.zx3zn	.023	.014	.032	1.613	.107

a. 종속변수: 브랜드 충성도

[그림 9-49] 브랜드 신뢰에 대한 조절효과

[Step 5] 표 작성 및 해석

〈표 9-10〉 기업 브랜드 충성도 조절효과 검정 1

	Step 1	Step 2	Step 3-1	Step 3-2	Step 3-3
상수	4.051***	4.051***	4.030***	4.041***	4.024***
브랜드 차별(x_1)	.318***	.133**	.144***	.133**	.133**
브랜드 가치(x_2)	.176***	.112***	.111***	.111***	.112***
브랜드 신뢰(x_3)	.644***	.277***	.275***	.279***	.282***
기업 브랜드 충성도(m)		.604***	.607***	.606***	.609***
$x_1 \times m$			.021		
$x_2 \times m$				.009	
$x_3 \times m$					.023
R^2	.705	.815	.816	.816	.816
ΔR^2		.110***	.001	.001	.001

** $p < .01$ *** $p < .001$

▶ 표 9-10 해석

기업 브랜드 충성도의 조절효과를 검정하였다. 독립변수와 조절변수 상호작용항의 다중공선성을 없애기 위해 평균중심화한 변수를 사용하였다. 상호작용항은 평균중심화한 독립변수와 조절변수의 곱으로 생성하고, Baron & Kenny(1986)의 조절회귀분석방법을 이용하여 검정하였다.

분석을 실시하기 전에 Durbin-Watson 지수를 이용하여 자기상관을 검정한 결과 2.024로 나타나 자기상관이 없이 독립적이므로 조절회귀분석을 실시하였다. 브랜드 차별, 브랜드 가치, 브랜드 신뢰가 브랜드 충성도에 미치는 영향에 대하여 기업 브랜드 충성도가 조절하는지를 알아보기 위하여 조절효과 검정을 실시하였다.

독립변수가 종속변수에 미치는 영향에 대한 1단계에서 브랜드 차별($B=.318$, $p < .001$), 브랜드 가치($B=.176$, $p < .001$), 브랜드 신뢰($B=.644$, $p < .001$)가 높을수록 브랜드 충성도가 높아지며, 브랜드 차별, 브랜드 가치, 브랜드 신뢰가 브랜드 충성도를 설명하는 설명력은 70.5%이다.

조절변수가 투입된 2단계에서 기업 브랜드 충성도가 추가됨으로써 11.0%p가 유의하게 증가하여($p < .001$) 전체 설명력은 81.5%이다. 기업 브랜드 충성도가 높을수록 ($B=.604$) 브랜드 충성도가 높아지는 것으로 나타났다.

3단계에서는 기업 브랜드 충성도의 조절효과를 검정하였다. 브랜드 차별이 브랜드 충성도에 미치는 영향에 대한 조절효과를 검정하는 3-1단계에서 결정계수 증가분은 0.1%p 증가하였으나 유의하지 않게 나타났다. 따라서 기업 브랜드 충성도는 브랜드 차별이 브랜드 충성도에 미치는 영향을 조절하지 않는 것으로 나타났다. 브랜드 가치와 브랜드 신뢰의 조절효과를 검정하는 3-2단계와 3-3단계에서 결정계수 증가분은 각각 0.1%p 증가하였으나 유의하지 않아 조절효과가 없는 것으로 나타났다.

따라서 기업 브랜드 충성도는 브랜드 차별, 브랜드 가치, 브랜드 신뢰가 브랜드 충성도에 미치는 효과를 조절하지 않는다. 기업 브랜드 충성도는 2단계에서 설명력이 11.0%p 유의하게 증가하였으며, 기업 브랜드 충성도가 높을수록($B=.604$) 브랜드 충성도가 높아졌다. 즉 기업 브랜드 충성도는 브랜드 충성도에 유의한 영향을 주는 독립변수이다.

(2) 연속형 조절변수 조절효과: 방법 2

앞의 방법 1에서는 조절효과항을 하나씩 추가하여 조절효과가 있는지에 대해 검토하였다. 하지만 요즘에는 조절효과항을 동시에 투입하여 각각의 조절효과를 검정하는 방법을 많이 사용한다. 이 방법은 방법 1의 3-2단계까지는 동일하며, 마지막 단계인 3-3단계에서 하나씩 투입한 조절효과항을 한번에 투입하여 분석한다.

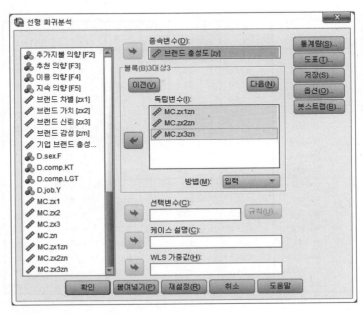

[그림 9-50] 브랜드 신뢰에 대한 조절효과

[그림 9-44]의 블록 3에 [그림 9-50]과 같이 조절효과항 3개를 모두 투입하여 분석한다. 그 결과는 [그림 9-51]과 같다.

모형 요약

모형	R	R 제곱	수정된 R 제곱	추정값의 표준오차	통계량 변화량				
					R 제곱 변화량	F 변화량	df1	df2	유의확률 F 변화량
1	.840[a]	.705	.703	.77692	.705	404.896	3	508	.000
2	.903[b]	.815	.814	.61537	.110	302.722	1	507	.000
3	.904[c]	.816	.814	.61535	.001	1.011	3	504	.387

a. 예측값: (상수), MC.zx3, MC.zx2, MC.zx1

b. 예측값: (상수), MC.zx3, MC.zx2, MC.zx1, MC.zn

c. 예측값: (상수), MC.zx3, MC.zx2, MC.zx1, MC.zn, MC.zx2zn, MC.zx1zn, MC.zx3zn

분산분석[a]

모형		제곱합	자유도	평균 제곱	F	유의확률
1	회귀 모형	733.189	3	244.396	404.896	.000[b]
	잔차	306.630	508	.604		
	합계	1039.819	511			
2	회귀 모형	847.825	4	211.956	559.715	.000[c]
	잔차	191.994	507	.379		
	합계	1039.819	511			
3	회귀 모형	848.974	7	121.282	320.292	.000[d]
	잔차	190.845	504	.379		
	합계	1039.819	511			

a. 종속변수: 브랜드 충성도

b. 예측값: (상수), MC.zx3, MC.zx2, MC.zx1

c. 예측값: (상수), MC.zx3, MC.zx2, MC.zx1, MC.zn

d. 예측값: (상수), MC.zx3, MC.zx2, MC.zx1, MC.zn, MC.zx2zn, MC.zx1zn, MC.zx3zn

계수[a]

모형		비표준화 계수		표준화 계수	t	유의확률
		B	표준오차	베타		
1	(상수)	4.051	.034		117.989	.000
	MC.zx1	.318	.047	.239	6.830	.000
	MC.zx2	.176	.032	.175	5.446	.000
	MC.zx3	.644	.048	.523	13.550	.000
2	(상수)	4.051	.027		148.962	.000
	MC.zx1	.133	.038	.099	3.450	.001
	MC.zx2	.112	.026	.112	4.341	.000
	MC.zx3	.277	.043	.225	6.416	.000
	MC.zn	.604	.035	.562	17.399	.000
3	(상수)	4.026	.033		123.823	.000
	MC.zx1	.137	.040	.102	3.381	.001
	MC.zx2	.114	.026	.113	4.347	.000
	MC.zx3	.279	.044	.226	6.367	.000
	MC.zn	.608	.035	.566	17.426	.000
	MC.zx1zn	.007	.026	.009	.292	.771
	MC.zx2zn	-.012	.019	-.018	-.640	.522
	MC.zx3zn	.027	.025	.037	1.069	.286

a. 종속변수: 브랜드 충성도

[그림 9-51] 브랜드 신뢰에 대한 조절효과 검정 결과

조절효과를 검정한 결과, 조절효과가 추가된 모형 3의 결정계수 증가분은 0.1%p이며 이 증가분은 유의하지 않게 나타났다($p = .387 > .05$). 따라서 조절효과는 없는 것으로 판정한다.

> ▶ TIP
>
> 결정계수 증가분이 유의한 경우에는 계수표의 조절효과 각각에 대한 p-value로 어떤 조절변수가 조절효과가 있는지에 대해서 검정할 수 있다. 예를 들어 결정계수 증가분이 유의하고, 계수표에서 조절효과항의 p-value가 $MC.zx_1zn(p = .002)$, $MC.zx_2zn$ ($p = .067$), $MC.zx_3zn(p = .013)$이라면, 조절변수 zn(기업 브랜드 충성도)은 독립변수 zx_1(브랜드 차별)과 zx_3(브랜드 신뢰)가 zy(브랜드 충성도)에 미치는 영향을 조절하는 것으로 판정한다.

[Step 5] 표 작성 및 해석

기업 브랜드 충성도의 조절효과를 검정한다. 독립변수와 조절변수 상호작용항의 다중 공선성을 없애기 위하여 평균중심화한 변수를 사용하였다. 상호작용항은 평균중심화한 독립변수와 조절변수의 곱으로 생성하였으며, Baron & Kenny(1986)의 조절회귀분석방법을 이용하여 검정하였다.

분석을 실시하기 전에 Durbin-Watson 지수를 이용하여 자기상관을 검정한 결과, 2.024로 나타나 자기상관이 없이 독립적이므로 조절회귀분석을 실시하였다.

〈표 9-11〉 기업 브랜드 충성도 조절효과 검정 2

	Step 1		Step 2		Step 3	
	B	β	B	β	B	β
Constant	4.051		4.051		4.026	
브랜드 차별(x_1)	.318	.239***	.133	.099**	.137	.102**
브랜드 가치(x_2)	.176	.175***	.112	.112***	.114	.113***
브랜드 신뢰(x_3)	.644	.523***	.277	.225***	.279	.226***
기업 브랜드 충성도(m)			.604	.562***	.608	.566***
$x_1 \times m$					.007	.009
$x_2 \times m$					−.012	−.018
$x_3 \times m$					.027	.037
R^2	.705		.815		.816	
ΔR^2			.110***		.001	

* $p < .05$ ** $p < .01$ *** $p < .001$

브랜드 차별, 브랜드 가치, 브랜드 신뢰가 브랜드 충성도에 미치는 영향에 대하여 기업 브랜드 충성도가 조절하는지 알아보기 위하여 조절효과 검정을 실시하였다.

독립변수가 종속변수에 미치는 영향에 대한 1단계에서 브랜드 차별($B=.318$, $p<.001$), 브랜드 가치($B=.176$, $p<.001$), 브랜드 신뢰($B=.644$, $p<.001$)가 높을수록 브랜드 충성도가 높아지며, 브랜드 차별, 브랜드 가치, 브랜드 신뢰가 브랜드 충성도를 설명하는 설명력은 70.5%이다.

조절변수가 투입된 2단계에서는 기업 브랜드 충성도가 추가되어 11.0%p가 유의하게 증가하여($p<.001$) 전체 설명력은 81.5%이다. 기업 브랜드 충성도가 높을수록 ($B=.604$) 브랜드 충성도가 높아지는 것으로 나타났다.

기업 브랜드 충성도의 조절효과를 검정하는 3단계에서는 결정계수가 0.1%p 증가하였으나 유의하지 않게 나타나, 기업 브랜드 충성도는 브랜드 차별, 브랜드 가치, 브랜드 신뢰가 브랜드 충성도에 미치는 영향을 조절하지 않는 것으로 나타났다. 따라서 기업 브랜드 충성도는 브랜드 차별, 브랜드 가치, 브랜드 신뢰가 브랜드 충성도에 미치는 효과를 조절하지 않는다. 기업 브랜드 충성도는 2단계에서 설명력이 11.0%p 유의하게 증가하였으며, 기업 브랜드 충성도가 높을수록($B=.604$) 브랜드 충성도가 높아졌다. 즉 기업 브랜드 충성도는 브랜드 충성도에 유의한 영향을 주는 독립변수이다.

조절효과를 검정한 결과, 기업 브랜드 충성도는 조절효과가 없이 종속변수에 유의한 영향을 주는 독립변수이므로, 브랜드 차별, 브랜드 가치, 브랜드 신뢰와 기업 브랜드 충성도가 높을수록 브랜드 충성도가 높아지는 것으로 나타났다.

2) 통제변수가 있는 조절효과

| 예제 9.5 | <예제 9.4>에서 조절효과 검정 시에 성별과 연령을 통제한 후 브랜드 차별, 브랜드 가치, 브랜드 신뢰가 브랜드 충성도에 미치는 영향에 대해서 기업 브랜드 충성도가 조절하는지를 검정한다. (데이터: 회귀.sav)

8.3.2절의 통제변수가 있는 매개효과와 마찬가지로 통제변수가 있는 조절효과 검정 역시 조절효과 검정 시에 통제변수를 모두 포함시켜서 분석한다.

변수를 통제하고자 하는 통제변수는 성별과 연령이다. 이때 성별은 명목척도인 범주형 변수이므로 더미변수로 변환한 다음에 통제하면 된다. 연령은 연령과 연령대가 있는데,

본 나이로 측정하여 연령은 비율척도인 연속형 변수이므로 더미변수로 변환하지 않고 그대로 통제한다. 따라서 성별은 더미변수, 연령은 통제변수를 사용하여 분석한다.

[Step 1] 자기상관

종속변수의 자기상관 여부를 확인한다.

모형 요약[b]

모형	R	R 제곱	수정된 R 제곱	추정값의 표준오차	Durbin-Watson
1	.840[a]	.705	.702	.77831	1.954

a. 예측값: (상수), 브랜드 신뢰, G.sex.F, 연령, 브랜드 가치, 브랜드 차별
b. 종속변수: 브랜드 충성도

[그림 9-52] 종속변수의 자기상관

종속변수인 브랜드 충성도의 자기상관을 검토한 결과, Durbin-Watson 지수가 1.954 $(d_U = 1.87833 < d)$로 나타나 자기상관이 없이 독립적이다.

[Step 2] 평균중심화 변수 만들기

연속형 독립변수와 조절변수에 대하여 평균중심화한 변수를 만들고, 평균중심화한 독립변수와 조절변수의 상호작용항을 만든다. 독립변수의 수가 많으므로 [그림 9-43]의 명령어를 이용한다.

[Step 3] 조절효과 검정

조절효과를 검정하기 위한 기본 과정이 끝났으므로 이제는 조절효과에 대해서 검정한다.

[Step 3.1] $C \rightarrow Y$
[Step 3.2] $C, X \rightarrow Y$
[Step 3.3] $C, X, M \rightarrow Y$
[Step 3.4] $C, X, M, XM \rightarrow Y$

조절효과를 검정하는 3단계에 통제변수에 대한 과정 1단계를 추가하여 4단계로 위계적 회귀분석방법을 이용하여 조절효과 검정을 실시한다.

[Step 4] 분석 결과

조절효과 검정을 실시한 결과 [그림 9-53]~[그림 9-55]의 표가 출력된다.

모형 요약

모형	R	R 제곱	수정된 R 제곱	추정값의 표준오차	통계량 변화량				
					R 제곱 변화량	F 변화량	df1	df2	유의확률 F 변화량
1	.099[a]	.010	.006	1.42225	.010	2.527	2	509	.081
2	.840[b]	.705	.702	.77831	.695	397.889	3	506	.000
3	.903[c]	.816	.814	.61603	.110	302.708	1	505	.000
4	.904[d]	.816	.814	.61551	.001	1.846	1	504	.175

a. 예측값: (상수), 연령, G.sex.F

b. 예측값: (상수), 연령, G.sex.F, MC.zx3, MC.zx2, MC.zx1

c. 예측값: (상수), 연령, G.sex.F, MC.zx3, MC.zx2, MC.zx1, MC.zn

d. 예측값: (상수), 연령, G.sex.F, MC.zx3, MC.zx2, MC.zx1, MC.zn, MC.zx1zn

[그림 9-53] 연속형 조절변수의 조절효과: 모형요약표

조절효과를 검정한 결과 결정계수 증가분 $\Delta R^2 = .001$이 유의하지 않으므로($p = .175 > .05$) 기업 브랜드 충성도는 브랜드 차별이 브랜드 충성도에 미치는 영향을 조절하지 않는다.

분산분석[a]

모형		제곱합	자유도	평균 제곱	F	유의확률
1	회귀 모형	10.223	2	5.112	2.527	.081[b]
	잔차	1029.596	509	2.023		
	합계	1039.819	511			
2	회귀 모형	733.303	5	146.661	242.109	.000[c]
	잔차	306.516	506	.606		
	합계	1039.819	511			
3	회귀 모형	848.177	6	141.363	372.509	.000[d]
	잔차	191.642	505	.379		
	합계	1039.819	511			
4	회귀 모형	848.877	7	121.268	320.092	.000[e]
	잔차	190.943	504	.379		
	합계	1039.819	511			

a. 종속변수: 브랜드 충성도

b. 예측값: (상수), 연령, G.sex.F

c. 예측값: (상수), 연령, G.sex.F, MC.zx3, MC.zx2, MC.zx1

d. 예측값: (상수), 연령, G.sex.F, MC.zx3, MC.zx2, MC.zx1, MC.zn

e. 예측값: (상수), 연령, G.sex.F, MC.zx3, MC.zx2, MC.zx1, MC.zn, MC.zx1zn

[그림 9-54] 연속형 조절변수의 조절효과: 분산분석표

계수[a]

모형		비표준화 계수		표준화 계수	t	유의확률
		B	표준오차	베타		
1	(상수)	3.459	.466		7.424	.000
	G.sex.F	-.161	.129	-.056	-1.240	.216
	연령	.025	.016	.069	1.523	.128
2	(상수)	3.942	.257		15.344	.000
	G.sex.F	.008	.072	.003	.106	.916
	연령	.004	.009	.011	.434	.664
	MC.zx1	.320	.047	.240	6.781	.000
	MC.zx2	.176	.032	.174	5.405	.000
	MC.zx3	.643	.048	.522	13.444	.000
3	(상수)	4.039	.203		19.856	.000
	G.sex.F	-.049	.057	-.017	-.868	.386
	연령	.001	.007	.004	.193	.847
	MC.zx1	.128	.039	.096	3.297	.001
	MC.zx2	.112	.026	.111	4.298	.000
	MC.zx3	.277	.043	.225	6.406	.000
	MC.zn	.606	.035	.564	17.399	.000
4	(상수)	3.997	.206		19.450	.000
	G.sex.F	-.046	.057	-.016	-.818	.414
	연령	.002	.007	.006	.292	.771
	MC.zx1	.140	.040	.105	3.514	.000
	MC.zx2	.110	.026	.109	4.237	.000
	MC.zx3	.275	.043	.223	6.350	.000
	MC.zn	.608	.035	.566	17.459	.000
	MC.zx1zn	.022	.016	.027	1.359	.175

a. 종속변수: 브랜드 충성도

[그림 9-55] 연속형 조절변수의 조절효과: 계수표

[Step 5] 표 작성 및 해석

성별과 연령을 통제한 상태에서 기업 브랜드 충성도의 조절효과를 검정한다. 범주형 변수인 성별은 더미변수로 사용하였으며, 독립변수와 조절변수의 상호작용항의 다중공선성을 없애기 위하여 평균중심화한 변수를 사용하였다. 상호작용항은 평균중심화한 독립변수와 조절변수의 곱으로 생성하였으며, Baron & Kenny(1986)의 조절회귀분석방법을 이용하여 검정하였다.

분석을 실시하기 전에 Durbin-Watson 지수를 이용하여 자기상관을 검정한 결과 1.954로 나타나 자기상관이 없이 독립적이므로 조절회귀분석을 실시한다.

〈표 9-12〉 기업 브랜드 충성도 조절효과 검정 3

	Step 1	Step 2	Step 3	Step 4
상수	3.459***	3.942***	4.039	3.997***
성별(여자)	−.161	.008	−.049	−.046
연령	.025	.004	.001	.002
브랜드 차별(x_1)		.320***	.128**	.140***
브랜드 가치(x_2)		.176***	.112***	.110***
브랜드 신뢰(x_3)		.643***	.277***	.275***
기업 브랜드 충성도(m)			.606***	.608***
$x_1 \times m$				.022
R^2	.010	.705	.816	.816
ΔR^2		.695***	.110***	.001

** $p < .01$ *** $p < .001$

▶ 표 9-12 해석

성별과 연령을 통제한 상태에서 브랜드 차별, 브랜드 가치, 브랜드 신뢰가 브랜드 충성도에 미치는 영향에 대하여 기업 브랜드 충성도가 조절하는지 조절효과 검정을 실시하였다. 통제변수인 성별과 연령은 종속변수에 유의한 영향을 주지 않는 것으로 나타났다.

독립변수가 종속변수에 미치는 영향에 대해서 분석하는 2단계에서 브랜드 차별($B = .320$, $p < .001$), 브랜드 가치($B = .176$, $p < .001$), 브랜드 신뢰($B = .643$, $p < .001$)가 높을수록 브랜드 충성도가 높아지며, 브랜드 차별, 브랜드 가치, 브랜드 신뢰가 브랜드 충성도를 설명하는 설명력은 69.5%($p < .001$)로 유의하게 증가하여 독립변수의 설명력은 70.5%로 나타났다.

조절변수가 투입된 3단계에서는 기업 브랜드 충성도가 추가되어 11.0%p가 유의하게 증가하여($p < .001$) 전체 설명력은 81.4%이다. 기업 브랜드 충성도가 높을수록($B = .606$) 브랜드 충성도가 높아지는 것으로 나타났다.

기업 브랜드 충성도의 조절효과를 검정하는 4단계에서는 결정계수 증가분이 0.1%p로 유의하지 않게 나타나($p > .05$), 기업 브랜드 충성도는 브랜드 차별이 브랜드 충성도에 미치는 영향을 조절하지 않는 것으로 나타났다.

따라서 기업 브랜드 충성도는 브랜드 차별이 브랜드 충성도에 미치는 효과를 조절하지 않는다. 브랜드 차별, 브랜드 가치, 브랜드 신뢰의 독립변수는 브랜드 충성도에 69.5%의 영향력을 유의하게 주며, 기업 브랜드 충성도가 추가되어 11.0%를 유의하게 설명하는 것으로 나타났다. 브랜드 차별($B=.128$), 브랜드 가치($B=.112$), 브랜드 신뢰($B=.277$)가 높을수록 브랜드 충성도가 높아지며, 기업 브랜드 충성도($B=.606$)가 높을수록 브랜드 충성도가 높아진다. 전체 설명력은 81.4%이다.

한편 조절효과를 검정할 때 <표 9–13>과 같은 형식의 표도 많이 사용되는데, 이 표에서는 통제변수를 기입하지 않는다. 그 대신 해설할 때 "성별과 연령을 통제한 상태에서 조절회귀분석을 실시한 결과는 <표 9.13>과 같다."라고 설명하고 분석한다.

〈표 9–13〉 기업 브랜드 충성도 조절효과 검정 4

	Step 1	Step 2	Step 3
브랜드 차별(x_1)	$.320^{***}$	$.128^{**}$	$.140^{***}$
브랜드 가치(x_2)	$.176^{***}$	$.112^{***}$	$.110^{***}$
브랜드 신뢰(x_3)	$.643^{***}$	$.277^{***}$	$.275^{***}$
기업 브랜드 충성도(m)		$.606^{***}$	$.608^{***}$
$x_1 \times m$			$.022$
R^2	$.705$	$.816$	$.816$
ΔR^2	$.695^{***}$	$.110^{***}$	$.001$

** $p<.01$ *** $p<.001$

또한 <표 9–14>에서는 표준화 계수인 β 값이 대신 쓰이기도 하고, B, β를 동시에 기입하기도 한다. 표준화 계수인 β가 쓰인 경우에는 독립변수들에서 어느 변수가 더 중요한지에 대한 추가적인 설명이 가능하다.

	Step 1		Step 2		Step 3	
	B	β	B	β	B	β
브랜드 차별(x_1)	.320	.240***	.128	.096**	.140	.105***
브랜드 가치(x_2)	.176	.174***	.112	.111***	.110	.109***
브랜드 신뢰(x_3)	.643	.522***	.277	.225***	.275	.223***
기업 브랜드 충성도(m)			.606	.564***	.608	.566***
$x_1 \times m$					.022	.027
R^2	.705		.816		.816	
ΔR^2	.695***		.110***		.001	

** $p < .01$ *** $p < .001$

9.7 | 연속형 조절변수의 조절효과 평가와 그래프

9.7.1 연속형 조절변수의 조절효과 그래프 그리기

9.3.2절에서 범주형 조절변수의 조절효과를 그래프로 나타내는 방법에 대해 살펴보았다. 이번 절에서는 연속형 조절변수의 조절효과를 그래프로 표현하는 방법에 대해 알아본다. 범주형 조절변수의 경우에는 조절변수가 가질 수 있는 값이 0/1로 2개밖에 없기 때문에 그래프를 그리는 것도 쉽고 그래프 결과를 보고 설명하는 것도 쉽다. 그러나 연속형 조절변수인 경우에는 [그림 4-3]과 같이 그래프가 평면이다. 따라서 이 그래프로 조절효과를 설명하기란 매우 어렵다.

조절회귀분석을 실시한 결과, 다음과 같은 식을 얻었다고 가정하자.

$$y = 0.719 + 0.422X + 0.150M + 0.289XM$$

이 식으로 그래프를 그리는 것은 단순한 아이디어로 가능하다. 조절변수인 M은 1, 2, 3, 4, 5의 값을 가지게 된다. 정확히 말하면 1~5 사이의 값을 가지게 된다.

조절효과는 조절변수의 값이 커질 때, 독립변수가 종속변수에 미치는 영향에 대하여 어떤 조절작용을 하는지에 대해 평가하는 것이다. 따라서 조절변수 M의 값을 1, 2, 3, 4, 5로 고정한 상태에서 독립변수 x의 값을 변화시킨다.

예를 들어 $M=1$인 경우에 X의 값이 1, 2, 3, 4, 5일 때의 종속변수 y의 값은 1.580, 2.291, 3.002, 3.713, 4.424이다. 마찬가지 방법으로 $M=2$일 때 X의 값 1, 2, 3, 4, 5를 입력하여 종속변수 y의 값을 계산한다. 이와 같은 방법으로 $M=3$, $M=4$, $M=5$에서 각각 값을 구한 뒤 그래프를 그리면 [그림 9-56]과 같다. 즉 조절변수 M에 따라서 그래프를 그리면 5개의 그래프를 그릴 수 있다. 물론 $M=1.5$와 같은 경우에는 위의 그래프에는 없지만 그래프의 형태로 미루어 짐작할 수 있다.

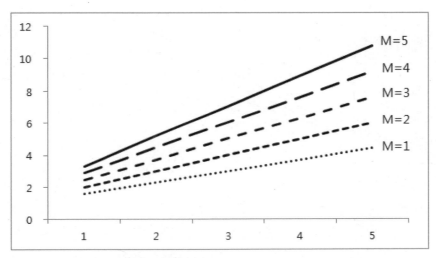

[그림 9-56] 연속형 조절변수의 조절효과 그래프

조절효과를 검정한 결과 유의하게 나타나 조절변수가 조절효과 역할을 하는 경우 이 그래프를 이용하면 어떠한 조절효과가 있는지 쉽게 파악할 수 있다.

[그림 9-57]은 Excel에서 연속형 조절변수의 조절효과를 그래프로 그리는 프로그램이다. Excel 화면에서 조절회귀방정식의 회귀계수를 입력하면 자동으로 그래프를 그릴 수 있다.

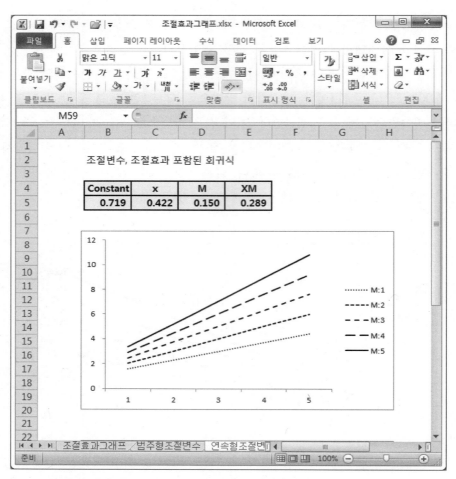

[그림 9-57] EXECL에서 연속형 조절변수의 조절효과 그래프 그리기

9.7.2 연속형 조절변수의 조절효과 평가

9.4절에서 '범주형 조절변수의 조절효과에 대한 평가방법'에 대해 살펴보았다. 이번 절에서는 연속형 조절변수가 조절효과작용을 하는 경우, 어떤 조절작용을 하는지에 대해 알아본다.

$$y = 0.719 + 0.422X + 0.150M + 0.289XM$$

조절회귀방정식을 다시 살펴보면, 독립변수와 조절효과의 부호가 양수(+)로 동일하다는 것을 알 수 있다. 즉 9.3.2절과 9.4절에서 다룬 범주형 조절변수의 조절효과를 해석하는 방법과 동일하다. 차이가 있다면 연속형 조절변수는 조절변수의 값이 커질수록 독립변수가 종속변수에 미치는 영향을 강하게 하거나 약하게 한다는 점이다.

그러면 독립변수와 조절효과의 부호만 다른 다음 4가지 조절회귀방정식을 이용하여 조절효과에 대해 알아본다.

(a) $y = 0.719 + 0.422X + 0.150M + 0.289XM$

(b) $y = 0.719 + 0.422X + 0.150M - 0.289XM$

(c) $y = 0.719 - 0.422X + 0.150M + 0.289XM$

(d) $y = 0.719 - 0.422X + 0.150M - 0.289XM$

식 (a)~(d)에 대한 조절효과 그래프를 나타내면 [그림 9-58]과 같다. 이 4개의 그래프는 서로 비교를 위해서 x축과 y축의 단위를 동일하게 조절하였다.

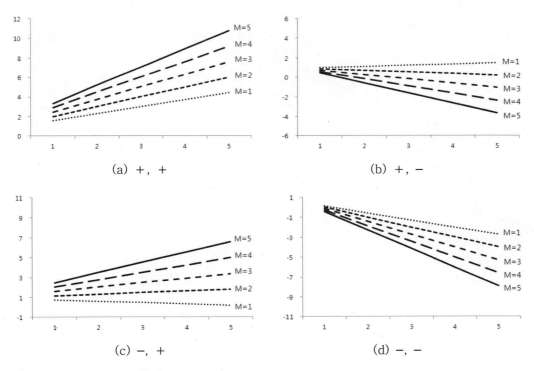

[그림 9-58] 연속형 조절변수의 조절효과 그래프

독립변수와 조절효과의 부호가 동일한 (a), (d)의 경우에는 조절변수의 값이 커질수록 독립변수가 종속변수에 미치는 영향을 나타내는 기울기가 더 커지는 것을 알 수 있다. 즉 부호가 동일한 경우에는 조절변수의 값이 커질수록 독립변수가 종속변수에 미치는 양(+)/음(-)의 영향을 강하게 한다.

부호가 서로 다른 (b), (c)의 경우에는 조절변수의 값이 작은 경우 기울기가 거의 0에 가까운 것을 알 수 있으며, 조절변수의 값이 큰 경우에도 (a), (d)에 비하여 기울기가 작다는 것을 알 수 있다. 즉 부호가 서로 다른 경우에는 조절변수의 값이 커질수록 독립변수가 종속변수에 미치는 양(+)/음(-)의 영향을 약하게 한다.

〈표 9-15〉 연속형 조절변수의 조절효과 평가

독립변수	조절효과	평가
+	+	조절변수의 값이 커질수록 독립변수가 종속변수에 미치는 양(+)의 영향을 강하게 한다.
+	−	조절변수의 값이 커질수록 독립변수가 종속변수에 미치는 양(+)의 영향을 약하게 한다.
−	+	조절변수의 값이 커질수록 독립변수가 종속변수에 미치는 음(-)의 영향을 약하게 한다.
−	−	조절변수의 값이 커질수록 독립변수가 종속변수에 미치는 음(-)의 영향을 강하게 한다.

10

매개된 조절효과와 조절된 매개효과

EasyFlow Regression Analysis

8장과 9장에서는 매개효과와 조절효과에 대해 살펴보았다. 이 장에서는 매개효과와 조절효과가 동시에 존재하는 경우에 대해서 살펴보도록 한다.

9장에서 살펴본 조절효과는 독립변수가 종속변수에 미치는 영향을 조절변수가 조절하는 것을 말한다. 즉 조절변수에 따라 독립변수가 종속변수에 미치는 영향이 달라지는 것이다. 이 조절효과에 매개변수가 투입되어 조절하는 경우가 있는데, 이를 **매개된 조절효과**(Mediated Moderation effect, *MeMo*)라고 한다. 반면에 8장에서 살펴본 매개효과는 독립변수가 종속변수에 미치는 영향에 대하여 매개변수가 매개하는 것이다. 이 매개모형에 조절변수가 투입된 경우를 **조절된 매개효과**(Moderated Mediation effect, *MoMe*)라고 한다.

매개된 조절효과와 조절된 매개효과를 좀 더 일반화하여 조절효과가 있을 때 또 다른 조절변수가 있거나 혹은 그 조절변수가 다른 영향을 조절하는 경우 등으로 확장할 수 있다. 또한 매개효과가 있는 경우에도 또 다른 매개변수가 있는 경우 등으로 확장하여 일반화할 수 있다. 이때 조절효과나 매개효과가 있다는 전제 아래 또 다른 효과가 있는 경우를 **조건부 과정**(conditional process)이라고 한다.

10.1 | 매개된 조절효과

매개된 조절효과는 조절효과를 포함하는 매개모형이다. 매개된 조절효과를 검정하기 위해서 조절효과에 대한 부분을 다시 살펴보도록 한다.

[그림 10-1]은 조절효과를 표현한 모형이며, [그림 10-2]는 Baron & Kenny 방법에 의해 조절효과를 검정하기 위한 분석적 모형이다. 즉 회귀분석을 실시하여 독립변수와

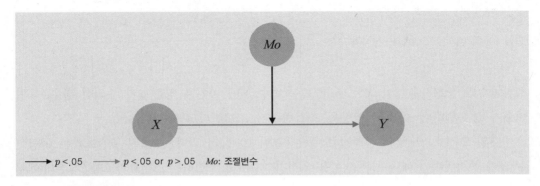

[그림 10-1] 조절효과-도식적 모형

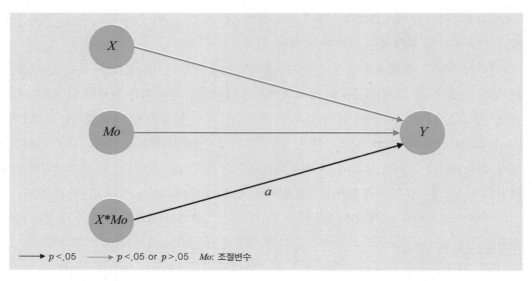

[그림 10-2] 조절효과-분석적 모형

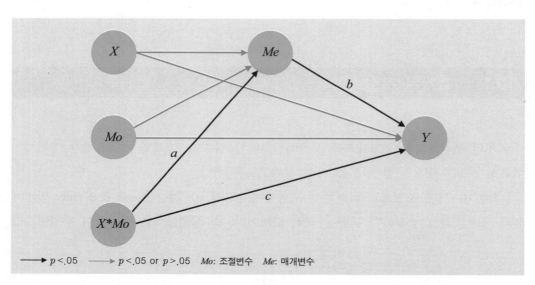

[그림 10-3] 매개된 조절효과-분석적 모형

조절변수의 상호작용항인 $X \times Mo$ 가 종속변수 Y 에 미치는 영향 a 가 유의한 경우, 독립 변수가 종속변수에 미치는 영향을 조절변수가 조절한다고 말한다.

매개된 조절효과모형의 분석적 모형은 [그림 10-3]과 같다. 매개된 조절효과는 독립변 수 X 가 종속변수 Y 에 미치는 영향을 조절변수 Mo 가 조절하는 조절효과모형(c 가 유의)에서 또 다른 변수 Me 가 매개하는 것이다. 즉 [그림 10-4]와 같이 독립변수와 조절변수의

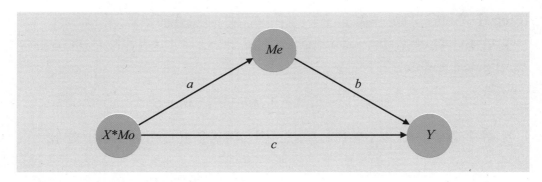

[그림 10-4] 상호작용항에 대한 매개효과

상호작용항 $X \times Mo$가 종속변수 Y에 미치는 영향을 매개변수 Me가 매개하는 것이다.

　[그림 10-3]에서 독립변수 X는 매개변수 Me와 종속변수 Y에 유의할 수도 있고, 유의하지 않을 수도 있다. 또한 조절변수 Mo 역시 매개변수 Me와 종속변수 Y에 유의할 수도 있고, 유의하지 않을 수도 있다. 이처럼 독립변수와 조절변수가 매개변수와 종속변수에 유의한가는 분석의 초점이 아니다.

　매개된 조절효과에서 가장 중요한 점은 독립변수와 조절변수의 상호작용항 $X \times Mo$가 종속변수 Y에 미치는 영향을 매개변수 Me가 매개하는 것이다. 즉 [그림 10-4]에서 $a \times b$가 유의한지가 이 분석에서 중요한 논제이다.

　$X \times Mo \rightarrow Y$와 $X \times Mo \rightarrow Me \rightarrow Y$의 효과 중에서 어느 것이 더 중요한지를 살펴봐야 한다. 후자의 영향이 크다면, 즉 $a \times b$의 영향력이 크다면 전자의 영향력인 c는 작아지며, 매개효과가 커지는 것이다.

10.1.1 매개된 조절효과 검정방법

매개된 조절효과의 검정은 Baron & Kenny 방법을 확장하여 검정한다.

[Step 1] X, Mo, $XMo \rightarrow Y$
[Step 2] X, Mo, $XMo \rightarrow Me$
[Step 3] X, Mo, XMo, Me, $MeMo \rightarrow Y$

검정방법은 3단계에 걸쳐서 분석하며 그 결과를 이용하여 매개된 조절효과를 검정한다.

[Step 1] X, Mo, $XMo \rightarrow Y$

첫 번째 단계는 독립변수가 종속변수에 미치는 영향에 대한 조절변수 Mo 의 조절효과를 검정하는 단계이다.

$$Y = \beta_{10} + \beta_{11}X + \beta_{12}Mo + \beta_{13}XMo + \epsilon$$

첫 번째 단계에서는 독립변수와 조절변수의 상호작용항(β_{13})이 유의해야 한다.

[Step 2] X, Mo, $XMo \rightarrow Me$

두 번째 단계는 독립변수가 매개변수에 미치는 영향에 대한 조절변수 Mo 의 조절효과를 검정하는 단계이다.

$$Me = \beta_{20} + \beta_{21}X + \beta_{22}Mo + \beta_{23}XMo + \epsilon$$

두 번째 단계도 첫 번째 단계와 마찬가지로 독립변수와 조절변수의 상호작용항(β_{23})이 유의해야 한다. 또는 독립변수가 매개변수에 미치는 영향(β_{21})이 유의해야 한다.

[Step 3] X, Mo, XMo, Me, $MeMo \rightarrow Y$

세 번째 단계는 독립변수, 조절변수, 독립변수와 조절변수의 상호작용항, 매개변수, 매개변수와 조절변수의 상호작용항이 종속변수에 미치는 영향을 분석한다.

$$Y = \beta_{30} + \beta_{31}X + \beta_{32}Mo + \beta_{33}XMo + \beta_{34}Me + \beta_{35}MeMo + \epsilon$$

마지막 단계에서는 두 번째 단계에서 유의했던 β_{23}와 매개변수가 종속변수에 미치는 영향 β_{34}가 유의해야 한다. 또는 두 번째 단계의 β_{21}과 매개변수와 조절변수의 상호작용항 β_{35}가 유의해야 한다.

▶ TIP **회귀방정식 표기법**

β_{11}은 모집단의 회귀계수이고, b_{11}은 표본의 회귀계수이다. 따라서 회귀방정식에서는 모집단의 특성을 파악하므로 β를 사용하고, 모형에서는 표본으로 분석하므로 b로 표시한다. 예를 들면, β_{11}은 첫 번째 식에서 첫 번째 변수의 회귀계수이고, β_{34}는 세 번째 식에서 네 번째 변수의 회귀계수이다. b_{23}는 실제 데이터를 이용하여 분석한 회귀계수로, 두 번째 식에서 세 번째 변수의 회귀계수이다.

[Step 4] 매개된 조절효과 검정

매개된 조절효과가 성립하는 경우는 다음과 같이 세 가지가 있다.

1) 매개된 조절효과 1

독립변수가 종속변수에 미치는 영향에 대해 조절효과 검정에서 조절효과가 유의해야 한다. 또한 독립변수와 조절변수의 조절효과가 매개변수에 유의한 영향을 주고, 매개변수가 종속변수에 유의한 영향을 주어야 한다. 이를 정리하면 다음과 같다.

$$Y = b_{13} X Mo$$

$$Me = b_{23} X Mo$$

$$Y = b_{34} Me$$

이를 다시 정리하면, $X \times Mo \rightarrow Me \rightarrow Y$가 성립한다. 매개된 조절효과의 첫 번째 모형의 분석적 모형을 보이면 [그림 10-5]와 같다.

[그림 10-5]의 분석적 모형을 도식적 모형으로 표현한 것이 [그림 10-6]이다. 이 모형에서 독립변수가 종속변수에 미치는 영향 $X \rightarrow Y$와 독립변수가 매개변수에 미치는 영향

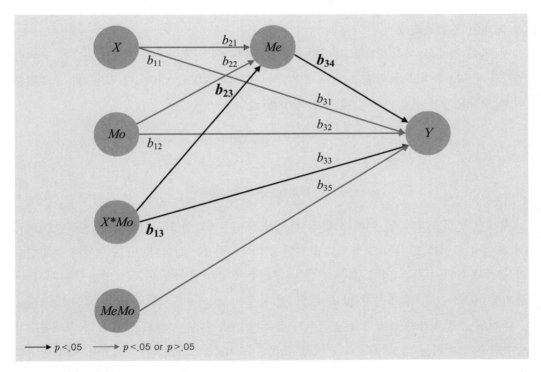

[그림 10-5] 매개된 조절효과-분석적 모형 1

$X \rightarrow Me$는 유의할 수도 있고, 유의하지 않을 수도 있다.

　매개된 조절효과의 조건은 독립변수가 종속변수에 미치는 영향 $X \rightarrow Y$와 독립변수가 매개변수에 미치는 영향 $X \rightarrow Me$에서 조절변수 Mo의 조절효과가 있으며, 매개변수가 종속변수에 미치는 영향 $Me \rightarrow Y$가 유의해야 한다.

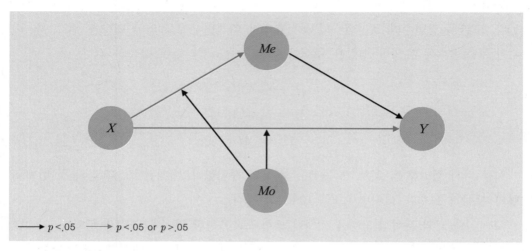

[그림 10-6] 매개된 조절효과-도식적 모형 1

2) 매개된 조절효과 2

　첫 번째 경우와 마찬가지로 독립변수와 조절변수의 상호작용항이 종속변수에 유의한 영향을 준다. 그리고 독립변수가 매개변수에 유의한 영향을 주며, 매개변수와 조절변수의 상호작용항이 종속변수에 유의한 영향을 준다.

$$Y = b_{13} X Mo$$

$$Me = b_{21} X$$

$$Y = b_{35} Me Mo$$

　매개된 조절효과의 두 번째 모형의 분석적 모형은 [그림 10-7]과 같다. [그림 10-7]의 분석적 모형을 도식적 모형으로 표현한 것이 [그림 10-8]이다. 이 모형에서 독립변수가 종속변수에 미치는 영향 $X \rightarrow Y$와 매개변수가 종속변수에 미치는 영향 $Me \rightarrow Y$는 유의할 수도 있고, 유의하지 않을 수도 있다.

　매개된 조절효과의 조건은 독립변수가 종속변수에 미치는 영향 $X \rightarrow Y$와 매개변수가 종속변수에 미치는 영향 $Me \rightarrow Y$에서 조절변수 Mo의 조절효과가 있으며, 독립변수가 매개변수에 미치는 영향 $X \rightarrow Me$가 유의해야 한다.

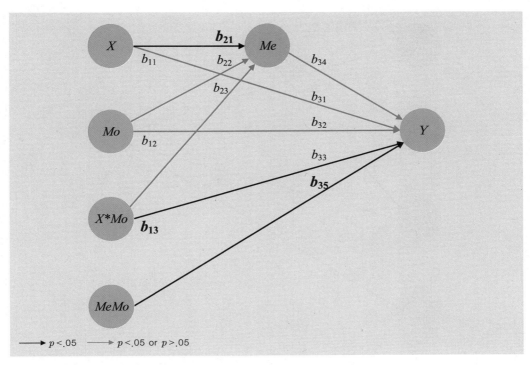

[그림 10-7] 매개된 조절효과-분석적 모형 2

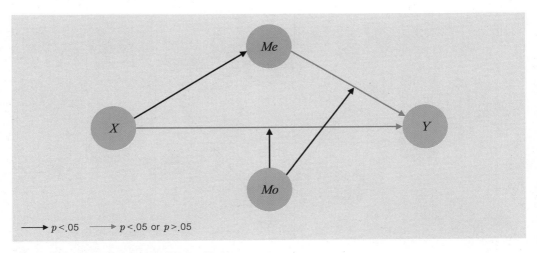

[그림 10-8] 매개된 조절효과-도식적 모형 2

3) 매개된 조절효과 3

위의 두 경우 중 한 경우가 성립하거나 두 경우 모두 성립하는 경우 매개된 조절효과가 있는 것이다. 세 번째 경우의 분석적 모형과 도식적 모형을 [그림 10-9]와 [그림 10-10]에 나타낸다.

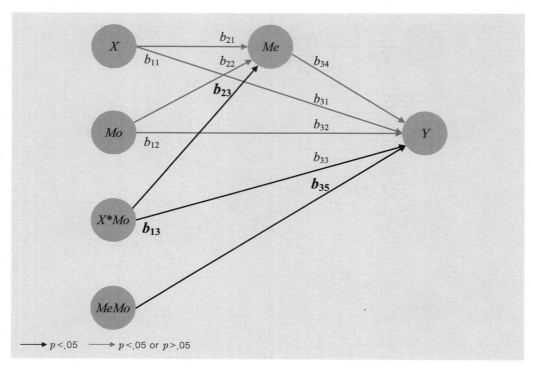

[그림 10-9] 매개된 조절효과-분석적 모형 3

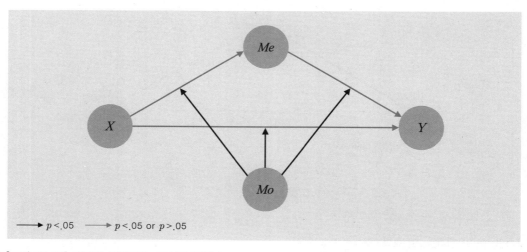

[그림 10-10] 매개된 조절효과-도식적 모형 3

도식적 모형의 [그림 10-10]에서 조절변수는 독립변수가 종속변수에 미치는 영향 $X \rightarrow Y$, 독립변수가 매개변수에 미치는 영향 $X \rightarrow Me$, 그리고 매개변수가 종속변수에 미치는 영향 $Me \rightarrow Y$에 모두 조절효과가 있다.

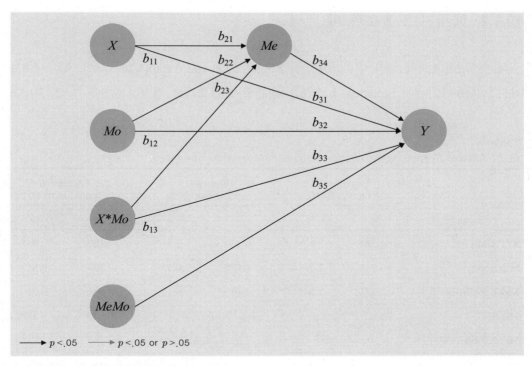

[그림 10-11] 매개된 조절효과 검정방법

[그림 10-11]과 <표 10-1>은 매개된 조절효과의 검정방법을 정리한 것이다.

〈표 10-1〉 매개된 조절효과 검정방법

단계	모형
Step 1	$Y = \beta_{10} + \beta_{11}X + \beta_{12}Mo + \beta_{13}XMo + \epsilon$
Step 2	$Me = \beta_{20} + \beta_{21}X + \beta_{22}Mo + \beta_{23}XMo + \epsilon$
Step 3	$Y = \beta_{30} + \beta_{31}X + \beta_{32}Mo + \beta_{33}XMo + \beta_{34}Me + \beta_{35}MeMo + \epsilon$
조건 (① 또는 ② 또는 ③)	① β_{13} 유의, β_{23} 유의, β_{34} 유의 ② β_{13} 유의, β_{21} 유의, β_{35} 유의 ③ β_{13} 유의, β_{23} 유의, β_{35} 유의

10.1.2 매개된 조절효과 예

매개된 조절효과에 대한 대표적인 논문 Muller, Judd and Yzerbyt(2005)[1]의 예를 살펴보자.[그림 10-12]에서 Equation 4, 5, 6은 매개된 조절효과를 검정하는 Step 1, 2, 3이다.

Table 3
Least Squares Regression Results for Mediated Moderation Example

Predictors	Equation 4 (criterion BEH)		Equation 5 (criterion EXP)		Equation 6 (criterion BEH)	
	b	t	b	t	b	t
X: PRIME	4.580	3.40**	2.692	3.57**	2.169	2.03*
MO: SVO	−2.042	2.09*	−0.085	−0.16	2.569	3.54
XMO: PRIMESVO	2.574	2.64**	0.089	0.16	0.041	0.05
ME: EXP					0.840	6.05**
MEMO: EXPSVO					0.765	7.91**

BEH = behavior; EXP = expectations about partner's behavior; MO = moderator variable; SVO = social value orientation; ME = mediator variable.
* $p < .05$. ** $p < .01$.

[그림 10-12] 매개된 조절효과 예

[Step 1] X, Mo, $XMo \to Y$

Equation 4는 독립변수 PRIME, 조절변수 SVO와 상호작용항 PRIMESVO가 종속변수 criterion BEH에 미치는 영향을 분석한 것이다. 첫 번째 단계에서는 조절효과 XMo가 유의해야 한다. 즉 XMo인 PRIMESVO가 유의해야 한다. $b_{13} = 2.574(p < .01)$로 유의하게 나타나 첫 번째 조건을 만족하였다.

[Step 2] X, Mo, $XMo \to Me$

Equation 5는 독립변수 PRIME, 조절변수 SVO와 상호작용항 PRIMESVO가 매개변수 criterion EXP에 미치는 영향을 분석한 것이다. 두 번째 단계에서는 조절효과 XMo 또는 독립변수 X가 유의해야 한다. 분석 결과 독립변수 PRIME[$b_{21} = 2.692(p < .01)$]이 유의하게

---

1) Muller, D., Judd, C. M., & Yzerbyt, V. Y. (2005). When moderation is mediated and mediation is moderated. *Journal of Personality and Social Psychology*, Vol. 89, No. 6, 852−863.

나타났다. 따라서 두 번째 조건이 만족되었다. 두 번째 단계에서는 독립변수 $X(b_{21})$ 또는 조절효과 $XMo(b_{23})$가 유의해야 한다. 또는 둘 다 유의해도 된다.

[Step 3] X, Mo, XMo, Me, $MeMo \rightarrow Y$

Equation 6은 독립변수 PRIME, 조절변수 SVO와 상호작용항 PRIMESVO, 매개변수 EXP, 매개변수와 조절변수의 상호작용항 EXPSVO가 종속변수 criterion BEH에 미치는 영향을 분석한 것이다. 세 번째 단계에서는 최종적으로 매개된 조절효과가 있는지를 검정한다. 이때는 2단계의 결과에 따라 달라진다. 현재 2단계에서는 독립변수 $X(b_{21})$가 유의하였다. 따라서 3단계에서는 매개변수와 조절변수의 조절효과 $MeMo(b_{35})$가 유의해야 한다. 결과에서 보면 매개변수와 조절변수의 상호작용항 EXPSVO $MeMo(b_{35} = 0.765, \ p < .01)$가 유의하게 나타났다.

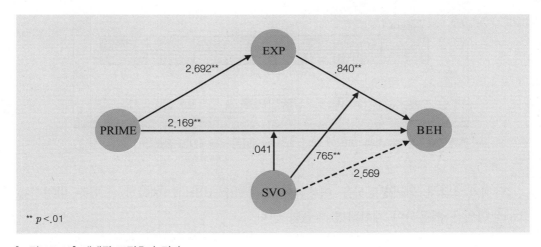

[그림 10-13] 매개된 조절효과 결과

이상을 정리한 결과를 나타내면 [그림 10-13]과 같다. 1단계에서 유의했던 독립변수 PRIME이 종속변수 criterion BEH에 미치는 영향을 조절한 조절변수 SVO는 3단계에서 유의하지 않은 것으로 나타났지만, 3단계에서 매개변수 EXP가 종속변수 BEH에 미치는 영향을 조절변수가 조절하는 것으로 나타났다. 분석 결과 독립변수가 종속변수에 미치는 영향을 매개변수 criterion EXP가 매개하며, 조절변수 SVO는 매개변수 EXP가 종속변수 BEH에 미치는 영향을 조절하므로 매개된 조절효과가 있는 것으로 나타났다.

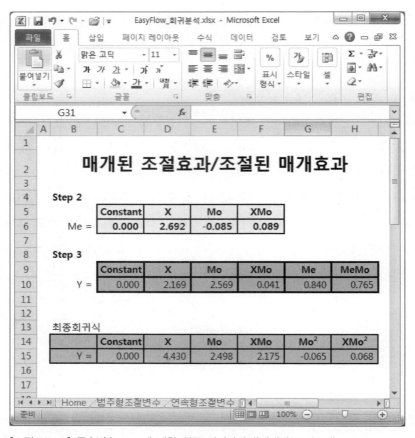

[그림 10-14] 종속변수 BEH에 대한 최종 회귀방정식(매개된 조절효과)

2단계와 3단계 회귀방정식을 이용하여 종속변수 BEH를 예측하는 최종 방정식을, Excel 파일을 이용하여 계산하면 다음과 같다.

$$Y = 4.430X + 2.498Mo + 2.175XMo - 0.065Mo^2 + 0.068XMo^2$$

위의 식을 이용하여 조절변수 수준에 따른 독립변수와 종속변수의 관계를 그래프로 나타내면 [그림 10-15]와 같다. 분석 결과 조절변수의 수준이 높아질수록 매개변수의 값이 높아져서 독립변수가 종속변수에 미치는 영향력이 강해지는 것으로 나타났다.

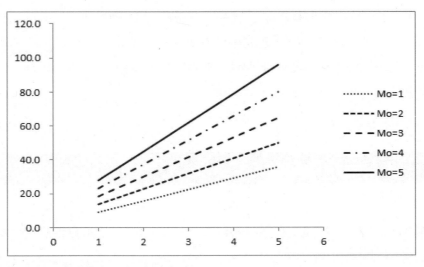

[그림 10-15] 매개된 조절효과 그래프

▶ 그림 10-12 해석

본 분석 결과 1단계에서 독립변수 PRIME이 종속변수 BEH에 미치는 영향을 조절변수 SVO가 조절하는 것으로 나타났다. 독립변수의 회귀계수 $b_{11} = 4.580(p < .01)$으로 유의하고, 조절효과 $b_{13} = 2.574(p < .01)$로 유의하며, 부호는 양수로 동일하다. 이는 PRIME이 높아지면 BEH가 높아지고, 조절변수 SVO 수준이 높아질수록 그 영향이 커짐을 알 수 있다.

2, 3단계에서 독립변수가 매개변수에 미치는 영향과 매개변수가 종속변수에 미치는 영향이 유의하며, 부호는 양수로 동일하다. 매개변수가 종속변수에 미치는 영향에 대해 조절변수 SVO의 조절효과($MeMo$) 역시 양수로 부호가 동일하게 유의한 것으로 나타났다. 따라서 PRIME이 높아지면 EXP가 높아져서 BEH가 높아지며, 조절변수인 SVO가 높아지면 매개변수 EXP가 종속변수 BEH에 미치는 영향이 커진다.

1단계에서 유의했던 조절효과항(XMo) b_{13}가 3단계인 b_{33}에서 유의하지 않은 것으로 나타났다. 이는 독립변수가 종속변수에 미치는 영향을 조절하지 않는다는 의미가 아니다. 유의했던 조절효과가 유의하지 않게 나타난 것은 매개된 조절효과의 영향 때문이다. 독립변수가 종속변수에 미치는 영향이 유의했던 것이 매개변수가 투입됨으로써 완전매개효과가 발생하여 독립변수가 종속변수에 미치는 영향이 유의하지 않게 된 것과 같은 맥락이다. 요컨대 완전매개효과가 있는 경우, 독립변수가 종속변수에 영향을 주지 않는 것이 아니라 매개변수를 거치면서 효과가 커져서 영향을 주는 것이다.

또한 조절변수는 조절효과가 있는 종속변수에 유의한 영향을 주지 않는 것으로 나타나, 조절변수 SVO는 매개된 조절효과에서는 **매개된 순수 조절변수**(mediated pure moderation variable)이다.

10.2 | 조절된 매개효과

조절된 매개효과는 매개효과를 포함하는 조절모형이다. 조절된 매개효과를 검정할 때는 독립변수가 종속변수에 미치는 영향에 대하여 조절변수가 조절하지 않는다는 조건에서 출발한다.

매개된 조절효과와 조절된 매개효과는 모형상 같다. 다만 한 가지 다른 점은 매개된 조절효과에서는 독립변수가 종속변수에 미치는 영향을 조절변수가 조절하였으나, 조절된 매개효과에서는 [그림 10-16]과 같이 조절하지 않는다는 것이다.

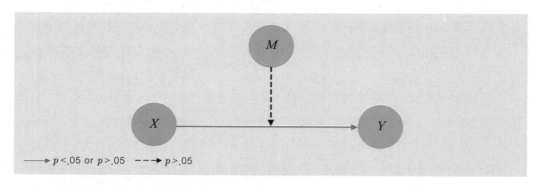

[그림 10-16] 조절된 매개효과의 첫 번째 조건

조절된 매개효과에는 다음과 같이 세 가지가 있다.

1) 조절된 매개효과 1
한 집단에는 매개효과가 있으나 다른 집단에는 매개효과가 없다.

조절변수가 범주형인 경우, 두 집단으로 나누어 매개효과를 검정한다. (a)집단에서는 독립변수가 종속변수에 미치는 영향을 매개변수가 매개하는 경우이고, (b)집단에서는 매개효과가 없는 경우이다.

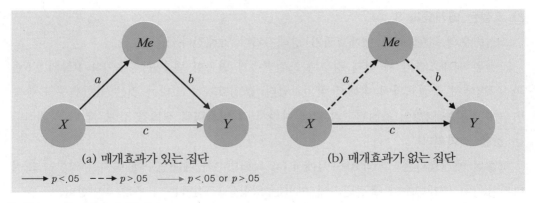

[그림 10-17] 조절된 매개효과 1

이와 같이 한 집단에는 매개효과가 있으나 다른 집단에는 매개효과가 없는 경우가 조절된 매개효과의 첫 번째 경우이다.

2) 조절된 매개효과 2

집단에 따라 매개의 방향(양 또는 음)이 다르다.

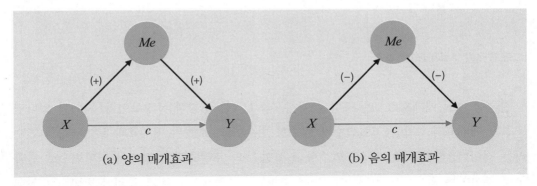

[그림 10-18] 조절된 매개효과 2

조절된 매개효과의 두 번째 경우도 조절변수가 범주형인 경우이다. 조절변수가 범주형 변수인 경우, 첫 번째 집단에는 독립변수가 종속변수에 미치는 영향에 대하여 매개변수가 양의 작용을 하는 경우이고, 두 번째 집단에서는 음의 작용을 하는 경우이다. 이처럼 두 집단에서 매개효과의 방향이 서로 다른 경우 조절된 매개효과가 있다고 한다.

3) 조절된 매개효과 3

조절변수의 값에 따라 매개효과가 강해지거나 약해진다.

조절된 매개효과의 세 번째 경우는 조절변수가 연속형 변수인 경우이다. 9장의 9.6절과 9.7절에서 조절효과에 대해서 살펴보았다. 조절효과가 있다는 것은 독립변수와 종속변수에 미치는 영향이 조절변수의 값에 따라서 그 영향력의 정도가 강해지거나 약해진다는 것을 의미한다.

조절된 매개효과는 [그림 10-19]에서 (a) 독립변수가 매개변수에 미치는 영향을 조절하거나, (b) 매개변수가 조절변수에 미치는 영향을 조절하는 경우를 의미한다.

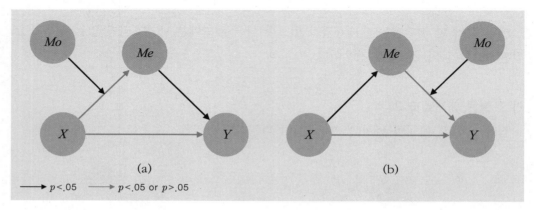

[그림 10-19] 조절된 매개효과 3

결국 조절된 매개효과 3은 조절된 매개효과 1, 2를 포함하는 경우이다. 차이가 있다면 조절된 매개효과 1, 2는 조절변수가 범주형 변수이고, 조절된 매개효과 3은 연속형 변수라는 점이다. 하지만, 9.3절의 '범주형 조절변수'의 조절효과 검정에서 더미변수로 변환하여 분석하는 것을 제외하면 연속형 조절변수의 조절효과 검정과 동일한 방법으로 진행된다. 따라서 조절된 매개효과 1, 2, 3의 방법은 모두 동일한 방법임을 확인할 수 있다.

10.2.1 조절된 매개효과 검정방법

조절된 매개효과의 검정은 매개된 조절효과의 검정과 동일한 방법으로 검정한다. 매개된 조절효과와 조절된 매개효과의 차이점은 Step 1에서 독립변수가 종속변수에 미치는 조절효과가 유의하지 않다는 것뿐이다.

[Step 1] X, Mo, $XMo \rightarrow Y$

[Step 2] X, Mo, $XMo \rightarrow Me$

[Step 3] X, Mo, XMo, Me, $MeMo \rightarrow Y$

검정방법은 3단계에 걸쳐서 분석하며 그 결과를 이용하여 매개된 조절효과를 검정한다.

[Step 1] X, Mo, $XMo \rightarrow Y$

첫 번째 단계는 독립변수가 종속변수에 미치는 영향에 대한 조절변수 Mo의 조절효과를 검정하는 단계이다.

$$Y = \beta_{10} + \beta_{11}X + \beta_{12}Mo + \beta_{13}XMo + \epsilon$$

첫 번째 단계에서는 독립변수와 조절변수의 상호작용항(β_{13})이 유의하지 않아야 한다.

[Step 2] X, Mo, $XMo \rightarrow Me$

두 번째 단계는 독립변수가 매개변수에 미치는 영향에 대한 조절변수 Mo의 조절효과를 검정하는 단계이다.

$$Me = \beta_{20} + \beta_{21}X + \beta_{22}Mo + \beta_{23}XMo + \epsilon$$

두 번째 단계에서는 독립변수와 조절변수의 상호작용항(β_{23})이 유의해야 한다. 또는 독립변수가 매개변수에 미치는 영향(β_{21})이 유의해야 한다.

[Step 3] X, Mo, XMo, Me, $MeMo \rightarrow Y$

세 번째 단계는 독립변수, 조절변수, 독립변수와 조절변수의 상호작용항, 매개변수, 매개변수와 조절변수의 상호작용항이 종속변수에 미치는 영향에 대해서 분석한다.

$$Y = \beta_{30} + \beta_{31}X + \beta_{32}Mo + \beta_{33}XMo + \beta_{34}Me + \beta_{35}MeMo + \epsilon$$

세 번째 단계에서는 두 번째 단계에서 유의했던 β_{23}와 매개변수가 종속변수에 미치는 영향 β_{34}가 유의해야 한다. 또는 두 번째 단계의 β_{21}과 매개변수와 조절변수의 상호작용항 β_{35}가 유의해야 한다.

[Step 4] 조절된 매개효과 검정

조절된 매개효과가 성립하기 위한 경우는 세 가지가 있다.

1) 조절된 매개효과 1

독립변수가 종속변수에 미치는 영향에 대해 조절변수가 조절하는지에 대한 조절효과 검정에서 조절효과(b_{13})는 유의하지 않게 나타났다. 그리고 독립변수와 조절변수의 조절효과(b_{23})가 매개변수에 유의한 영향을 주고, 마지막으로 매개변수(b_{34})가 종속변수에 유의한 영향을 준다. 이를 정리하면 다음과 같다.

$$Me = b_{23}\,X\,Mo$$
$$Y = b_{34}\,Me$$

이를 다시 정리하면, $X \times Mo \to Me \to Y$가 성립한다. 조절된 매개효과의 첫 번째 모형에 대한 분석적 모형을 나타내면 [그림 10-20]과 같다.

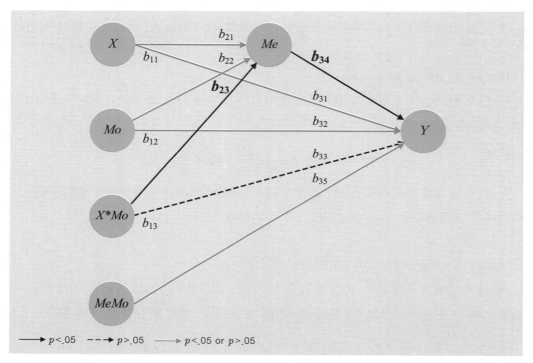

[그림 10-20] 조절된 매개효과-분석적 모형 1

[그림 10-20]의 분석적 모형을 도식적 모형으로 표현한 것이 [그림 10-21]이다. 이 모형에서 독립변수가 매개변수에 미치는 영향 $X \to Me$는 유의할 수도 있고, 유의하지 않을 수도 있다.

조절된 매개효과의 조건은 독립변수가 매개변수에 미치는 영향 $X \to Me$에서 조절변수 Mo의 조절효과가 있으며, 매개변수가 종속변수에 미치는 영향 $Me \to Y$가 유의해야 한다.

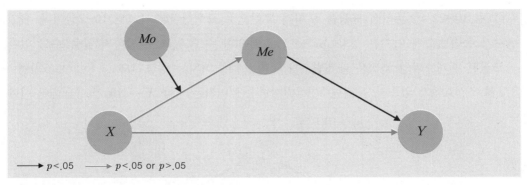

[그림 10-21] 조절된 매개효과-도식적 모형 1

2) 조절된 매개효과 2

　　조절된 매개효과의 두 번째 경우는 첫 번째 경우와 마찬가지로 독립변수와 조절변수의 상호작용항(b_{13})이 종속변수에 유의하지 않다. 그리고 독립변수(b_{21})가 매개변수에 유의한 영향을 주며, 매개변수와 조절변수의 상호작용항(b_{35})이 종속변수에 유의한 영향을 준다.

$$Me = b_{21}\,X$$
$$Y = b_{35}\,Me\,Mo$$

　　조절된 매개효과의 두 번째 모형의 분석적 모형은 [그림 10-22]와 같다.

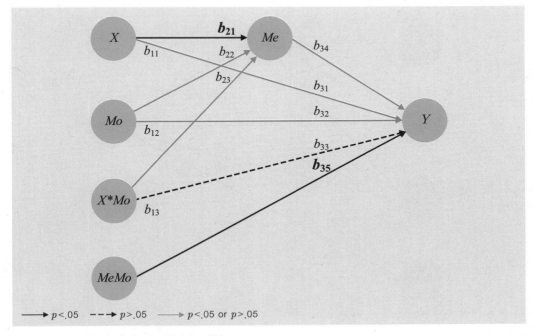

[그림 10-22] 조절된 매개효과-분석적 모형 2

[그림 10-22]의 분석적 모형을 도식적 모형으로 표현한 것이 [그림 10-23]이다. 매개변수가 종속변수에 미치는 영향 $Me \rightarrow Y$는 유의할 수도 있고, 유의하지 않을 수도 있다.

조절된 매개효과의 조건은 매개변수가 종속변수에 미치는 영향 $Me \rightarrow Y$에서 조절변수 Mo의 조절효과가 있으며, 독립변수가 매개변수에 미치는 영향 $X \rightarrow Me$가 유의해야 한다.

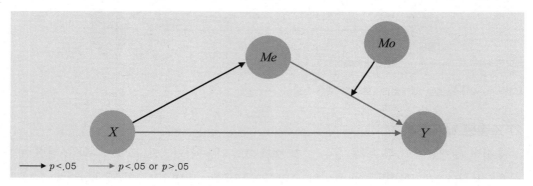

[그림 10-23] 조절된 매개효과-도식적 모형 2

3) 조절된 매개효과 3

위의 두 가지 경우 중 한 가지가 성립하거나 두 가지 모두 성립하는 경우 조절된 매개효과가 있다고 한다.

세 번째 경우를 표현한 분석적 모형이 [그림 10-24]이고 도식적 모형이 [그림 10-25]이다.

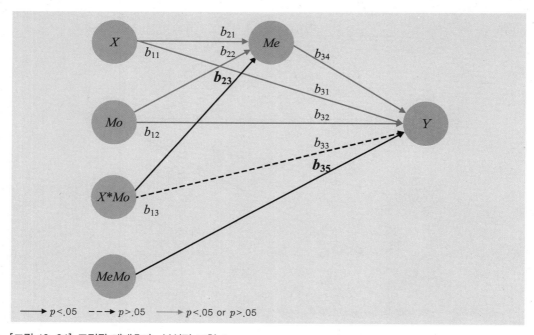

[그림 10-24] 조절된 매개효과-분석적 모형 3

[그림 10-24]에서 조절변수는 독립변수가 매개변수에 미치는 영향 $X \rightarrow Me$, 매개변수가 종속변수에 미치는 영향 $Me \rightarrow Y$를 모두 조절하는 경우이다.

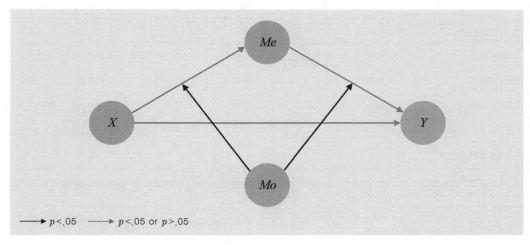

[그림 10-25] 조절된 매개효과－도식적 모형 3

<표 10-2>는 조절된 매개효과를 검정하는 방법을 정리한 것이다.

〈표 10-2〉 조절된 매개효과 검정방법

단계	모형
Step 1	$Y = \beta_{10} + \beta_{11}X + \beta_{12}Mo + \beta_{13}XMo + \epsilon$
Step 2	$Me = \beta_{20} + \beta_{21}X + \beta_{22}Mo + \beta_{23}XMo + \epsilon$
Step 3	$Y = \beta_{30} + \beta_{31}X + \beta_{32}Mo + \beta_{33}XMo + \beta_{34}Me + \beta_{35}MeMo + \epsilon$
조건 (① 또는 ② 또는 ③)	① β_{13} 유의하지 않음, β_{23} 유의, β_{34} 유의 ② β_{13} 유의하지 않음, β_{21} 유의, β_{35} 유의 ③ β_{13} 유의하지 않음, β_{23} 유의, β_{35} 유의

10.2.2 조절된 매개효과 예

매개된 조절효과와 조절된 매개효과에 대한 대표적인 논문 Muller, Judd and Yzerbyt(2005)[2]의 예를 살펴보면 다음과 같다. [그림 10-26]에서 Equation 4, 5, 6은

---

2) Muller, D., Judd, C. M., & Yzerbyt, V. Y. (2005). When moderation is mediated and mediation is moderated. *Journal of Personality and Social Psychology*, Vol. 89, No. 6, 852－863.

Table 5
Least Squares Regression Results for Moderated Mediation Example

Predictors	Equation 4 (Criterion ATT)		Equation 5 (Criterion POS)		Equation 6 (Criterion ATT)	
	b	t	b	t	b	t
X: MOOD	6.813	4.415**	4.336	6.219**	1.480	.957
MO: NFC	1.268	1.117	.767	1.496	.356	.366
XMO: MOODNFC	−.691	−.609	1.256	2.450*	−2.169	−2.112*
ME: POS					1.248	6.613**
MEMO: POSNFC					−.036	−.279

Note. ATT = attitude change; POS = positive valenced thoughts; MO = moderator variable; NFC = need for cognition; ME = mediator variable.
* $p < .05$. ** $p < .01$.

[그림 10-26] 조절된 매개효과 예

조절된 매개효과를 검정하는 Step 1, 2, 3이다.

[Step 1] X, Mo, $XMo \rightarrow Y$

Equation 4는 독립변수 MOOD, 조절변수 NFC와 상호작용항 MOODNFC가 종속변수 criterion ATT에 미치는 영향을 분석한 것이다. 첫 번째 단계에서는 조절효과 XMo가 유의하지 않아야 한다. 즉 XMo인 MOODNFC가 유의하지 않아야 한다. $b_{13} = -.691(p > .05)$로 유의하지 않게 나타나 첫 번째 조건이 만족되었다.

만약 b_{13}가 유의하게 나오면 이는 조절된 매개효과의 예가 아니라 매개된 조절효과의 예가 된다.

[Step 2] X, Mo, $XMo \rightarrow Me$

Equation 5는 독립변수 MOOD, 조절변수 NFC와 상호작용항 MOODNFC가 매개변수 criterion POS에 미치는 영향을 분석한 것이다. 두 번째 단계에서는 조절효과 XMo 또는 독립변수 X가 유의해야 한다. 분석 결과 독립변수 NFC[$b_{21} = 4.336(p < .01)$]와 조절효과 MOODNFC[$b_{23} = 1.256(p < .05)$]가 유의하게 나타나 두 번째 조건이 만족되었다.

두 번째 단계에서는 독립변수 $X(b_{21})$ 또는 조절효과 $XMo(b_{23})$가 유의해야 한다. 또는 둘 다 유의해도 된다.

[Step 3] X, Mo, XMo, Me, $MeMo \rightarrow Y$

Equation 6은 독립변수 MOOD, 조절변수 NFC와 상호작용항 MOODNFC, 매개변수 POS, 매개변수와 조절변수의 상호작용항 POSNFC가 종속변수 criterion ATT에 미치는 영향을 분석한 것이다. 마지막 세 번째 단계에서는 최종적으로 매개된 조절효과가 있는 지를 검정한다. 이때는 2단계의 결과에 따라 달라지는데 현재 2단계에서는 독립변수 $X(b_{21})$와 조절효과 $XMo(b_{23})$가 유의하다. 따라서 3단계에서는 매개변수 $Me(b_{34})$나 매개변수와 조절변수의 조절효과 $MeMo(b_{35})$가 유의하면 된다. 분석 결과 매개변수 POS $[b_{34} = 1.248, (p < .01)]$는 유의하다. 이상을 정리한 결과를 [그림 10-27]에 나타내었다.

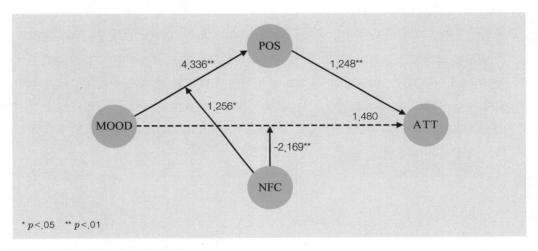

[그림 10-27] 조절된 매개효과 결과

▼ 그림 10-26 해석

본 분석 결과 1단계에서 독립변수 MOOD가 종속변수 ATT에 미치는 영향을 조절변수 NFC는 조절하지 않는다. 2단계에서 조절변수는 독립변수가 매개변수 POS에 미치는 영향을 조절하며, 독립변수와 조절효과의 부호가 양수로 동일하므로 NFC 수준이 높아질수록($b_{23} = 1.256$) 독립변수가 매개변수에 미치는 영향이 커지는 것으로 나타났다. 3단계에서 매개변수 POS는 종속변수 ATT에 유의한 영향을 주며, POS가 높아질수록($b_{34} = 1.248$) ATT가 높아지는 것으로 나타났다.

2, 3단계에서 독립변수 MOOD가 종속변수 ATT에 미치는 영향을 매개변수 POS가 매개하며, 조절변수 NFC는 독립변수 MOOD가 매개변수 POS에 미치는 영향을 조절

한다. 따라서 MOOD가 높아지면 POS가 높아져서 ATT가 높아지는 매개효과가 있으며, 조절변수 NFC가 높아질수록 MOOD가 POS에 미치는 영향력이 커진다. 그러나 MOOD가 ATT에 미치는 영향에서 NFC의 조절효과가 음(-)으로 나타나 NFC가 높아질수록 MOOD가 ATT에 미치는 영향을 약하게 한다. 매개효과와 조절효과의 결과가 상반되게 나타나, 이 효과를 좀 더 명확하게 하기 위하여 매개효과와 조절효과를 결합하여 최종 회귀방정식을 도출한다.

2단계와 3단계의 회귀방정식을 이용하여 종속변수 ATT에 대한 최종 방정식을 Excel 파일을 이용하여 계산하면 [그림 10-28]과 같으며, 식은 다음과 같다.

$$Y = 6.891X + 1.313Mo - 0.758XMo - 0.028Mo^2 - 0.045XMo^2$$

위의 식을 이용하여 조절변수 NFC 수준에 따른 독립변수 MOOD와 종속변수 ATT의 관계를 그래프로 그리면 [그림 10-29]와 같다. 분석 결과, 조절변수 NFC의 수준이 높아질수록 독립변수 MOOD가 높아지면 매개변수 POS의 값이 높아져서 종속변수 ATT가 높아진다. 하지만 독립변수 MOOD가 종속변수 ATT에 미치는 영향력에 대한 NFC의 조절효과가 음(-)으로 강하게 나타나 독립변수 MOOD가 종속변수 ATT에 미치는 영향이 약해진다.

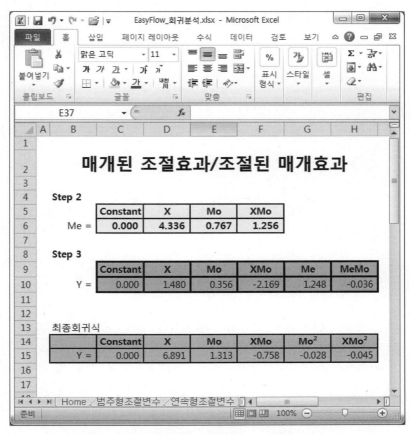

[그림 10-28] 종속변수 ATT에 대한 최종 회귀방정식(조절된 매개효과)

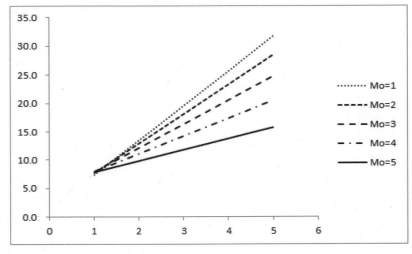

[그림 10-29] 조절된 매개효과 그래프

11

회귀분석의
확장

EasyFlow Regression Analysis

10장까지는 선형회귀분석에 대해서 살펴보았다. 이 장에서는 선형회귀분석을 할 수 없는 경우에 대한 대처방안에 대해 살펴본다.

종속변수가 정규분포가 아닌 경우에는 회귀분석을 실시할 수 없다. 이때 사용하는 대표적인 방법으로 종속변수를 변수변환하여 정규분포로 변환한 다음, 변수변환한 종속변수로 선형회귀분석을 할 수 있다. 또는 종속변수의 왜도가 2 이상으로 크게 나타나 왼쪽으로 치우친 경우에는 푸아송 회귀분석(Poisson regression analysis), 음이항 회귀분석(negative binomial regression analysis), 감마 회귀분석(gamma regression analysis)을 사용할 수 있다.

3.4절에서 언급했듯이 이상값이 있는 경우에도 회귀분석을 실시할 수 없다. 이때 이상값을 삭제하고 회귀분석을 하거나, 이상값에 영향을 받지 않는 강건한(robust) 분석을 하는 방법이 있다. 즉 이상값이 존재하는 경우에는 이상값을 포함하여 분석하는 로버스트 회귀분석(robust regression analysis)을 사용한다.

4.2절에서 다룬 다중공선성이 존재하는 경우에는 4.8절에서 설명한 능형회귀분석(ridge regression analysis)을 사용할 수 있으며, 이외에도 주성분 회귀분석(principal component regression analysis)과 PLS 회귀분석(Partial Least Square regression analysis)방법이 있다.

또한 3.3절에서 설명한 바와 같이 잔차가 등분산을 만족하지 못하는 경우에는 잔차에 가중치를 부여하는 가중회귀분석(weighted regression analysis)을 사용하며, 종속변수가 매출액과 같이 하한이 존재하거나 하한과 상한이 동시에 존재하는 경우에는 토빗 회귀분석(tobit regression analysis)을 사용한다.

이와 같이 이 장에서는 선형회귀분석으로 분석할 수 없는 경우에 사용하는 고급 회귀분석에 대해 알아보도록 한다.

먼저 가중회귀분석은 SPSS에서 지원하며, 푸아송 회귀분석, 음이항 회귀분석, 감마 회귀분석은 최신 버전의 **일반화 선형모형**(generalized linear models)에서 분석할 수 있다.

반면에 로버스트 회귀분석, 토빗 회귀분석, PLS 회귀분석, 능형회귀분석은 SPSS에서 지원하지 않는다. 능형회귀분석의 경우에는 4.8절에서 살펴본 바와 같이 명령어를 이용하여 분석할 수 있으며, 로버스트 회귀분석, 토빗 회귀분석, PLS 회귀분석은 SPSS의 확장기능을 이용하여 분석할 수 있다. 다만 이들을 분석하기 위해서는 SPSS에서 바로 분석할 수는 없으며, 몇 가지 프로그램을 추가로 설치한 다음에 가능하다.

11.1 | 일반화 선형모형

　전통적인 회귀분석에서는 종속변수가 정규분포이며, 독립변수들과 선형결합으로 이루어진다. 종속변수가 정규분포이므로 연속형 변수(등간척도 또는 비율척도)여야 하지만 이분형(binomial)이거나 빈도로 되어 있는 경우에는 선형회귀분석을 실시하는 데 문제가 발생한다.

　종속변수가 이분형인 경우에는 로지스틱 회귀분석(logistic regression analysis)으로 분석이 가능하지만, 종속변수가 0 이상의 정수로 되어 있는 경우를 생각해 볼 수 있다. 예를 들어, 외국 여행 횟수, 사망자 수 등과 같은 변수는 좌우대칭인 정규분포의 특성을 가지고 있지 않으며, 0에 가깝게 왼쪽으로 치우칠 가능성이 높다.

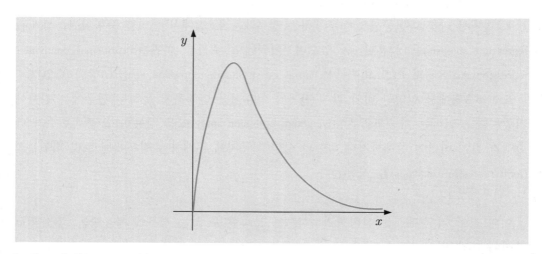

[그림 11-1] 왼쪽으로 치우친 분포

　[그림 11-1]의 경우 왜도가 0보다 큰 값을 가지며 0 근처에 몰려 있는 모양을 띠고 있다. 이와 같은 데이터로 일반적인 회귀분석을 하면, 예측 결과에 큰 오차가 생기므로 회귀모형이 적합하지 않다.

　이와 같이 정규분포가 아닌 종속변수에 사용되는 모형이 바로 SPSS 15.0에 추가된 **일반화 선형모형**이다.

11.1.1 푸아송 회귀분석

푸아송 회귀분석(Poisson regression analysis)은 종속변수가 0 이상의 정수이고, 왜도가 큰 경우에 사용한다. 또한 종속변수가 빈도로 되어 있는 경우, 즉 일일 교통사고 사망자 수와 같은 경우에 사용한다. 일별로 교통사고 사망자 수를 측정한 경우 사망자 수는 0명, 1명, 2명과 같은 빈도로 나타나며, 0에 가깝게 분포한다.

푸아송 분포와 음이항 분포는 매우 비슷한 분포를 보인다. 다만 푸아송 분포는 평균과 분산이 같지만, 음이항 분포는 분산이 큰 점이 다르다. 즉 분산(표준편차)이 커서 퍼져 있다면 푸아송 분포보다는 음이항 분포에 해당하며, 이때 분석기법으로는 음이항 회귀분석(negative binomial regression analysis)을 사용한다.

McCullagh & Nelder는 파도에 의한 화물선박 손상 데이터[1]를 이용하여 푸아송 회귀분석을 설명하였다. 이 데이터를 이용하여 푸아송 회귀분석을 실시한다.

| 예제 11.1 | 선박의 종류, 건조 기간, 서비스 기간으로 사고빈도를 예측하는 모형을 분석한다.
(data: ships.sav)

	type	construction	operation	months_service	log_months_service	damage_incidents
1	1	60	60	127	4.84	0
2	1	60	75	63	4.14	0
3	1	65	60	1095	7.00	3
4	1	65	75	1095	7.00	4
5	1	70	60	1512	7.32	6
6	1	70	75	3353	8.12	18
7	1	75	60	0	.	
8	1	75	75	2244	7.72	11
9	2	60	60	44882	10.71	39
10	2	60	75	17176	9.75	29

[그림 11-2] ships.sav

먼저 종속변수인 사고빈도(damage_incidents)의 분포를 살펴본다.

---

1) McCullagh, P., & Nelder, J. A. (1989). *Generalized Linear Models*(2nd ed.). London: Chapman & Hall.

[Step 1] 종속변수 분포

> 분석 → 기술통계량 → 데이터 탐색

[그림 11-3]의 데이터 탐색 메뉴에서 사고빈도에 대한 분포를 살펴본다.

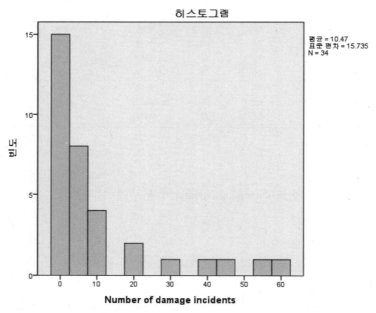

[그림 11-3] 데이터 탐색

[그림 11-4] 히스토그램

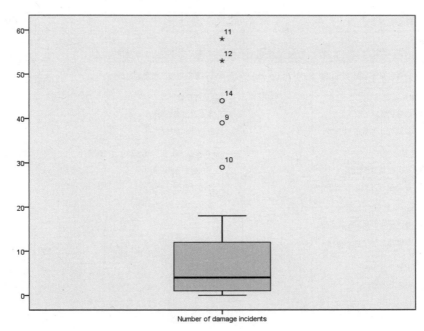

[그림 11-5] box plot

[그림 11-4]의 히스토그램과 [그림 11-5]의 상자그림(box-plot)을 보면, 사고빈도는 0이 가장 많은 것을 알 수 있다. 이와 같이 왼쪽으로 치우친 경우에는 선형회귀분석을 실시하기에 적합하지 않다.

왼쪽으로 치우쳐 있고 종속변수가 빈도(count)인 경우에는 푸아송 분포 모양이므로 푸아송 회귀분석을 실시한다.

[Step 2] 푸아송 회귀분석

> 분석 → 일반화 선형모형 → 일반화 선형모형

푸아송 회귀분석은 일반화 선형모형 메뉴에서 분석이 가능하다. 일반화 선형모형의 '모형 유형' 탭에서 분석방법을 선택한다. 종속변수가 사고빈도이므로 푸아송 로그선형 (푸아송 회귀분석)이나 로그 링크가 있는 음수 이항(음이항 회귀분석)을 선택한다. 이때 푸아송 회귀분석을 실시하기 위해서는 푸아송 로그선형을 선택한다.

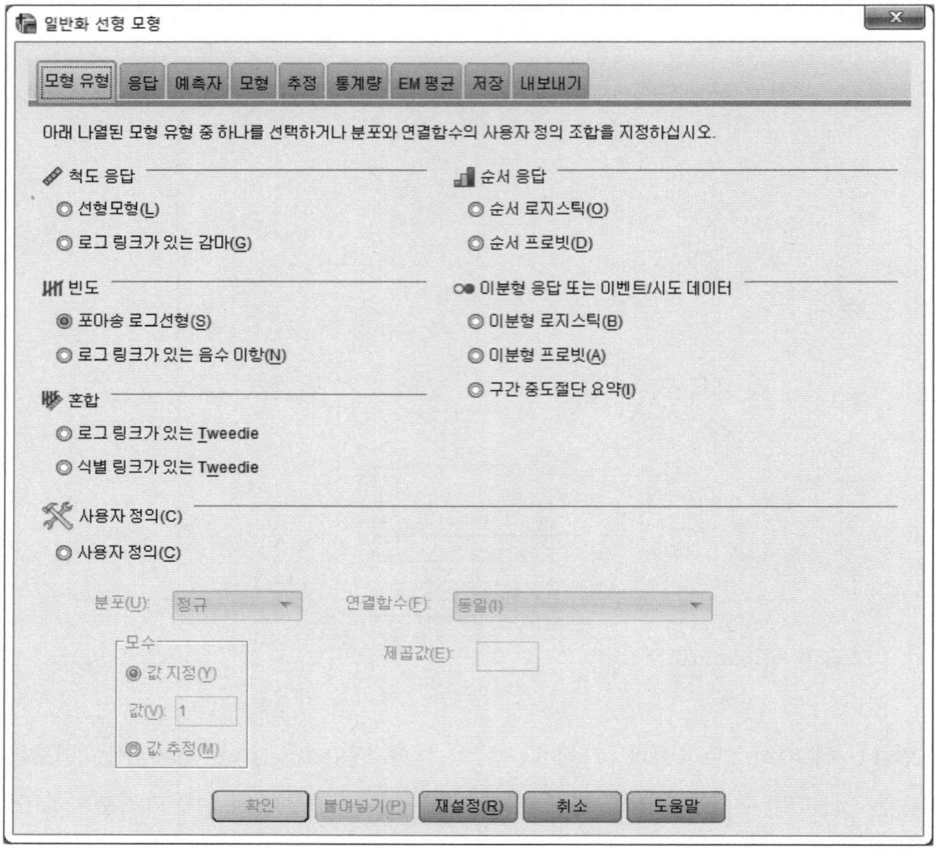

[그림 11-6] 일반화 선형모형: 모형 유형

〈표 11-1〉 일반화 선형모형의 분석방법

종속변수 유형	분포 유형	분석방법
척도	선형모형 로그 링크가 있는 감마	선형회귀분석 감마회귀분석
순서	순서 로지스틱 순서 프로빗	순서형 로지스틱 회귀분석 순서형 프로빗 분석
빈도	푸아송 로그선형 로그 링크가 있는 음수 이항	푸아송 회귀분석 음이항 회귀분석
이분형 또는 이벤트/시도	이분형 로지스틱 이분형 프로빗 구간 중도절단 요약	로지스틱 회귀분석 프로빗 분석 생존분석

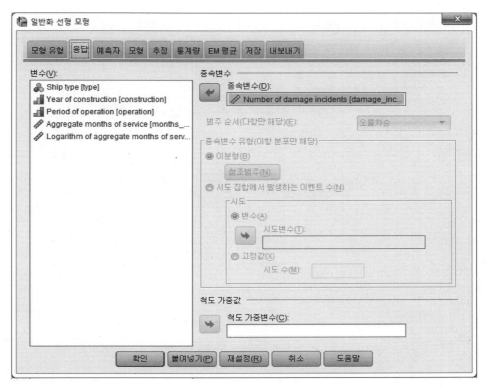

[그림 11-7] 일반화 선형모형: 응답

기존의 회귀분석 대화상자에서는 종속변수와 독립변수를 입력하는 화면이 동일하였으나, 일반화 선형모형에서는 여러 개의 탭으로 구성되어 있으며, 그 탭에서 적절한 선택을 해 주어야 한다.

'응답' 탭은 종속변수를 설정하는 곳이다. [그림 11-7]의 응답 탭에서 종속변수인 사고빈도(damage_incidents)를 입력한다.

독립변수는 [그림 11-8]의 '예측자' 탭에서 입력한다. 이 탭에는 독립변수를 입력할 수 있는 [요인(F):]과 [공변량(C):]이 있다. [요인(F):]에는 명목척도나 서열척도의 범주형 변수를 입력하고, [공변량(C):]에는 등간척도나 비율척도의 연속형 변수를 입력한다.

범주형 변수는 회귀분석에서 사용할 수 없지만 5장에서 살펴본 더미변수를 이용하면 분석이 가능하다. 이때 범주형 독립변수는 더미변수로 변환한 다음 [공변량(C):]에 입력해도 무방하다. [요인(F):]에 입력하는 경우에는 SPSS에서 자동으로 더미변수가 생성되므로 쉽게 분석할 수 있다. 이때 SPSS에서 생성한 더미변수는 마지막 값을 레퍼런스로 설정하는 점에 주의해야 한다. 따라서 처음 값을 레퍼런스로 설정하기 위해서는 옵션(O)... 에서 추가로 설정해야 한다.

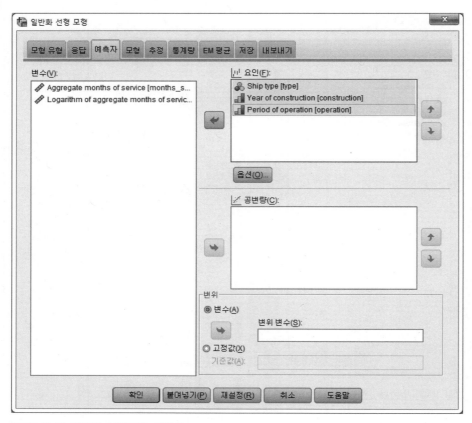

[그림 11-8] 일반화 선형모형: 예측자

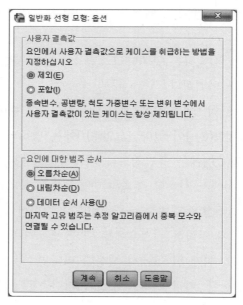

[그림 11-9] 일반화 선형모형: 예측자 → 옵션

[그림 11-9]의 옵션(O)... 대화상자에서 '오름차순'을 선택하면 마지막 값이 레퍼런스가 되고, '내림차순'을 선택하면 처음 값이 레퍼런스가 된다. 중간값을 레퍼런스로 설정하기 위해서는 더미변수를 직접 생성해야 한다.

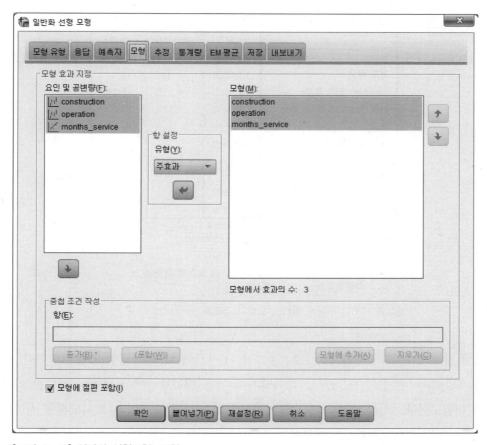

[그림 11-10] 일반화 선형모형: 모형

마지막으로 '모형' 탭에서 분석하고자 하는 변수를 입력한다. [그림 11-10]에서 선택된 독립변수는 아직 분석 모형에 포함되지 않기 때문에 분석을 하게 되면 독립변수 없이 절편만 있는 푸아송 회귀분석이 실행된다.

3개의 독립변수 construction, operation, months_service를 선택해서 '모형'에 입력한다. 위의 사항을 모두 선택한 후 확인 버튼을 클릭한다.

[Step 3] 푸아송 회귀분석 결과 해석

푸아송 회귀분석을 실시하여 출력된 결과에서 적합도, 전체 검정, 모형효과 검정, 모수 추정값의 4개의 표로 결과를 해석한다.

적합도[a]

	값	자유도	값/df
편차	139.085	25	5.563
척도 편차	139.085	25	
Pearson 카이 제곱	132.060	25	5.282
척도 Pearson 카이 제곱	132.060	25	
로그 우도[b]	-118.476		
Akaike 정보 기준(AIC)	254.952		
무한 표본 수정된 AIC (AICC)	262.452		
Bayesian 정보 기준(BIC)	268.689		
일관된 AIC(CAIC)	277.689		

종속변수: Number of damage incidents
모형: (절편), type, construction, operation

a. 정보 기준은 가능한 작은 형태입니다.

b. 전체 로그 우도 함수가 표시되고 계산 정보 기준에 사용됩니다.

[그림 11-11] 푸아송 회귀분석 결과: 적합도

이때 가장 먼저 확인해야 하는 것은 [그림 11-11]에 나타낸 적합도 통계량이다. 적합도 통계량에서 '편차'의 '값/df'는 데이터가 푸아송 회귀모형에서 벗어난 정도를 나타내는 **총 이탈도**이다. 이 총 이탈도가 1에 가까울수록 데이터가 푸아송 회귀모형에 적합하다는 것을 의미하며, 4보다 클 경우에는 모형이 적합하지 않다는 것을 뜻한다.

현재 총 이탈도는 5.563으로 4보다 크므로 데이터가 푸아송 회귀모형을 하기에 적합하지 않다.

총 이탈도가 4 이상인 경우, 푸아송 회귀모형에 대한 모형 수정을 실시한다.

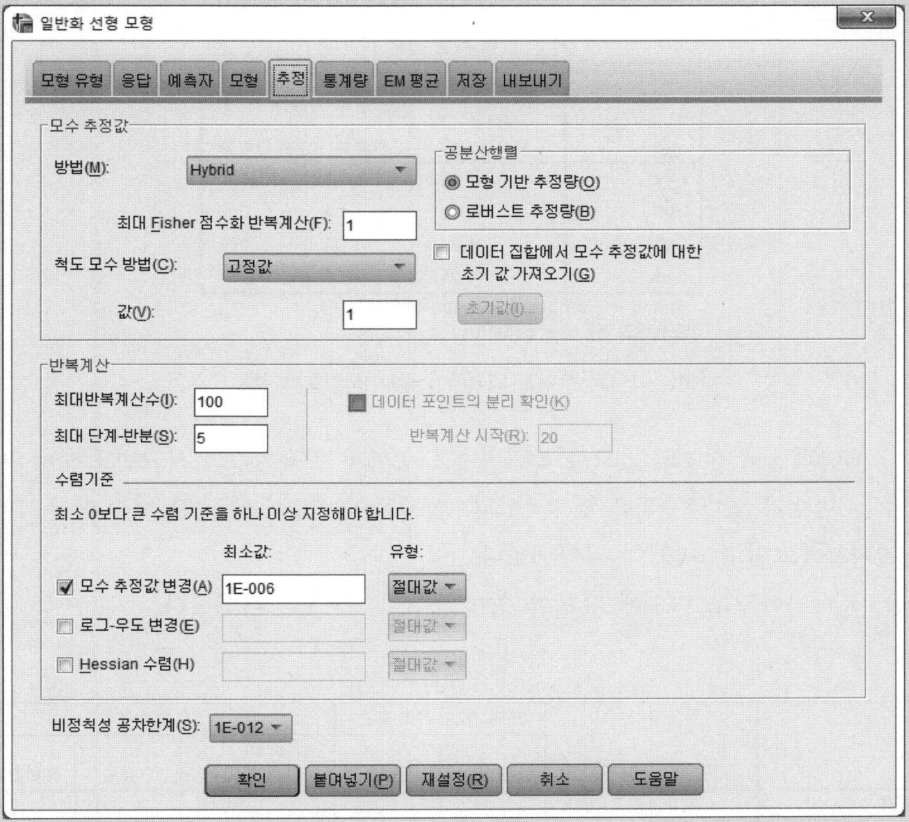

일반화 선형모형 대화상자의 '추정' 탭에서 척도 모수방법을 **[고정값]**에서 **[편차]**로 변경하여 분석한다.

전체 검정ª

우도비 카이제곱	자유도	유의확률
85.461	8	.000

종속변수: Number of damage incidents

모형: (절편), type, construction, operation

a. 적합한 모형을 절편 전용 모형과 비교합니다.

[그림 11-12] 푸아송 회귀분석 결과: 전체 검정

[그림 11–12]는 회귀분석에서 분산분석표의 F, p와 동일한 의미를 지니며, 이 값은 χ^2, p에 대응된다. 현재 $p < .001$로 유의하게 나타났으므로, 3개의 독립변수들 중에서 사고빈도에 유의한 영향을 주는 변수가 있다는 것을 알 수 있다.

모형 효과 검정

소스	제 3 유형		
	Wald 카이제곱	자유도	유의확률
(절편)	47.428	1	.000
type	63.832	4	.000
construction	4.842	3	.184
operation	1.212	1	.271

종속변수: Number of damage incidents
모형: (절편), type, construction, operation

[그림 11–13] 푸아송 회귀분석 결과: 모형효과 검정

χ^2 통계량과 $p < .001$의 값으로 독립변수들 중에서 종속변수인 사고빈도에 유의한 영향을 주는 변수가 있다는 것을 알 수 있다. 이들 독립변수에서 어떤 변수가 유의한지에 대한 결과는 [그림 11–13]에 나타내었다.

type($p < .001$)이 사고빈도에 유의한 영향을 주는 것으로 나타났다.

모수 추정값

모수	B	표준오차	95% Wald 신뢰구간		가설검정		
			하한	상한	Wald 카이제곱	자유도	유의확률
(절편)	1.260	.5609	.161	2.359	5.046	1	.025
[type=1]	.146	.5547	-.941	1.233	.070	1	.792
[type=2]	1.942	.4441	1.072	2.812	19.122	1	.000
[type=3]	-1.106	.7993	-2.673	.460	1.916	1	.166
[type=4]	-.758	.7089	-2.148	.631	1.144	1	.285
[type=5]	0[a]	.	.	.	.	.	.
[construction=60]	.195	.5038	-.792	1.182	.150	1	.699
[construction=65]	.778	.4623	-.128	1.684	2.829	1	.093
[construction=70]	.658	.4680	-.259	1.575	1.976	1	.160
[construction=75]	0[a]	.	.	.	.	.	.
[operation=60]	-.293	.2659	-.814	.228	1.212	1	.271
[operation=75]	0[a]	.	.	.	.	.	.
(척도)	5.563[b]						

종속변수: Number of damage incidents
모형: (절편), type, construction, operation
a. 중복된 모수이므로 0으로 설정됩니다.
b. 편차를 기준으로 계산됩니다.

[그림 11–14] 푸아송 회귀분석 결과: 모수 추정값

푸아송 회귀분석 결과는 회귀분석과 같은 방법으로 해석한다. [그림 11-14]는 회귀분석 출력 결과에서 '계수표'에 해당하는 표이다. 독립변수들이 모두 범주형 변수이므로 일반화 선형모형 분석의 '예측자' 탭에서 모두 [요인(F):]에 입력했기 때문에 SPSS에서 자동으로 더미변수로 생성하여 분석하였다. 더미변수는 디폴트로 마지막 값이 레퍼런스이므로 type은 A, B, C, D, E 중에서 E가 레퍼런스이다. construction은 1960-1964년, 1965-1969년, 1970-1974년, 1975-1979년 중에서 마지막 값인 1975-1979년에 건조된 배가 레퍼런스이다. operation도 마지막 값인 1975-1979년이 레퍼런스이다.

분석 결과, type=2($B=1.942$, $p<.001$)가 유의하게 나타났으며, 선박 B가 선박 E보다 사고빈도가 평균 1.942건 많게 나타났다.

[Step 4] 푸아송 회귀분석의 표 작성 및 해석

〈표 11-2〉 푸아송 회귀분석 결과표

	B	SE	Wald	p
constant	1.260	.561	5.046	.025
type(A)	.146	.555	.070	.792
type(B)	1.942	.444	19.122	.001
type(C)	−1.106	.799	1.916	.166
type(D)	−.758	.709	1.144	.285
construction(1960−64)	.195	.504	.150	.699
construction(1965−69)	.778	.462	2.829	.093
construction(1970−74)	.658	.468	1.976	.160
operation(1960−1974)	−.293	.266	1.212	.271

$$\chi^2=85.461 \ (p<.001)$$
$$LL=-118.476, \ \text{deviance}/df=5.563$$

▼ 표 11-2 해석

배의 종류, 건조기간, 운용기간이 파도에 의한 화물 손상의 사고빈도에 미치는 영향에 대하여 푸아송 회귀분석을 실시하였다. 그 결과 총 이탈도가 5.563으로 4보다 크게 나타나 척도 모수를 5.563으로 하여 푸아송 회귀분석을 실시하였다.

푸아송 회귀분석 결과, 배의 종류가 사고빈도에 유의한 영향을 주었으며, 선박 B가 선박 E보다 사고빈도가 평균 1.942($B=1.942$, $p<.01$)건 많은 것으로 나타났다.

11.1.2 음이항 회귀분석

분산이 일정하면(등분산) 푸아송 회귀분석을 실시하고, 분산이 일정하지 않고 과분산 (과대산포)이면 **음이항 회귀분석**(negative binomial regression analysis)을 실시한다.

| 예제 11.2 | <예제 11.1>의 선박의 종류, 건조 기간, 서비스 기간을 이용해 사고빈도를 예측하는 음이항 회귀모형을 분석한다. (데이터: ships.sav)

[Step 1] 종속변수 분포
푸아송 회귀분석의 Step 1과 동일하다.

[Step 2] 음이항 회귀분석

$$\boxed{\text{분석} \rightarrow \text{일반화 선형모형} \rightarrow \text{일반화 선형모형}}$$

음이항 회귀분석은 일반화 선형모형 메뉴에서 분석할 수 있다. [그림 11-15]에서 '푸아송 로그선형'은 푸아송 회귀분석을, '로그 링크가 있는 음수 이항'은 음이항 회귀분석을 실시한다.

음이항 회귀분석은 '로그 링크가 있는 음수 이항'을 체크하는 것만 다르고 나머지는 푸아송 회귀분석과 동일한 절차로 분석한다.

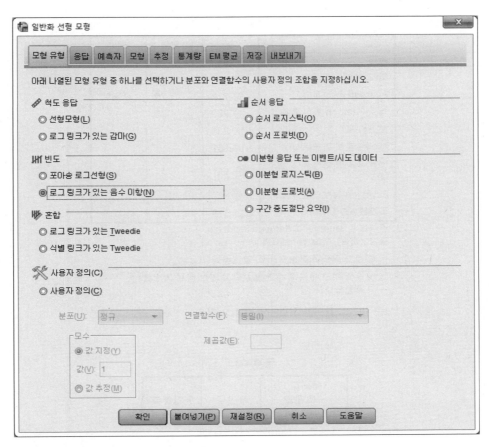

[그림 11-15] 일반화 선형모형: 모형요약표

[Step 3] 음이항 회귀분석 결과 해석

음이항 회귀분석을 실시하여 출력된 결과에서 적합도, 전체 검정, 모형효과 검정, 모수 추정값의 4개의 표로 결과를 해석한다.

총 이탈도를 나타내는 편차의 값/df는 .974로 데이터가 음이항 회귀모형에 적합하므로 음이항 회귀분석을 하기에 적합한 데이터이다.

적합도ᵃ

	값	자유도	값/df
편차	24.357	25	.974
척도 편차	24.357	25	
Pearson 카이 제곱	17.272	25	.691
척도 Pearson 카이 제곱	17.272	25	
로그 우도ᵇ	-90.331		
Akaike 정보 기준(AIC)	198.661		
무한 표본 수정된 AIC (AICC)	206.161		
Bayesian 정보 기준(BIC)	212.398		
일관된 AIC(CAIC)	221.398		

종속변수: Number of damage incidents
모형: (절편), type, construction, operation

  a. 정보 기준은 가능한 작은 형태입니다.

  b. 전체 로그 우도 함수가 표시되고 계산 정보 기준에 사용됩니다.

[그림 11-16] 음이항 회귀분석 결과: 적합도

전체 검정ᵃ

우도비 카이제곱	자유도	유의확률
50.190	8	.000

종속변수: Number of damage incidents
모형: (절편), type, construction, operation

  a. 적합한 모형을 절편 전용 모형과 비교합니다.

[그림 11-17] 음이항 회귀분석 결과: 전체 검정

전체 검정 결과 $\chi^2 = 50.190$, $p < .001$로 나타나, 독립변수 중에서 종속변수인 사고빈도에 유의한 영향을 주는 변수가 있음을 알 수 있다.

모형 효과 검정

소스	제 3 유형		
	Wald 카이제곱	자유도	유의확률
(절편)	43.617	1	.000
type	36.670	4	.000
construction	9.185	3	.027
operation	.615	1	.433

종속변수: Number of damage incidents
모형: (절편), type, construction, operation

[그림 11-18] 음이항 회귀분석 결과: 모형효과 검정

독립변수 중에서 type($p < .001$), construction($p = .027 < .05$)이 사고빈도에 유의한 영향을 주는 것으로 나타났다.

모수 추정값

모수	B	표준오차	95% Wald 신뢰구간		가설검정		
			하한	상한	Wald 카이제곱	자유도	유의확률
(절편)	1.633	.7264	.209	3.056	5.053	1	.025
[type=1]	.009	.6434	-1.252	1.270	.000	1	.989
[type=2]	2.535	.6531	1.255	3.815	15.063	1	.000
[type=3]	-1.020	.7040	-2.400	.359	2.101	1	.147
[type=4]	-.999	.6954	-2.362	.364	2.065	1	.151
[type=5]	0[a]	.	.	.	.	.	.
[construction=60]	-1.098	.7766	-2.620	.424	2.000	1	.157
[construction=65]	-.175	.7024	-1.551	1.202	.062	1	.804
[construction=70]	.785	.6500	-.488	2.059	1.460	1	.227
[construction=75]	0[a]	.	.	.	.	.	.
[operation=60]	-.344	.4392	-1.205	.516	.615	1	.433
[operation=75]	0[a]	.	.	.	.	.	.
(척도)	1[b]						
(음수 이항)	1[b]						

종속변수: Number of damage incidents
모형: (절편), type, construction, operation
a. 중복된 모수이므로 0으로 설정됩니다.
b. 표시된 값으로 고정됩니다.

[그림 11-19] 음이항 회귀분석 결과: 모수 추정값

음이항 회귀분석을 실시한 결과, 선박 B가 선박 E보다 사고빈도가 평균 2.535($B = 2.535$, $p < .001$)건 많게 나타났다.

[그림 11-18]에서 construction은 유의하게 나타났으나, [그림 11-19]에서는 건조기간에서 유의하지 않은 것으로 나타났다. 더미변수는 레퍼런스하고만 비교를 하기 때문에 레퍼런스를 어떤 값으로 설정하느냐에 따라 이러한 결과가 나올 수 있다.

[그림 11-19]에서 '내림차순'으로 변경하여 분석하면 더미변수의 레퍼런스가 처음 값인 1960-1964년으로 변경된다.

모수 추정값

모수	B	표준오차	95% Wald 신뢰구간		가설검정		
			하한	상한	Wald 카이제곱	자유도	유의확률
(절편)	.199	.6916	-1.156	1.554	.083	1	.774
[type=5]	-.009	.6434	-1.270	1.252	.000	1	.989
[type=4]	-1.008	.6361	-2.255	.239	2.512	1	.113
[type=3]	-1.029	.6711	-2.345	.286	2.353	1	.125
[type=2]	2.526	.6436	1.265	3.787	15.403	1	.000
[type=1]	0ᵃ	.	.	.	.	.	.
[construction=75]	1.098	.7766	-.424	2.620	2.000	1	.157
[construction=70]	1.884	.6305	.648	3.120	8.927	1	.003
[construction=65]	.924	.5923	-.237	2.085	2.433	1	.119
[construction=60]	0ᵃ	.	.	.	.	.	.
[operation=75]	.344	.4392	-.516	1.205	.615	1	.433
[operation=60]	0ᵃ	.	.	.	.	.	.
(척도)	1ᵇ						
(음수 이항)	1ᵇ						

종속변수: Number of damage incidents
모형: (절편), type, construction, operation
  a. 중복된 모수이므로 0으로 설정됩니다.
  b. 표시된 값으로 고정됩니다.

건조기간은 1970-1974년에 건조된 배가 1960-1964년에 건조된 배보다 사고빈도가 평균 1.884건($B = 1.884$, $p = .003 < .01$) 많은 것으로 나타났다.

더미변수를 직접 설정하지 않고 분석하는 경우에는 레퍼런스를 처음 값이나 마지막 값만으로 지정할 수 있으므로, 경우에 따라서는 값을 변경하거나 직접 더미변수를 생성하여 분석하는 것이 유리하다.

〈표 11-3〉 음이항 회귀분석 결과표

	B	SE	Wald	p
constant	1.633	.726	5.053	.025
type(A)	.009	.643	.000	.989
type(B)	2.535	.653	15.063	.001
type(C)	−1.020	.704	2.101	.147
type(D)	−.999	.695	2.065	.151
construction(1965−69)	−1.098	.777	2.000	.157
construction(1970−74)	−.175	.702	.062	.804
construction(1975−79)	.785	.650	1.460	.227
operation(1960−1974)	−.344	.439	.615	.433
$\chi^2 = 50.190$ $(p < .001)$ $LL = -90.331$, $\text{deviance}/df = .974$				

◤ 표 11-3 해석

배의 종류, 건조기간, 운용기간이 파도에 의한 화물 손상의 사고빈도에 미치는 영향에 대하여 음이항 회귀분석을 실시하였다. 그 결과 총 이탈도가 .974로 4보다 작게 나타나 음이항 회귀모형이 적합하다.

음이항 회귀분석 결과, 배의 종류가 사고빈도에 유의한 영향을 주었으며, 선박 B가 선박 E보다 사고빈도가 평균 2.535(B=2.535, $p < .001$)건 많은 것으로 나타났다.

11.1.3 푸아송 회귀분석과 음이항 회귀분석 평가

11.1.1절에서는 푸아송 회귀분석에 대해, 11.1.2절에서는 음이항 회귀분석에 대해서 살펴보았다. 이 절에서는 두 회귀모형 중에서 더 좋은 모형을 선택하는 방법에 대해서 살펴본다.

푸아송 회귀분석과 음이항 회귀분석 중에서 어느 것을 선택할 것인가 하는 것은 과분산의 여부에 달려 있다. 과분산 여부의 평가는 **우도비 검정 통계량**(Likelihood Ratio, LR)을 이용하여 분석한다.

$$LR = -2(LL_{Poisson} - LL_{negative\ binomial})$$

LR값이 자유도 1인 χ^2 분포와 비교하여 과분산 검정을 실시한다. 또한 모형을 비교

평가하는 경우, AIC와 BIC가 많이 이용된다. AIC, BIC는 동일한 종속변수와 독립변수로 푸아송 회귀분석과 음이항 회귀분석을 실시한 회귀모형에서 더 좋은 모형을 평가하는 지수로서 작을수록 더 좋은 모형이라는 것을 의미한다.

    <예제 11.1>의 푸아송 회귀분석과 <예제 11.2>의 음이항 회귀분석에 대해 **과분산 검정**을 실시한다.

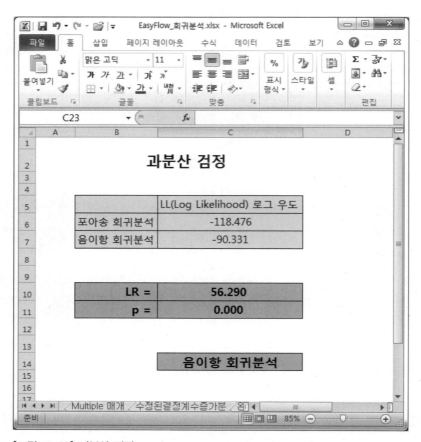

[그림 11-20] 과분산 검정

    Excel 파일을 이용하여 과분산 검정을 실시한 결과, LR은 56.290($p < .001$)으로 유의하게 나타나 데이터가 과분산으로 판정되었다. 따라서 푸아송 회귀분석보다는 음이항 회귀분석이 적합한 것으로 나타났다.

〈표 11-4〉 푸아송 회귀분석과 음이항 회귀분석의 모형 평가

	푸아송 회귀분석		음이항 회귀분석	
	B	SE	B	SE
constant	1.260	.561	1.633	.726
type(A)	.146	.555	.009	.643
type(B)	1.942	.444**	2.535	.653**
type(C)	−1.106	.799	−1.020	.704
type(D)	−.758	.709	−.999	.695
construction(1965−69)	.195	.504	−1.098	.777
construction(1970−74)	.778	.462	−.175	.702
construction(1975−79)	.658	.468	.785	.650
operation(1960−1974)	−.293	.266	−.344	.439
deviance/df	5.563		.974	
LL	−118.476		−90.331	
LL χ^2	85.461***		50.190***	
AIC	254.952		198.661	
BIC	268.689		212.398	
LR test	56.290***			

** $p < .01$ *** $p < .001$

▶ 표 11-4 해석

배의 종류, 건조기간, 운용기간이 파도에 의한 화물 손상의 사고빈도에 미치는 영향에 대하여 푸아송 회귀분석과 음이항 회귀분석을 실시하였다. 모형의 비교 평가는 AIC, BIC를 이용하였으며, 과분산 검정은 LR값을 이용하였다.

과분산 검정을 실시한 결과, LR이 56.290($p < .001$)으로 유의하게 나타나 데이터가 과분산으로 판정되어, 푸아송 회귀분석보다는 음이항 회귀분석이 적합한 것으로 나타났다. 모형의 비교 평가에서도 AIC와 BIC값이 음이항 회귀분석이 낮게 나타나 음이항 회귀분석으로 사고빈도를 예측하는 모형을 설정하였다. 음이항 회귀분석을 실시한 결과, 총 이탈도가 .974로 4보다 작은 것으로 나타나 음이항 회귀모형이 적합하였다.

따라서 음이항 회귀분석 결과, 배의 종류가 사고빈도에 유의한 영향을 주었으며, 선박 B가 선박 E보다 사고빈도가 평균 2.535($B = 2.535$, $p < .001$)건 많은 것으로 나타났다.

11.1.4 감마 회귀분석

감마 회귀분석의 분포 모양은 푸아송 회귀분석이나 음이항 회귀분석과 동일하다. 다만 푸아송 회귀분석과 음이항 회귀분석은 종속변수가 빈도인 데 비하여 감마 회귀분석에서는 종속변수가 연속형 변수인 점이 다르다. 즉 종속변수가 연속형 변수이고, 0에 치우쳐 있는 모양을 띠고 있다.

McCullagh & Nelder의 자동차보험회사 데이터[2]를 이용하여 감마 회귀분석을 시행해 보자.

| 예제 11.3 |　　계약자의 연령, 자동차 종류, 자동차 연식이 보험 청구금액에 미치는 영향에 대한 모형을 분석한다. (데이터: car_insurance_claims.sav)

[Step 1] 종속변수 분포

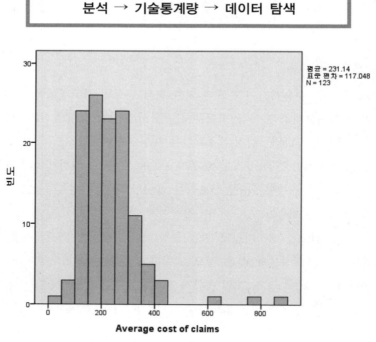

[그림 11-21] 히스토그램

---

2) McCullagh, P., & Nelder, J. A. (1989). *Generalized Linear Models*(2nd ed.). London: Chapman & Hall.

데이터 탐색을 하기 위해 히스토그램을 살펴본 결과, 정규분포라기보다는 왼쪽으로 치우친 모양을 하고 있다. 종속변수가 빈도가 아닌 보험 청구금액으로 연속형 변수이므로 감마 회귀분석을 실시한다.

[Step 2] 감마 회귀분석

분석 → 일반화 선형모형 → 일반화 선형모형

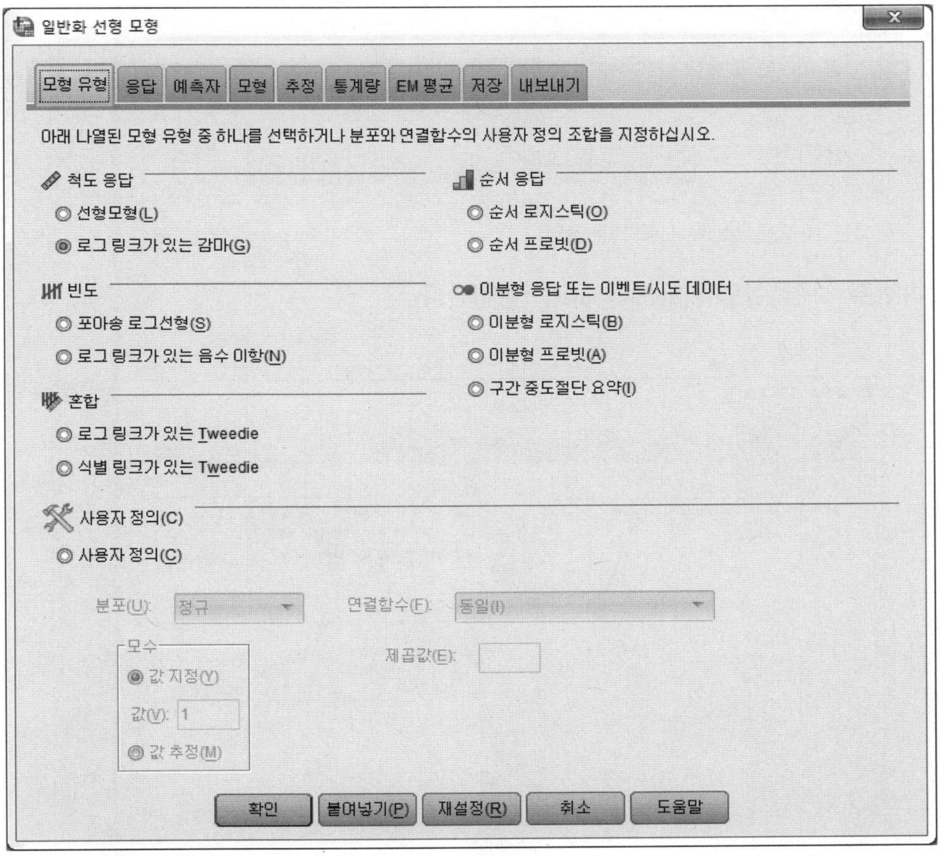

[그림 11-22] 일반화 선형모형: 모형 유형

일반화 선형모형의 '모형 유형'에서 **[로그 링크가 있는 감마(G)]**를 선택하여 감마 회귀분석을 실행한다.

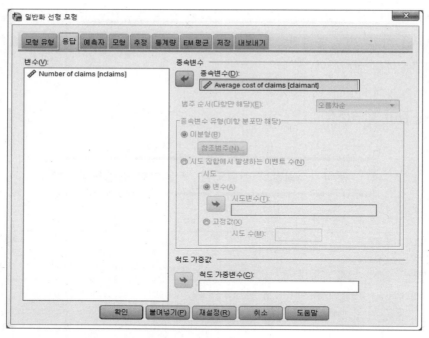

[그림 11-23] 일반화 선형모형: 응답

종속변수 보험 청구금액(claimant)을 입력한다.

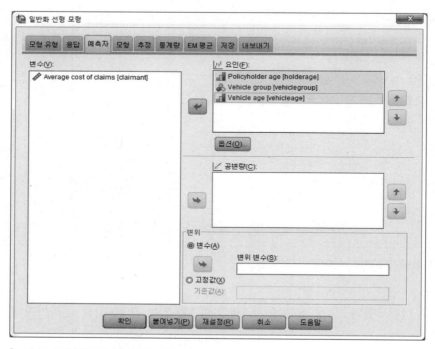

[그림 11-24] 일반화 선형모형: 예측자

독립변수인 계약자의 연령(holderage), 자동차 종류(vehiclegroup), 자동차 연식(vehicleage)을 입력한다.

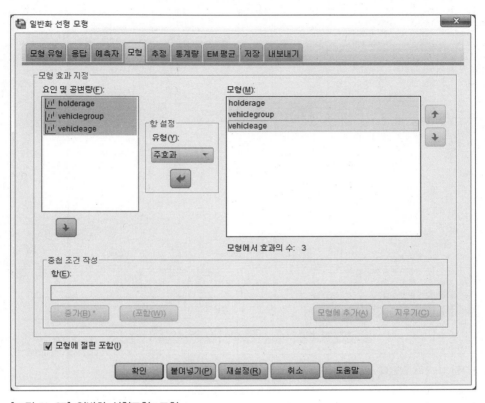

[그림 11-25] 일반화 선형모형: 모형

독립변수를 '모형'에 입력한다.

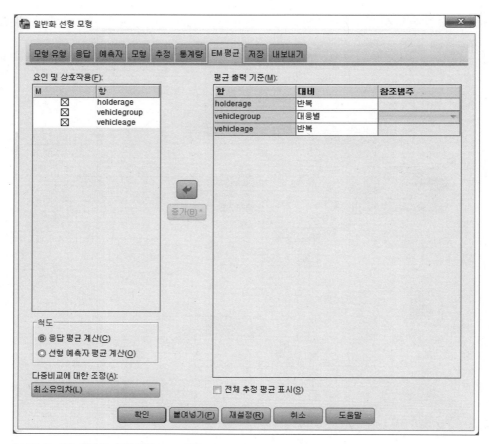

[그림 11-26] 일반화 선형모형: EM 평균

　　[그림 11-26]의 'EM 평균'은 푸아송 회귀분석이나 음이항 회귀분석에서도 가능한 옵션이다. 이 옵션은 범주형 독립변수에 대해 추가 분석을 하기 위한 것이다. ANOVA(분산분석)에서 사후분석을 하는 것과 유사한 방법으로 대비검정(contrast test)이 있다.

　　범주형 독립변수인 계약자 연령별 보험 청구금액의 평균을 구하기 위하여 계약자 연령을 **[평균 출력 기준(M):]**에 입력한다. 연령은 20세 이하, 21-24세, 25-29세, 30-34세, 35-39세, 40대, 50대, 60세 이상으로 총 8개 그룹으로 구분되어 있다. 현재 선택한 '대비검정'은 반복(repeated)이다. 이 방법은 20세 이하와 21-24세를 비교하고, 21-24세는 25-29세와 비교한다. 또 25-29세는 30-34세와 비교한다. 즉 바로 이전 수준하고 비교하는 방법이 '반복'이다.

　　'대응별'은 Scheffe의 방법처럼 모든 수준별로 각각 비교하는 방법이다.

[Step 3] 감마 회귀분석 결과 해석

감마 회귀분석 결과는 푸아송 회귀분석, 음이항 회귀분석과 동일하다.

전체 검정[a]

우도비 카이제곱	자유도	유의확틀
113.966	13	.000

종속변수: Average cost of claims
모형: (절편), holderage, vehiclegroup, vehicleage

a. 적합한 모형을 절편 전용 모형과 비교합니다.

[그림 11-27] 감마 회귀분석 결과: 전체 검정

$LL \ \chi^2 = 113.966 (p < .001)$으로 나타나 독립변수 중에서 종속변수인 보험료 청구금액에 유의한 영향을 주는 독립변수가 있음을 알 수 있다.

모형 효과 검정

소스	제 3 유형		
	Wald 카이제곱	자유도	유의확틀
(절편)	38896.597	1	.000
holderage	21.308	7	.003
vehiclegroup	42.493	3	.000
vehicleage	104.931	3	.000

종속변수: Average cost of claims
모형: (절편), holderage, vehiclegroup, vehicleage

[그림 11-28] 감마 회귀분석 결과: 모형효과 검정

[그림 11-27]에서 독립변수 중에서 종속변수에 유의한 영향을 주는 변수가 있음을 알수 있다. 이 변수들 중에서 어떤 독립변수가 종속변수에 영향을 주는지 알아보기 위하여 [그림 11-28]을 살펴본다. 모형효과 검정 결과, 계약자 연령($p = .003 < .01$), 자동차 종류 ($p < .001$), 자동차 연식($p < .001$) 모두 보험료 청구금액에 유의한 영향을 주고 있음을 알수 있다.

모수 추정값

모수	B	표준오차	95% Wald 신뢰구간		가설검정		
			하한	상한	Wald 카이제곱	자유도	유의확률
(절편)	5.165	.1051	4.959	5.371	2413.033	1	.000
[holderage=1]	.284	.1129	.062	.505	6.310	1	.012
[holderage=2]	.175	.1081	-.036	.387	2.633	1	.105
[holderage=3]	.289	.1069	.079	.498	7.302	1	.007
[holderage=4]	-.005	.1063	-.213	.204	.002	1	.966
[holderage=5]	-.048	.1080	-.259	.164	.193	1	.660
[holderage=6]	.003	.1062	-.205	.211	.001	1	.979
[holderage=7]	.045	.1062	-.163	.254	.183	1	.669
[holderage=8]	0ª	.	.	.	.	.	.
[vehiclegroup=1]	-.472	.0781	-.625	-.319	36.558	1	.000
[vehiclegroup=2]	-.414	.0782	-.568	-.261	28.102	1	.000
[vehiclegroup=3]	-.318	.0789	-.472	-.163	16.208	1	.000
[vehiclegroup=4]	0ª	.	.	.	.	.	.
[vehicleage=1]	.736	.0788	.581	.890	87.169	1	.000
[vehicleage=2]	.624	.0789	.469	.779	62.492	1	.000
[vehicleage=3]	.313	.0791	.158	.468	15.688	1	.000
[vehicleage=4]	0ª	.	.	.	.	.	.
(척도)	.090ᵇ	.0113	.071	.115			

종속변수: Average cost of claims
모형: (절편), holderage, vehiclegroup, vehicleage
  a. 중복된 모수이므로 0으로 설정됩니다.
  b. 최대 우도 추정값.

[그림 11-29] 감마 회귀분석 결과: 모수 추정값

분석 결과, 계약자 연령 1(20세 이하)은 계약자 연령 8(60세 이상)보다 보험료 청구금액이 높았으며($B = .284$, $p = .012 < .05$), 계약자 연령 3(25-29세)도 계약자 연령 8(60세 이상)보다 보험료 청구금액이 높았다($B = .289$, $p = .007 < .01$).

자동차 종류는 A($B = -.472$, $p < .001$), B($B = -.414$, $p < .001$), C($B = -.318$, $p < .001$)가 D보다 보험료 청구금액이 적게 나왔고, 자동차 연식은 0-3년($B = .736$, $p < .001$), 4-7년($B = .624$, $p < .001$), 8-9년($B = .313$, $p < .001$) 된 차가 10년 이상된 차보다 보험료 청구금액이 높았다.

'EM 평균' 옵션에서 추가한 메뉴에 대한 출력 결과는 [그림 11-30]~[그림 11-35]와 같다. [그림 11-30], [그림 11-32], [그림 11-34]는 계약자 연령별, 차종별, 연식별로 추정된 보험료 평균 청구금액이다.

추정값

Policyholder age	평균	표준오차	95% Wald 신뢰구간 하한	95% Wald 신뢰구간 상한
17-20	261.28	22.037	221.47	308.25
21-24	234.49	18.261	201.30	273.16
25-29	262.65	19.870	226.45	304.63
30-34	195.88	14.750	169.00	227.03
35-39	187.64	14.590	161.12	218.54
40-49	197.31	14.823	170.30	228.62
50-59	205.91	15.468	177.72	238.57
60+	196.77	14.790	169.82	228.00

[그림 11-30] 감마 회귀분석 결과: 계약자 연령별 보험료 평균 청구금액

개별 검정 결과

Policyholder age 반복 대비	대비 추정값	표준오차	Wald 카이제곱	자유도	유의확률
수준 17-20 및 수준 21-24	26.79	28.548	.881	1	.348
수준 21-24 및 수준 25-29	-28.16	27.084	1.081	1	.298
수준 25-29 및 수준 30-34	66.77	24.827	7.233	1	.007
수준 30-34 및 수준 35-39	8.23	20.716	.158	1	.691
수준 35-39 및 수준 40-49	-9.67	20.797	.216	1	.642
수준 40-49 및 수준 50-59	-8.60	21.419	.161	1	.688
수준 50-59 및 수준 60+	9.14	21.397	.182	1	.669

[그림 11-31] 감마 회귀분석 결과: 연령별 반복 대비 검정

[그림 11-31]은 연령별 보험료 청구금액에 대한 대비 검정 결과이다. 분석 결과, 25-29세와 30-34세($p = .007 < .01$)는 유의하게 나타났으며, 대비 추정값이 66.77(두 연령군 간 보험료 청구금액의 차이)로 나타나 25-29세가 30-34세보다 보험 청구금액이 많음을 알 수 있다.

추정값

Vehicle group	평균	표준오차	95% Wald 신뢰구간 하한	95% Wald 신뢰구간 상한
A	181.96	9.668	163.96	201.93
B	192.81	10.248	173.74	213.98
C	212.41	11.527	190.98	236.25
D	291.80	16.704	260.83	326.45

[그림 11-32] 감마 회귀분석 결과: 차종별 보험료 평균 청구금액

대응별 비교

(I) Vehicle group	(J) Vehicle group	평균차(I-J)	표준오차	자유도	유의확률	차이에 대한 95% Wald 신뢰구간	
						하한	상한
A	B	-10.85	14.090	1	.441	-38.47	16.76
	C	-30.46[a]	15.037	1	.043	-59.93	-.99
	D	-109.84[a]	19.302	1	.000	-147.68	-72.01
B	A	10.85	14.090	1	.441	-16.76	38.47
	C	-19.60	15.402	1	.203	-49.79	10.59
	D	-98.99[a]	19.609	1	.000	-137.42	-60.56
C	A	30.46[a]	15.037	1	.043	.99	59.93
	B	19.60	15.402	1	.203	-10.59	49.79
	D	-79.39[a]	20.294	1	.000	-119.16	-39.61
D	A	109.84[a]	19.302	1	.000	72.01	147.68
	B	98.99[a]	19.609	1	.000	60.56	137.42
	C	79.39[a]	20.294	1	.000	39.61	119.16

종속변수 Average cost of claims의 원래 척도를 기준으로 한 주변평균 추정의 대응별 비교

a. 평균차는 .05 수준에서 유의합니다.

[그림 11-33] 감마 회귀분석 결과: 차종별 '대응별' 대비 검정

차종별 보험료 청구금액의 차이에 대한 '대응별' 대비 검정 결과에서는 A-C($p = .043 < .05$), A-D($p < .001$), B-D($p < .001$), C-D($p < .001$)에서 유의한 차이가 있는 것으로 나타났다. 따라서 D>C, B, A이며 C>A이다.

추정값

Vehicle age	평균	표준오차	95% Wald 신뢰구간	
			하한	상한
0-3	296.59	15.769	267.24	329.16
4-7	265.32	14.112	239.05	294.47
8-9	194.41	10.542	174.81	216.21
10+	142.14	8.224	126.90	159.21

[그림 11-34] 감마 회귀분석 결과: 연식별 보험료 평균 청구금액

개별 검정 결과

Vehicle age 반복 대비	대비 추정값	표준오차	Wald 카이제곱	자유도	유의확률
수준 0-3 및 수준 4-7	31.27	21.145	2.187	1	.139
수준 4-7 및 수준 8-9	70.90	17.633	16.169	1	.000
수준 8-9 및 수준 10+	52.27	13.332	15.371	1	.000

[그림 11-35] 감마 회귀분석 결과: 연식별 '반복' 대비 검정

연식별 보험료 청구금액의 차이에 대한 대비 검정 결과, 4–7년은 8–9년($p < .001$)과 8–9년은 10년 이상($p < .001$)과 유의한 차이가 있는 것으로 나타났다.

대비 검정 결과는 각 수준별 종속변수의 차이를 보이는 보조적인 지표로 사용할 수 있으며, 실제 분석 결과 제시하는 통계량과 해석은 푸아송 회귀분석이나 음이항 회귀분석과 같다.

〈표 11–5〉 감마 회귀분석 결과표

	B	SE	Wald	p
constant	5.165	.105	2413.033	<.001
계약자 연령 1(20세 이하)	.284	.113	6.310	.012
계약자 연령 2(21–24세)	.175	.108	2.633	.105
계약자 연령 3(25–29세)	.289	.107	7.302	.007
계약자 연령 4(30–34세)	−.005	.106	.002	.966
계약자 연령 5(35–39세)	−.048	.108	.193	.660
계약자 연령 6(40대)	.003	.106	.001	.979
계약자 연령 7(50대)	.045	.106	.183	.669
차종(A)	−.472	.078	36.558	<.001
차종(B)	−.414	.078	28.102	<.001
차종(C)	−.318	.079	16.208	<.001
연식(3년 이하)	.736	.079	87.169	<.001
연식(4–7년)	.624	.079	62.492	<.001
연식(8–9년)	.313	.079	15.688	<.001

$$\chi^2 = 113.966 \ (p < .001)$$
$$LL = -684.020, \ \text{deviance}/df = .103$$

▶ 표 11-5 해석

보험료 청구금액을 예측하는 감마 회귀분석을 실시한 결과, 계약자 연령 1(20세 이하)은 60세 이상보다 보험료 청구금액이 높았으며($B = .284, p = .012 < .05$), 계약자 연령 3(25–29세)은 60세 이상보다 보험료 청구금액이 높았다($B = .289, p = .007 < .01$).

차종 A($B = -.472, p < .001$), B($B = -.414, p < .001$), C($B = -.318, p < .001$)는 D보다 보험료 청구금액이 적게 나타났다. 자동차 연식은 0–3년($B = .736, p < .001$), 4–7년($B = .624, p < .001$), 8–9년($B = .313, p < .001$) 된 차가 10년 이상된 차보다 보험료 청구금액이 높았다.

이 절에서는 R을 이용한 확장 회귀분석에 대해서 살펴본다. 확장 회귀분석을 사용하기 위해서는 몇 가지 프로그램을 설치해야 하며, 설치하는 프로그램과 방법은 11.3절에서 다룬다.

11.2.1 PLS 회귀분석

선형회귀분석을 안정적으로 실시하기 위해서는 데이터(n)의 수가 독립변수(p)의 수의 10배는 되어야 하며, 최소한 5배 이상은 되어야 한다. 또한 독립변수 간에는 다중공선성이 존재하지 않아야 한다.

하지만 계량경제나 자연과학, 공학 등의 경우에는 데이터의 수가 독립변수의 수의 5배가 안 되는 경우가 많으며($n < 5p$), 경우에 따라서는 데이터의 수가 독립변수의 수보다 적은 경우($n < p$)도 있다. 선형회귀분석에서는 데이터 수가 독립변수의 수보다 1개라도 많으면 실행되며, 결과가 출력된다. 그러나 그 결과는 오차가 크고 불안정하기 때문에 신뢰할 수 없다.

이와 같이 데이터 수가 적은 경우나 독립변수 간 다중공선성이 존재하는 경우에는 PLS(Partial Least Squares 또는 Projection to Latent Structures) 회귀분석을 사용한다. 그리고 다중공선성이 존재하는 경우에는 능형회귀분석(Ridge Regression analysis, RR)이나 주성분 회귀분석(Principal Component Regression analysis, PCR), PLS 회귀분석을 사용한다. 그러나 주성분 회귀분석의 경우에는 주성분의 수를 정하는 문제와 분석 결과를 해석하는 데 어려움이 있어서 일반적으로 많이 사용되지 않으며, 다중공선성의 문제가 있는 경우에는 RR 또는 PLS 회귀분석이 많이 사용된다.

| 예제 11.4 |　　4.2.3절의 <예제 4.1>의 데이터로 PLS 회귀분석을 실시한다. (데이터: reg-예제2.sav)

[Step 1] PLS 회귀분석

$$\boxed{\text{분석} \ \rightarrow \ \text{회귀분석} \ \rightarrow \ \text{일부 최소제곱}}$$

11.3절의 프로그램을 순서대로 설치하면 SPSS 회귀분석 메뉴에 확장 회귀분석 메뉴가 출력된다. [그림 11-36]은 PLS 회귀분석 메뉴이며, 종속변수에 y, 독립변수에 $x_1 \sim x_4$의

4개의 변수를 투입한다. 그런 다음 변수의 중요도 그래프와 PLS 회귀분석의 예측값과 실제값의 산점도를 출력시킨다.

[그림 11-36] PLS 회귀분석: 변수

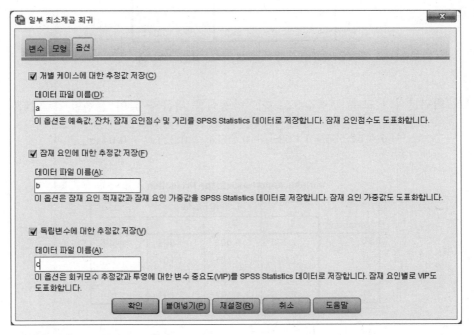

[그림 11-37] PLS 회귀분석: 옵션

[Step 2] PLS 회귀분석 결과

Latent Factors	Statistics				
	X Variance	Cumulative X Variance	Y Variance	Cumulative Y Variance (R-square)	Adjusted R-square
1	.559	.559	.968	.968	.965
2	.053	.612	.015	.983	.979
3	.388	1.000	.000	.983	.977
4	.000	1.000	.000	.984	.975

[그림 11-38] PLS 회귀분석 결과: 분산설명비율

[그림 11-38]에 잠재변수의 수와 설명력, 결정계수가 출력되어 있다. 분석 결과, 잠재변수가 1개인 경우 독립변수의 55.9%를, 종속변수의 96.8%를 설명한다.

Parameters

Independent Variables	Dependent Variables
	y
(Constant)	52.595
x1	1.662
x2	.604
x3	.221
x4	-.041

[그림 11-39] PLS 회귀분석 결과: 회귀계수

PLS 회귀분석의 모수 추정값으로 회귀방정식을 다음과 같이 설정할 수 있다.

$$y = 52.595 + 1.662x_1 + 0.604x_2 + 0.221x_3 - 0.041x_4$$

Variable Importance in the Projection

Variables	Latent Factors			
	1	2	3	4
x1	1.000	1.005	1.005	1.005
x2	1.107	1.101	1.101	1.101
x3	.729	.743	.743	.743
x4	1.115	1.107	1.107	1.108

Cumulative Variable Importance

[그림 11-40] PLS 회귀분석 결과: 변수의 중요도

변수의 중요도를 평가하는 [그림 11-40], [그림 11-41]에서 잠재변수가 1개인 모형에서 x_4의 중요도가 1.115로 가장 높게 나타났으며, x_2, x_1, x_3의 순으로 중요한 것으로 드러났다.

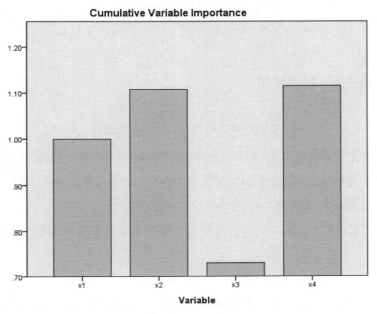

[그림 11-41] PLS 회귀분석 결과: 변수의 중요도 그래프

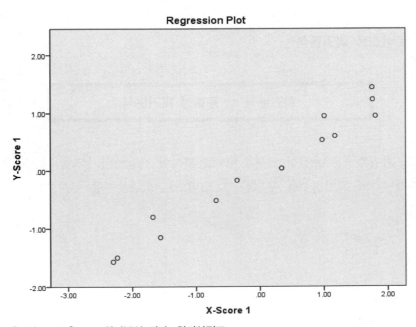

[그림 11-42] PLS 회귀분석 결과: 회귀산점도

[그림 11-42]의 회귀산점도는 PLS 회귀분석의 예측값(X-score 1)과 실제값(Y-score 1)의 산점도이다. PLS 회귀분석의 설명력이 높을수록 그래프는 직선에 가깝게 출력된다.

SPSS의 확장 회귀분석에서 PLS 회귀분석은 다중공선성이 존재하거나 데이터의 수가 적은 경우에 아주 유용하게 사용된다. 하지만 독립변수에 대한 유의확률값인 p-value를 제시하지 않는다는 단점이 있다.

11.2.2 로버스트 회귀분석

3.4절에서 이상값에 대해 살펴보았듯이 이상값이 존재하는 경우에는 최소제곱법에 의한 선형회귀분석이 적합하지 않다. 이상값이 존재하는 경우에는 이상값을 제거하거나 이상값에 영향을 받지 않는 방법을 고려해야 한다. 이상값에 영향을 받지 않는 강건한 분석으로 로버스트(robust) 회귀분석이 사용된다.

로버스트 회귀분석은 잔차가 큰 값에 둔감하게 반응함으로써 이상값에 대한 영향력을 감소시킨다.

| 예제 11.5| 3장의 <예제 3.1> 데이터를 이용하여 로버스트 회귀분석을 실시한다.
(데이터: reg-예제1.sav)

[Step 1] 로버스트 회귀분석

회귀분석 → 동질성 회귀분석

로버스트 회귀분석은 동질성 회귀분석으로 분석이 가능하다. [그림 11-43]의 대화상자에서 종속변수와 독립변수를 투입한 후 로버스트 회귀분석을 실시한다.

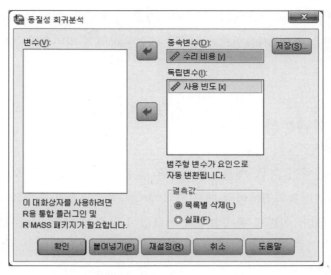

[그림 11-43] 로버스트 회귀분석

[Step 2] 로버스트 회귀분석 결과 해석

로버스트 회귀분석 결과 아래와 같은 표가 출력된다.

계수

	값	표준 오차	t 값
(절편)	-8.988	8.647	-1.039
x	.060	.016	3.721

rlm(formula = y ~ x, data = dta, na.action = na.
exclude, method = "MM", model = FALSE)
잔차 표준오차: 0.20953
자유도: 28

[그림 11-44] 로버스트 회귀분석: 출력 결과

로버스트 회귀분석을 실시한 결과 회귀방정식은 다음과 같다.

$$y = -8.988 + 0.060x$$

독립변수인 사용빈도의 회귀계수는 $B = 0.060$, $t = 3.721$로 나타났다. 이 값의 유의성을 평가하기 위해서는 Excel 함수를 이용하면 쉽게 구할 수 있다.

Excel에서 t값과 자유도를 입력하면 p-value가 출력된다. T.Dist.2T는 양측 검정의 t 분포를 의미하며, t값인 3.721과 자유도($df = n-2$) 28을 입력한다.

$$=\text{T.Dist.2T}(3.721, 28)$$

위와 같이 입력하면 $p = 0.000883(p < .001)$으로 출력된다. 따라서 사용빈도는 수리비용에 유의한 영향을 주며, 사용빈도가 높을수록($B = .060$) 수리비용이 높아지는 것으로 나타났다.

11.2.3 토빗 회귀분석

종속변수가 매출액인 경우, 매출액은 음수의 값을 가질 수 없으며 모두 0 이상의 값을 갖게 된다. 하지만 선형회귀분석의 예측 결과에서는 종속변수가 음수의 값으로 예측되는 경우가 생길 수 있다. 이렇게 종속변수의 예측값이 음수가 나오면 회귀모형이 적합하지 않게 된다.

토빗(Tobit) 회귀분석은 종속변수에 하한(lower bound)이 있는 경우에 사용하며, 하한 이하의 값은 절단되는 특성이 있다.

$$y = \begin{cases} y, & \text{if } y \geqq 0 \\ 0, & \text{if } y < 0 \end{cases}$$

토빗 회귀분석은 토빈(Tobin)에 의해서 제안된 방법으로, 위의 수식과 같이 0보다 큰 값인 경우에는 y로 예측을 하지만, 0보다 작은 경우에는 0으로 예측한다.

| 예제 11.6 | <예제 11.5>의 데이터를 이용하여 토빗 회귀분석을 실시한다.

　　　　　　 (데이터: reg-예제1.sav)

[Step 1] 토빗 회귀분석

회귀분석 → Tobit 회귀분석

토빗 회귀분석은 [그림 11-45]의 화면에서 종속변수와 독립변수를 투입한 후 분석한다.

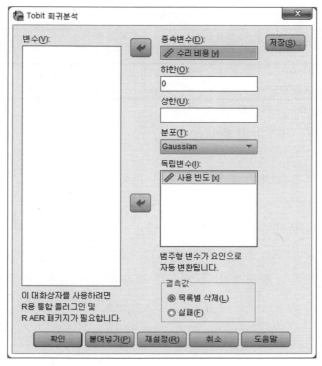

[그림 11-45] 토빗 회귀분석

[Step 2] 토빗 회귀분석 결과 해석

계수

	계수	표준 오차	z값	유의확률
(절편)	-4.498	8.283	-.543	.587
x	.052	.016	3.341	.001
로그(척도)	-1.497	.129	-11.595	.000

하한: 0, 상한: 없음
tobit(formula = y ~ x, left = 0, right = Inf, dist = "gaussian", data = dta,
na.action = na.exclude)
척도: 0.2238
잔차 자유도: 27
로그 우도: -2.407 자유도: 3...

[그림 11-46] 토빗 회귀분석: 분석 결과

토빗 회귀분석을 실시한 결과 [그림 11-46]의 결과가 출력된다. 분석 결과, 사용빈도 ($B = .052$, $p = .001 < .01$)는 수리비용에 유의한 영향을 주며, 사용빈도가 높을수록 수리비용이 높아지는 것을 알 수 있다.

계수ª

모형		비표준화 계수		표준화 계수	t	유의확률
		B	표준오차	베타		
1	(상수)	-4.498	8.573		-.525	.604
	사용 빈도	.052	.016	.521	3.228	.003

a. 종속변수: 수리 비용

[그림 11-47] 선형회귀분석 결과

    토빗 회귀분석의 경우, 예측값이 0보다 작은 값이 없는 경우에는 [그림 11-47]과 같이 선형회귀분석과 동일한 결과를 얻게 된다.

    이상의 확장 회귀분석에서는 확장 프로그램을 이용하여 SPSS에서 지원하지 않는 고급 회귀분석이 가능하다는 장점이 있다. 하지만 아직까지는 선형회귀분석과 같이 정확한 결과를 제시하지 못하는 문제가 있다. 정확한 결과를 얻기 위해서는 R 프로그램에서 실행하는 것이 좋다.

11.3 | 확장 프로그램 설치

    11.2절에서 설명한 확장 회귀분석을 사용하기 위해서는 총 4개의 프로그램을 설치해야 한다. 프로그램은 (주)데이타솔루션 홈페이지(http://www.datasolution.kr)에서 회원 가입 후 기술지원 → Patch에서 다운받아 설치한다. 이때 주의할 점은 자신의 SPSS 버전에 맞는 프로그램을 다운받아야 한다는 것이다. SPSS 21.0을 기준으로 한 경우 필요한 프로그램은 Python Essential 21, PLS Extension Module 21, Essentials for R 21이다. 자세히 보면 각 프로그램마다 SPSS 버전과 동일하다는 것을 알 수 있다.

[그림 11-48] datasolution.kr: 확장 프로그램

〈표 11-6〉 확장 회귀분석을 실행하기 위해 필요한 프로그램

SPSS	확장 프로그램
SPSS 21	SPSS Statistics Client–21.0.0.2 FixPack IBM SPSS Statistics Python Essentials 21 IBM SPSS Statistics PLS Extension Module for Version 21 R 2.14.2 IBM SPSS Statistics Essentials for R 21
SPSS 20	SPSS Statistics Client–20.0.0.2 FixPack IBM SPSS Statistics Python Essentials 20 IBM SPSS Statistics PLS Extension Module for Version 20 R 2.12.1 IBM SPSS Statistics Essentials for R 20

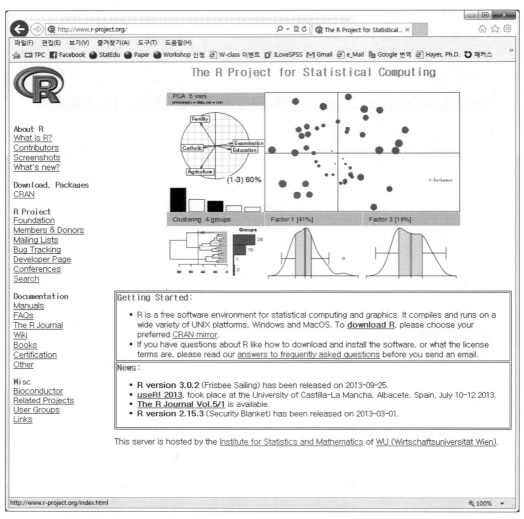

[그림 11-49] R-project.org

한편 R은 데이터처리와 통계분석을 위한 프로그램으로, www.r-project.org에서 무료로 다운받아 설치할 수 있으며, SPSS 버전과 맞는 버전을 설치해야 한다. SPSS 21.0의 경우에는 R 2.14.2를 설치하며, SPSS 20.0은 R 2.12.1을 설치한다.

R 프로그램의 경우 최신 버전이 아닌 SPSS 버전에 맞는 프로그램을 설치해야 하기 때문에 해당 버전을 찾아서 다운받는 것이 조금 까다로울 수 있다. R 2.14.2와 R 2.12.1은 다음의 경로에서 직접 다운 받을 수 있다.

http://cran.nexr.com/bin/windows/base/old/

위의 4개의 프로그램은 자신의 컴퓨터 Windows가 32 bit인지, 64 bit인지를 확인한 후 다운받아야 한다. 일반적으로는 32 bit를 설치한다.

프로그램은 <표 11-6>의 순서대로 설치하면 된다. 여기서 한 가지 주의 사항은 Windows 7인 경우에는 다운 받은 프로그램을 더블클릭하여 설치하지 않고, 오른쪽 버튼을 클릭하여 '관리자 권한으로 실행'으로 설치해야 한다.

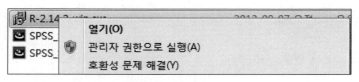

[그림 11-50] 프로그램 설치 시 주의사항

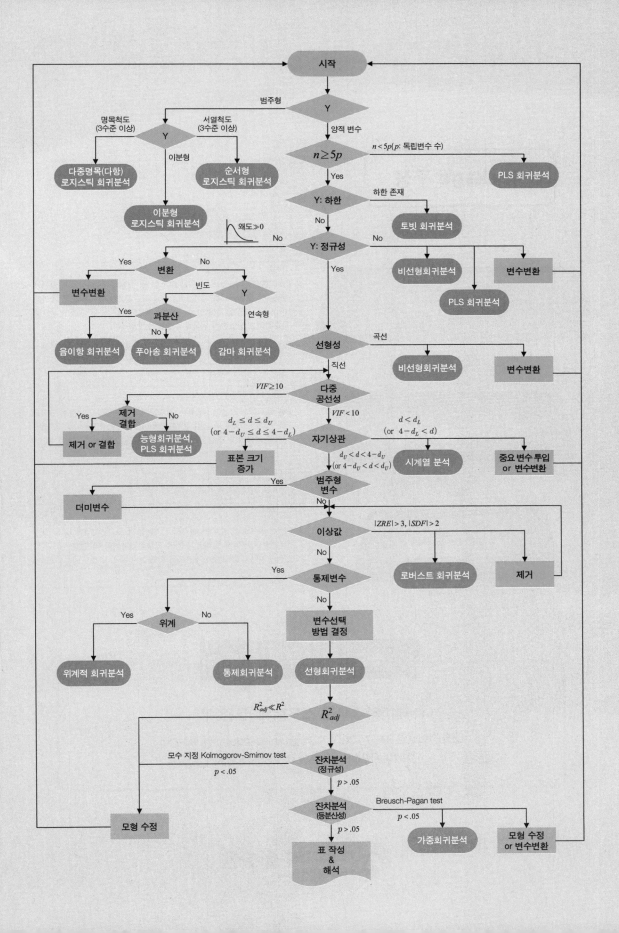

IBM SPSS Statistics

Package 구성

Premium

IBM SPSS Statistics를 이용하여 할 수 있는 모든 분석을 지원하고 Amos가 포함된 패키지입니다. 데이터 준비부터 분석, 전개까지 분석의 전 과정을 수행할 수 있으며 기초통계분석에서 고급분석으로 심층적이고 정교화된 분석을 수행할 수 있습니다.

Professional

Standard의 기능과 더불어 예측분석과 관련한 고급통계분석을 지원합니다. 또한 시계열 분석과 의사결정나무모형분석을 통하여 예측과 분류의 의사 결정에 필요한 정보를 위한 분석을 지원합니다.

Standard

SPSS Statistics의 기본 패키지로 기술통계, T-Test, ANOVA, 요인분석 등 기본적인 통계분석 외에 고급회귀분석과 다변량분석, 고급 선형모형분석 등 필수통계분석을 지원합니다.

소프트웨어 구매 문의

㈜데이타솔루션 소프트웨어사업부

대표전화:02.3467.7200 이메일:sales@datasolution.kr
홈페이지:http://www.datasolution.kr

데이타솔루션
Formerly SPSS Korea